高 等 院 校 力 学 教 材

Textbook in Mechanics for Higher Education

工程力学

李革　顾永强 主编

清華大学出版社

北 京

内 容 简 介

本书根据高等学校工科专业教学计划及工程力学教学大纲编写而成。本书分为工程静力学和材料力学 2 篇。工程静力学篇包括静力学的基本概念和受力分析、平面简单力系、平面任意力系及空间力系;材料力学篇包括材料力学的基本概念,轴向拉伸、压缩和剪切,扭转,弯曲内力和弯曲应力,弯曲变形,应力状态和强度理论,组合变形强度计算,压杆稳定及动载荷和交变应力及附录。本书共分 13 章,每章配有基本要求、重点和难点、本章总结、分析思考题及习题。本书注重对工程力学基本概念和基本方法的阐述,以及对问题求解的讨论,以便学生弄清概念,明确方法,从而达到举一反三的目的。

本书可作为普通高等学校和成人高等教育工程类学科各专业的教材,也可作为各类自考人员和工程技术人员的参考书。

图书在版编目(CIP)数据

工程力学 / 李革,顾永强主编. -- 北京 : 清华大学出版社,2025.8.
(高等院校力学教材). -- ISBN 978-7-302-70177-4

Ⅰ. TB12

中国国家版本馆 CIP 数据核字第 2025K5T920 号

责任编辑:秦 娜
封面设计:何凤霞
责任校对:薄军霞
责任印制:杨 艳

出版发行:清华大学出版社
      网   址:https://www.tup.com.cn,https://www.wqxuetang.com
      地   址:北京清华大学学研大厦 A 座   邮   编:100084
      社 总 机:010-83470000   邮   购:010-62786544
      投稿与读者服务:010-62776969,c-service@tup.tsinghua.edu.cn
      质量反馈:010-62772015,zhiliang@tup.tsinghua.edu.cn
印 装 者:三河市天利华印刷装订有限公司
经   销:全国新华书店
开   本:185mm×260mm   **印   张:**20   **字   数:**483 千字
版   次:2025 年 9 月第 1 版   **印   次:**2025 年 9 月第 1 次印刷
定   价:65.00 元

产品编号:111879-01

前言
PREFACE

随着我国高等教育事业的发展及高等学校各专业开展工程教育认证对素质教育和能力培养的要求,为更好地培养工程应用型人才,编者引入近年来教学改革和研究的成果及实践,组织编写本书。

在本书编写过程中,编者吸收国内现有教材的优点,同时结合教学实际对部分内容进行修订,以突出培养工程思维、加强工程训练的特点。在内容编排方面,本书每章都增加了基本要求、重点和难点、本章总结,便于学生进行学习和总结。

本书包括工程静力学和材料力学2篇共13章。工程静力学篇包括静力学的基本概念和受力分析、平面简单力系、平面任意力系及空间力系;材料力学篇包括材料力学的基本概念,轴向拉伸、压缩和剪切,扭转,弯曲内力和弯曲应力,弯曲变形,应力状态和强度理论,组合变形强度计算,压杆稳定及动载荷和交变应力。本书适用于普通高校本科开设工程力学课程的专业,适用学时为50~70学时,各专业可根据教学内容基本要求做适当的取舍。本书带 * 章节为选学内容。

李革和顾永强担任本书主编,贾宏玉、苏利亚、贾宝华、史明方、陈明、谷俊斌、侯先芹参加了编写工作。本书的具体编写分工如下:侯先芹编写第1、2章,谷俊斌编写第3、4章,史明方编写第5、7、11章,顾永强编写第6章,李革编写第8章及工程力学总论,贾宏玉编写第9章,贾宝华编写第10章,苏利亚编写第12章,陈明编写第13章及附录。

在本书编写过程中,内蒙古科技大学相关部门和领导给予大力支持与帮助,土木工程学院领导及工程力学系全体教师也对本书的编写和出版给予一定的帮助,并提出宝贵意见,在此一并表示感谢。

限于编者水平,书中不足之处在所难免,诚请读者批评指正。

编　者

2025 年 3 月

目 录
CONTENTS

第1篇 工程静力学

第 2 篇 材 料 力 学

附　　录

工程力学总论

0.1　工程力学的研究内容

　　力学是一门与工程领域密不可分的学科。力学既是一门基础科学——它所阐明的规律带有普遍的性质,又是一门技术科学——它是许多工程技术的理论基础。而工程力学既是力学的一个学科分支,也是力学和工程学相结合的产物。工程中的许多力学问题,如机械工程中的零件受力和设计问题、土木工程中的梁柱承载能力问题、生物化学工程中的压力容器和管道的强度问题等,都需要工程力学提供理论分析的依据和计算方法。

　　当力作用在物体上时,其会使物体产生相应的变化,通常称为力的作用效应,包括运动效应和变形效应。力使物体的运动状态发生改变,称为运动效应,物体静止不动或做匀速直线运动是一种特殊的运动状态,称为平衡状态;力使物体的形状和尺寸发生改变,称为变形效应。工程力学是研究物体在力的作用下最基本的规律,用以指导人们认识自然、科学地从事工程技术工作。

　　本书所研究的工程力学内容包括工程静力学和材料力学两部分。工程静力学研究物体特殊的运动状态——平衡状态,包括力和力系的基本性质、物体的受力分析和物体平衡的受力条件;材料力学研究工程构件受力后的力学行为,如变形、破坏等规律,并建立相应的设计计算准则。

　　工程力学是许多工科专业的一门技术基础课。通过学习工程力学,可以为进一步学习与其相关的专业课程打下必要的理论基础,也为将来从事工程设计和力学计算提供基本的理论知识和计算方法。

0.2　工程力学的研究模型

　　与其他学科一样,在工程力学的研究中,需要把所研究的对象进行适当简化,略去一些次要因素,只保留主要因素,从而将实际物体抽象成便于分析研究的力学模型。根据不同的研究目的,工程力学中主要采用刚体和变形固体两种力学模型。

　　实际物体在力的作用下都会产生变形。当研究物体的运动效应(包括平衡状态)时,若所研究物体的变形极小,即对物体的受力和运动影响很小,则可以略去其变形,将其简化为"刚体"。例如,在研究构件平衡状态下的受力时,可以忽略构件的变形,用构件的原始尺寸进行计算。当研究工程构件受力后的变形和破坏规律时,即使其变形量很小也必须将构件简化为变形固体。刚体与变形体也不是绝对的,如在变形问题的分析中,当涉及平衡问题时,大部分情况下仍然可以沿用刚体模型。

0.3 工程力学与生产实践的关系

工程力学是一个由公理、定理、计算公式等组成的理论体系,这个体系是由在实践中提炼出的基本原理经过严格的数学推导形成,并经过实践的反复检验和验证的。工程力学对生产实践起着重要的指导作用,为工程构件的设计计算提供了可靠的理论基础和简便实用的计算方法。同时,随着工程技术不断地发展,出现了许多新的力学问题,工程力学又在广泛的应用过程中不断得到丰富和发展。

20 世纪以前,推动近代科学技术进步的标志性的发明创造,如蒸汽机、铁路、桥梁、船舶、兵器等,都是在力学知识的积累和完善的基础上发展起来的。

20 世纪,许多高新技术的产物,如高层建筑、大跨度桥梁、海洋钻井平台、航空航天器、机器人、高速列车、大型水利工程等无不包含大量的力学问题,这些高新技术的实现更是在工程力学的指导下完成的。

工程力学的研究方法包括理论方法和实验方法。对于工程实际中的力学问题,首先将其抽象简化为力学模型;然后通过实验观察和严密的数学推理,得到工程中适用的理论和计算公式,并用于指导实践。由于计算机技术的飞速发展,无论是在理论分析中,还是在实验分析中,计算机分析方法都得到了广泛的应用,成为推动工程力学发展的强大动力。

第1篇

工程静力学

·········

力是物体间的相互机械作用。在力的作用下，物体的运动状态会发生改变，同时物体的形状也会发生改变。

力使物体运动状态改变，称为力的运动效应；力使物体形状改变，称为力的变形效应。本篇主要研究内容是力的运动效应中的特殊情况——平衡状态。

平衡是一种特殊的运动状态，是指物体相对惯性参考系处于静止或匀速直线运动的状态。当物体平衡时，其受力必须满足一定的条件，称为平衡条件。工程静力学研究物体平衡的一般规律及利用平衡条件求解未知力的方法。

工程静力学的研究模型是刚体。

第1章

静力学的基本概念和受力分析

基本要求

(1) 理解刚体和平衡的概念,掌握力的概念和三要素。

(2) 了解力的平行四边形法则、力的作用与反作用原理及刚化原理。

(3) 掌握二力平衡条件、三力平衡汇交条件和加减平衡力系原理及应用。

(4) 熟练掌握各种约束及约束反力的画法。

(5) 熟练掌握物体的受力分析,正确画受力图。

重点和难点

物体的受力分析及受力图。

1.1 静力学基本概念

1.1.1 刚体的概念

刚体是指受力后不变形的物体,其是一个理想化的力学模型。实际物体在力的作用下,都会产生不同程度的变形。但是,如果这些变形是微小的,对研究物体的平衡问题不起主要作用,那么就可以略去不计,而将其看成刚体,可使问题的研究大为简化。力学模型的选用并不是唯一的,而是与所研究问题的性质密切相关,当研究工程构件受力后的变形和破坏规律时,即使变形量很小也必须将构件简化为变形固体。

静力学研究的物体只限于刚体,故又称刚体静力学,它是研究变形体力学的基础。

1.1.2 力的概念

力是物体间的相互作用,这种作用使物体产生两种效应:一种是物体运动状态的改变,另一种是物体形状的改变。通常,前者称为力的运动效应,后者称为力的变形效应。静力学中把物体都视为刚体,因而只研究力的运动效应。实践表明,力对物体的作用效果取决于力

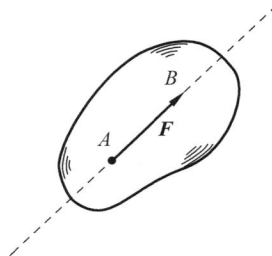

图 1-1

的三要素：力的大小、力的方向、力的作用点。可以用一个矢量来表示力的三要素，如图 1-1 所示。矢量的长度（AB）按一定的比例尺表示力的大小，矢量的方向表示力的方向，矢量的始端（点 A）表示力的作用点，矢量 AB 所沿着的直线（图 1-1 中的虚线）表示力的作用线。人们常用黑体字母 F 表示力的矢量，而用普通字母 F 表示力的大小。在国际单位制（SI）中，力的单位是牛顿，常用符号"N"表示，有时也以千牛顿（kN）作为力的单位。

通常，作用在同一研究对象上的一组力称为力系。

1.1.3 平衡的概念

平衡是指物体相对于惯性参考系（如地面）保持静止或做匀速直线运动的状态，如静止的桥梁和机床的床身、匀速直线飞行的飞机等都处于平衡状态。平衡是物体运动的一种特殊形式，当物体平衡时，其受力必须满足一定的条件，称为平衡条件。

1.2 静力学公理

公理是指人们在长期的生活和生产实际中总结出来的、经过反复实践检验证明的、符合客观实际的最普遍和最一般的规律。

1.2.1 二力平衡公理

作用在同一刚体上的两个力，使刚体处于平衡状态的充要条件是：这两个力的大小相等，方向相反，并且在同一直线上，如图 1-2 所示，即

$$F_1 = -F_2 \qquad (1-1)$$

该公理表明，作用于刚体上的最简单的力系平衡时所必须满足的条件。该公理只适用于刚体，对于变形体平衡，等值、反向、共线是必要条件，而非充分条件。例如，软绳受两个等值反向的拉力作用可以平衡，而受两个等值反向的压力作用就不能平衡。

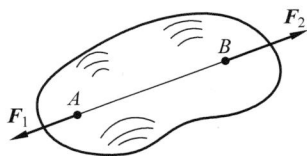

图 1-2

工程上常遇到只受两个力作用而平衡的构件，称为二力构件或二力杆。二力构件平衡时，二力必在两作用点的连线上，并且两作用力的大小相等，方向相反。如图 1-3(a)所示，若自重不计，杆 CD 即是一个二力杆；如图 1-3(b)所示，若不计自重，构件 BC 也是一个二力构件。

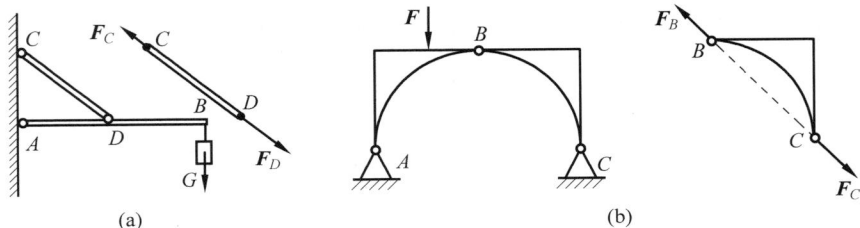

(a)

(b)

图 1-3

1.2.2 力的平行四边形法则

作用于物体上同一点的两个力,可以合成为一个合力,并且其合力仍作用于该点上,合力的大小和方向由这两个力为邻边所构成的平行四边形的对角线来确定。

如图 1-4(a)所示,力 F_1、F_2 为作用于 O 点的两个力,以这两个力为邻边作平行四边形 $OACB$,则对角线 OC 即为力 F_1 与 F_2 的合力 F_R。也可以说,合力矢 F_R 等于原来两个力矢 F_1 与 F_2 的矢量和,可用矢量式

$$F_R = F_1 + F_2 \tag{1-2}$$

来表示。合力的大小可由余弦定理求出,即

$$F_R = \sqrt{F_1^2 + F_2^2 + 2F_1 F_2 \cos\alpha} \tag{1-3}$$

式中,α 为力 F_1、F_2 之间的夹角。

为便于求两个汇交力的合力,也可不画整个平行四边形,而从 O 点作一个力三角形,如图 1-4(b)所示。力三角形的两边分别是力矢 F_1 和 F_2,第三边即表示合力 F_R 的大小和方向。

显然,一个力可以沿任意两个方向分解,工程问题中常将力沿互相垂直的两个方向分解,这种分解称为正交分解。平行四边形法则表明了最简单力系的简化规律,它是复杂力系简化的基础。

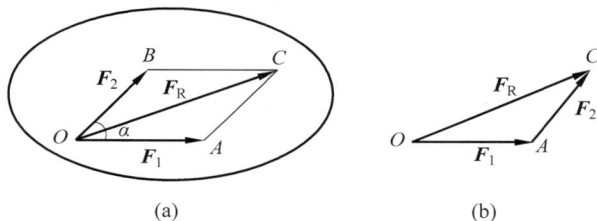

图 1-4

1.2.3 加减平衡力系公理

在已知力系上加上或减去任意的平衡力系,并不改变原力系对刚体的作用。

也就是说,如果两个力系只相差一个或几个平衡力系,那么它们对刚体的作用是相同的,因此可以等效替换。根据加减平衡力系公理可以导出以下 2 个推论。

推论 1 力的可传性

作用于刚体上某点的力,可以沿着它的作用线移到刚体内任意一点,而不改变该力对刚体的作用。

证明:设力 F 作用于刚体上的 A 点,如图 1-5(a)所示。根据加减平衡力系公理,可在力的作用线上任意一点 B 加上两个相互平衡的力 F_1 和 F_2,使 $F = F_2 = -F_1$,如图 1-5(b)所示。力 F 和 F_1 也是一个平衡力系,故可除去,这样只剩下一个力 F_2,如图 1-5(c)所示。于是,原来的力 F 与力系(F、F_1、F_2)及力 F_2 互等。而力 F_2 就是原来的力 F,只是作用点移到了 B 点。

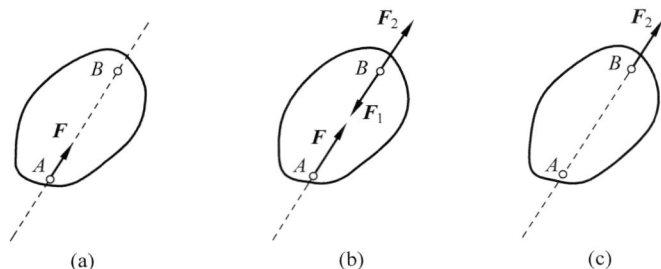

图　1-5

由此可见,对于刚体来说,力的作用点不是决定力的作用效果的要素,它已被作用线所代替。因此,作用于刚体上的力的三要素是:力的大小、方向和作用线。

推论 2　三力平衡汇交定理

刚体在三个力的作用下平衡,若其中二力作用线相交,则第三个力的作用线必过该交点,并且三力共面。

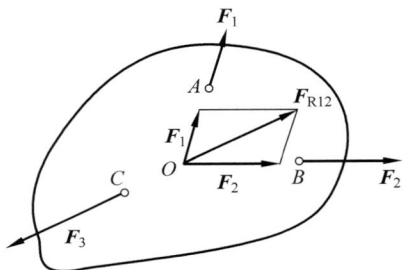

图　1-6

证明: 如图 1-6 所示,刚体上 A、B、C 三点分别作用力 F_1、F_2 和 F_3,其中力 F_1 与 F_2 的作用线相交于 O 点,刚体在此三力作用下处于平衡状态。根据力的可传性,将力 F_1 和 F_2 合成得合力 F_{R12},则力 F_3 应与 F_{R12} 平衡,因而 F_3 必与 F_{R12} 共线,即 F_3 作用线也通过 O 点。另外,因为 F_1、F_2 与 F_{R12} 共面,所以 F_1、F_2 与 F_3 也共面。于是,三力平衡汇交定理得证。利用三力平衡汇交定理,可以确定刚体在三力作用下平衡时未知力的方向。

1.2.4　作用力与反作用力定律

两物体间的作用力与反作用力总是同时存在的,并且两力的大小相等、方向相反、沿同一直线,分别作用在两个相互作用的物体上。

作用力与反作用力定律概括了物体间相互作用的关系,表明作用力和反作用力总是成对出现的。如图 1-7 所示,钢丝绳起吊一重物,W 为重物所受的重力,F_T 为钢丝绳作用于重物上的拉力。因为 W 与 F_T 都作用在重物上使重物保持静止,所以它们构成二力平衡。对于拉力 F_T 和重力 W 的反作用力,首先要弄清哪个是受力物体,哪个是施力物体,也就是要分清是"谁对谁"的作用。由于拉力 F_T 是钢丝绳拉重物的力,所以 F_T 的反作用力一定是重物拉钢丝绳的力 F_T',它与 F_T 大小相等、方向相反、作用在同一直线上。因为 W 是地球对重物的引力,所以它的反作用力必定是重物吸引地球的力 W'(图中未画),W' 与 W 大小相等、方向相反、作用于同一直线上。由此可见,力总是成对地以作用力与反作用力的形式存在于物体之间,有作用力必有反作用力,它们同时出现、同时消失,分别作用在两个相互作用的物体上。

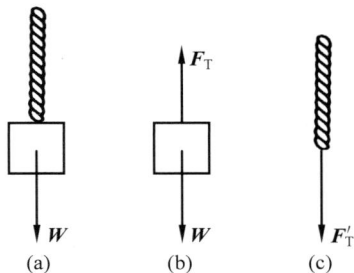

图　1-7

应用作用力与反作用力定律,可以把一个物体的受力分析与相邻物体的受力分析联系起来。

1.2.5 刚化原理

变形体在某一力系作用下处于平衡,若将此变形体刚化为刚体,则其平衡状态保持不变。

刚化原理提供了把变形体看作刚体模型的条件。如图 1-8 所示,若柔性绳在等值、反向、共线的两个拉力作用下处于平衡,如将柔性绳刚化成刚体,其平衡状态保持不变;但柔性绳在两个等值、反向、共线的压力作用下并不能平衡,这时柔性绳就不能刚化为刚体。但是,刚性杆在上述两种力系的作用下都是平衡的。

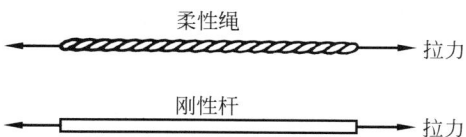

图   1-8

由此可见,刚体的平衡条件是变形体平衡的必要条件,而非充分条件。在刚体静力学的基础上考虑变形体的特性,可进一步研究变形体的平衡问题。

1.3 约束与约束反力

1.3.1 约束的概念

如果物体在空间沿任何方向的运动都不受限制,那么这种物体称为自由体,如飞行的飞机、火箭等。在日常生活和工程中,物体总是以各种形式与周围的物体互相联系并受到周围物体的限制,如转轴受到轴承的限制、卧式车床的刀架受床身导轨的限制、悬挂的重物受到吊绳的限制等,而不能做任意运动,那么这种物体称为非自由体。

凡是限制物体运动的其他物体称为约束,如上面提到的轴承是转轴的约束、导轨是刀架的约束、吊绳是重物的约束。约束可以限制物体的运动,也就是说,能够起到改变物体运动状态的作用,所以其实际就是力的作用。这种作用在物体上限制物体运动的力称为约束反力或约束力。约束反力的方向总是与约束所限制的运动方向相反,其大小是未知的。在静力学中,如果约束力和物体受的其他已知力构成平衡力系,那么可以通过平衡条件来求解未知力的大小。

1.3.2 工程中几种常见的约束类型

1. 柔性约束

由柔软的绳索、链条、皮带等构成的约束统称为柔性约束。如图 1-9(a)所示,细绳吊住重物就属于柔性约束。这类约束的特点是:柔软易变形,只能受拉,不能受压,因此只能限制物体沿约束伸长方向的运动,而不能限制其他方向的运动。因此,柔性约束的约束力只能是拉力,并且作用在与物体的连接点上,作用线沿着绳索背离物体。图 1-9(b)所示 F_T 即为绳索给重物的约束力。

2. 光滑接触面约束

两个互相接触的物体,如果略去接触面间的摩擦就可以认为是光滑接触面约束。这类约束不能限制物体沿接触面切线

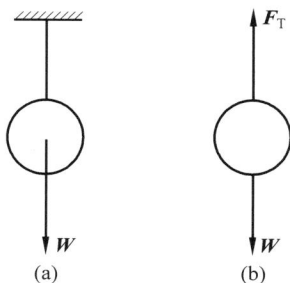

图   1-9

方向的运动,只能限制物体沿接触面公法线方向向内的运动。因此,光滑接触面约束对物体的约束力作用在接触点处,作用线沿公法线方向指向物体。如图 1-10 所示,曲面 A 对小球的约束力为 F_A;如图 1-11 所示,直杆 A、B、C 三处的约束力分别为 F_A、F_B、F_C。

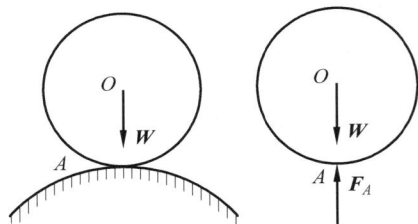

图　1-10

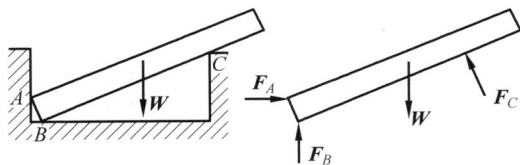

图　1-11

3. 光滑圆柱铰链约束

光滑圆柱铰链约束包括中间铰链约束、固定铰链支座及活动铰链支座。

1) 中间铰链约束

机器中经常用圆柱形销钉将两个带孔零件连接在一起,如图 1-12(a)和(b)所示。这种铰链只能限制物体间的相对径向移动,不能限制物体绕圆柱销轴线的转动和平行于圆柱销轴线的移动,图 1-12(c)所示为中间铰链的简化示意图。若圆柱销与圆柱孔是光滑曲面接触,则约束力应在沿接触线上的一点到圆柱销中心的连线上,并且垂直于轴线,如图 1-12(d)所示。因为接触线的位置不能预先确定,因而约束力的方向也不能预先确定。通常将约束力分解为两个相互垂直的分力,作用在圆心上,如图 1-12(e)所示。

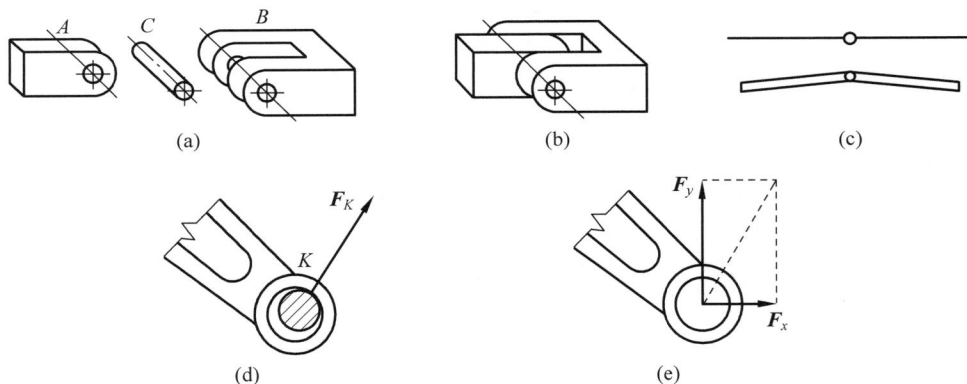

图　1-12

2) 固定铰链支座

图 1-13(a)所示是一种常用的圆柱铰链连接,它由一个固定底座和一个构件用销钉连接而成,简称铰支座。这种支座的简化示意图如图 1-13(b)所示。铰支座约束的约束力作用在垂直于圆柱销轴线的平面内,通过圆柱销的中心,方向不能确定。通常约束力用相互垂直的两个分力表示,如图 1-13(c)所示。

3) 活动铰链支座

如果在固定铰链支座的底部安装一排滚轮,如图 1-14(a)所示,就可使支座沿固定支承

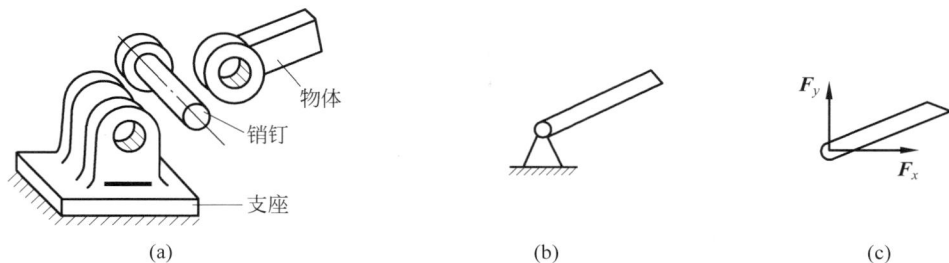

图 1-13

面移动。这是工程中常见的一种复合约束,称为活动铰支座,这种支座常用于桥梁、屋架等结构中,可以避免因温度变化引起的结构内部变形应力。这类约束的简化示意图如图 1-14(b)所示。在不计摩擦的情况下,活动铰链支座只能限制构件沿支承面垂直方向的移动。因此,活动铰链支座的约束力方向必垂直于支承面,并且通过铰链中心,如图 1-14(c)所示。

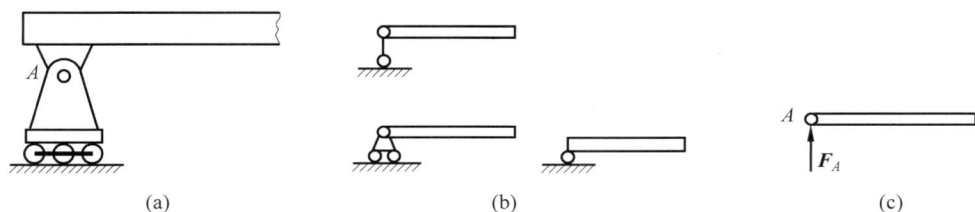

图 1-14

1.4 物体的受力分析和受力图

1.4.1 受力分析的概念

解决工程实际问题时,通常要根据已知力,利用平衡条件,求解未知力。因此,首先要确定物体受到哪些力的作用,并且分析出每个力的作用位置和作用方向,这个分析过程称为物体的受力分析。

作用在物体上的力可分为两类:一类是主动力,另一类是约束力,其中约束力是被动力,通常是未知的。

1.4.2 受力图的画法

在受力分析中,为了清晰地表示物体的受力情况,首先把受力物体从周围物体中分离出来,单独画它的简图,这个步骤称为取研究对象或取分离体;然后把物体所受的所有力(包括主动力和约束力)全部画出来,这种表示物体受力的简明图形称为受力图。在静力学中,恰当地选取研究对象,正确画物体受力图是解决问题的关键。画受力图可通过以下几个步骤进行。

(1)选取研究对象,取分离体。

（2）画主动力，标注力的符号。

（3）根据物体所受约束的性质，分析并画约束力，标注力的符号。

（4）检查受力图中的力有无多、漏、错的现象。

下面举例说明受力图的画法。

【例 1-1】 用力 **F** 拉动碾子以压平路面，碾子受到一石块的阻碍，如图 1-15(a)所示。试画碾子的受力图。

解：（1）取碾子为研究对象，取分离体并画简图。

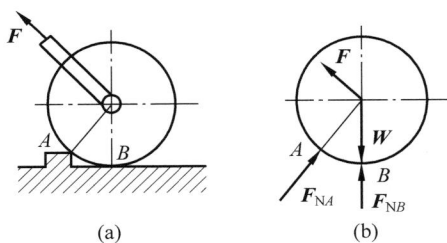

图　1-15

（2）画主动力。有重力 **W** 和杆对碾子中心的拉力 **F**。

（3）画约束力。碾子在 A 和 B 两处受到石块和地面的约束，若不计摩擦，则均为光滑面约束，故在 A 处受石块的法向力 F_{NA} 的作用，在 B 处受地面的法向力 F_{NB} 的作用，它们都沿着碾子上接触点的公法线而指向圆心。

碾子的受力图如图 1-15(b)所示。

【例 1-2】 悬臂吊车如图 1-16(a)所示。在简化示意图中，A、B、C 三点为铰链，起吊重量为 W，横梁 AB 和斜杆 BC 的自重可略去不计。试画横梁 AB 的受力图。

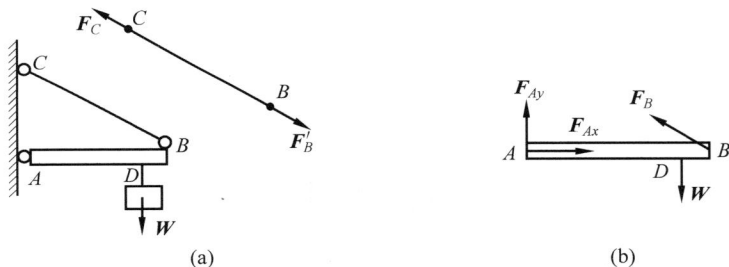

图　1-16

解：（1）以横梁为研究对象，取分离体。

（2）画主动力。因起吊重物重量为 **W**，所以在 D 点的已知力 **W** 为主动力。

（3）画约束力。因斜杆 BC 是二力杆，因此对横梁作用的约束力为拉力 F_B，沿着斜杆 BC 方向。A 处为铰链约束，其约束力通过铰链中心，但方向不能确定，故用两个互相垂直的分力 F_{Ax} 和 F_{Ay} 表示。

横梁受力图如图 1-16(b)所示。

【例 1-3】 如图 1-17(a)所示，三铰拱桥由左、右两拱铰接而成。若各拱自重不计，并且在拱 AC 上作用有载荷 F。试分别画拱 AC 和 CB 的受力图。

解：（1）先分析拱 BC 的受力。由于拱 BC 自重不计，且只在 B、C 两处受到铰链的约束，因此拱 BC 为二力构件。铰链中心 B、C 处分别受 F_B、F_C 两力的作用，并且 $F_B=F_C$，如图 1-17(b)所示。

（2）取拱 AC 为研究对象。由于自重不计，主动力只有载荷 F。拱在铰链 C 处受拱 BC 给它的约束力 F'_C 的作用，根据作用力和反作用力关系，$F_C=F'_C$。拱在 A 处受固定铰支座

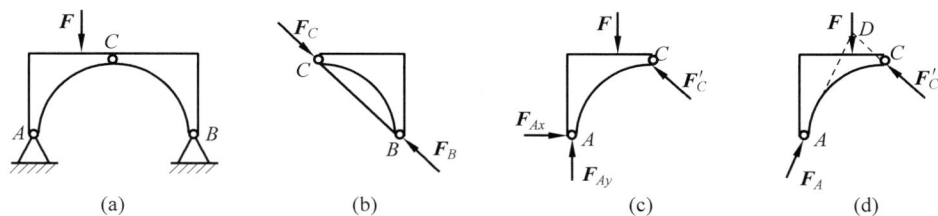

图　1-17

给它的约束力 F_A 的作用,由于方向未定,可用两个大小未知的正交分力 F_{Ax} 和 F_{Ay} 代替,如图 1-17(c)所示。再进一步分析可知,由于拱 AC 在 F、F'_C 和 F_A 三个力作用下平衡,故可根据三力平衡汇交定理,确定铰链 A 处约束力 F_A 的方向。D 点为力 F 和 F'_C 作用线的交点,当拱 AC 平衡时,力 F_A 的作用线必通过 D 点,如图 1-17(d)所示;对于 F_A 的指向,可由平衡条件确定。

本章总结

1. 基本概念

1)刚体

刚体是指受力后不变形的物体,是一个理想化的力学模型。

2)力

力是物体间相互的机械作用,这种作用使物体产生两种效应:一种是物体运动状态的改变,另一种是物体形状的改变。力的三要素:力的大小、力的方向、力的作用点,可以用一个矢量来表示力的三要素。

3)平衡

平衡是指物体相对于惯性参考系(如地面)保持静止或做匀速直线运动的状态。

4)约束

凡是限制物体运动的其他物体称为约束。

2. 静力学公理

1)二力平衡公理

作用在同一刚体上的两个力,使刚体处于平衡状态的充要条件是:这两个力的大小相等,方向相反,并且在同一直线上。

2)力的平行四边形法则

作用于物体上同一点的两个力,可以合成为一个合力,并且其合力仍作用于该点上,合力的大小和方向,由这两个力为邻边所构成的平行四边形的对角线来确定。

3)加减平衡力系公理

在已知力系上加上或减去任意的平衡力系,并不改变原力系对刚体的作用。

推论 1　力的可传性

作用于刚体上某点的力,可以沿着它的作用线移到刚体内任意一点,而不改变该力对刚体的作用。

推论 2　三力平衡汇交定理

刚体在三个力的作用下平衡,若其中二力作用线相交,则第三个力的作用线必过该交点,并且三力共面。

4) 作用力与反作用力定律

两物体间的作用力与反作用力总是同时存在的,并且两力的大小相等、方向相反、沿同一直线,分别作用在两个相互作用的物体上。

5) 刚化原理

变形体在某一力系作用下处于平衡,若将此变形体刚化为刚体,则其平衡状态保持不变。

3. 约束和约束力

1) 柔性约束

由柔软的绳索、链条、皮带等构成的约束统称为柔性约束。柔性约束的约束力只能是拉力,并且作用在与物体的连接点上,作用线沿着绳索背离物体。

2) 光滑接触面约束

两个互相接触的物体,如果略去接触面间的摩擦就可以认为是光滑接触面约束。光滑接触面约束对物体的约束力作用在接触点处,作用线沿公法线方向指向物体。

3) 光滑圆柱铰链约束

(1) 中间铰链约束。

只能限制物体间的相对径向移动,不能限制物体绕圆柱销轴线的转动和平行于圆柱销轴线的移动,约束力应在沿接触线上的一点到圆柱销中心的连线上,并且垂直于轴线,通常把它分解为两个相互垂直的分力,作用在圆心上,如图 1-12 所示。

(2) 固定铰链支座。

铰支座约束的约束力作用在垂直于圆柱销轴线的平面内,通过圆柱销的中心,方向不能确定。通常约束力用相互垂直的分力表示,如图 1-13 所示。

(3) 活动铰链支座。

活动铰链支座的约束力方向必垂直于支承面,并且通过铰链中心,如图 1-14 所示。

4. 受力分析和受力图

1) 受力分析的方法和步骤

(1) 选择合适的研究对象,取分离体。

(2) 确定研究对象上所受的主动力或外载荷,并画在分离体上。

(3) 根据约束性质或静力学公理确定所有约束的约束力,如果方向不能确定,那么可以假设为某一方向,并画在分离体上。

2) 画受力图时须注意的点

(1) 画研究对象上受到的全部主动力和约束力,正确地反映每个力的作用点位置和作用方向,并要标明各力的名称。

(2) 画互相联系的物体受力时,注意作用力与反作用力关系。

(3) 画整体受力图时,只画外力,不画内力。

分析思考题

1-1　工程静力学的研究对象是什么？

1-2　二力平衡条件对于刚体是充分必要条件吗？对于变形体呢？

1-3　力的可传性的适用对象是什么？

1-4　约束力的方向在受力分析时都不能确定具体的方向吗？

习题

1-1　画习题 1-1 图中标有字母的各物体的受力图（其中，没有标注重力的自重不计）。

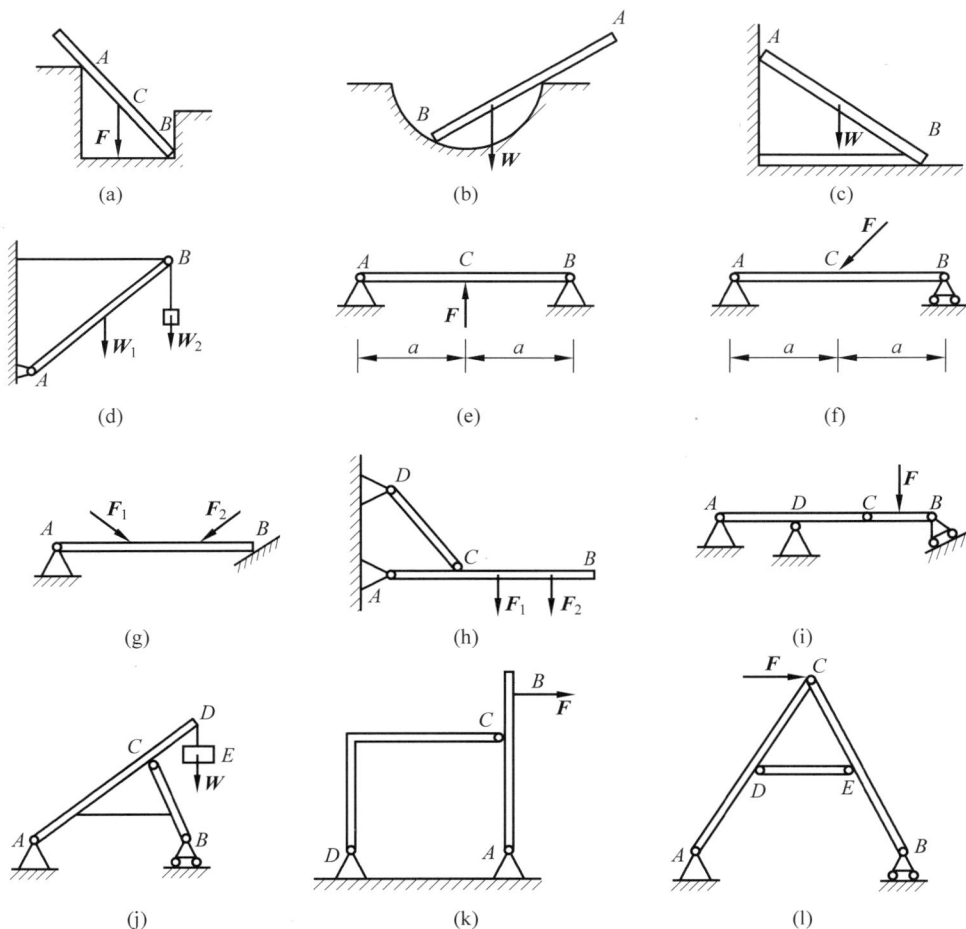

习题 1-1 图

答：略。

1-2　画习题 1-2 图中各球的受力图。

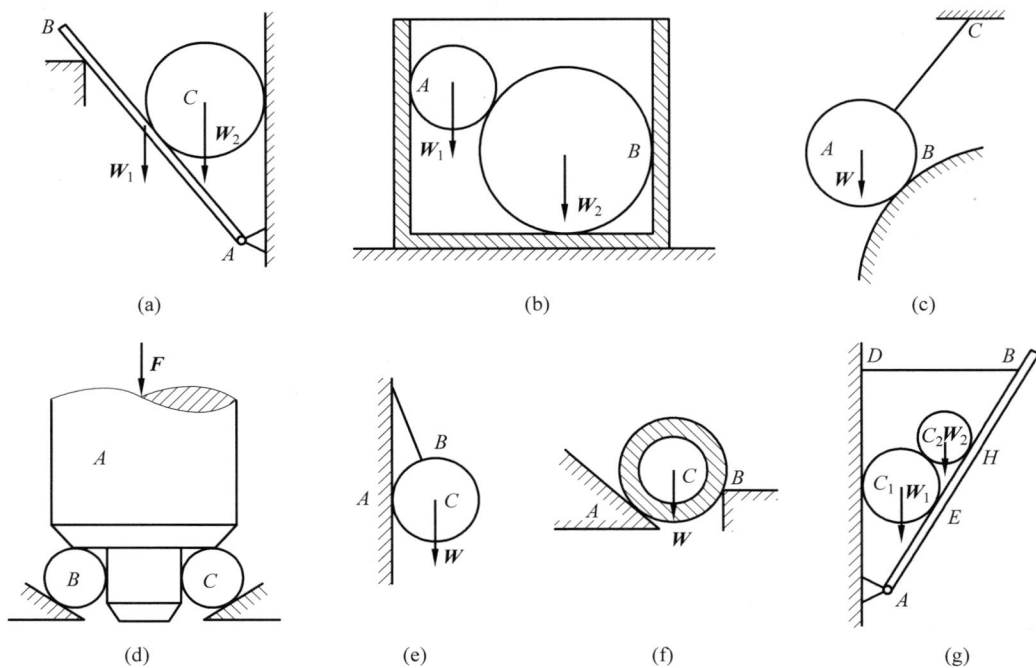

(a)   (b)   (c)

(d)   (e)   (f)   (g)

习题 1-2 图

答：略。

1-3   画习题 1-3 图中各物体及整体受力图。

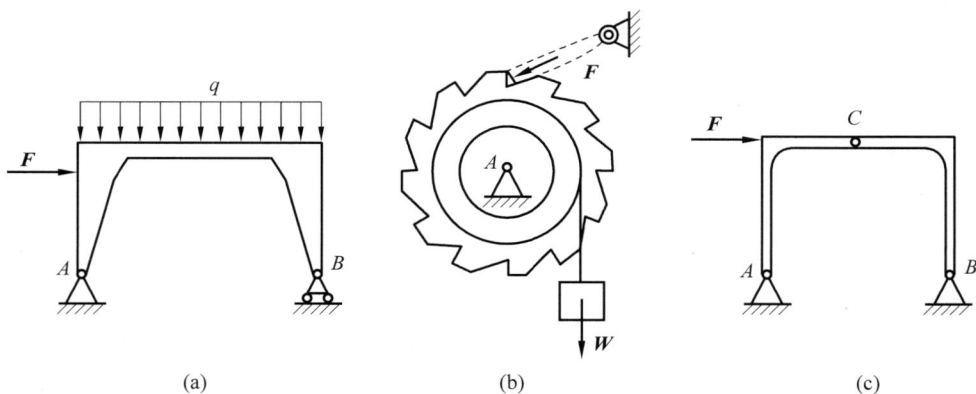

(a)   (b)   (c)

习题 1-3 图

答：略。

第2章

平面简单力系

基本要求

(1) 了解平面汇交力系合成和平衡的图解法。

(2) 掌握力的投影的概念及平面汇交力系合成和平衡的解析法。

(3) 掌握力对点之矩,合力矩定理。

(4) 掌握平面力偶系的简化与平衡条件。

重点和难点

(1) 平面汇交力系的合成与平衡。

(2) 平面力偶系的合成与平衡。

2.1 平面汇交力系的合成与平衡

当力系中的各力作用线都在同一平面内时,该力系称为平面力系。若平面力系中各力作用线通过同一点,则该力系称为平面汇交力系;若平面力系中的各力均成对构成力偶,则该力系称为平面力偶系。通常,平面汇交力系和平面力偶系称为平面简单力系。

2.1.1 平面汇交力系合成与平衡的几何法

两个汇交力的合力可以根据力的平行四边形法则或三角形法则求出。如果是由多个力构成的平面汇交力系,其合力可以用力的多边形法则来确定。

图 2-1(a)所示为由力 F_1、F_2、F_3、F_4 构成的平面汇交力系。求此力系的合力时,可连续使用力的三角形法则。例如,首先求 F_1 和 F_2 的合力 F_{R1},然后求 F_{R1} 和 F_3 的合力 F_{R2},最后合成 F_{R2} 与 F_4,即得力系的合力 F_R,如图 2-1(b)所示。

由画图的结果可以看出,在求合力 F_R 时,表示 F_{R1} 和 F_{R2} 的线段完全可以不画。可将力 F_1,F_2,…,F_4 依次首尾相接,形成一条折线,连接其封闭边,即从 F_1 的始端指向 F_4 的末端所形成的矢量为合力,如图 2-1(c)所示,此法称为力的多边形法则。

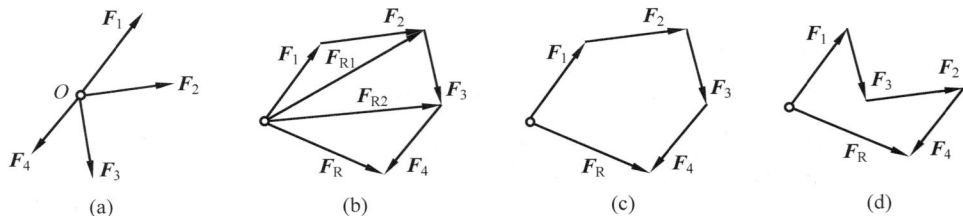

图　2-1

将上述矢量合成法推广到 n 个力构成的平面汇交力系求合力,可得出如下结论:平面汇交力系可以合成为一个合力,该合力等于力系各力的矢量和,合力的作用线通过汇交点。合力 $\boldsymbol{F}_R$ 可用矢量式表示为

$$\boldsymbol{F}_R = \boldsymbol{F}_1 + \boldsymbol{F}_2 + \cdots + \boldsymbol{F}_n = \sum_{i=1}^{n} \boldsymbol{F}_i \tag{2-1}$$

画力多边形时,若改变各分力相加的次序,将得到形状不同的力多边形,但最后求得的合力不变,如图 2-1(d)所示。

若刚体在一平面汇交力系作用下处于平衡,则该力系的合力为零;反之,若力系的合力为零,则刚体处于平衡状态。平面汇交力系可用其合力来代替,因此平面汇交力系平衡的充要条件是:该力系的合力等于零。以矢量等式表示为

$$\sum_{i=1}^{n} \boldsymbol{F}_i = 0 \tag{2-2}$$

在平衡情况下,合力为零。因此,力多边形中最后一个力的终点与第一个力的起点重合,此时力多边形成为封闭的力多边形,即在力多边形中,所有力首尾相接,形成一闭合多边形。因此,平面汇交力系平衡的几何条件是:该力系的力多边形自行封闭。

【例 2-1】　支架 ABC 由杆 AB 与杆 BC 组成,如图 2-2(a)所示。A、B、C 处均为铰链连接,B 端悬挂重物,其重力 $W = 5\text{kN}$,杆重不计。求两杆所受的力。

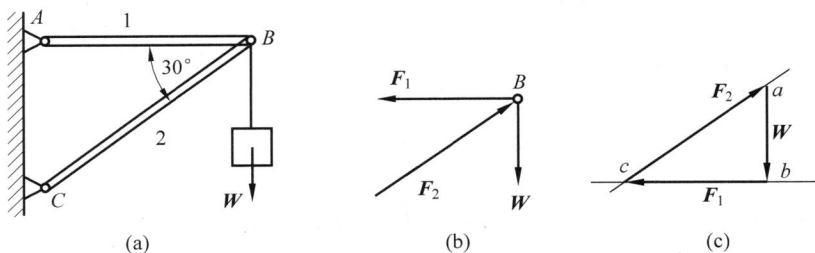

图　2-2

解:(1) 选择研究对象,以销 B 为研究对象。

(2) 受力分析,画受力图。由于杆 AB、BC 自重不计,杆端为铰链,故均为二力杆,两端所受的力的作用线必过直杆的轴线。其反作用力 $\boldsymbol{F}_1$、$\boldsymbol{F}_2$ 作用于 B 点。此外,绳子的拉力 $\boldsymbol{W}$(大小等于物体的重力)也作用于 B 点,$\boldsymbol{F}_1$、$\boldsymbol{F}_2$、$\boldsymbol{W}$ 组成平面汇交力系,其受力图如图 2-2(b)所示。

(3) 应用平衡几何条件,求出未知力。当销平衡时,三力组成一封闭力三角形,先画 $\boldsymbol{W}$,

过矢量 **W** 的起止点 a、b 分别作 **F**$_2$、**F**$_1$ 的平行线，汇交于 c 点，于是得力三角形 abc，则线段 bc 的长度为 **F**$_1$ 的大小、线段 ca 的长度为 **F**$_2$ 的大小，力的指向符合首尾相接的原则，如图 2-2(c)所示。由平衡几何关系，可得

$$F_1 = W\cot 30° = \sqrt{3}W = 8.66\text{kN}$$

$$F_2 = \frac{W}{\sin 30°} = 2W = 10\text{kN}$$

根据受力图可知，杆 AB 为拉杆，杆 BC 为压杆。

【例 2-2】　起重机吊起的减速箱盖重力 $W = 900\text{N}$，两根钢丝绳 AB 和 AC 与铅垂线的夹角分别为 $\alpha = 45°$，$\beta = 30°$，如图 2-3(a)所示。求箱盖匀速吊起时，钢丝绳 AB 和 AC 的张力。

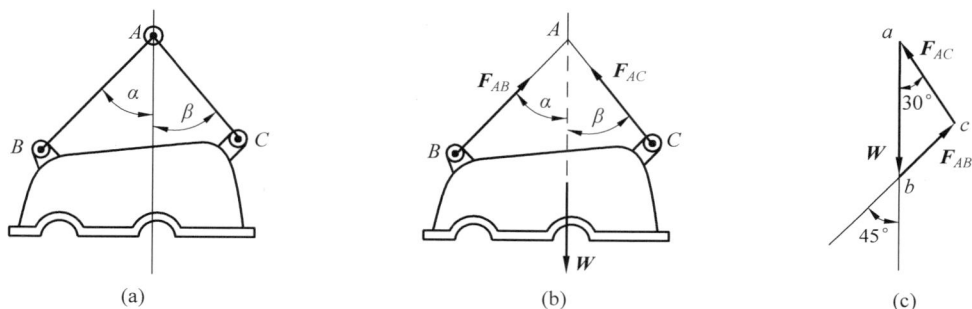

图　2-3

解：(1) 选择研究对象，以箱盖为研究对象。

(2) 受力分析，画受力图。根据三力平衡汇交定理，已知力 **W** 和待求的钢丝绳张力 **F**$_{AB}$ 和 **F**$_{AC}$ 都作用在箱盖上，并汇交于吊环中心 A 处，画出的受力图如图 2-3(b)所示。

(3) 应用平衡几何条件，求出未知力。**W**、**F**$_{AB}$、**F**$_{AC}$ 必构成一自行封闭的力三角形。已知 **W** 的大小和方向以及 **F**$_{AB}$、**F**$_{AC}$ 的方向，只是 **F**$_{AB}$ 和 **F**$_{AC}$ 的大小未知。为此，先画 **W**，再过其两端 a 和 b 分别作直线平行于 **F**$_{AB}$ 和 **F**$_{AC}$，这两条线相交于 c 点，于是得力三角形 abc，如图 2-3(c)所示。由正弦定理

$$\frac{F_{AB}}{\sin 30°} = \frac{F_{AC}}{\sin 45°} = \frac{W}{\sin 105°}$$

可得

$$F_{AB} = \frac{\sin 30°}{\sin 105°}W = \left(\frac{0.5}{0.966} \times 900\right)\text{N} = 466\text{N}$$

$$F_{AC} = \frac{\sin 45°}{\sin 105°}W = \left(\frac{0.707}{0.966} \times 900\right)\text{N} = 659\text{N}$$

2.1.2　力在直角坐标轴上的投影

如图 2-4(a)所示，设在平面直角坐标系 Oxy 内有一已知力 **F**，从力 **F** 的两端 A 和 B 分别向 x、y 轴作垂线，垂足 a、b 和 a'、b' 之间的距离再加上适当的正负号分别称为力 **F** 在 x 轴和 y 轴上的投影，以 F_x 和 F_y 表示。规定：当从力的始端投影到末端投影的方向与坐标

轴正向相同时,取正号,反之取负。图 2-4(a)中的 F_x、F_y 均为正值,图 2-4(b)中的 F_x 为负值、F_y 为正值。所以,力在坐标轴上的投影是代数量。

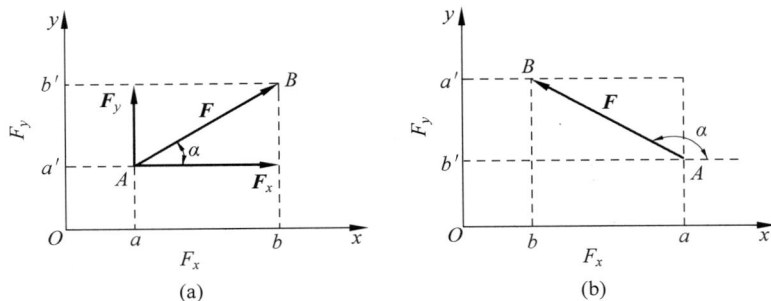

图　2-4

力的投影的大小可用三角公式计算,设力 $\boldsymbol{F}$ 与 x 轴正向间的夹角为 α,则有

$$\begin{cases} F_x = F\cos\alpha \\ F_y = F\sin\alpha \end{cases} \tag{2-3}$$

若将力 $\boldsymbol{F}$ 沿 x、y 坐标轴分解,所得分力 $\boldsymbol{F}_x$、$\boldsymbol{F}_y$ 的大小与力 $\boldsymbol{F}$ 在同轴的投影 F_x、F_y 的绝对值相等,但必须注意的是:力的投影与分力是两个不同的概念。力的投影是代数量,而分力是矢量。其关系可表示为

$$\boldsymbol{F} = \boldsymbol{F}_x + \boldsymbol{F}_y = F_x \boldsymbol{i} + F_y \boldsymbol{j} \tag{2-4}$$

若已知力 $\boldsymbol{F}$ 在直角坐标轴上的投影为 F_x、F_y,则可按下面的计算公式求出该力的大小和方向余弦为

$$\begin{cases} F = \sqrt{F_x^2 + F_y^2} \\ \cos\alpha = \dfrac{F_x}{F} \end{cases} \tag{2-5}$$

2.1.3　合力投影定理

由 n 个力构成的平面汇交力系,其合力可由式(2-1)求得。若将合力和各分力表示为式(2-4)的形式,即

$$\boldsymbol{F}_{\mathrm{R}} = F_{\mathrm{R}x}\boldsymbol{i} + F_{\mathrm{R}y}\boldsymbol{j}, \quad \boldsymbol{F}_i = F_{ix}\boldsymbol{i} + F_{iy}\boldsymbol{j} \quad (i = 1, 2, \cdots, n)$$

代入式(2-1)可得

$$\boldsymbol{F}_{\mathrm{R}} = F_{\mathrm{R}x}\boldsymbol{i} + F_{\mathrm{R}y}\boldsymbol{j} = \sum_{i=1}^{n} F_{ix}\boldsymbol{i} + \sum_{i=1}^{n} F_{iy}\boldsymbol{j} \tag{2-6}$$

即

$$\begin{cases} F_{\mathrm{R}x} = \displaystyle\sum_{i=1}^{n} F_{ix} = \sum F_x \\ F_{\mathrm{R}y} = \displaystyle\sum_{i=1}^{n} F_{iy} = \sum F_y \end{cases} \tag{2-7}$$

于是,可得出如下结论:合力在任一轴上的投影等于各分力在同一轴上的投影的代数和。这就是合力投影定理。

2.1.4　平面汇交力系合成与平衡的解析法

设在刚体上的 O 点处,作用了由 n 个力 $F_1,F_2,\cdots,F_n$ 组成的平面汇交力系,F_{1x} 和 F_{1y},F_{2x} 和 F_{2y},$\cdots$,F_{nx} 和 F_{ny} 分别表示力 $F_1,F_2,\cdots,F_n$ 在直角坐标轴 Ox 轴和 Oy 轴上的投影。根据合力投影定理,可求得合力 F_R 在这两轴上的投影,如式(2-7)所示。

已知力的投影,可以根据式(2-5)求得合力的大小和方向为

$$F_R = \sqrt{F_{Rx}^2 + F_{Ry}^2} = \sqrt{\left(\sum F_x\right)^2 + \left(\sum F_y\right)^2}$$

$$\cos\alpha = \frac{\sum F_x}{F_R} \tag{2-8}$$

式中,α 表示合力与 x 轴正向间的夹角。

【例 2-3】　一吊环受到三条钢丝绳的拉力,如图 2-5(a)所示。已知 $F_1 = 2\,000\text{N}$,水平向左;$F_2 = 2\,500\text{N}$,与水平成 $30°$;$F_3 = 1\,500\text{N}$,铅垂向下。试用解析法求合力的大小和方向。

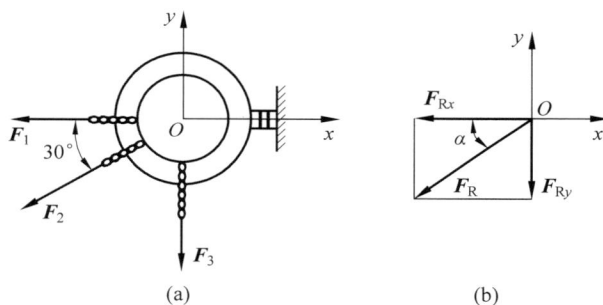

图　2-5

解:以三力的交点 O 为坐标原点,建立直角坐标系如图 2-5 所示,先分别计算各力的投影,则有

$$F_{1x} = -F_1 = -2\,000\text{N}$$

$$F_{2x} = -F_2\cos30° = (-2\,500 \times 0.866)\text{N} = -2\,165\text{N}$$

$$F_{3x} = 0$$

$$F_{1y} = 0$$

$$F_{2y} = -F_2\sin30° = (-2\,500 \times 0.5)\text{N} = -1\,250\text{N}$$

$$F_{3y} = -F_3 = -1\,500\text{N}$$

于是,可得

$$F_{Rx} = \sum F_x = (-2\,000 - 2\,165 + 0)\text{N} = -4\,165\text{N}$$

$$F_{Ry} = \sum F_y = (0 - 1\,250 - 1\,500)\text{N} = -2\,750\text{N}$$

$$F_R = \sqrt{F_{Rx}^2 + F_{Ry}^2} = (\sqrt{(-4\,165)^2 + (-2\,750)^2})\text{N} = 4\,991\text{N}$$

由于 F_{Rx} 和 F_{Ry} 都是负值，所以合力 F_R 应在第三象限，如图 2-5(b)所示。

$$\tan\alpha = \left| \frac{F_{Ry}}{F_{Rx}} \right| = \frac{2\,750}{4\,165} = 0.660$$

$$\alpha = 33.4°$$

平面汇交力系平衡的充要条件是力系的合力等于零。根据式(2-8)，当合力为零时，有

$$\begin{cases} \sum F_x = 0 \\ \sum F_y = 0 \end{cases} \qquad (2\text{-}9)$$

即平面汇交力系平衡的充要条件是各力在两个正交坐标轴上投影的代数和分别为零。

式(2-9)称为平面汇交力系平衡的解析条件，也称为平面汇交力系的平衡方程。平面汇交力系有两个独立的平衡方程，因此只能求解两个未知量，可以是力的大小，也可以是力的方向。应用平衡方程解决工程上的平衡问题是静力学的主要任务之一。下面举例说明平面汇交力系平衡方程的应用。

【例 2-4】　一简易起重装置如图 2-6(a)所示，重物吊在钢丝绳的一端，钢丝绳的另一端跨过定滑轮 A，绕在绞车 D 的鼓轮上，定滑轮用直杆 AB 和 AC 支承，定滑轮半径较小，其大小可忽略不计，设重物重力 $W = 2\text{kN}$，定滑轮、各直杆及钢丝绳的重量不计，各处接触均为光滑。求匀速提升重物时，杆 AB 和 AC 所受的力。

图　2-6

解：杆 AB 和 AC 的受力可以通过它们对滑轮的反力求出。因此，可以选取滑轮为研究对象，其受杆 AB 和 AC 的反力，因杆 AB 和 AC 为二力杆，所以反力 F_{AB} 和 F_{AC} 的方向沿杆的轴线，其指向设为图示方向。此外，滑轮还受绳索的拉力 F 作用，二者大小相等，$F = W$。滑轮的受力图如图 2-6(b)所示。其中只有 F_{AB} 和 F_{AC} 的大小未知，两个未知数可由平面汇交力系平衡方程解出。

由

$$\sum F_y = 0, \quad F_{AC}\sin30° - F\cos30° - W = 0$$

得

$$F_{AC} = \frac{W + F\cos30°}{\sin30°} = \frac{2 + 2 \times 0.866}{0.5}\text{kN} = 7.46\text{kN}$$

再由

$$\sum F_x = 0, \quad F_{AC}\cos30° - F\sin30° - F_{AB} = 0$$

可得

$$F_{AB} = F_{AC}\cos 30° - F\sin 30° = (7.46 \times 0.866 - 2 \times 0.5)\text{kN} = 5.46\text{kN}$$

可以看出,求出的两力均为正值,说明其方向与所假设方向一致。

【例 2-5】 压榨机简图如图 2-7(a)所示,在铰链 A 处作用一水平力 F 使压块 C 压紧物体 D。若杆 AB 和 AC 的重量忽略不计,各处接触均为光滑,求物体 D 所受的压力。

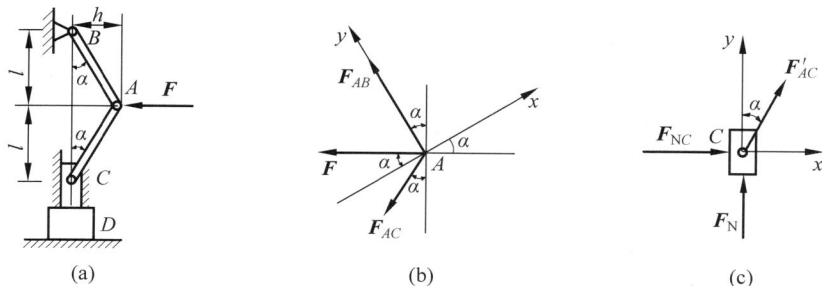

图　2-7

解:根据作用力与反作用力的关系,求压块 C 对物体 D 的压力,可通过求物体 D 对压块的约束力 F_N 而得到,而若要求压块 C 所受的力 F_N,则需先确定杆 AC 所受的力。为此,应先考虑铰链 A 的平衡,找到杆 AC 所受的力与主动力 F 的关系。

根据上述分析,可先取铰链 A 为研究对象,设二力杆 AB 和 AC 均受拉力,因此铰链 A 的受力图如图 2-7(b)所示。为减少方程中未知力的个数,投影轴应尽量取在与未知力作用线相垂直的方向。这样在列平衡方程式时,该未知数不出现在方程中。建立如图 2-7(b)所示坐标系,列出平衡方程

$$\sum F_x = 0 \quad -F_{AC}\cos(90° - 2\alpha) - F\cos\alpha = 0$$

得

$$F_{AC} = -F\frac{\cos\alpha}{\sin 2\alpha} = -\frac{F}{2\sin\alpha}$$

可以看出,解出的结果为负值,表示该力的实际方向与图中假设方向相反。

再选取压块 C 为研究对象,画受力图,建立坐标系,如图 2-7(c)所示。因为杆 AC 为二力杆,A、C 两端的作用力相等,方向可以用二力平衡条件确定。列出平衡方程

$$\sum F_y = 0 \quad F'_{AC}\cos\alpha + F_N = 0$$

且

$$F'_{AC} = F_{AC}$$

$$F_N = -F'_{AC}\cos\alpha = -\frac{-F}{2\sin\alpha}\cos\alpha = \frac{F\cot\alpha}{2} = \frac{Fl}{2h}$$

通过以上例题,可归纳出平面汇交力系平衡方程应用的主要步骤和注意事项,具体如下。

(1)选择研究对象时应注意:①所选择的研究对象应作用有已知力(或已经求出的力)和未知力,这样才能应用平衡条件由已知力求得未知力;②首先以受力简单并能由已知力求得未知力的物体作为研究对象,然后再以受力较为复杂的物体作为研究对象。

(2)取分离体,画受力图。研究对象确定后,需要分析其受力情况。因此,需将研究对

象从其周围物体中分离出。根据所受的外载荷,画分离体所受的主动力;根据约束性质,画分离体所受的约束力,最后得到研究对象的受力图。

(3)选取坐标系,计算力系中所有的力在坐标轴上的投影。坐标轴可以任意选择,但应尽量使坐标轴与未知力平行或垂直,这不仅可以使力的投影简便,还可以使平衡方程中包括最少数目的未知量,避免解联立方程。

(4)列平衡方程,求解未知量。若求出的力为正值,则表示受力图上所假设的力的指向与实际指向相同;若求出的力为负值,则表示受力图上力的实际指向与所假设的指向相反,在受力图上不必改正。在答案中,要说明力的方向。

2.2 力对点之矩 合力矩定理

2.2.1 力对点之矩

实践表明,作用在物体上的力除有平动效应外,有时还有转动效应,即会使物体发生转

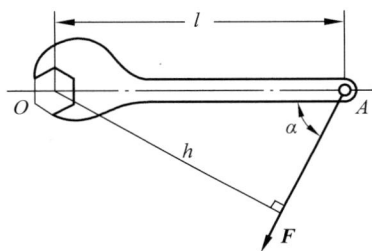

图 2-8

动。例如,用扳手拧螺母,作用于扳手上的力 F 使扳手绕固定点 O 转动,如图 2-8 所示。

由经验可知,使扳手绕 O 点转动的效果,不仅与力 F 的大小成正比,而且与 O 点至该力作用线的垂直距离 h 也成正比。同时,如果力使扳手绕 O 点转动的方向不同,则其效果也不同。由此可见,力 F 使扳手绕 O 点转动的效果,取决于两个因素:力的大小与 O 点到该力作用线垂直距离的乘积(Fh)和力使扳手绕 O 点转动的方

向。可用一个代数量 $\pm Fh$ 来表示,称为力对 O 点之矩,简称力矩。用公式记为

$$M_O(F) = \pm Fh \qquad (2\text{-}10)$$

式中,O 点称为力矩中心,简称矩心;距离 h 称为力臂。在平面问题中,力对点的矩是一个代数量,力矩的大小等于力的大小与力臂的乘积。其正负号表示力使物体绕矩心转动的方向。通常规定:力使物体作逆时针方向转动时的力矩为正,反之为负。

力矩的单位在国际单位制中为牛·米(N·m)或千牛·米(kN·m)。由式(2-10)可知,力矩在下列两种情况下等于零。

(1)力的大小为零。

(2)力臂等于零,即力的作用线通过矩心。

2.2.2 合力矩定理

如果平面力系 F_1、F_2、$\cdots$、F_n 可以合成为一个合力 F_R,则可以证明

$$M_O(F_R) = M_O(F_1) + M_O(F_2) + \cdots + M_O(F_n) = \sum_{i=1}^{n} M_O(F_i) \qquad (2\text{-}11)$$

式(2-11)表明,平面力系的合力对平面内任意一点的矩等于力系中各分力对于同一点力矩的代数和。这一结论称为合力矩定理。

利用合力矩定理,可以建立力矩计算的解析表达式。如图 2-9 所示,已知力 $\boldsymbol{F}$ 作用点 $A(x,y)$,求力 $\boldsymbol{F}$ 对坐标原点 O 的矩。根据合力矩定理,力 $\boldsymbol{F}$ 对坐标原点 O 的矩等于力 $\boldsymbol{F}$ 的两个分力 $\boldsymbol{F}_x$ 和 $\boldsymbol{F}_y$ 对坐标原点 O 的矩的代数和,即

$$M_O(\boldsymbol{F}) = M_O(\boldsymbol{F}_x) + M_O(\boldsymbol{F}_y) = xF_y - yF_x$$

或

$$M_O(\boldsymbol{F}) = xF_y - yF_x \tag{2-12}$$

式中,F_x、F_y 分别为力 $\boldsymbol{F}$ 在 x、y 轴上的投影。

合力矩定理可以应用于求分布力合力作用点。其中,分布力是指作用在一定的长度、面积或体积上的力,如物体的重力、液体的压力等。分布力在每一点处作用的载荷强度常用单位长度(或面积、体积)上作用力的大小 q 来表示,称为载荷集度,单位是 N/m(或 N/m^2、N/m^3)。

【例 2-6】　简支梁 AB 受三角形分布载荷的作用,如图 2-10 所示。载荷在 B 点的集度为 q_0,梁长 l 分布力方向如图 2-10 所示,求合力作用线的位置。

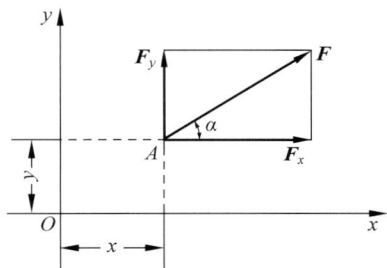
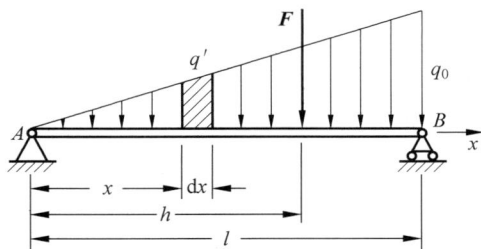

图　2-9　　　　　　　　　　　　　　　　图　2-10

解：建立图示 x 坐标,在梁上距 A 点为 x 处取微段 $\mathrm{d}x$,其上作用的载荷大小为 $q'\mathrm{d}x$,其中 q' 为该处的载荷集度。由图 2-10 中的几何关系可知,$q' = \dfrac{x}{l}q$。若将分布载荷看作由一系列分力 $q'\mathrm{d}x$ 构成的力系,则分布载荷的合力大小为

$$F = \int_0^l q'\mathrm{d}x = \frac{1}{2}ql$$

设合力的作用线坐标为 h,根据合力矩定理,合力对 A 点的矩等于各分力对 A 点的矩的代数和,即

$$Fh = \int_0^l q'x\,\mathrm{d}x$$

将 q' 和 F 的值代入上式,得

$$h = \frac{2}{3}l$$

计算结果表明,合力大小等于三角形分布载荷图形的面积,合力作用线通过三角形载荷图形的形心。这一结论可以推广到其他分布力的情况中。

【例 2-7】　在图 2-11 中,皮带轮直径 $D = 400\text{mm}$,皮带拉力 $F_1 = 1\,500\text{N}$,$F_2 = 750\text{N}$,与水平线夹角 $\theta = 15°$。求皮带拉力 $\boldsymbol{F}_1$、$\boldsymbol{F}_2$

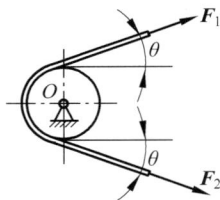

图　2-11

对轮心 O 的矩。

　　解: 皮带拉力沿带轮的切线方向,则力臂 $d=D/2$,而与角 θ 无关。根据式(2-10),可得

$$M_O(\boldsymbol{F}_1)=-F_1 d=-F_1\frac{D}{2}=\left(-1\,500\times\frac{0.4}{2}\right)\text{N}\cdot\text{m}=-300\text{N}\cdot\text{m}$$

$$M_O(\boldsymbol{F}_2)=F_2 d=F_2\frac{D}{2}=\left(750\times\frac{0.4}{2}\right)\text{N}\cdot\text{m}=150\text{N}\cdot\text{m}$$

　　【例 2-8】 如图 2-12(a)所示,作用于齿轮的啮合力 $\boldsymbol{F}_n=1\,000\text{N}$,节圆直径 $D=160\text{mm}$,压力角 $\alpha=20°$。求啮合力 $\boldsymbol{F}_n$ 对轮心 O 的矩。

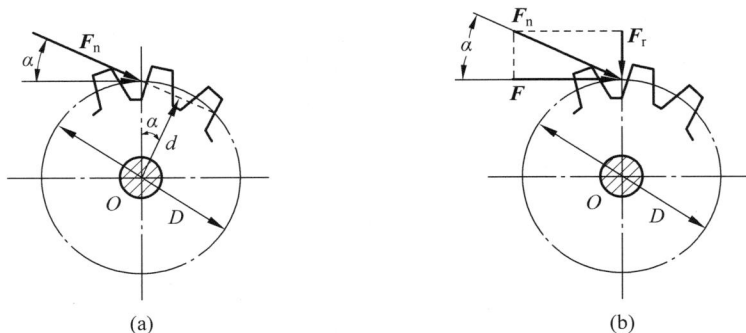

图　2-12

　　解: (1) 应用力矩公式计算。由图 2-12(a)中的几何关系可知,力臂

$$d=\frac{D}{2\cos\alpha}$$

因此,有

$$M_O(\boldsymbol{F}_n)=-F_n d=\left(-1\,000\times\frac{0.16}{2}\cos20°\right)\text{N}\cdot\text{m}=-75.2\text{N}\cdot\text{m}$$

　　(2) 应用合力矩定理计算。将啮合力 $\boldsymbol{F}_n$ 正交分解为圆周力 $\boldsymbol{F}$ 和径向力 $\boldsymbol{F}_r$,如图 2-12(b)所示。可知,节圆半径是圆周力的力臂,根据合力矩定理,得

$$M_O(\boldsymbol{F}_n)=M_O(\boldsymbol{F})+M_O(\boldsymbol{F}_r)=-F_n\frac{D}{2}\cos20°+0$$

$$=\left(-1\,000\times\frac{0.16}{2}\times\cos20°\right)\text{N}\cdot\text{m}=-75.2\text{N}\cdot\text{m}$$

　　工程中,齿轮的圆周力和径向力是分别给出的,因此第二种方法较为普遍。

2.3　力偶　平面力偶系的简化与平衡

2.3.1　力偶的概念

　　由大小相等、方向相反、作用线相距一段距离的两个平行力 $\boldsymbol{F}$ 与 $\boldsymbol{F}'$ 组成的力系称为力偶,通常用符号 $(\boldsymbol{F},\boldsymbol{F}')$ 表示。两力作用线所决定的平面称为力偶的作用面,而力作用线间的垂直距离称为力偶臂。在工程实际中,常见的力偶作用情况,如用丝锥攻丝和转动方向盘

等都是受到力偶的作用,如图 2-13 所示。

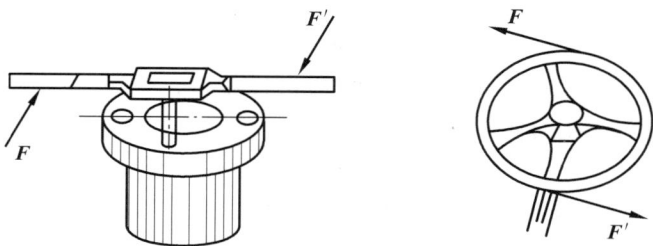

图   2-13

构成力偶的两个等值、反向平行力的合力等于零,但它们不能相互平衡,而是使物体产生转动效应。因此,力和力偶是静力学的两个基本作用量。力偶不能合成为一个力或用一个力来平衡。

力偶对物体的转动效果,可用构成力偶的两个力对其作用面内某点的矩的代数和来度量。设有力偶$(\boldsymbol{F},\boldsymbol{F}')$,其力偶臂为$d$,如图 2-14 所示。力偶对作用面内的任意一点$O$的矩为$M_O(\boldsymbol{F},\boldsymbol{F}')$,则

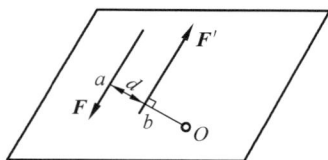

图   2-14

$$M_O(\boldsymbol{F},\boldsymbol{F}')=M_O(\boldsymbol{F})+M_O(\boldsymbol{F}')$$
$$=F\cdot aO-F'\cdot bO$$
$$=F(aO-bO)=Fd \tag{2-13}$$

因为矩心O是任意选取的,由此可知,力偶的作用效果取决于力的大小和力偶臂的乘积,与矩心的位置无关。力与力偶臂的乘积称为力偶矩,记为$M(\boldsymbol{F},\boldsymbol{F}')$,简记为$M$。力偶在平面内的转向不同,作用效果也不同。因此,力偶对物体的作用效果,由力偶矩的大小和力偶在作用平面内的转向两个因素决定。

若把力偶矩视为代数量,规定逆时针转向为正,顺时针转向为负,则

$$M=\pm Fd \tag{2-14}$$

力偶矩的单位与力矩相同,也是牛·米(N·m)。

2.3.2 力偶的性质

性质 1:在同一平面内的两个力偶,若力偶矩相等,则两力偶等效。

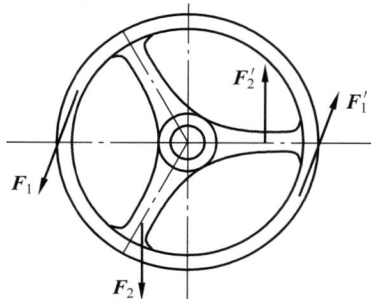

图   2-15

如图 2-15 所示,方向盘转动时,作用于方向盘上的力偶$(\boldsymbol{F}_1,\boldsymbol{F}_1')$与具有相同力偶矩的另外一个力偶$(\boldsymbol{F}_2,\boldsymbol{F}_2')$使方向盘产生完全相同的运动效应。由此可以得出两个重要推论,具体如下。

(1)只要不改变力偶矩的大小和力偶的转向,力偶的位置可以在它的作用平面内任意移动或转动,而不改变它对物体的作用效果。

(2)只要保持力偶矩不变,可以同时改变力偶中力的大小和力偶臂的长短,而不改变力偶对物体的作用

效果。

根据这一性质,力偶的作用效果只取决于力偶矩,因此力偶可以用力偶作用面内的一个带箭头的圆弧表示。

性质2:力偶的两个力在任何坐标轴上的投影代数和为零,因此力偶没有合力,也不能与一个力平衡,并且只能用力偶来平衡。

2.3.3 平面力偶系的合成与平衡

作用在同一物体上同一平面或平行平面内的多个力偶组成的力系,称为平面力偶系。因为平面内的力偶对物体的作用效果只取决于力偶的大小和力偶的转向,所以平面力偶系合成的结果必然是一个合力偶,并且其合力偶矩应等于各分力偶矩的代数和。设平面力偶系由力偶矩为 $M_1, M_2, \cdots, M_n$ 的 n 个力偶组成,则该力偶系合成后的合力偶为

$$M = \sum_{i=1}^{n} M_i = \sum M \tag{2-15}$$

由于平面力偶系合成的结果只能是一个合力偶,当其合力偶矩等于零时,表明使物体转动的力偶矩为零,物体处于平衡状态。因此,平面力偶系平衡的充要条件是:所有力偶矩的代数和等于零,即

$$\sum M = 0 \tag{2-16}$$

式(2-16)称为平面力偶系的平衡方程。应用平面力偶系的平衡方程可以求解一个未知量。

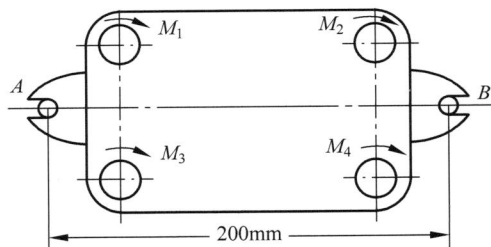

图　2-16

【例 2-9】　如图 2-16 所示,用多轴钻床在水平放置的工件上同时钻四个直径相等的孔,每个钻头的主切削力在水平面内组成一力偶,各力偶矩的大小为 $M_1 = M_2 = M_3 = M_4 = 15 \text{N} \cdot \text{m}$,转向如图 2-16 所示。求工件受到的总切削力偶矩。

解:作用于工件的切削力偶有四个,各力偶矩的大小相等,转向相同,并且在同一平面内。因此,可求出其合力偶矩为

$$M = M_1 + M_2 + M_3 + M_4 = [4 \times (-15)] \text{N} \cdot \text{m} = -60 \text{N} \cdot \text{m}$$

式中,负号表示合力偶为顺时针转向。工件在 A、B 两点用卡具固定,显然 A、B 两点的约束力应构成力偶。

【例 2-10】　一平行轴减速箱如图 2-17(a)所示,所受的力可视为都在图示平面内。减速箱输入轴 I 上作用输入力偶,其矩为 $M_1 = 50 \text{N} \cdot \text{m}$;输出轴 II 上作用输出力偶,其矩为 $M_2 = 60 \text{N} \cdot \text{m}$。设与地基固定的地脚螺栓 A、B 的间距为 $l = 20 \text{cm}$,不计减速箱重量。求螺栓 A、B 以及支承面所受的力。

解:取减速箱为研究对象,画受力图。减速箱除受两个力偶矩作用外,还受到螺栓与支承面的约束力的作用。因为力偶必须用力偶来平衡,所以这些约束力也必定组成一力偶,A、B 处约束力方向如图 2-17(b)所示,并且

$$F_{NA} = F_{NB}$$

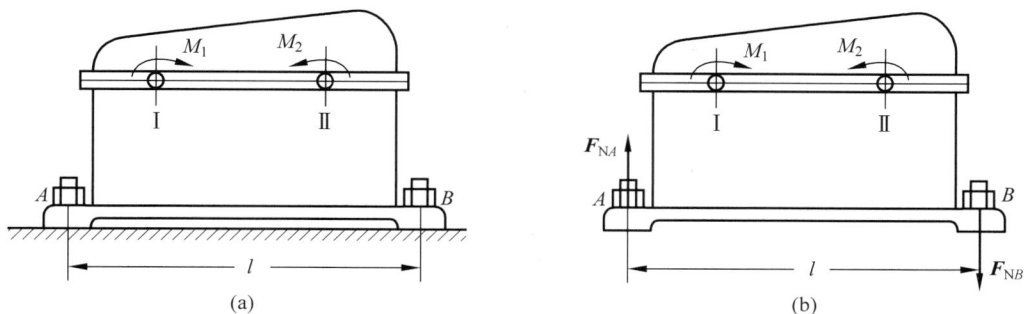

图　2-17

根据平面力偶系的平衡条件,列平衡方程

$$\sum M = 0, \quad M_2 - M_1 - F_{NA}l = 0$$

$$F_{NA} = \frac{M_2 - M_1}{l} = \frac{60 - 50}{0.2}\mathrm{N} = 50\mathrm{N}$$

$$F_{NA} = F_{NB} = 50\mathrm{N}$$

【例 2-11】　在梁 AB 上作用一力偶,其力偶矩大小为 $M = 200\mathrm{kN \cdot m}$,转向如图 2-18(a)所示。梁长 $l = 2\mathrm{m}$,不计自重,求支座 A、B 的约束力。

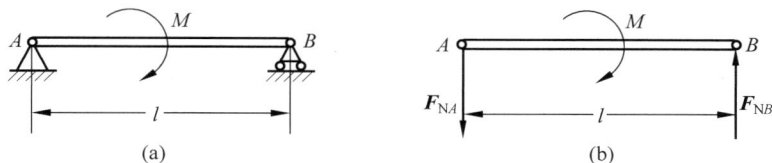

图　2-18

解:取梁 AB 为研究对象。梁 AB 上作用一力偶矩 M 及支座 A、B 的约束力 F_{NA}、F_{NB}。F_{NB} 的作用线沿铅垂方向,由力偶只能与力偶相平衡的性质,可知 F_{NA} 及 F_{NB} 必组成一个力偶,因此 F_{NA} 的作用线也沿铅垂方向。梁 AB 在两个力偶的作用下处于平衡状态,如图 2-18(b)所示,可列平面力偶系的平衡方程:

$$\sum M = 0, \quad F_{NA}l - M = 0$$

$$F_{NA} = \frac{M}{l} = \frac{200}{2}\mathrm{kN} = 100\mathrm{kN}$$

$$F_{NB} = F_{NA} = 100\mathrm{kN}$$

本例题说明,力偶在梁上的位置对支座 A、B 的约束力无影响。

【例 2-12】　图 2-19(a)所示为一四连杆机构,已知 $AB // CD$,$AB = 40\mathrm{cm}$,$BC = 60\mathrm{cm}$,$\alpha = 30°$,作用于杆 AB 上的力偶矩 $M_1 = 60\mathrm{N \cdot m}$,不计自重。求维持机构平衡时作用于杆 CD 上的力偶矩 M_2。

解:(1) 受力分析。杆件两端铰链连接,不计自重,是二力杆。

(2) 分别取杆 AB、CD 为研究对象,取分离体,画受力图(图 2-19(b)和(c)),杆 AB、CD 作用力偶,只能用力偶平衡,分别列平衡方程。

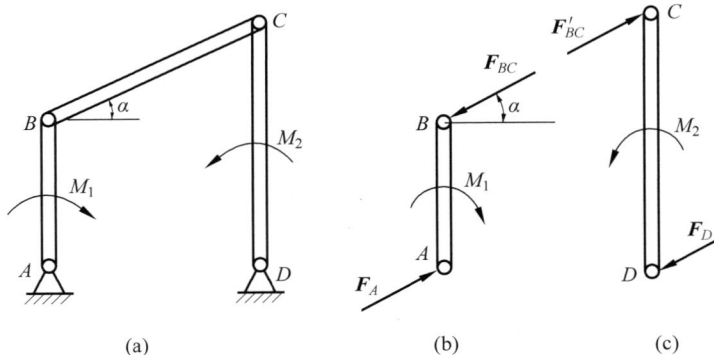

图 2-19

对于杆 AB,有

$$\sum M = 0, \quad F_{BC}\cos 30°AB - M_1 = 0$$

$$F_{BC}\cos 30° = \frac{M_1}{AB} = \frac{60}{0.4}\mathrm{N} = 150\mathrm{N}$$

对于杆 CD,有

$$\sum M = 0, \quad -F_{BC}\cos 30°CD + M_2 = 0$$

$$M_2 = F_{BC}\cos 30°CD = (150 \times 0.7)\mathrm{N \cdot m} = 105\mathrm{N \cdot m}$$

本章总结

1. 基本概念

1)平面力系

当力系中的各力作用线都在同一平面上时,该力系称为平面力系。

2)平面汇交力系

平面力系中各力作用线通过同一点时,该力系称为平面汇交力系。

3)平面力偶和平面力偶系

由大小相等、方向相反、作用线相距一段距离的两个平行力 $\boldsymbol{F}$ 与 $\boldsymbol{F}$ 组成的力系称为力偶,通常用符号$(\boldsymbol{F}, \boldsymbol{F'})$表示。若平面力系中的各力均成对构成力偶,称该力系为平面力偶系。

性质 1:在同平面内的两个力偶,若力偶矩相等,则两力偶等效。

推论:(1)只要不改变力偶矩的大小和力偶的转向,力偶的位置可以在它的作用平面内任意移动或转动,而不改变它对物体的作用效果。

(2)只要保持力偶矩不变,可以同时改变力偶的力的大小和力偶臂的长短,而不改变力偶对物体的作用效果。

性质 2:力偶没有合力,也不能与一个力平衡,并且只能用力偶来平衡。

4)力对点之矩

力 $\boldsymbol{F}$ 对物体产生的使其绕某点 O 转动的转动效应用力对点之矩度量,其取决于两个因素：力的大小与 O 点到该力作用线垂直距离的乘积 $(F \cdot h)$ 和力使物体绕 O 点转动的方向。可用一个代数量 $\pm Fh$ 来表示，称为力对点 O 之矩，简称力矩。

2. 平面汇交力系的合成与平衡

平面汇交力系可以合成为一个合力，该合力等于力系各力的矢量和，合力的作用线通过汇交点。

$$F_{R} = F_1 + F_2 + \cdots + F_n = \sum_{i=1}^{n} F_i$$

平面汇交力系平衡的充要条件是：该力系的合力等于零。

平衡方程为
$$\begin{cases} \sum F_x = 0 \\ \sum F_y = 0 \end{cases}$$

3. 平面力偶系的合成与平衡

平面力偶系的合成可以合称为一个合力偶，并且其合力偶矩应等于各分力偶矩的代数和。

$$M = \sum_{i=1}^{n} M_i = \sum M$$

平面力偶系平衡的充要条件是：所有力偶矩的代数和等于零。

平衡方程：
$$\sum M = 0$$

分析思考题

2-1　分力和投影有哪些区别和联系？

2-2　投影轴一定是相互垂直的吗？

2-3　力偶只能与力偶平衡，为什么？

2-4　力对点之矩和力偶的正负号表示的是什么含义？

习题

2-1　铆接钢板在孔 A、B 和 C 处受 3 个力作用，如习题 2-1 图所示。已知 $F_1 = 100\mathrm{N}$，沿铅垂方向；$F_2 = 50\mathrm{N}$，沿 AB 方向；$F_3 = 50\mathrm{N}$，沿水平方向。求此力系的合力。

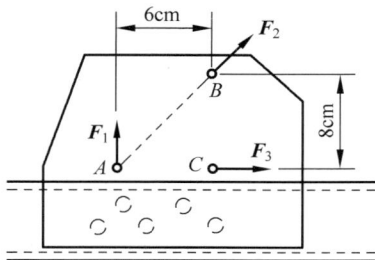

习题 2-1 图

答：合力为 161.2N,合力方向与 F_1 之间的夹角为 $29°44'$。

2-2　设 $F_1=10$N、$F_2=30$N、$F_3=50$N、$F_4=70$N、$F_5=50$N、$F_6=110$N,如习题 2-2 图所示,各相邻二力的作用线之间的夹角均为 $60°$。请用解析法求各力的合力。

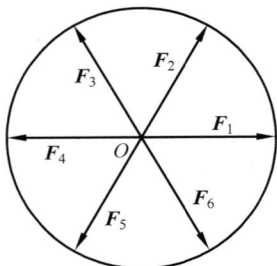

习题 2-2 图

答：$F_R=80$N,方向沿 F_5。

2-3　如习题 2-3 图所示,电机重 $W=5$kN,放在水平梁 AB 的中央,梁的 A 端为铰链,B 以杆 BC 支持,求杆 BC 所受的力。

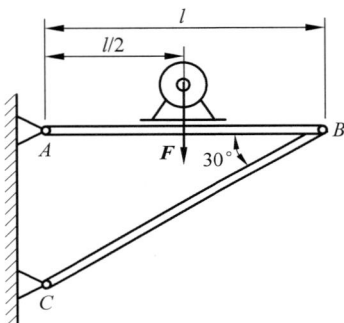

习题 2-3 图

答：$F_{BC}=5$kN。

2-4　如习题 2-4 图所示,压路机的碾子重 $W=20$kN,半径 $r=40$cm,若用一通过其中心的水平力 F 拉碾子越过高 $h=8$cm 的石坎,问 F 应为多少? 若要使 F 值为最小,力 F 与水平线的角 α 应为多少,此时 F 值为多少?

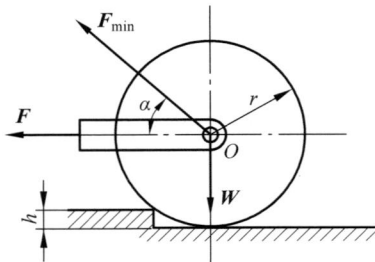

习题 2-4 图

答：$F=15$kN；$\alpha=36°52'$,$F=12$kN。

2-5　如习题 2-5 图所示,起重机支架的杆 AB、AC 用铰链连接在可旋转的立柱上,并在滑轮 A 处用铰链互相连接。由绞车 D 水平引出钢索绕过滑轮 A 起吊重物。若重物重 $W=20\text{kN}$,滑轮的尺寸和各杆的自重忽略不计。求杆 AB 和 AC 所受的力。

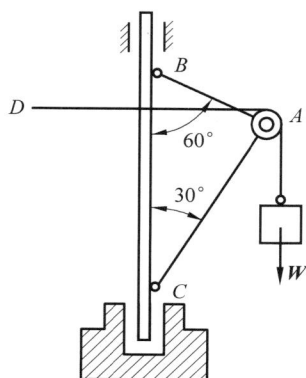

习题 2-5 图

答：$F_{AB}=27.3\text{kN}$,$F_{AC}=7.32\text{kN}$。

2-6　求如习题 2-6 图所示各支架中杆 AB、AC 所受的力。

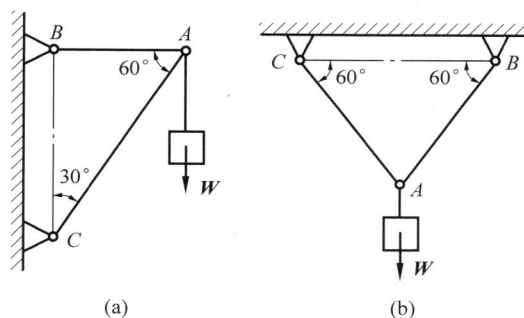

(a)　　　　　(b)

习题 2-6 图

答：(a) $F_{AB}=\dfrac{\sqrt{3}}{3}W$,$F_{AC}=-\dfrac{2\sqrt{3}}{3}W$；(b) $F_{AC}=F_{AB}=\dfrac{\sqrt{3}}{3}W$

2-7　有 4 根绳索 AC、CB、CE、ED,连接如习题 2-7 图所示,其中 B、D 两端固定在支架上,A 端系在重物上,人在 E 点向下施力 F,若 $F=400\text{N}$,$\alpha=4°$。求所能吊起的重量 W。

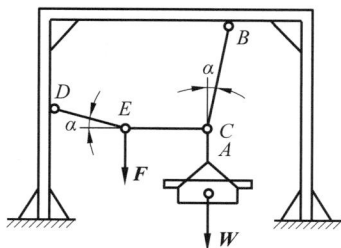

习题 2-7 图

答：$W = 81.8\text{kN}$

2-8 如习题 2-8 图所示，刚体架上作用力 $\boldsymbol{F}$，试分别计算力 $\boldsymbol{F}$ 对点 A 和 B 的力矩。F、α、a、b 已知。

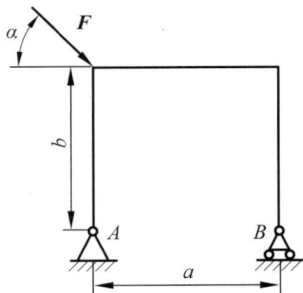

习题 2-8 图

答：$M_A = -Fb\cos\alpha$，$M_B = F(a\sin\alpha - b\cos\alpha)$。

2-9 如习题 2-9 图所示，长方体 $ABCD$ 重为 $W = 100\text{N}$，边长 $AB = 60\text{cm}$，$AD = 80\text{cm}$。今将其斜放使它的 AB 面与水平面成 $\phi = 30°$ 角，求其重力对点 A 的力矩。另外，当 ϕ 等于多少时，该力矩等于零？

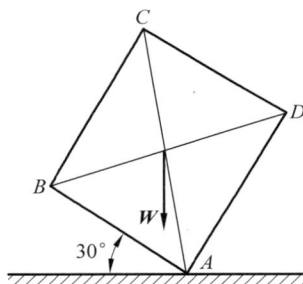

习题 2-9 图

答：$M_A = 5.98\text{N} \cdot \text{m}$；$\phi = 36°54'$。

2-10 如习题 2-10 图所示，一大小为 80N 的力作用于扳手柄端，并且 $\alpha = 60°$。求：(1)当 $\beta = 75°$ 时，求此力对螺钉中心 O 的矩。(2)当 β 角为何值时，该力矩为最小值？(3)当 β 角为何值时，该力矩为最大值？

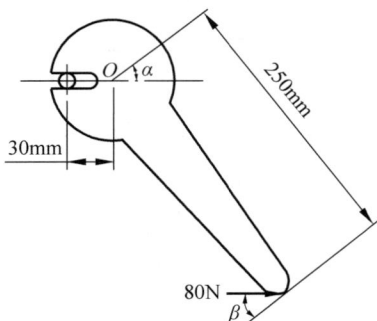

习题 2-10 图

答：$M_O = 20.18\text{N} \cdot \text{m}$；$\beta = 5.12°$；$\beta = 95.12°$。

2-11　作用在悬臂梁上的载荷如习题 2-11 图所示，求该载荷对点 A 的矩。

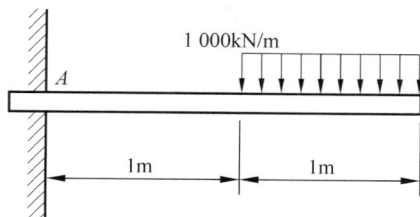

习题 2-11 图

答：$M_A = 1\,500\text{kN} \cdot \text{m}$。

2-12　如习题 2-12 图所示薄壁钢筋混凝土挡土墙，已知墙重 $F_P = 75\text{kN}$，覆土重 $W = 120\text{kN}$，水平土压力 $F = 90\text{kN}$。求使墙绕前趾 A 倾覆的力矩 M_q 和使墙趋于稳定的力矩 M，并计算两者的比值，即倾覆安全系数 K_q。

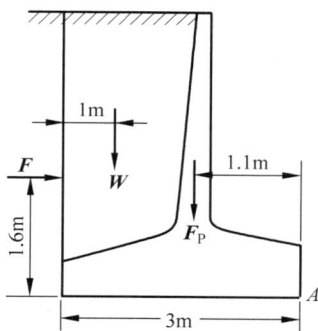

习题 2-12 图

答：$M_q = 144\text{N} \cdot \text{m}$，$M = 322.5\text{kN} \cdot \text{m}$，$K_q = 2.24$。

2-13　求如习题 2-13 图所示平面力偶系的合成结果。其中，$F_1 = F_2 = 200\text{N}$，$F_3 = 480\text{N}$。

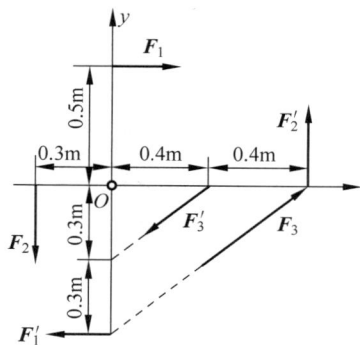

习题 2-13 图

答：$M = 115\text{N} \cdot \text{m}$。

2-14　构件的支承及荷载情况如习题 2-14 图所示，求支座 A、B 的约束力。

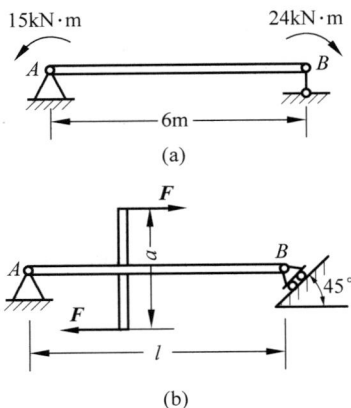

15kN·m   24kN·m

A   B

6m

(a)

(b)

习题 2-14 图

答：（a）$F_A = F_B = 1.5\text{kN}$；（b）$F_A = F_B = \sqrt{2}\,F\,\dfrac{a}{l}$。

2-15　曲柄连杆活塞机构在如习题 2-15 图所示位置，此时活塞上受力 $F = 400\text{N}$。若不计所有构件的重量和摩擦，则在曲柄上应施加多大的力矩才能使机构平衡？

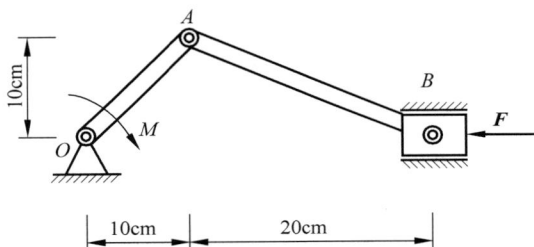

习题 2-15 图

答：$M = 6\,000\text{N} \cdot \text{cm}$。

2-16　四连杆机构 $OABO_1$ 在习题 2-16 图所示位置平衡，已知 $OA = 40\text{cm}$、$O_1B = 60\text{cm}$，作用在曲柄 OA 上的力偶矩大小为 $M_1 = 1\text{N} \cdot \text{m}$，不计杆重，求力偶矩 M_2 的大小及连杆 AB 所受的力。

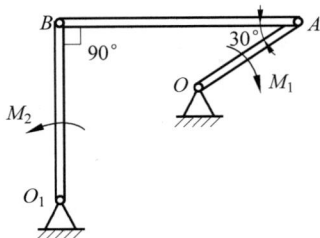

习题 2-16 图

答：$M_2 = 3\text{N} \cdot \text{m}$，$F_{AB} = 5\text{N}$。

第3章

平面任意力系

基本要求

  (1) 掌握力线平移定理。
  (2) 了解平面力系向一点简化。
  (3) 熟练掌握平面力系的平衡方程。
  (4) 掌握物体系统的平衡问题分析。
  (5) 了解有摩擦时物体的平衡分析。

重点和难点

  (1) 平面力系的平衡方程。
  (2) 物体系统的平衡问题。

3.1 力线平移定理

  现在研究将作用在刚体上一点的力等效平移到该刚体上另一点的等效方法。

  如图 3-1(a)所示,设有一力 $\boldsymbol{F}$ 作用于刚体的 A 点,为将该力平行移到任意一点 B,在 B 点加一对作用线与 $\boldsymbol{F}$ 平行的平衡力 $\boldsymbol{F}_1$ 和 $\boldsymbol{F}_1'$,并且使 $F_1' = F_1 = F$,在 $\boldsymbol{F}$、$\boldsymbol{F}_1$、$\boldsymbol{F}_1'$ 三力中,$\boldsymbol{F}$ 和 $\boldsymbol{F}_1'$ 两力组成一个力偶,其力偶臂为 d,力偶矩恰好等于原力对 B 点的矩,如图 3-1(b)所示。显然,三个力组成的新力系与原力 $\boldsymbol{F}$ 等效。这三个力可看作一个作用在 B 点的力 $\boldsymbol{F}_1$ 和一个力偶($\boldsymbol{F}_1$,$\boldsymbol{F}_1'$)。这样,原来作用在 A 点的力 $\boldsymbol{F}$ 便被等效为作用在新作用点 B 的力 $\boldsymbol{F}_1$ 和力偶($\boldsymbol{F}$,$\boldsymbol{F}_1'$)。力偶($\boldsymbol{F}$,$\boldsymbol{F}_1'$)称为附加力偶,如图 3-1(c)所示,其力矩 M 为

$$M = M_B(\boldsymbol{F}) = Fd$$

  由此可得力线平移定理:作用在刚体上的力,可以平移至刚体内任一指定点,若不改变该力对于刚体的作用,则必须附加一力偶,其力偶矩等于原力对新作用点的矩。

  力线平移定理是力系向一点简化的理论依据,也是分析和解决实际工程中力学问题的重要依据。如图 3-2(a)所示,钳工攻丝时,要求在丝锥手柄的两端均匀用力,即形成一力偶

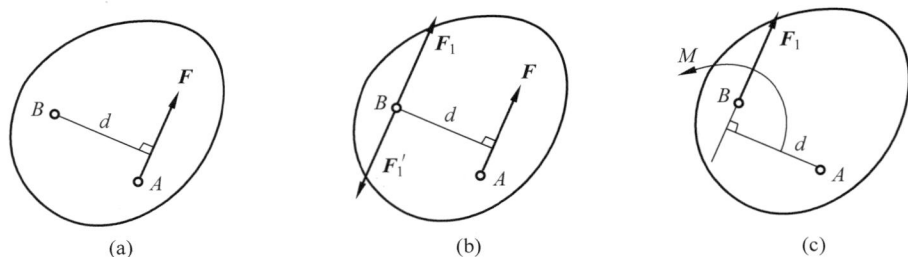

图   3-1

使手柄产生转动进行攻丝。如果在手柄的单边加力,如图 3-2(b)所示,那么丝锥极易折断,
这是因为,作用在 A 点的力可等效为作用于 O 点的力 F' 和一附加力偶 M,如图 3-2(c)所
示。力偶 M 使手柄产生顺时针转动进行攻丝,而丝锥上受到的横向力 F' 易造成丝锥折断。

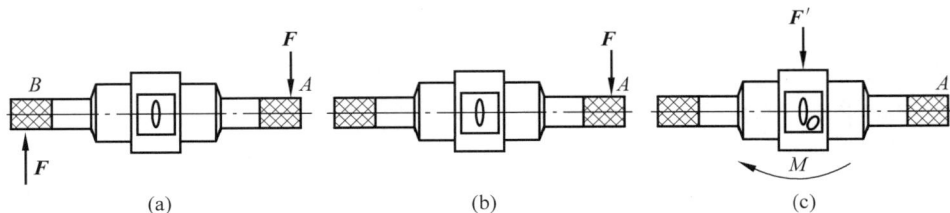

图   3-2

　　作用在物体上的力系,若各力的作用线在同一平面内,既不平行又不汇交于一点,则称
为平面任意力系。3.2 节、3.3 节将分别研究平面任意力系的简化和平衡问题。

3.2　平面任意力系的简化

3.2.1　平面任意力系向平面内一点的简化

　　设三个力 F_1、F_2、F_3 组成的平面任意力系作用在刚体上,如图 3-3(a)所示。在平面内
任取一点 O,称为简化中心。应用力线平移定理,把各力都等效平移到该点。于是得到作用
于 O 点的力 F_1'、F_2'、F_3',以及相应的附加力偶 M_1、M_2 和 M_3,如图 3-3(b)所示。这些力偶
作用在同一平面内,它们的矩分别等于力 F_1、F_2、F_3 对 O 点的矩,这样,平面任意力系简化
成了两个力系:平面汇交力系和平面力偶系。然后分别将平面汇交力系和平面力偶系合成
为一个合力和一个合力偶,如图 3-3(c)所示。因为,F_1'、F_2'、F_3' 各力分别与 F_1、F_2、F_3 各力
大小相等,方向相同,所以合力为

$$F_R = F_1 + F_2 + F_3$$

　　合力偶的矩 M_O 等于各力偶矩的代数和。附加力偶矩等于力对简化中心的矩,故有

$$M_O = M_1 + M_2 + M_3 = M_O(F_1) + M_O(F_2) + M_O(F_3) = \sum_{i=1}^{3} M(F_i)$$

即该力偶的矩等于原来各力对简化中心的矩的代数和。对于由 n 个力的平面任意力系,不
难推广为

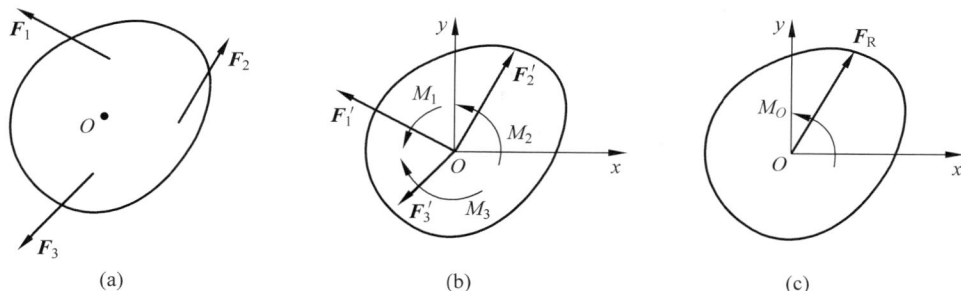

图 3-3

$$F_R = \sum_{I=1}^{n} F_i \qquad (3\text{-}1)$$

$$M_O = \sum_{i=1}^{n} M_O(F_i) = \sum M_O(F) \qquad (3\text{-}2)$$

3.2.2 主矢和主矩的概念

平面任意力系中所有各力的矢量和 F_R,称为该力系的主矢;而这些力对于简化中心 O 取矩的代数和 M_O,称为该力系对于简化中心的主矩。

因此,上面所得结果可陈述如下:在一般情形下,平面任意力系向作用面内任选一点 O 简化,可得一个力和一个力偶,这个力等于该力系的主矢,作用在简化中心;这个力偶等于该力系对于简化中心的主矩。

因为主矢等于各力的矢量和,所以它与简化中心的选择无关。而主矩等于各力对简化中心的矩的代数和,若取不同的点为简化中心,各力的力臂将有改变,则各力对简化中心的矩也有改变,所以在一般情况下主矩与简化中心的选择有关。之后,提到主矩时,必须指出是力系对于哪一点的主矩。应用解析法可求出力系的主矢 F_R 的大小和方向。过 O 点取坐标系 Oxy,如图 3-3(b)所示,则有

$$\begin{cases} F_R = \sqrt{F_{Rx}^2 + F_{Ry}^2} = \sqrt{\left(\sum F_x\right)^2 + \left(\sum F_y\right)^2} \\ \cos\alpha = \dfrac{F_{Rx}}{F_R} \\ \cos\beta = \dfrac{F_{Ry}}{F_R} \end{cases} \qquad (3\text{-}3)$$

式中,F_{Rx} 和 F_{Ry} 以及 $F_{1x},F_{2x},\cdots,F_{nx}$ 和 $F_{1y},F_{2y},\cdots,F_{ny}$ 分别为主矢 F_R 以及原力系中各力 $F_1,F_2,\cdots,F_n$ 在 x 轴和 y 轴上的投影;α 和 β 分别为主矢与 x 轴及 y 轴正向间的夹角。

3.2.3 固定端约束

应用力系简化方法可以分析固定端约束的约束力。如图 3-4(a)和(b)所示,车刀和工件分别夹持在刀架和卡盘上,刀架和卡盘限制了车刀和工件各个方向的移动和转动,车刀和

工件是固定不动的,这种约束称为固定端约束,其简化示意图如图 3-4(c)所示。

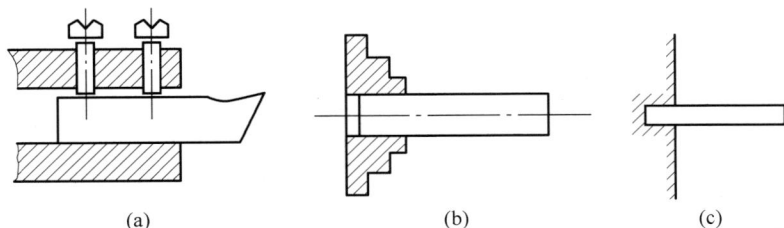

图　3-4

固定端约束对物体的作用,是在接触面上作用了一群约束力。在平面问题中,这些力构成一平面任意力系,如图 3-5(a)所示。将这群力向作用平面内 A 点简化得到一个力和一个力偶,如图 3-5(b)所示。一般情况下,这个力的大小和方向均为未知量,可用两个未知分力来代替。因此,在平面力系情况下,固定端 A 处的约束力可简化为两个约束力 $\boldsymbol{F}_{Ax}$、$\boldsymbol{F}_{Ay}$ 和一个约束力偶 M_A,如图 3-5(c)所示。

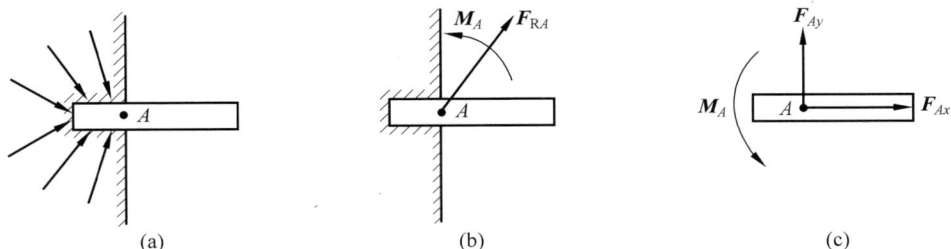

图　3-5

比较固定端约束和固定铰链约束的性质,可以看出固定端约束除可以限制物体移动外,还能限制物体在平面内转动,因此除约束力外,其还包括约束反力偶。在工程实际中,固定端约束是经常见到的,除前面讲到的刀架、卡盘外,还有插入地基中的电线杆及悬臂梁等。

*3.2.4　平面任意力系简化结果的讨论

由前面讨论可知,平面任意力系向作用面内一点简化时,可以得到一个力和一个力偶。下面对这一结果做进一步讨论。

(1) 若 $\boldsymbol{F}_R=0$,$M_O\neq0$,则原力系简化为一个力偶,其矩等于原力系对简化中心的主矩。在这种情况下,简化结果与简化中心的选择无关。

(2) 若 $\boldsymbol{F}_R\neq0$,$M_O=0$,则原力系简化为作用在 O 点的一个力。

(3) 若 $\boldsymbol{F}_R\neq0$,$M_O\neq0$,则原力系简化为作用在 O 点的一个力和一个力偶。在这种情况下,根据力线平移定理,这个力和力偶可以合成为一个作用点距原简化中心 O 距离为 $d=\dfrac{|M_O|}{F_R}$ 的新作用点 O' 的合力 $\boldsymbol{F}'_R$。简化过程如图 3-6 所示。

这个力 $\boldsymbol{F}'_R$ 就是原力系的合力。合力的作用线在 O 点的哪一侧,需根据主矢和主矩的方向确定,并由此可进一步导出合力矩定理。

图　3-6

（4）若 $F_R = 0$，$M_O = 0$，则原力系是平衡力系。

3.3　平面任意力系的平衡条件和平衡方程

3.3.1　平面任意力系的平衡条件

由平面任意力系的简化可知，主矢 F_R 和主矩 M_O 中任何一个不等于零时，力系是不平衡的。因此，要使力系平衡，必须满足如下条件：

$$\begin{cases} F_R = 0 \\ M_O = 0 \end{cases} \tag{3-4}$$

所以，平面任意力系平衡的充要条件是：力系的主矢和对任一点的主矩同时等于零，即

$$\begin{cases} F_R = \sqrt{\left(\sum F_x\right)^2 + \left(\sum F_y\right)^2} = 0 \\ M_O = \sum M_O(F) = 0 \end{cases} \tag{3-5}$$

3.3.2　平面任意力系的平衡方程

根据平衡条件式（3-5），可得

$$\begin{cases} \sum F_x = 0 \\ \sum F_y = 0 \\ \sum M_O(F) = 0 \end{cases} \tag{3-6}$$

式（3-6）称为平面任意力系的平衡方程的基本形式。平面任意力系平衡方程可解三个未知力。

平面平行力系就是各力作用线在同一平面内且相互平行的力系，它是平面任意力系的特殊情况。设刚体上作用一平面平行力系 $F_1, F_2, \cdots, F_n$，若取投影轴 x 与各力垂直，则无论该力系是否平衡，各力在 x 轴上的投影恒等于零。从平面任意力系平衡方程中去掉恒等式方程，可得平面平行力系的平衡方程为

$$\begin{cases} \sum F_y = 0 \\ \sum M_O(F) = 0 \end{cases} \tag{3-7}$$

由此可见,平面平行力系只有两个独立的平衡方程,因此只能求出两个未知量。

【例 3-1】 悬臂吊车如图 3-7(a)所示。横梁 AB 长 $l=2.5\mathrm{m}$,重力 $W=1.2\mathrm{kN}$。拉杆 CD 倾角 $\alpha=30°$,重力不计。电葫芦连同重物重力 $G=7.5\mathrm{kN}$。当电葫芦在 $x=2\mathrm{m}$ 的位置时,求拉杆的拉力 F 和铰链 A 的约束力。

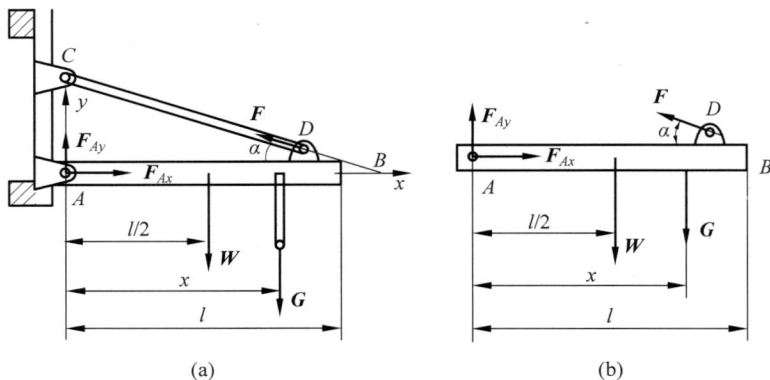

图   3-7

解:(1) 选横梁 AB 为研究对象,画受力图,如图 3-7(b)所示。

作用于横梁上的力有横梁的重力 W,电葫芦及重物的重力 G,拉杆的拉力 F 和铰链 A 处的约束力 F_{Ax}、F_{Ay}。拉杆 CD 是二力杆,故拉力 F 沿 CD 连线。显然,各力作用线在同一平面内且任意分布,属于平面任意力系。

(2) 选图示坐标系,列平衡方程求解。

$$\sum F_x=0, \quad F_{Ax}-F\cos\alpha=0$$

$$\sum F_y=0, \quad F_{Ay}+F\sin\alpha-W-G=0$$

$$\sum M_A(\boldsymbol{F})=0, \quad Fl\sin\alpha-W\frac{l}{2}-Gx=0$$

解得

$$F=\frac{1}{l\sin\alpha}\left(W\frac{l}{2}+Gx\right)=\frac{1}{2.5\sin30°}(1.2\times1.25+7.5\times2)\mathrm{kN}=13.2\mathrm{kN}$$

$$F_{Ax}=F\cos\alpha=(13.2\cos30°)\mathrm{kN}=11.4\mathrm{kN}$$

$$F_{Ay}=W+G-F\sin\alpha=(1.2+7.5-13.2\sin30°)\mathrm{kN}=2.1\mathrm{kN}$$

(3) 讨论。考虑到悬臂梁吊车在工作时电葫芦是可移动的,如要校核拉杆的强度,则应考虑 x 为何值时,拉力 F 值最大。现从力矩方程可以看出,当 $x=l$ 时,拉力 F 值最大。

$$F_{\max}=\frac{1}{\sin\alpha}\left(\frac{W}{2}+G\right)=\left[\frac{1}{\sin30°}\left(\frac{1.2}{2}+7.5\right)\right]\mathrm{kN}=16.2\mathrm{kN}$$

(4) 校核计算结果。另取一个非独立的投影方程或力矩方程,对某一个未知量进行运算,所得结果与前面计算结果相同时,表明原计算正确。例如,再取 C 点为矩心,列力矩方程:

$$\sum M_C(\boldsymbol{F})=0, \quad F_{Ax}l\tan\alpha-W\frac{l}{2}-Gx=0$$

$$F_{Ax} = \left(\frac{w}{2} + \frac{Gx}{l}\right)\cot\alpha = \left[\left(\frac{1.2}{2} + \frac{7.5 \times 2}{2.5}\right)\cot 30°\right] kN = 11.4 kN$$

计算结果与前面计算结果相同,原计算正确。

【例 3-2】   悬臂梁 AB 长为 l,在均布载荷 q、集中力偶 M 和集中力 $\boldsymbol{F}$ 作用下平衡,如图 3-8 所示。设 $M = ql^2$,$F = ql$。求固定端 A 处的约束力。

解:(1)取悬臂梁 AB 为研究对象,画受力图。固定端 A 处的约束力,除 $\boldsymbol{F}_{Ax}$、$\boldsymbol{F}_{Ay}$ 外,还有约束力偶 M_A(初学者极易遗漏该值),如图 3-8 所示。

(2)选图示坐标系,列平衡方程求解。需要注意的是,力偶的两个力对任意一轴的投影代数和均为零;力偶对作用面内任意一点的矩恒等于力偶矩。

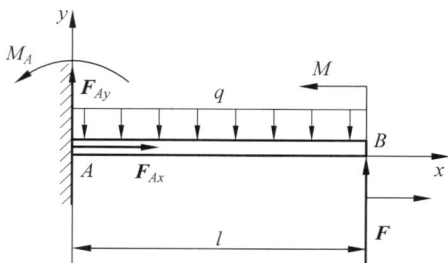

图   3-8

$$\sum F_x = 0, \quad F_{Ax} = 0$$

$$\sum F_y = 0, \quad F_{Ay} + F - ql = 0$$

$$\sum M_A(\boldsymbol{F}) = 0, \quad M_A + Fl + M - \frac{ql^2}{2} = 0$$

解得

$$M_A = \frac{1}{2}ql^2 - Fl - M = \frac{1}{2}ql^2 - ql^2 - ql^2 = -\frac{3}{2}ql^2$$

$$F_{Ay} = ql - F = ql - ql = 0$$

式中,M_A 为负值,表明约束反力偶与假设方向相反,即顺时针转向。

由以上例题可见,选取适当的坐标轴和矩心,可以减少平衡方程中所含未知量的数目。采用力矩方程比投影方程计算要简便一些。

3.4   物体系统的平衡

3.4.1   静定与静不定的概念

由前述可知,力系的独立平衡方程数目是有限的。前面研究过的三种力系中,平面任意力系有三个独立的平衡方程,平面汇交力系有两个独立的平衡方程,平面力偶系有一个独立的平衡方程。

在研究平衡问题时,若所研究问题中未知量的数目等于能列出的独立平衡方程数目,则未知量可以用平衡方程全部求出,这类问题称为静定问题,该系统称为静定系统;若所研究问题中未知量的数目超过独立平衡方程的数目,则未知量不能用平衡方程全部求出,这类问题称为静不定问题或超静定问题,该系统称为静不定系统。静不定问题将在材料力学部分加以讨论。

如图 3-9(a)所示的简支梁,主动力和支座反力构成平面任意力系,求三个未知支座反力的问题是静定问题。若将梁中间增加活动支座 B,如图 3-9(b)所示,则约束反力的数目增为 4 个,而独立平衡方程的数目仍为 3,这就成了静不定问题。若再将梁截为两段,变为如图 3-9(c)所示组合梁,则问题重新变为静定的,这时对每段可以写出三个独立的平衡方程,虽然未知量增加了,但未知量的总数等于独立平衡方程的总数。

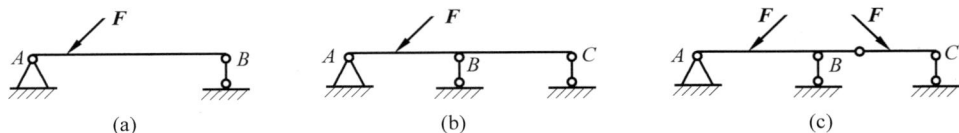

(a) (b) (c)

图　3-9

3.4.2　物体系统平衡的特点和解法

由若干物体通过相互约束所组成的系统称为物体系统,简称物系。研究物体系统的平衡问题,不仅需要研究外界对整个系统所作用的力,即物体系的外力,还需要求出系统内各物体之间相互作用的力,即物体系的内力。

在研究物系的平衡时,由于系统内各物体之间相互作用的内力总是成对出现,对于整个物系来讲,这些内力是不必考虑的;当研究系统中某一个或几个物体的平衡时,系统中其他物体对它们的作用力就成为外力,必须予以考虑。

当整个物体系统平衡时,组成该系统的每个物体也平衡。因此,在求解物体系统的平衡问题时,既可选整个系统为研究对象,也可选单个物体或部分物体为研究对象。一般情况下,物系平衡问题需多次取研究对象,列多个平衡方程才能求解。在选择研究对象和列平衡方程时,应使每个平衡方程中的未知量个数尽量少,最好只有一个未知量,以避免解联立方程。

下面举例说明物体系统平衡问题的求解方法。

【例 3-3】　人字梯的杆 AB、AC 在 A 点铰接,在 D、E 两点用水平绳连接,如图 3-10(a)所示。人字梯放在光滑的水平面上,其一边有人攀梯而上,人字梯处于平衡状态。已知人自重 $W=600\text{N}$,$AB=AC=l=3\text{m}$,$\alpha=45°$,梯子自重不计,其他尺寸如图 3-10 所示。求水平绳的张力和铰链的约束反力。

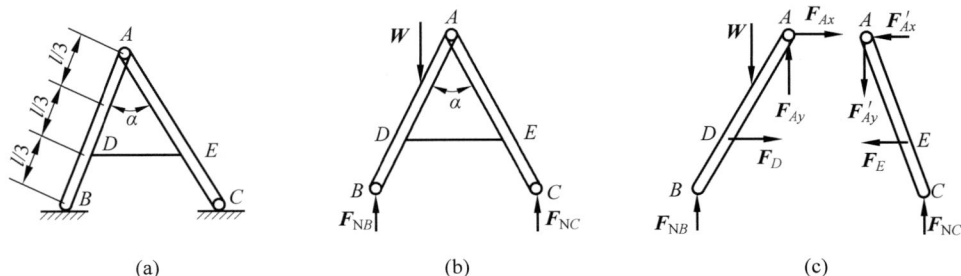

(a) (b) (c)

图　3-10

解：(1) 先取人字梯 BAC 为研究对象,受力如图 3-10(b)所示。显然梯子在 W、F_{NB}、F_{NC} 组成的平面平行力系作用下平衡。列平衡方程：

$$\sum M_C(\boldsymbol{F}) = 0, \quad -F_{NB}\left(2l\sin\frac{\alpha}{2}\right) + W\left(l\sin\frac{\alpha}{2} + \frac{l}{3}\sin\frac{\alpha}{2}\right) = 0$$

解得

$$F_{NB} = \frac{2}{3}W = \left(\frac{2}{3} \times 600\right)\text{N} = 400\text{N}$$

$$\sum M_B(\boldsymbol{F}) = 0, \quad F_{NC}\left(2l\sin\frac{\alpha}{2}\right) - W\left(\frac{2l}{3}\sin\frac{\alpha}{2}\right) = 0$$

解得

$$F_{NC} = \frac{1}{3}W = \left(\frac{1}{3} \times 600\right)\text{N} = 200\text{N}$$

（2）再选杆 AC 为研究对象，受力图如图 3-10(c)所示，显然杆 AC 在平面任意力系作用下处于平衡状态，列平衡方程：

$$\sum F_y = 0, \quad F_{NC} - F'_{Ay} = 0$$

将 $F_{NC} = 200\text{N}$ 代入，解得

$$F'_{Ay} = F_{NC} = 200\text{N}$$

$$\sum M_E(\boldsymbol{F}) = 0, \quad F'_{Ax}\left(\frac{2l}{3}\cos\frac{\alpha}{2}\right) + F'_{Ay}\left(\frac{2l}{3}\sin\frac{\alpha}{2}\right) + F_{NC}\left(\frac{l}{3}\sin\frac{\alpha}{2}\right) = 0$$

将 $F'_{Ay} = F_{NC} = 200\text{N}$ 代入，解得

$$F'_{Ax} = -\left(F'_{Ay} + \frac{F_{NC}}{2}\right)\tan\frac{\alpha}{2} = -\left[\left(200 + \frac{200}{2}\right)\tan\frac{45°}{2}\right]\text{N} = -124.3\text{N}$$

$$\sum F_x = 0, \quad F_E + F'_{Ax} = 0$$

将 $F'_{Ax} = -124.3\text{N}$ 代入，解得

$$F_E = -F'_{Ax} = -124.3\text{N}$$

式中，计算结果得负值，表示假设的指向与实际指向相反。

【例 3-4】 如图 3-11(a)所示多跨梁，AB 梁和 BC 梁用中间铰链 B 连接而成。C 端为固定端，A 端由活动铰支座支承。已知 $M = 20\text{kN}\cdot\text{m}$，$q = 15\text{kN/m}$。求点 A、B、C 三点的约束反力。

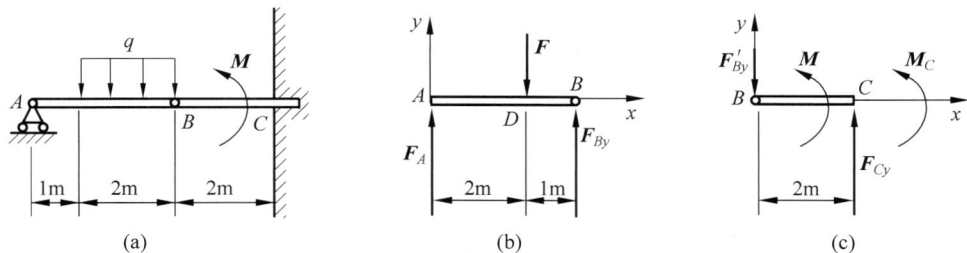

图 3-11

解：（1）先取 AB 梁为研究对象，受力如图 3-11(b)所示，均布载荷 q 可以简化为作用于 D 点的集中力 $\boldsymbol{F}$，在受力图上不再画 q，以免重复。因为 AB 梁上只作用主动力 $\boldsymbol{F}$ 且铅直向下，所以判断 B 铰链的约束反力只有铅直分量 $\boldsymbol{F}_{By}$，AB 梁在平面平行力系作用下平衡，列平衡方程：

$$\sum M_B(\boldsymbol{F}) = 0, \quad -3F_A + F = 0$$

解得

$$F_A = \frac{F}{3} = \frac{30}{3}\text{kN} = 10\text{kN}$$

$$\sum M_A(\boldsymbol{F}) = 0, \quad 3F_{By} - 2F = 0$$

解得

$$F_{By} = \frac{2F}{3} = \frac{2 \times 30}{3}\text{kN} = 20\text{kN}$$

(2) 再取 BC 梁为研究对象,受力如图 3-11(c)所示,$\boldsymbol{F}'_{By}$ 和 $\boldsymbol{F}_{By}$ 是作用力与反作用力,同样可以判断固定端 C 处受反力偶 M_C 和 $\boldsymbol{F}_{Cy}$ 作用。BC 梁在任意力系作用下平衡,列平衡方程:

$$\sum F_y = 0, \quad F_{Cy} - F'_{By} = 0$$

解得

$$F_{Cy} = F'_{By} = 20\text{kN}$$

$$\sum M_B(\boldsymbol{F}) = 0, \quad M_C + M + 2F_{Cy} = 0$$

解得

$$M_C = -M - 2F_{Cy} = (-20 - 2 \times 20)\text{kN} \cdot \text{m} = -60\text{kN} \cdot \text{m}$$

式中,负值表示 C 端约束反力偶的实际转向是顺时针。

现将解平面力系平衡问题的方法和步骤进行归纳,具体如下。

(1) 首先弄清题意,明确要求,正确选择研究对象。对于单个物体,只要指明某物体为研究对象即可;对于物体系统,往往要选两个以上的研究对象。选定了合适的研究对象后,要选择适当形式的平衡方程,以简化解题过程。显然,选择研究对象存在多种可能性。例如,可选物体系统和系统内某个构件为研究对象;也可选物体系统和系统内由若干物体组成的局部为研究对象;还可考虑把物体系统全部拆开来逐个分析,其平衡问题总是可以解决的。因此,在分析时,应排好研究对象的先后次序,整理出解题思路,确定最佳的解题方案。

(2) 分析研究对象的受力情况,并画受力图。在受力图上画作用在研究对象上所受的全部主动力和约束反力。特别是约束反力,必须根据约束特点去分析,不能主观地随意设想,对于工程上常见的几种约束类型要正确理解,熟练掌握。对于物体系统,每确定一个研究对象,必须单独画它的受力图,不能把几个研究对象的受力图都画在一起,以免混淆。还应特别注意各受力图之间的统一和协调,如受力图之间各作用力的名称和方向要一致;作用力和反作用力所用名称要有区别,方向应该相反;区分外力和内力,在受力图上不画内力。

(3) 选取坐标轴,列平衡方程。列平衡方程要根据物体所受的力系类型列出。例如,平面任意力系只能列出三个独立的平衡方程,平面汇交力系或平面平行力系只能列两个方程;平面力偶系只能列一个方程。列平衡方程时,应选取适当的坐标轴和矩心。应尽可能选与力系中较多未知力的作用线平行或垂直的坐标轴,以利于列投影方程,矩心则尽可能选在力系中较多未知力的交点上,以减少力矩的计算。总之,选择的原则是应使每个平衡方程中未知量越少越好,最好每个方程中只含有一个未知量,以避免解联立方程。

(4) 解方程,求未知量。解题时,最好用文字符号进行运算,待得到结果后再代入已知数据。这样可以避免因数据运算引起的运算错误,对简化计算、减少误差都有益。另外,还要注意计算结果的正负号,正号表示所假设的指向与实际的指向相同,负号表示所假设的指向与实际的指向相反。在运算过程中,应连同正负号代入其他方程继续求解。

(5) 讨论和校核计算结果。在求出未知量后,对解的力学含义进行讨论,对解的正确性进行校核是必要的,特别是对较复杂的平衡问题。

3.5　考虑摩擦时的平衡问题

3.5.1　滑动摩擦

当两个表面粗糙的物体相互接触且有相对滑动或相对滑动趋势时,接触面间就存在阻碍物体相对滑动的作用,称为滑动摩擦。滑动摩擦是一种特殊的约束,其约束力称为滑动摩擦力。滑动摩擦力作用于接触面的公切线方向,并与相对滑动或相对滑动趋势的方向相反。

只有滑动趋势而无相对滑动时的滑动摩擦称为静滑动摩擦,对应的摩擦力称为静滑动摩擦力,简称静摩擦力。与其他约束力一样,静摩擦力随着主动力的变化而改变,可通过平衡条件求出。但是,静摩擦力也受接触表面条件限制,不能无限制增大。当物体将处于将动未动的临界状态时,静摩擦力增大到某一最大值,称为最大静摩擦力。

当接触面产生相对滑动时,滑动摩擦称为动滑动摩擦。此时,两物体的接触面上相互作用的摩擦力称为动滑动摩擦力,简称动摩擦力。

最大静摩擦力由静摩擦定律确定,即

$$F_{\max} = f_s F_N \tag{3-8}$$

式中,f_s 是一个比例系数,称为静摩擦因数,其数值由两接触物体的材料性质和表面状态决定;F_N 为接触面上的正压力。

静摩擦力 F 的方向与接触面间的相对滑动趋势的方向相反,其大小由平衡方程确定,其数值在零与最大静摩擦力之间,即

$$0 \leqslant F \leqslant F_{\max}$$

动摩擦力 F' 是相对滑动已经发生后产生的摩擦力。当接触表面间的相对滑动速度不太大时,动摩擦力与相对滑动速度无关。动摩擦力的方向与二物体间的相对速度方向相反,大小可由动摩擦定律确定,即

$$F' = f F_N \tag{3-9}$$

式中,f 为动摩擦因数。

静摩擦力的大小由平衡方程来确定,而动摩擦力的大小则与主动力的大小无关,只要相对运动存在,它就是一个常值。动摩擦力一般略小于最大静摩擦力。

3.5.2　考虑摩擦时的平衡问题

前面在研究物体平衡时,所有的约束均假设为光滑的。实际上,摩擦是客观存在的,只

是其作用较弱,在所研究的问题中对运动状态影响较小而被忽略。若摩擦较大或对运动状态起决定性作用,就不能忽略摩擦的影响,而应考虑摩擦作用。考虑摩擦时,物体的平衡问题也是用平衡条件来求解,解题方法及步骤与前面相同。但是,在画受力图时,必须加上摩擦力 **F**。由于增加了摩擦力,未知力的个数相应增加,在列平衡方程的同时必须增加补充方程。

因为物体平衡时,静摩擦力 **F** 的数值在零到 F_{max} 范围内,所以有摩擦的平衡问题的解也是一个范围,称为平衡范围。要确定这个范围可采取两种方式:一种是分析平衡的临界情况,假定摩擦力取最大值,以 $F=F_{max}=f_s F_N$ 作为平衡的补充方程,求解平衡范围的极值;另一种是直接采用 $F \leqslant f F_N$,以不等式进行运算。

【例 3-5】 物块重力 $W=1\,000N$,置于倾角 $\alpha=30°$ 的斜面上,受沿斜面的一推力 $F_T=488N$ 的作用,如图 3-12(a)所示。已知物块与斜面间的摩擦系数 $f=0.1$。问:物块是否处于静止状态?

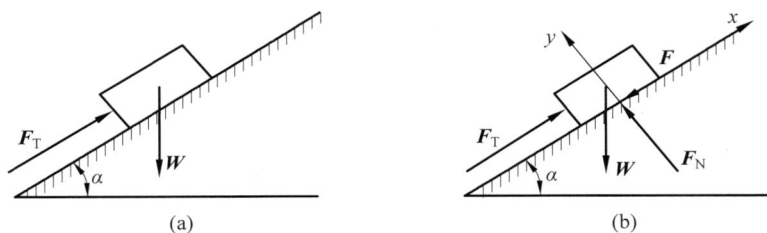

图 3-12

解:(1) 取物块为研究对象。假设物块处于静止状态,并有向上滑动的趋势,受力如图 3-12(b)所示。

需要注意的是,摩擦力 **F** 的指向是由假设有向上滑动趋势而设定的。取图示坐标轴,列平衡方程

$$\sum F_x = 0, \quad F_T - F - W\sin\alpha = 0$$

$$\sum F_y = 0, \quad F_N - W\cos\alpha = 0$$

解得

$$F_N = W\cos\alpha = (1\,000\cos30°)N = 866N$$

$$F = F_T - W\sin\alpha = (488 - 1\,000\sin30°)N = -12N$$

式中,负号表示 **F** 的实际指向与假设相反,由此断定物体实际上有下滑趋势。

(2) 求最大静摩擦力 F_{max}

$$F_{max} = f F_N = (0.1 \times 866)N = 86.6N$$

(3) 比较 F 与 F_{max} 的大小,则有

$$F = 12N < F_{max} = 86.6N$$

由此断定,物体处于静止状态,但有向下滑动的趋势。

【例 3-6】 梯子 AB 长为 $2a$,重力为 W,其一端置于水平面上,另一端靠在铅垂墙上,如图 3-13(a)所示,设梯子与墙壁和梯子与地板的最大静滑动摩擦系数均为 f_s。问梯子与水平线所成的倾角至少为多大时,梯子处于平衡?

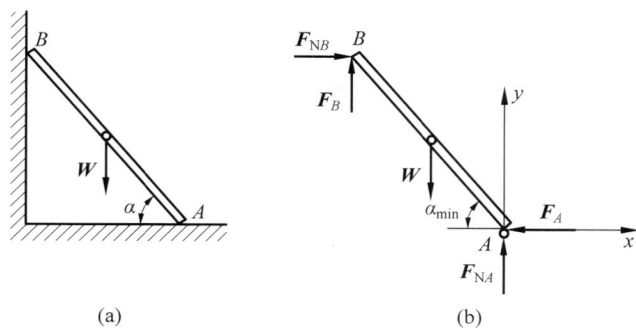

(a)　　　　　　　　(b)

图　3-13

解：梯子 AB 靠摩擦力作用才能保持平衡。当梯子处于临界平衡状态,有向下滑动的趋势时,A、B 两处的摩擦力都达到最大值,此时对应着梯子平衡时 α 的最小值。

梯子受力如图 3-13(b)所示,根据平衡条件和极限摩擦定律,列平衡方程：

$$\sum F_x = 0, \quad F_{NB} - F_A = 0$$

$$\sum F_y = 0, \quad F_{NA} + F_B - W = 0$$

$$\sum M_A(\boldsymbol{F}) = 0 \quad Wa\cos\alpha - F_B 2a\cos\alpha - F_{NB} 2a\sin\alpha = 0$$

$$F_A = f_s F_{NA}$$

$$F_B = f_s F_{NB}$$

解得

$$\alpha = \arctan\frac{1 - f_s^2}{2f_s}$$

本章总结

1. 力线平移定理

作用在刚体上的力,可以平移至刚体内任一指定点,若不改变该力对于刚体的作用则必须附加一力偶,其力偶矩等于原力对新作用点的矩。

2. 主矢与主矩

在一般情形下,平面任意力系向作用面内任选一点 O 简化,可得一个力和一个力偶,这个力等于该力系的主矢,作用在简化中心；这个力偶的力偶矩等于该力系对于简化中心的主矩。

对于主矢：

$$\boldsymbol{F}_R = \sum_{i=1}^{n} \boldsymbol{F}_i$$

对于主矩：

$$M_O = \sum_{i=1}^{n} M_O(\boldsymbol{F}_i)$$

3．平面力系平衡方程的总结

平面力系平衡方程按照平面力系的特点可以有不同数目的独立方程。平面力系平衡方程如表 3-1 所示。

表 3-1   平面力系的平衡方程

平面力系名称	平衡方程形式	独立方程数目/个
平面任意力系	$\sum F_x = 0$ $\sum F_y = 0$ $\sum M_O(\boldsymbol{F}) = 0$	3
平面平行力系	$\sum F_y = 0$ $\sum M_O(\boldsymbol{F}) = 0$	2
平面力偶系	$\sum M = 0$	1
平面汇交力系	$\sum F_x = 0$ $\sum F_y = 0$	2

4．静定与静不定的概念

（1）静定：未知力的数目等于独立平衡方程数目。

（2）静不定：未知力的数目大于独立平衡方程的数目。

5．求解物系平衡问题时应注意的几个问题

物体系统的平衡问题的解题过程比较复杂，原因如下：①所求的未知力可以是系统的外力，也可以是系统的内力。②可以取整个系统为研究对象，也可以取其中一部分为研究对象，一般取两个以上的研究对象才能解决问题。研究对象选取不当，解题过程会变得复杂，甚至难以求解。即使选同样的几个研究对象，只是选取次序不同，解答的难易程度也不同。③随着所选研究对象的不同，内、外力会相互转化，对整体为内力，对局部可能就是外力。处理内力时，要特别注意作用力与反作用力关系。④在未知力较多时，要考虑先求哪一个，后求哪一个。此外，题目不要求出的未知力，尽量不出现在所列的平衡方程中，以使计算简单。

确定选取研究对象的先后次序和求出各力的先后次序，可参考如下原则：先整体后局部，先外力后内力。

6．滑动摩擦

（1）定义：当两个表面粗糙的物体相互接触且有相对滑动或相对滑动趋势时，接触面间就存在阻碍物体相对滑动的作用，称为滑动摩擦。

（2）静滑动摩擦：只有滑动趋势而无相对滑动时的滑动摩擦称为静滑动摩擦。

（3）最大静滑动摩擦：

$$F_{\max} = f_s F_N$$

（4）静滑动摩擦的范围：

$$0 \leqslant F \leqslant F_{\max}$$

（5）滑动摩擦：当接触面产生了相对滑动时的滑动摩擦称为动滑动摩擦。

（6）动摩擦定律：

$$F' = f F_N$$

分析思考题

3-1　已知一平面任意力系向某点简化后主矢和主矩都不为零,若将此力系向另一点简化,则主矢和主矩将如何变化?

3-2　当平面任意力系中各力的作用线相互平行时,其平衡方程有何特点? 如何根据这些特点解题?

3-3　平面任意力系向一点简化得到一个力和一个力偶,若此力通过该力偶的中心,则原力系的合力情况如何?

3-4　在求解平面任意力系问题时,如何灵活选取简化中心以简化计算过程? 选取不同简化中心对结果有何影响?

3-5　若平面任意力系中力的多边形自行封闭,则该力系是否一定平衡? 反之,若力系平衡,力多边形是否一定封闭?

3-6　当平面任意力系中存在分布载荷时,如何将其等效为集中力? 等效过程对整个力系的分析有何影响?

习题

3-1　如习题 3-1 图所示的简支梁受集中力 $F_P = 20\text{kN}$,求图中两种情况下支座 A、B 的约束力。

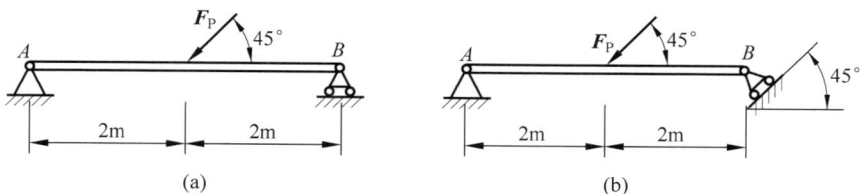

习题 3-1 图

答：（a）$F_A = 15.8\text{kN}, F_B = 7.1\text{kN}$；（b）$F_A = 22.4\text{kN}, F_B = 10\text{kN}$。

3-2　如习题 3-2 图所示,已知 q、a,并且 $F = qa$,$M = qa^2$,求各梁的支座反力。

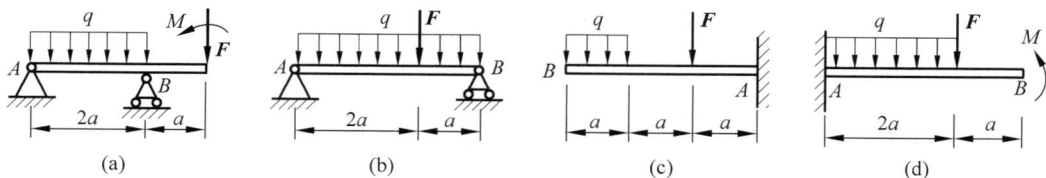

习题 3-2 图

答：(a) $F_{Ax}=0$，$F_{Ay}=qa$，$F_B=2qa$；(b) $F_{Ax}=0$，$F_{Ay}=\dfrac{11}{6}qa$，$F_B=\dfrac{13}{6}qa$；

(c) $F_{Ax}=0$，$F_{Ay}=2qa$，$M_A=\dfrac{7}{2}qa^2$；(d) $F_{Ax}=0$，$F_{Ay}=3qa$，$M_A=3qa^2$。

3-3 如习题 3-3 图所示的三铰门式刚架受集中力 **F** 作用，不计架重。求图中两种情况下座 A、B 的约束力。

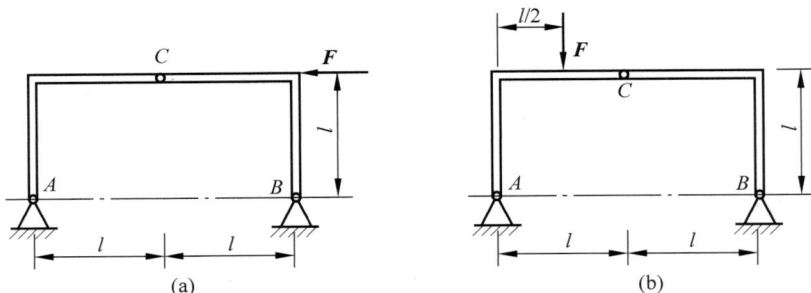

习题 3-3 图

答：(a) $F_A=0.707F$，$F_B=0.707F$；(b) $F_A=0.79F$，$F_B=0.35F$。

3-4 如习题 3-4 图所示的丁字杆 AB 与直杆 CD 在 D 点用铰链连接，各杆的端点 A 和 C 也用铰链固定在墙上。若丁字杆的 B 端受一力偶(F，F')的作用，其力偶矩 $M=1\text{kN}\cdot\text{m}$，求铰链 A、C 的约束力。

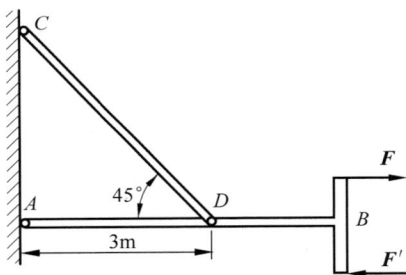

习题 3-4 图

答：$F_A=0.471\text{kN}$，$F_C=0.471\text{kN}$。

3-5 如习题 3-5 图所示为一自动焊机起落架，工人在起落架上操作。设作用在起落架

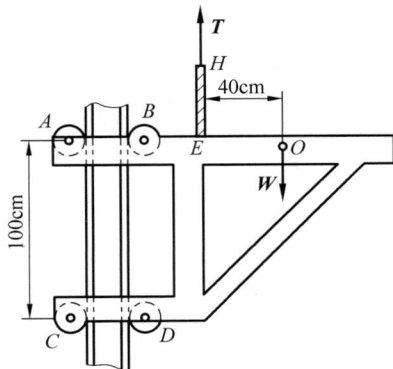

习题 3-5 图

上总重力 $W=8$kN,重心在 O 点上。起落架上导轮 A、B、C 和 D 可沿固定立柱滚动。H 为提升钢索。若不计摩擦,求平衡时钢索的拉力及导轮的约束力。

答:$T=8$kN,$F_{Ay}=F_{By}=3.2$kN,$F_{Cy}=F_{Dy}=3.2$kN。

3-6　求如习题 3-6 图所示梁 A、B 处的约束力(其中,假设梁上的分布力沿梁的长度是均布的)。

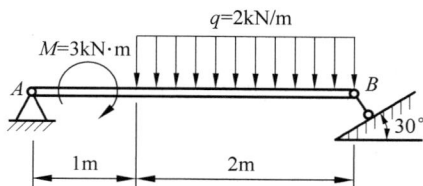

习题 3-6 图

答:$F_{Ax}=2.12$kN,$F_{Ay}=0.33$kN,$F_B=4.23$kN。

3-7　如习题 3-7 图所示的三铰拱由两个半拱和三个铰链构成,已知每个半拱重力 $W=300$kN,$l=32$m,$h=10$m,求支座 A、B 的约束力。

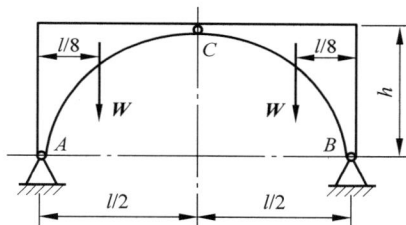

习题 3-7 图

答:$F_{Ax}=F_{Bx}=120$kN,$F_{Ay}=F_{By}=300$kN。

3-8　如习题 3-8 图所示为多跨梁,梁 AC 和 CD 用铰 C 连接,梁上受均布力 $q=5$kN/m作用。求支座 A、B、D 的约束反力。

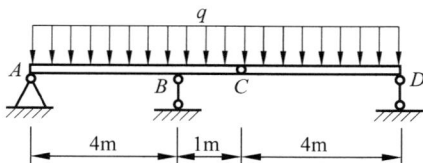

习题 3-8 图

答:$F_A=6.9$kN,$F_B=28.1$kN,$F_D=10$kN。

3-9　由 AC 和 CD 构成的复合梁通过铰链 C 连接,它的支承和受力如习题 3-9 图所示。

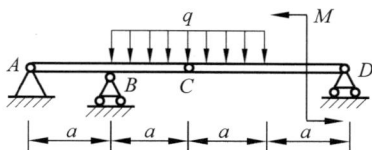

习题 3-9 图

已知均布载荷集度 $q=10\text{kN/m}$，力偶矩 $M=40\text{kN}\cdot\text{m}$，$a=2\text{m}$，不计梁重。求支座 A、B、D 三处的约束力和铰链 C 所受的力。

答：$F_A=35\text{kN}$，$F_B=80\text{kN}$，$F_D=5\text{kN}$，$F_C=25\text{kN}$。

3-10 如习题 3-10 图所示梯子的两部分 AB 和 AC 在 A 点铰接，又在 D、E 两点用水平绳子连接。梯子放在光滑的水平面上，其一边作用有铅垂力 $\boldsymbol{F}_P$，尺寸如图所示，不计梯重。求梯子平衡时绳 DE 的拉力。设 a、l、h 和 α 均为已知。

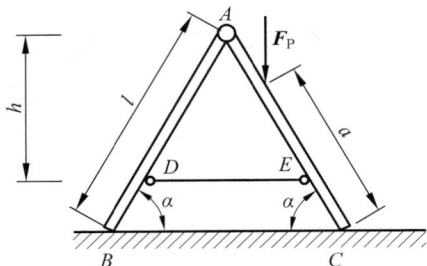

习题 3-10 图

答：$F_{DE}=\dfrac{a\cos\alpha}{2h}F_P$。

3-11 静定刚架载荷及尺寸如习题 3-11 图所示。求各支座反力和中间铰处压力。

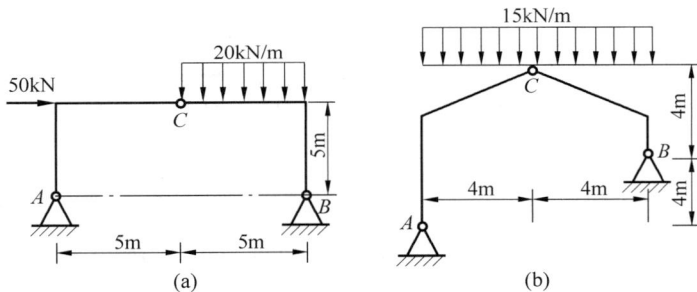

习题 3-11 图

答：(a) $F_{Ax}=F_{Ay}=0$，$F_{Bx}=-50\text{kN}$，$F_{By}=100\text{kN}$，$F_{Cx}=-50\text{kN}$，$F_{Cy}=0$；

(b) $F_{Ax}=20\text{kN}$，$F_{Ay}=70\text{kN}$，$F_{Bx}=-20\text{kN}$，$F_{By}=50\text{kN}$，$F_{Cx}=20\text{kN}$，$F_{Cy}=10\text{kN}$。

3-12 塔式起重机的结构简图如习题 3-12 图所示。设机架重力 $W=500\text{kN}$，重心在 C

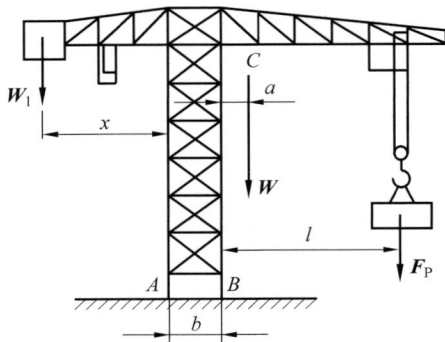

习题 3-12 图

点，与右轨 B 相距 $a=1.5\text{m}$，最大起重量 $F_P=250\text{kN}$，与右轨 B 最远距离 $l=10\text{m}$。两轨 A 与 B 的间距为 $b=3\text{m}$，$x=6\text{m}$。试求起重机在满载与空载时都不致翻倒的平衡物重力 W_1 的取值范围。

答：$361.1\text{kN}\leqslant W_1\leqslant375\text{kN}$。

3-13　已知物体重 $W=100\text{N}$，斜面倾角为 $\alpha=30°$（习题 3-13 图（a）），物块与斜面间摩擦因数为 $f_s=0.38$，$f=0.37$，求物块与斜面间的摩擦力？并问物体在斜面上是静止还是下滑？如果使物块沿斜面向上运动，求施加于物块并与斜面平行的力 F 至少应为多大[习题 3-13 图（b）]？

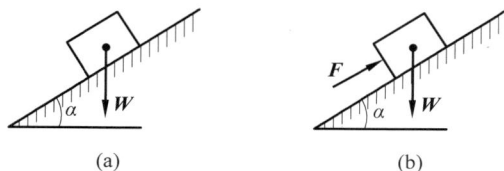

习题 3-13 图

答：$F_s=32\text{N}$，下滑；$F=82.9\text{N}$。

3-14　均质梯长为 l，重为 W，B 端靠在光滑铅直墙上，如习题 3-14 图所示。已知梯与地面间的静摩擦因数 f_s。求平衡时的 θ 值？

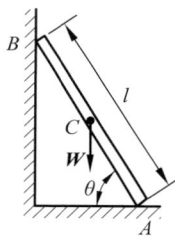

习题 3-14 图

答：$\theta=\arctan\dfrac{1}{2f_s}$。

3-15　如习题 3-15 图所示，两物块 A、B 叠放在一起，A 由绳子系住，已知 A 物重力 $G_A=500\text{N}$，B 物重力 $G_B=1\,000\text{N}$，AB 间的摩擦系数 $f_1=0.25$，B 与地面间的摩擦系数 $f_2=0.2$。求抽动 B 物块所需的最小力。

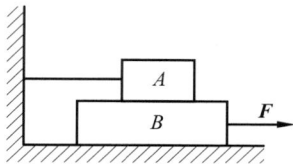

习题 3-15 图

答：$F_{\min}=425\text{N}$。

3-16　如习题 3-16 图所示为某制动刹车装置，已知制动轮与制动块之间的摩擦系数为

f_s,鼓轮上悬挂一重为 W 的重物,几何尺寸如图所示,求制动所需的最小力 $F_{\min}$?

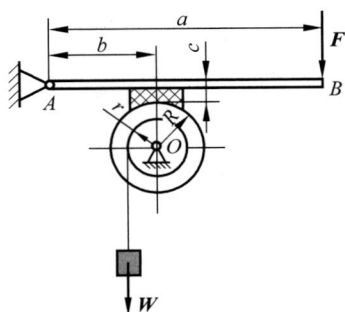

习题 3-16 图

答:$F_{\min} = \dfrac{Wr(b - f_s c)}{aRf_s}$。

第4章

空间力系

基本要求

(1) 了解空间汇交力系的合成与平衡条件。

(2) 了解空间力偶系的合成与平衡。

(3) 了解空间力对点的矩和空间力对轴之矩及它们的关系。

(4) 了解空间任意力系的简化、合成与平衡。

重点和难点

(1) 力对轴之矩的计算。

(2) 空间力系的简化。

4.1 空间汇交力系

作用在物体上的力系,若其作用线在空间分布,则称为空间力系。空间力系是最一般的力系,平面力系只是它的特例。工程实际中遇到的空间力系有各种形式,当力系中各力作用线汇交于一点时,称为空间汇交力系;当力系中的力全部构成空间力偶时,称为空间力偶系(见 4.2 节);当力系中各力作用线在空间任意分布时,称为空间任意力系(见 4.4 节)。

4.1.1 力在空间直角坐标轴上的投影和分力

空间力系的研究方法与平面力系基本相同,只是将平面问题中的概念、理论和方法推广和引申到空间问题中。同平面力系一样,研究空间力系的简化和平衡问题时也需要将力系在空间坐标轴上投影。

若已知力 F 与空间直角坐标系 $Oxyz$ 的 x、y、z 轴正向间的夹角分别为 α、β、γ,如图 4-1 所示,则力在三个坐标轴上的投影分别为

$$\begin{cases} F_x = F\cos\alpha \\ F_y = F\cos\beta \\ F_z = F\cos\gamma \end{cases} \tag{4-1}$$

若已知力 F 与 z 轴正向间的夹角 γ，力作用线与 z 轴所构成的平面与 Oxz 坐标平面的夹角 φ，如图 4-2 所示，则可以先将力 F 投影到 Oxy 平面上，然后再向 x、y 轴投影。力在三个坐标轴上的投影分别为

$$\begin{cases} F_x = F\sin\gamma\cos\varphi \\ F_y = F\sin\gamma\sin\varphi \\ F_z = F\cos\gamma \end{cases} \tag{4-2}$$

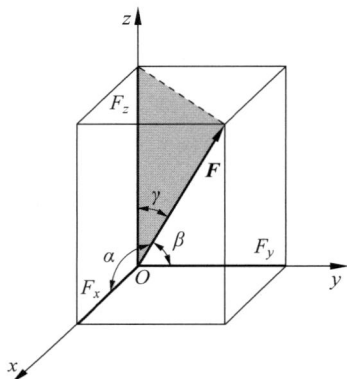

图 4-1

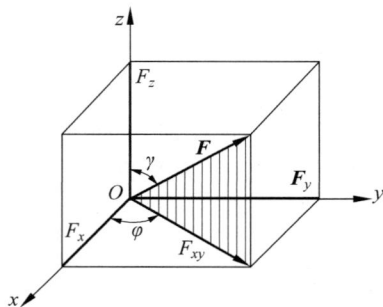

图 4-2

若以 F_x、F_y、F_z 表示力 F 在坐标轴方向的分力，则

$$F = F_x + F_y + F_z = F_x i + F_y j + F_z k \tag{4-3}$$

式中，i、j、k 分别为 x、y、z 坐标轴方向的单位矢量。由此可见，分力的大小就等于同方向的力的投影的绝对值。

若已知力 F 在三个直角坐标轴上的投影 F_x、F_y、F_z，则力 F 的大小和方向余弦为

$$\begin{cases} F = \sqrt{F_x^2 + F_y^2 + F_z^2} \\ \cos\alpha = \dfrac{F_x}{F} \\ \cos\beta = \dfrac{F_y}{F} \\ \cos\gamma = \dfrac{F_z}{F} \end{cases} \tag{4-4}$$

4.1.2 空间汇交力系的合成与平衡条件

将平面汇交力系的合成法则扩展到空间，可以得到如下结论：空间汇交力系可以合成为一个合力，该合力等于力系各分力的矢量和，合力作用线过汇交点，即

$$F_R = F_1 + F_2 + \cdots + F_n = \sum_{i=1}^{n} F_i \qquad (4\text{-}5)$$

根据式(4-3),可得

$$F_R = \sum F_x i + \sum F_y j + \sum F_z k \qquad (4\text{-}6)$$

由此可见,合力 F_R 在 x、y、z 坐标轴上的投影为 $\sum F_x$、$\sum F_y$、$\sum F_z$。由此得合力的大小和方向余弦为

$$\begin{cases} F_R = \sqrt{\left(\sum F_x\right)^2 + \left(\sum F_y\right)^2 + \left(\sum F_z\right)^2} \\[2mm] \cos(F_R, i) = \dfrac{\sum F_x}{F_R} \\[2mm] \cos(F_R, j) = \dfrac{\sum F_y}{F_R} \\[2mm] \cos(F_R, k) = \dfrac{\sum F_z}{F_R} \end{cases} \qquad (4\text{-}7)$$

显然,空间汇交力系平衡的充要条件是:力系的合力等于零,即

$$F_R = \sum_{i=1}^{n} F_i = 0 \qquad (4\text{-}8)$$

因此,可得空间汇交力系的平衡方程为

$$\begin{cases} \sum F_x = 0 \\[1mm] \sum F_y = 0 \\[1mm] \sum F_z = 0 \end{cases} \qquad (4\text{-}9)$$

空间汇交力系有三个独立平衡方程,可以求解三个未知量。

【例 4-1】 由三根无垂直杆组成的挂物架如图 4-3 所示。各点用光滑铰链连接,BOC 平面是水平面,并且 $OB = OC$,角度如图 4-3 所示。若 O 点所挂重物重力 $W = 1\,000\text{N}$,求三杆所受的力。

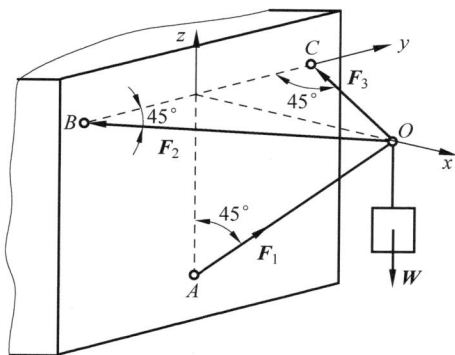

图　4-3

解：（1）取整个系统研究，分析受力。

因为三杆均不计自重且两端受力，为二力杆，所以 A、B、C 三点约束力方向沿杆的方向，如图 4-3 所示。

（2）建立图示坐标系，列平衡方程：

$$\begin{cases} \sum F_x = 0 \\ \sum F_y = 0 \\ \sum F_z = 0 \end{cases}$$

得

$$\begin{cases} F_1 \sin45° - F_2 \sin45° - F_3 \sin45° = 0 \\ -F_2 \cos45° + F_3 \cos45° = 0 \\ F_1 \cos45° - W = 0 \end{cases}$$

代入数据，解得

$$F_1 = 1\ 414\text{N}, \quad F_2 = F_3 = 707\text{N}$$

4.2　空间力偶系

4.2.1　空间力偶的矢量表示

由平面力偶理论可知，平面力偶包括力偶矩的大小和力偶的转向两个要素，可以用代数量表示。在空间情况下，力偶的作用效果不仅与力偶矩的大小、力偶的转向有关，也与力偶作用面的方位有关。如果两个力偶的力偶矩大小相等，但作用面不平行，那么两力偶的作用效果也不同。因此，空间力偶包括力偶矩的大小、力偶的转向和力偶作用面方位三个要素，通常可以用一个矢量表示。矢量的长度表示力偶矩的大小，矢量线垂直于力偶作用平面（即力偶作用平面的法线），矢量的箭头指向与力偶的转向服从右手螺旋法则，如图 4-4 所示。该矢量称为力偶矩矢，力偶对刚体的作用完全由力偶矩矢确定。

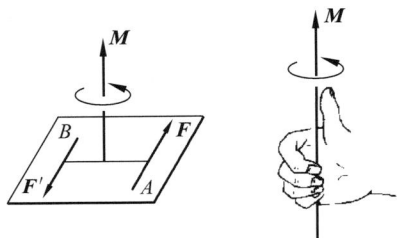

图　4-4

力偶矩矢是自由矢量，可以在刚体上平行移动，而不改变对刚体的作用效果。

如果两个力偶的力偶矩矢相等，那么两个力偶对刚体的作用效果相同，即两个力偶等效。

4.2.2　空间力偶系的合成与平衡

设有 n 个空间力偶 M_1、M_2、$\cdots$、M_n 构成的空间力偶系。可以证明，该力偶系可以合成为一个合力偶，合力偶的力偶矩矢等于各分力偶矩矢的矢量和，即

$$M = M_1 + M_2 + \cdots + M_n = \sum_{i=1}^{n} M_i \tag{4-10}$$

同力一样，力偶矩矢也表达为解析表达式：

$$M = M_x i + M_y j + M_z k \tag{4-11}$$

式中，M_x、M_y、M_z 为力偶矩矢在 x、y、z 轴上的投影。则式(4-10)可以表示为

$$M = \left(\sum M_x\right) i + \left(\sum M_y\right) j + \left(\sum M_z\right) k \tag{4-12}$$

合力偶矩矢的大小和方向余弦的计算公式为

$$\begin{cases} M = \sqrt{\left(\sum M_x\right)^2 + \left(\sum M_y\right)^2 + \left(\sum M_z\right)^2} \\[2mm] \cos(M, i) = \dfrac{\sum M_x}{M} \\[2mm] \cos(M, j) = \dfrac{\sum M_y}{M} \\[2mm] \cos(M, k) = \dfrac{\sum M_z}{M} \end{cases} \tag{4-13}$$

由于空间力偶系可以合成为一个合力偶，空间力偶系平衡的充要条件是：该力偶系的合力偶矩矢等于零，也就是该力偶系的所有力偶矩矢的矢量和等于零，即

$$\sum_{i=1}^{n} M_i = 0 \tag{4-14}$$

根据式(4-13)，式(4-14)可进一步表示为

$$\begin{cases} \sum M_x = 0 \\[1mm] \sum M_y = 0 \\[1mm] \sum M_z = 0 \end{cases} \tag{4-15}$$

式(4-15)就是空间力偶系的平衡方程。三个独立平衡方程可以解三个未知量。

4.3　力对点的矩与力对轴的矩

4.3.1　空间力对点的矩的矢量表示

力对点的矩的作用效果不仅与力矩的大小和转向有关，而且与力和矩心所在的平面(力矩作用面)的方位有关。在平面力系中，力对点的矩用代数量表示，这是因为力矩作用面是固定不变的。但在空间力系中，力矩作用面是空间内的某一平面，要表达力矩的大小、转向和作用面方位三个要素，应该用一个矢量表示。其中，矢量的模等于力的大小与矩心到力作用线的垂直距离 h(力臂)的乘积；矢量的方位和力矩作用面的法线的方位相同；矢量的指向是根据力矩的转向按右手螺旋法则确定。力 F 对 O 点的矩的矢量用 $M_O(F)$ 表示，如图 4-5 所示。

力矩的大小为

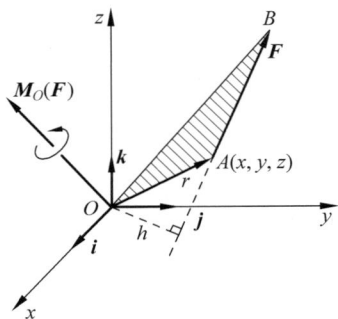

图 4-5

$$M_O(\boldsymbol{F}) = Fh = 2S_{\triangle OAB}$$

式中，$S_{\triangle ABC}$ 为 $\triangle OAB$ 的面积。

若用 $\boldsymbol{r}$ 表示力 $\boldsymbol{F}$ 作用点 A 的矢径，则 $\boldsymbol{r} \times \boldsymbol{F}$ 也是一个矢量，其大小等于 $\triangle OAB$ 的面积的 2 倍，方位垂直于 $\boldsymbol{r}$ 与 $\boldsymbol{F}$ 所组成的平面，指向也由右手螺旋法则确定。由此可见

$$\boldsymbol{M}_O(\boldsymbol{F}) = \boldsymbol{r} \times \boldsymbol{F} \tag{4-16}$$

若在矩心 O 处建立空间直角坐标系 $Oxyz$，坐标方向的单位矢量用 $\boldsymbol{i}$、$\boldsymbol{j}$、$\boldsymbol{k}$ 表示，力作用点 A 的坐标为 $A(x, y, z)$，如图 4-5 所示。若用 F_x、F_y、F_z 表示力 $\boldsymbol{F}$ 在坐标轴上的投影，则力 $\boldsymbol{F}$ 对 O 点的力矩矢还可以表示为

$$\boldsymbol{M}_O(\boldsymbol{F}) = \boldsymbol{r} \times \boldsymbol{F} = \begin{vmatrix} \boldsymbol{i} & \boldsymbol{j} & \boldsymbol{k} \\ x & y & z \\ F_x & F_y & F_z \end{vmatrix} = (yF_z - zF_y)\boldsymbol{i} + (zF_x - xF_z)\boldsymbol{j} + (xF_y - yF_x)\boldsymbol{k}$$

$$\tag{4-17}$$

由于力矩矢 $\boldsymbol{M}_O(\boldsymbol{F})$ 随矩心的位置改变而变化，力矩矢是定位矢量。

4.3.2 空间力对轴的矩

当力作用在刚体上时，可使刚体产生绕固定轴转动的运动，如在门上施加力可使门产生转动。力对绕定轴转动刚体的作用效果用力对轴的矩来度量。设力 $\boldsymbol{F}$ 作用于可绕 z 轴转动的刚体上的 A 点，如图 4-6 所示。过 A 点作垂直于 z 轴的平面 Oxy，O 点是平面与 z 轴的交点。将力 $\boldsymbol{F}$ 分解为平行于 z 轴的分力 $\boldsymbol{F}_z$ 和垂直于 z 轴的分力 $\boldsymbol{F}_{xy}$，根据经验，平行于 z 轴的分力 $\boldsymbol{F}_z$ 不会使刚体绕 z 轴转动，故分力 $\boldsymbol{F}_z$ 对 z 轴的矩为零，所以力 $\boldsymbol{F}$ 对 z 轴的矩 $M_z(\boldsymbol{F})$ 就是分力 $\boldsymbol{F}_{xy}$ 对 z 轴的矩 $M_z(\boldsymbol{F}_{xy})$。显然，分力 $\boldsymbol{F}_{xy}$ 对 z 轴的矩 $M_z(\boldsymbol{F}_{xy})$ 就是 Oxy 平面内力 $\boldsymbol{F}_{xy}$ 对 O 点的矩 $M_O(\boldsymbol{F}_{xy})$，即

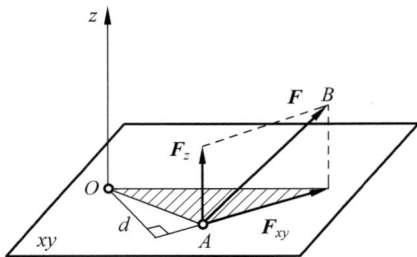

图 4-6

$$M_z(\boldsymbol{F}) = M_O(\boldsymbol{F}_{xy}) = \pm F_{xy} \cdot d \tag{4-18}$$

力对轴的矩是代数量，式中的正负号按右手螺旋法则确定，当拇指指向 z 轴正向时，取正号；反之，取负号。当力与转轴平行或相交（即共面）时，力对该轴的矩为零。

力对轴的矩也可用解析表达式表示。如图 4-7 所示，力 $\boldsymbol{F}$ 在三个直角坐标轴上的投影分别为 F_x、F_y、F_z，力作用点的坐标为 $A(x, y, z)$，则有

$$M_z(\boldsymbol{F}) = M_O(\boldsymbol{F}_{xy}) = M_O(\boldsymbol{F}_x) + M_O(\boldsymbol{F}_y) = xF_y - yF_x$$

同理，可得力对 x、y 轴的矩。可将三式合写为

$$\begin{cases} M_x(\boldsymbol{F}) = yF_z - zF_y \\ M_y(\boldsymbol{F}) = zF_x - xF_z \\ M_z(\boldsymbol{F}) = xF_y - yF_x \end{cases} \tag{4-19}$$

【例 4-2】 传动轴上的圆柱斜齿轮所受的总啮合力为 $\boldsymbol{F}_n$，如图 4-8 所示。齿轮压力角

为 α，螺旋角为 β，节圆半径为 r。求该力对各坐标轴的矩。

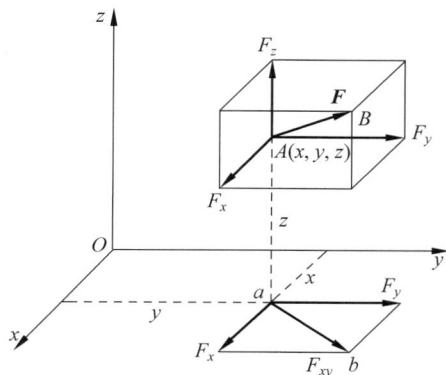

图 4-7

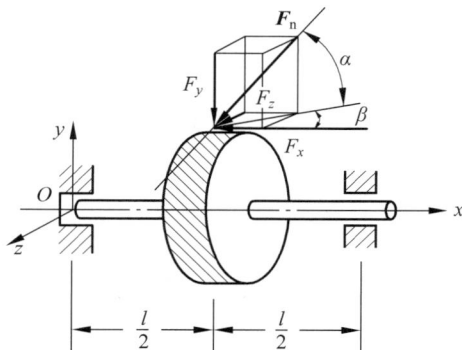

图 4-8

解：(1) 将力 $\boldsymbol{F}_n$ 沿坐标方向分解，得

$$F_x = F_n \cos\alpha \cos\beta$$

$$F_y = F_n \sin\alpha$$

$$F_z = F_n \cos\alpha \sin\beta$$

(2) 力作用点坐标为 $\left(\dfrac{l}{2}, r, 0\right)$，按式(4-19)计算力对各轴的矩，得

$$M_x(\boldsymbol{F}_n) = r \cdot F_n \cos\alpha \sin\beta$$

$$M_y(\boldsymbol{F}_n) = -\frac{l}{2} \cdot F_n \cos\alpha \sin\beta$$

$$M_z(\boldsymbol{F}_n) = \frac{l}{2} \cdot (-F_n \sin\alpha) - r \cdot (-F_n \cos\alpha \cos\beta) = F_n\left(r\cos\alpha\cos\beta - \frac{l}{2}\sin\alpha\right)$$

4.3.3 力对点的矩与力对轴的矩的关系

比较式(4-17)和式(4-19)可知，力矩矢 $\boldsymbol{M}_O(\boldsymbol{F})$ 解析式中 $\boldsymbol{i}$、$\boldsymbol{j}$、$\boldsymbol{k}$ 前的系数，即力矩矢 $\boldsymbol{M}_O(\boldsymbol{F})$ 在各坐标轴上的投影与力对坐标轴的矩分别相等，即

$$\begin{cases} [\boldsymbol{M}_O(\boldsymbol{F})]_x = M_x(\boldsymbol{F}) \\ [\boldsymbol{M}_O(\boldsymbol{F})]_y = M_y(\boldsymbol{F}) \\ [\boldsymbol{M}_O(\boldsymbol{F})]_z = M_z(\boldsymbol{F}) \end{cases} \tag{4-20}$$

式(4-20)说明，力对点的矩矢在通过该点的轴上的投影等于力对该轴的矩。

4.4 空间任意力系

4.4.1 空间约束简介

空间约束是指限制物体在空间运动的约束。当一个物体在空间运动时，可能有 6 种独立的位移,即沿空间直角坐标轴 x、y、z 轴的移动和绕 x、y、z 轴的转动。空间约束的作用就是限制这 6 种独立位移中的部分或全部。约束通过约束反力限制物体的移动,通过约束反力偶限制物体的转动。分析实际的约束时,也常忽略一些次要因素,抓住主要因素,作一些合理的简化。常见的几种空间约束及其约束反力如表 4-1 所示。

表 4-1　几种常见的空间约束及其约束反力

约 束 类 型	简　图	简 化 符 号	约 束 反 力
球形铰链			
径向轴承			
止推轴承			
空间固定端			

4.4.2　空间任意力系的简化

空间任意力系是指力系中各力作用线在空间任意分布的力系,本书中也研究该力系的简化和平衡问题。与平面任意力系的简化方法一样,空间任意力系简化也是根据力线平移定理,依次将力系中的每一个力向简化中心 O 平移,同时附加一个力偶。这样,原来的空间任意力系(图 4-9(a))就等效为一个空间汇交力系和一个空间力偶系,如图 4-9(b)所示。其中

$$\boldsymbol{F}_i' = \boldsymbol{F}_i, \quad \boldsymbol{M}_i = \boldsymbol{M}_O(\boldsymbol{F}_i) \quad (i=1,2,\cdots,n)$$

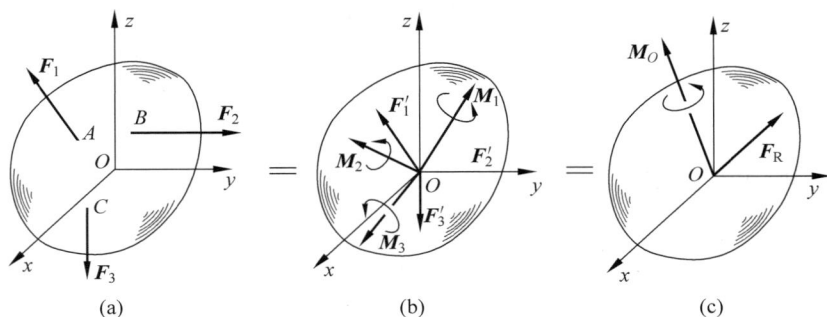

(a)　　　　　　　　(b)　　　　　　　　(c)

图　4-9

作用于 O 点的空间汇交力系可以合成为一个力 $\boldsymbol{F}_R$（图 4-9(c)），此力的作用线过 O 点，大小和方向等于力系的主矢，即

$$\boldsymbol{F}_R = \boldsymbol{F}_1' + \boldsymbol{F}_2' + \cdots + \boldsymbol{F}_n' = \sum_{i=1}^{n} \boldsymbol{F}_i$$

空间力偶系可合成为一个力偶 $\boldsymbol{M}_O$（图 4-9(c)），其力偶矩矢等于各附加力偶矩矢的矢量和，也就是原力系中各力对简化中心 O 取矩的矢量和，即力系对 O 点的主矩为

$$\boldsymbol{M}_O = \boldsymbol{M}_1 + \boldsymbol{M}_2 + \cdots + \boldsymbol{M}_n = \sum_{i=1}^{n} \boldsymbol{M}_O(\boldsymbol{F}_i)$$

因此可得如下结论：空间任意力系向空间任一点 O 简化可以得到一个力和一个力偶。该力的大小和方向等于该力系的主矢，作用线过简化中心 O；该力偶的矩矢等于该力系对简化中心 O 的主矩。

由式(4-7)可得该合力的大小为

$$F_R = \sqrt{\left(\sum F_x\right)^2 + \left(\sum F_y\right)^2 + \left(\sum F_z\right)^2} \tag{4-21}$$

由式(4-13)可得该合力偶矩矢的大小为

$$
\begin{aligned}
M &= \sqrt{\left(\sum M_x\right)^2 + \left(\sum M_y\right)^2 + \left(\sum M_z\right)^2} \\
&= \sqrt{\left[\sum M_x(\boldsymbol{F})\right]^2 + \left[\sum M_y(\boldsymbol{F})\right]^2 + \left[\sum M_z(\boldsymbol{F})\right]^2}
\end{aligned}
\tag{4-22}
$$

*4.4.3　空间力系简化结果的讨论

空间力系向简化中心简化可以得到一个力和一个力偶。该力和力偶可以进一步简化，得到更简单的结果。下面加以简要说明。

1）简化为一个合力偶的情形

若空间力系的主矢 $\boldsymbol{F}_R = 0$、主矩 $\boldsymbol{M}_O \neq 0$，则力系向任一点简化的合力等于零，力系简化为一个合力偶。

2）简化为一个合力的情形

若空间力系的主矢 $\boldsymbol{F}_R \neq 0$、主矩 $\boldsymbol{M}_O = 0$，则力系简化为作用在简化中心 O 的合力；若空间力系的主矢 $\boldsymbol{F}_R \neq 0$、主矩 $\boldsymbol{M}_O \neq 0$，且 $\boldsymbol{F}_R \perp \boldsymbol{M}_O$，也就是力 $\boldsymbol{F}_R$ 和力偶 $\boldsymbol{M}_O$ 作用在同一平面内，则根据力线平移定理可以进一步合成为一个距简化中心距离为 $d = \dfrac{|M_O|}{F_R}$ 的一个合力。

3）简化为力螺旋的情形

若空间力系的主矢 $\boldsymbol{F}_R \neq 0$、主矩 $\boldsymbol{M}_O \neq 0$，且 $\boldsymbol{F}_R \,/\!/\, \boldsymbol{M}_O$，也就是力 $\boldsymbol{F}_R$ 垂直于力偶 $\boldsymbol{M}_O$ 作用平面，称这种简化结果为力螺旋。例如，用螺丝刀拧螺钉就是作用力螺旋。若 $\boldsymbol{F}_R$ 和 $\boldsymbol{M}_O$ 既不平行也不垂直，则可以通过力偶的分解，简化为一个力螺旋。

4）简化为平衡的情形

若空间力系的主矢 $\boldsymbol{F}_R = 0$、主矩 $\boldsymbol{M}_O = 0$，则力系向任一点简化的合力和合力偶都等于零，力系平衡。

4.4.4 空间任意力系的平衡方程

空间任意力系平衡的充要条件是：该力系的主矢和对任意一点的主矩都等于零。由式(4-21)和式(4-22)可得空间任意力系的平衡方程为

$$
\begin{cases}
\sum F_x = 0 \\
\sum F_y = 0 \\
\sum F_z = 0 \\
\sum M_x(\boldsymbol{F}) = 0 \\
\sum M_y(\boldsymbol{F}) = 0 \\
\sum M_z(\boldsymbol{F}) = 0
\end{cases}
\tag{4-23}
$$

由此可见，空间任意力系有 6 个平衡方程，可以解 6 个未知量。空间任意力系平衡方程除了式(4-23)形式外，也有其他形式。只要保持方程的数目不变，就可以将投影方程式改为取矩方程式。

将空间汇交力系、空间平行力系等特殊力系看作空间任意力系的特殊情况，可以从空间任意力系平衡方程中得到其他特殊力系的平衡方程。在图 4-10 所示空间平行力系中，平衡方程(式(4-23))中，$\sum F_x = 0$、$\sum F_y = 0$ 和 $\sum M_z(\boldsymbol{F}) = 0$ 均为恒等式。

因此，空间平行力系的平衡方程为

$$
\begin{cases}
\sum F_z = 0 \\
\sum M_x(\boldsymbol{F}) = 0 \\
\sum M_y(\boldsymbol{F}) = 0
\end{cases}
\tag{4-24}
$$

由此可见，空间平行力系有三个平衡方程，可以解三个未知量。

【例 4-3】 水平面内的一刚架 ABC 如图 4-11 所示，自由端 C 处作用着平行于 y 轴的力 $\boldsymbol{F}_{Cy}$ 和平行于 x 轴的力 $\boldsymbol{F}_{Cx}$，以及绕 BC 轴转动的力偶 m_C。求固定端 A 处的约束反力。

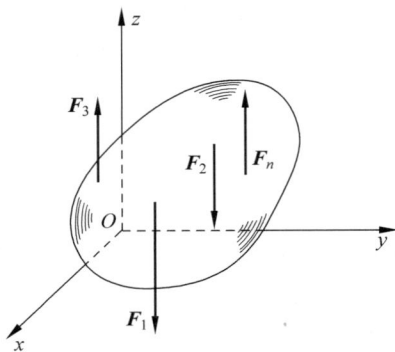

图 4-10

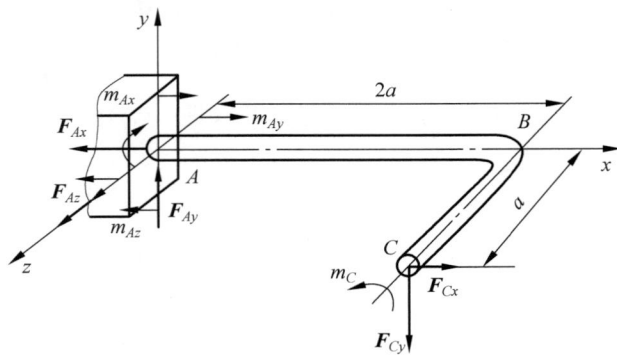

图 4-11

解： (1) 取 ABC 刚架为研究对象，进行受力分析。

A 端是固定端，其约束反力包括三个坐标方向的约束力 $\boldsymbol{F}_{Ax}$、$\boldsymbol{F}_{Ay}$、$\boldsymbol{F}_{Az}$ 和三个方向的约束反力偶 m_{Ax}、m_{Ay}、m_{Az}，如图 4-11 所示。由此可见，这是空间任意力系。

（2）列平衡方程求解。

根据题意，则有

$$\sum F_x = 0, \quad F_{Cx} - F_{Ax} = 0, \quad F_{Ax} = F_{Cx}$$

$$\sum F_y = 0, \quad F_{Ay} - F_{Cy} = 0, \quad F_{Ay} = F_{Cy}$$

$$\sum F_z = 0, \quad F_{Az} = 0$$

$$\sum M_x(\boldsymbol{F}) = 0, \quad F_{Cy}a - m_{Ax} = 0, \quad m_{Ax} = F_{Cy}a$$

$$\sum M_y(\boldsymbol{F}) = 0, \quad F_{Cx} \cdot 2a - m_{Ay} = 0, \quad m_{Ay} = 2F_{Cx}a$$

$$\sum M_z(\boldsymbol{F}) = 0, \quad m_C - F_{Cy} \cdot 2a - m_{Az} = 0, \quad m_{Az} = m_C - 2F_{Cy}a$$

本章总结

1. 力 $\boldsymbol{F}$ 在空间直角坐标上的投影

（1）直接投影法：

$$\begin{cases} F_x = F\cos(\boldsymbol{F} \cdot \boldsymbol{i}) \\ F_y = F\cos(\boldsymbol{F} \cdot \boldsymbol{j}) \\ F_z = F\cos(\boldsymbol{F} \cdot \boldsymbol{k}) \end{cases}$$

其中，$\boldsymbol{i}$、$\boldsymbol{j}$、$\boldsymbol{k}$ 分别为坐标轴正向的单位矢量。

（2）间接投影法：

$$\begin{cases} F_x = F_{xy}\cos\varphi = F\sin\gamma\cos\varphi \\ F_y = F_{xy}\sin\varphi = F\sin\gamma\sin\varphi \\ F_z = F\cos\gamma \end{cases}$$

式中，γ 为力 $\boldsymbol{F}$ 与 z 轴正向间的夹角；$\boldsymbol{F}_{xy}$ 为力 $\boldsymbol{F}$ 向 xy 面上的分力；φ 为分力 $\boldsymbol{F}_{xy}$ 与 x 轴正向间的夹角。

2. 空间力对点的矩与空间力对轴的矩

（1）空间力对点的矩的矢量表示：

$$\boldsymbol{M}_O(\boldsymbol{F}) = \boldsymbol{r} \times \boldsymbol{F}$$

$\boldsymbol{M}_O(\boldsymbol{F})$ 的方向由右手螺旋法则来确定，$\boldsymbol{M}_O(\boldsymbol{F})$ 大小为

$$|\boldsymbol{r} \times \boldsymbol{F}| = rF\sin\alpha = Fh$$

式中，h 为 O 点到力 $\boldsymbol{F}$ 作用线的垂直距离，即力臂。

（2）空间力对轴的矩：

$$M_z(\boldsymbol{F}) = M_O(\boldsymbol{F}_{xy}) = \pm F_{xy}h$$

式中，h 为 O 点到力 $\boldsymbol{F}_{xy}$ 作用线的垂直距离，即力臂。

（3）空间力对点的矩与空间力对轴的矩的关系：

$$\begin{cases} [\boldsymbol{M}_O(\boldsymbol{F})]_x = yF_z - zF_y = M_x(\boldsymbol{F}) \\ [\boldsymbol{M}_O(\boldsymbol{F})]_y = zF_x - xF_z = M_y(\boldsymbol{F}) \\ [\boldsymbol{M}_O(\boldsymbol{F})]_z = xF_y - yF_x = M_z(\boldsymbol{F}) \end{cases}$$

3. 空间汇交力系

（1）空间汇交力系的合成。合力 $\boldsymbol{F}_R$ 在空间直角坐标系中的解析式为

$$\boldsymbol{F}_R = F_{Rx}\boldsymbol{i} + F_{Ry}\boldsymbol{j} + F_{Rz}\boldsymbol{k} = \sum F_x \boldsymbol{i} + \sum F_y \boldsymbol{j} + \sum F_z \boldsymbol{k}$$

（2）合力的大小和方向余弦为

$$\begin{cases} F_R = \sqrt{F_{Rx}^2 + F_{Ry}^2} = \sqrt{\left(\sum F_x\right)^2 + \left(\sum F_y\right)^2 + \left(\sum F_z\right)^2} \\ \cos(\boldsymbol{F}_R \cdot \boldsymbol{i}) = \dfrac{F_{Rx}}{F_R} = \dfrac{\sum F_x}{F_R}, \cos(\boldsymbol{F}_R \cdot \boldsymbol{j}) = \dfrac{F_{Ry}}{F_R} = \dfrac{\sum F_y}{F_R}, \cos(\boldsymbol{F}_R \cdot \boldsymbol{k}) = \dfrac{F_{Rz}}{F_R} = \dfrac{\sum F_z}{F_R} \end{cases}$$

（3）空间汇交力系的平衡方程为

$$\begin{cases} \sum F_x = 0 \\ \sum F_y = 0 \\ \sum F_z = 0 \end{cases}$$

4. 空间任意力系

1）空间任意力系向一点简化

（1）对于主矢：

$$\boldsymbol{F}_R = \boldsymbol{F}_1 + \boldsymbol{F}_2 + \cdots + \boldsymbol{F}_n = \sum_{i=1}^{n} \boldsymbol{F}_i$$

（2）对于主矩：

$$\boldsymbol{M}_O = \boldsymbol{M}_1 + \boldsymbol{M}_2 + \cdots + \boldsymbol{M}_n = \sum_{i=1}^{n} \boldsymbol{M}_O(\boldsymbol{F}_i)$$

2）空间任意力系的平衡

（1）空间任意力系平衡的充要条件：力系的主矢和对任意一点的主矩均等于零，即

$$\boldsymbol{F}_R = 0 \quad \boldsymbol{M}_O = 0$$

（2）空间任意力系平衡的方程：

$$\begin{cases} \sum F_x = 0 \quad \sum F_y = 0 \quad \sum F_z = 0 \\ \sum M_x(\boldsymbol{F}) = 0 \quad \sum M_y(\boldsymbol{F}) = 0 \quad \sum M_z(\boldsymbol{F}) = 0 \end{cases}$$

5. 各种力系的平衡方程

将其他力系看作空间任意力系的特殊情况，可以通过确定从空间任意力系平衡方程中剔除恒等式方程，得到其他力系的平衡方程形式。例如，在平面任意力系中，若设力系中各

力作用在 xy 坐标平面上,则在空间任意力系平衡方程中,$\sum F_z = 0$,$\sum M_x(\boldsymbol{F}) = 0$,$\sum M_y(\boldsymbol{F}) = 0$;剔除这三个恒等式方程,可以得到平面任意力系的平衡方程式。

各种力系平衡方程如表 4-2 所示。读者可自己根据空间任意力系平衡分析得到。

表 4-2 各种力系的平衡方程

力 系 名 称	平衡方程形式	独立方程数目/个
空间任意力系	$\sum F_x = 0$ $\sum F_y = 0$ $\sum F_z = 0$ $\sum M_x(\boldsymbol{F}) = 0$ $\sum M_y(\boldsymbol{F}) = 0$ $\sum M_z(\boldsymbol{F}) = 0$	6
空间平行力系	$\sum F_z = 0$ $\sum M_x(\boldsymbol{F}) = 0$ $\sum M_y(\boldsymbol{F}) = 0$	3
空间力偶系	$\sum M_x = 0$ $\sum M_y = 0$ $\sum M_z = 0$	3
空间汇交力系	$\sum F_x = 0$ $\sum F_y = 0$ $\sum F_z = 0$	3
平面任意力系	$\sum F_x = 0$ $\sum F_y = 0$ $\sum M_O(\boldsymbol{F}) = 0$	3
平面平行力系	$\sum F_y = 0$ $\sum M_O(\boldsymbol{F}) = 0$	2
平面力偶系	$\sum M = 0$	1
平面汇交力系	$\sum F_x = 0$ $\sum F_y = 0$	2

分析思考题

4-1 已知一个空间力对三个坐标轴的矩,如何求出这个力的大小和方向?

4-2 在空间任意力系中,对于一个力螺旋,如何确定其中心轴的位置和力螺旋的参数?

4-3   空间任意力系中,如果力系中各力的作用线都平行于某一平面,那么平衡方程有何简化形式?

4-4   空间任意力系中,力对轴之矩和力对点之矩有什么关系? 如何相互转换?

4-5   有一个空间刚架受到任意力系作用,刚架上有固定端约束,如何确定固定端约束反力和反力偶?

4-6   空间任意力系作用下,如何判断一个力系是否可以简化为一个合力?

习题

4-1   在棱边长为 a 的正方体的顶角 A、B 处,分别作用力 F_1、F_2,如习题 4-1 图所示。求此两力在 x、y、z 轴上的投影和对 x、y、z 轴的矩。

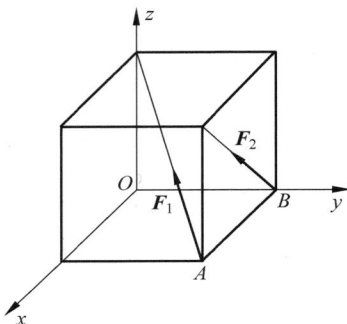

习题 4-1 图

答:略。

4-2   如习题 4-2 图所示,支架 C 点上在平行于 yz 平面的平面内作用力 $F=500\mathrm{N}$。计算它对 A 点的矩。

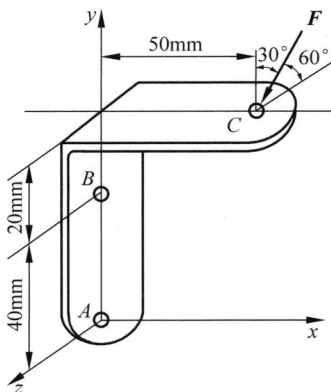

习题 4-2 图

答:$M_A(F)=15i-12.5j-21.7(\mathrm{kN\cdot m})$。

4-3   杆 DA、DB、DC 铰接于 D 点,A、B、C 三点为光滑球铰,在 D 点悬挂重力 $W=10\mathrm{kN}$

的重物，求 A、B、C 处的约束反力。

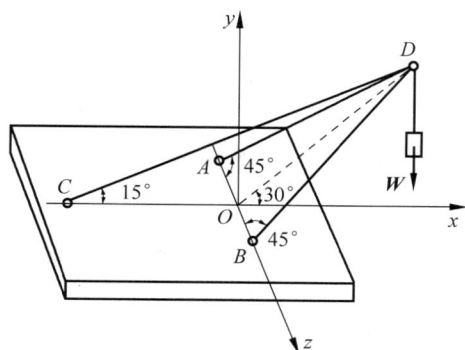

习题 4-3 图

答：$F_A = F_B = 26.4\text{kN}, F_C = 33.5\text{kN}$。

4-4 习题 4-4 图所示三圆盘 A、B、C 的半径分别为 $r_A = 0.15\text{m}, r_B = 0.1\text{m}, r_C = 0.05\text{m}$。在三个圆盘上分别作用力偶，各力偶的力作用在圆盘边缘上，已知 $F_A = 100\text{N}$，$F_B = 200\text{N}$。轴 AO、BO、CO 在同一平面内，并且系统不受约束。求力 F_C 和夹角 α。

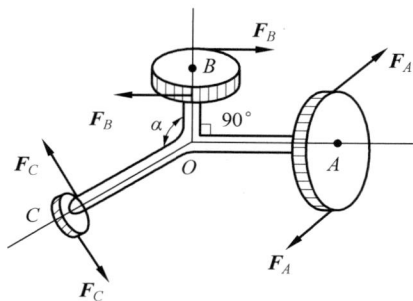

习题 4-4 图

答：$F_C = 500\text{N}, \alpha = 143°$

4-5 三脚架三腿的位置如习题 4-5 图所示。作用力 $F = 200\text{N}$，方向平行于 x 轴，不计杆重。求各杆所受约束反力。

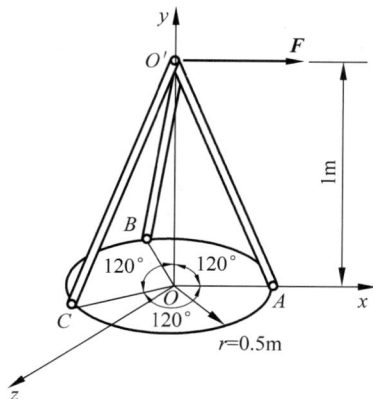

习题 4-5 图

答：$F_A = 298.2\text{N}, F_B = F_C = 149.1\text{N}$。

4-6 平面刚架 $ABCD$ 在 A、D、E 三点用钢丝悬挂在水平面内。已知刚架单位长度重力为 $78.4\text{N/m}, a = 0.6\text{m}$。求：（1）当 $x = 1.5a$ 时，各钢丝的张力；（2）保证 $F_{TA} \geqslant 0$ 时的 x。

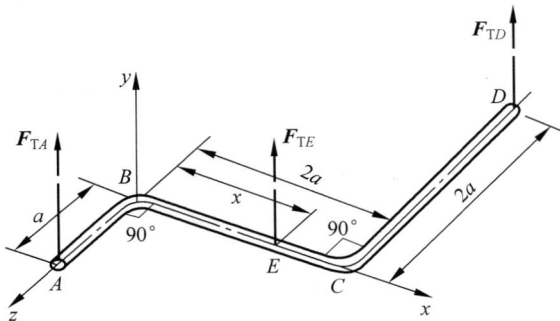

习题 4-6 图

答：（1）$F_{TA} = F_{TD} = 70.56\text{N}, F_{TE} = 94.08\text{N}$；（2）$x \geqslant 1.06a$。

4-7 刚架 ABC 的自由端 C 处受力如习题 4-7 图所示，两力 $\boldsymbol{F}_1$ 和 $\boldsymbol{F}_2$ 分别平行 x 轴和 z 轴。m_C 为绕 BC 轴的力偶。求固定端 A 处的约束反力。

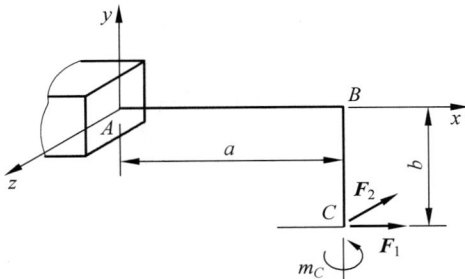

习题 4-7 图

答：$F_{Ax} = -F_1, F_{Ay} = 0, F_{Az} = F_2, M_{Ax} = -F_2 b, M_{Ay} = -(m_C + F_2 a), M_{Az} = -F_1 b$。

4-8 如习题 4-8 图所示，手摇绞车吊起重 $W = 2\,000\text{N}$ 的重物，绞车几何尺寸如习题 4-8 图所示。求在习题 4-8 图所示位置轴承 A、B 处的约束反力。

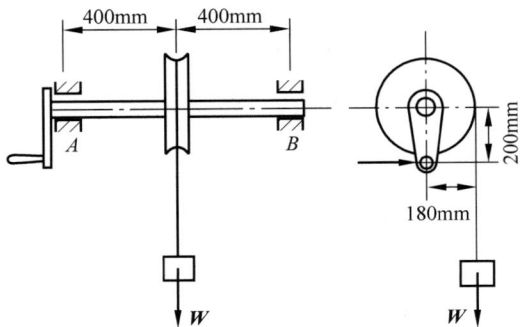

习题 4-8 图

答：$F_{Ay} = F_{By} = 1\,000\text{N}, F_{Az} = -1\,800\text{N}, F_{Bz} = 0$。

4-9   悬臂刚架上作用有 $q = 2\text{kN/m}$ 的均布载荷，以及作用线分别沿 x、y 轴方向的集中力 F_1、F_2，如习题 4-9 图所示。已知 $F_1 = 5\text{kN}, F_2 = 4\text{kN}$。求固定端 O 处的约束反力和反力偶。

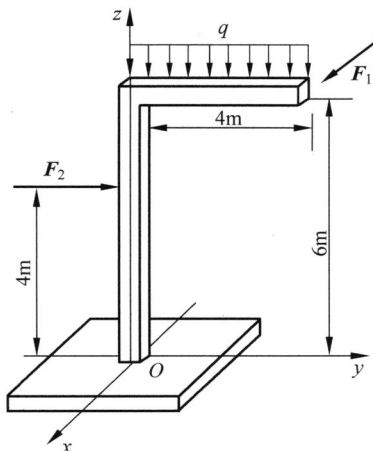

习题 4-9 图

答：$F_{Ox} = -5\text{kN}, F_{Oy} = -4\text{kN}, F_{Oz} = 8\text{kN}, M_{Ox} = 32\text{kN} \cdot \text{m}, M_{Oy} = -30\text{kN} \cdot \text{m},$
$M_{Oz} = 20\text{kN} \cdot \text{m}$。

第2篇

材料力学

········

　　材料力学的研究对象是可变形固体。可变形固体在力作用下将会发生形状和体积的改变。

　　材料力学主要研究工程构件(弹性体)在外力作用下的变形和破坏规律。本篇主要研究内容涉及力的变形效应。在外力作用下,工程构件内各部分之间产生相互作用的应力和变形,当应力和变形达到一定值时,会引起工程构件的破坏,表现为强度、刚度和稳定性破坏三种形式。材料力学通过研究杆件变形和破坏规律,为工程构件的设计提供理论基础和设计准则。

　　不同材料所表现出的变形和破坏特性是不同的,这些特性称为材料的力学性能。材料的力学性能必须通过实验获得,因此,实验分析是和理论研究同等重要的材料力学解决问题的方法。

第5章

材料力学的基本概念

基本要求

（1）了解构件正常工作时应满足的要求。
（2）理解变形固体的概念和关于材料的基本假设。
（3）理解用截面法求内力的方法，掌握截面上点的应力的概念。
（4）掌握位移、变形与应变的概念。
（5）初步了解杆件变形的四种基本形式。

重点和难点

（1）内力、截面法和应力。
（2）基本变形的判断。

5.1 材料力学的任务

5.1.1 构件的承载能力要求

在机械、航空航天、能源、动力、土木、水利、材料、化工、冶金等众多工程领域中，广泛使用着各种机械和工程结构。这些机械和工程结构由许多零件或元件（如轴、销、杆、梁、柱等）组成，统称为构件。

构件由金属材料、工程塑料、复合材料、混凝土、木材等固体材料制成。当构件工作时，一般受到载荷的作用，发生形状和尺寸的变化。作用在构件上的外部作用力称为外力，当外力大到一定限度时，构件会发生破坏。为保证机械或结构能够正常工作，要求构件具有一定的承载能力，具体包括以下 3 个方面。

1. 强度要求

构件工作时，不应该发生断裂或明显的永久变形。例如，水坝在水压力作用下不发生破坏，压力容器不发生破裂。因此，要求构件必须具有足够的抵抗破坏的能力，即具有足够的强度。

2. 刚度要求

构件工作时,构件即使有足够的强度,但若变形超过允许的限度,也会导致机器设备不能正常工作。例如,若齿轮轴变形过大,将会使齿轮和轴承发生偏磨,影响正常工作。因此,要求构件必须具有足够抵抗变形的能力,即具有足够的刚度。

3. 稳定性要求

对于细长的受压构件,如内燃机的挺杆、厂房结构中的立柱等,即使有足够的强度,工作时也可能失去原有的直线平衡状态而被压弯。因此,要求构件必须具有足够的保持原有平衡形态的能力,即具有足够的稳定性。

5.1.2 材料力学的任务

在设计构件时,可以通过选择合适的材料、构件横截面形状和尺寸保证构件的承载能力(安全性)要求,同时也应考虑合理地使用和节约材料,达到经济性要求。材料力学的任务就是研究构件在外力作用下的变形和破坏规律,为设计既经济又安全的构件提供有关强度、刚度、稳定性分析的基本理论和计算方法。

构件的承载能力与所用材料在外力作用下表现出的变形和破坏规律即材料的力学性能密切相关,而力学性能必须通过实验来测定。某些较复杂的问题也需借助试验方法来解决。因此,实验研究与理论分析一样,都是解决材料力学问题的基本方法。

5.2 材料的基本假设

实际工程构件所用材料多种多样,其力学性能十分复杂。在材料力学中,为研究构件在外力作用下的变形和破坏规律,通常略去材料的一些次要属性,将材料抽象为理想化的模型。对于这种理想化的变形固体材料,通常作以下基本假设。

(1)连续性假设——认为构件整个体积内无空隙地充满了材料。这样,构件的力学量就是坐标的连续函数,并可进行极限分析。

(2)均匀性假设——认为构件是同一均匀材料组成的,各点的力学性能相同。这样,从构件中取出任一微小部分进行分析计算和试验,其结论也适用于整个构件。

(3)各向同性假设——认为构件材料沿各个方向均具有相同的力学性能。

虽然从微观上材料很难满足上述基本假设,但是从宏观上可以认为材料的性质是连续、均匀和各向同性的。实践证明,在工程计算的精度范围内,上述三个基本假设可以获得满意的结果。

5.3 内力、截面法和应力

5.3.1 内力的概念

作用于构件上的载荷和支座反力统称为外力。当构件不受外力作用时,内部各部分之间存在着相互作用力,使构件维持一定的形状。当构件受外力作用时,构件会发生变形,同时内部各部分之间的相互作用力也发生了改变。这种因外力作用而引起的构件内部各部分之间相互作用力的改变量,称为附加内力,简称内力。由此可见,构件的内力是由外力引起的、随外力的增大而增大的,当内力大到一定限度后,会引起材料的破坏。因此,内力与强度问题密切相关。

5.3.2　截面法

如图 5-1(a)所示构件在外力作用下处于平衡状态。为了显示并确定 m—m 截面上的内力,用平面假想地将构件沿 m—m 截面截为 Ⅰ、Ⅱ 两部分,如图 5-1(b)和(c)所示。任取其中一部分研究,如Ⅰ,可将Ⅱ看作Ⅰ的约束,Ⅱ对Ⅰ的约束力是分布在 m—m 截面上的分布力,一般将分布力向截面形心简化后的合力 F_R 和合力偶 M_0 称为该截面上的内力,如图 5-1(d)所示。根据静力学原理,取 Ⅰ 研究,画受力图后,列平衡方程就可解出 m—m 截面上的内力值。同样,若取Ⅱ研究,也可用相同的步骤求出 m—m 截面上的内力,并且两种求法求出的内力是构成作用力和反作用力关系的相等的力。

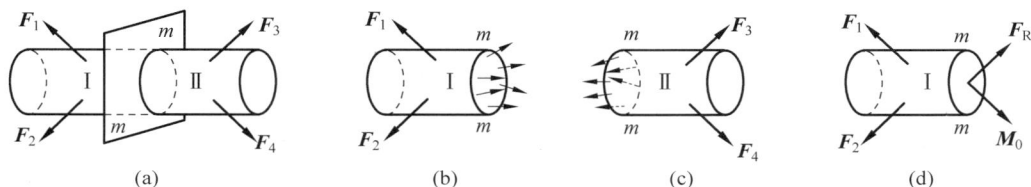

图　5-1

上述这种显示并确定截面内力的方法称为截面法,具体可归纳为如下三个步骤。

(1) 截取——沿欲求内力的截面处将构件假想地截断,任取其中一部分研究。

(2) 代替——用内力代替另一部分对研究对象的作用。

(3) 平衡——列平衡方程,确定未知的内力。

【例 5-1】　电力机车架空线立柱结构如图 5-2(a)所示,已知力 F 和长度 l。求立柱 m—m 截面上的内力。

解:(1) 取研究对象。沿 m—m 截面假想将立柱截为两段,取上半段研究。

(2) 受力分析。根据外力 F 的特点,m—m 截面上的内力应有向上的力 F_N 和逆时针的力偶 M,如图 5-2(b)所示。

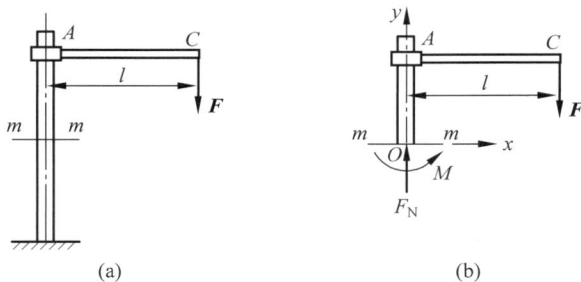

图　5-2

（3）列平衡方程求内力，则有

$$\sum F_y = 0, \quad F_N - F = 0$$

$$\sum M_O(\boldsymbol{F}) = 0, \quad -Fl + M = 0$$

可得内力为

$$F_N = F, \quad M = Fl$$

5.3.3　应力的概念

用截面法只能确定截面上分布内力的合力，不能确定其分布情况。为分析构件的强度，应进一步研究截面上内力的分布情况，因此引入应力的概念。

假设在 n—n 截面上围绕 k 点取微小面积 ΔA，ΔA 上分布内力的合力为 $\Delta\boldsymbol{F}$（图 5-3（a））。则称比值

$$\boldsymbol{p}_m = \frac{\Delta\boldsymbol{F}}{\Delta A}$$

为 ΔA 上的平均应力。一般情况下，平均应力的大小和方向随所取面积 ΔA 的大小而变化，当 ΔA 趋近于零时，$\boldsymbol{p}_m$ 的大小和方向都趋近于一个极限，

$$\boldsymbol{p} = \lim_{\Delta A \to 0} \boldsymbol{p}_m = \lim_{\Delta A \to 0} \frac{\Delta\boldsymbol{F}}{\Delta A}$$

其称为 k 点的应力。它是分布内力系在 k 点的分布集度，反映了内力系在 k 点的作用强弱。$\boldsymbol{p}$ 是矢量，通常分解为垂直于截面的应力分量 σ 和相切于截面的应力分量 τ（图 5-3（b）），分别称为正应力和切应力。

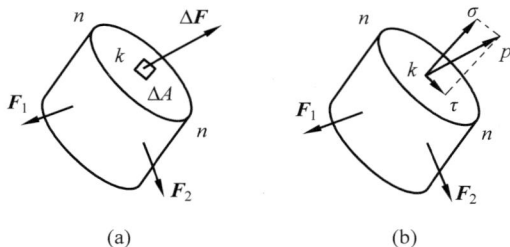

图　5-3

应力的单位是 Pa（帕），称为帕斯卡，$1\text{Pa} = 1\text{N/m}^2$。由于这个单位较小，常用单位为 MPa，$1\text{MPa} = 10^6\text{Pa} = 1\text{N/mm}^2$。

5.4　变形和应变

5.4.1　变形和位移

在外力作用下，构件局部产生形状和尺寸的改变使构件上各点的空间位置发生改变。一般构件局部形状和尺寸的改变称为变形，各点的空间位置的改变量称为位移。位移由变形产生，但该点存在位移并不能说明该点一定有变形。这里所讨论的位移只是由构件变形

引起的位移,而不包括构件的刚性位移。

5.4.2　正应变和切应变

　　构件的变形包括几何形状改变和尺寸改变两部分。为定量研究构件上某一点附近的变形,设想围绕该点取微小的正六面体(当正六面体的棱边长趋于无穷小时称为单元体),如图 5-4(a)所示。变形后,六面体的棱边长度和棱边的夹角都将改变(图 5-4(b)和(c))。设变形后 x 方向的棱边 AB 由原长 Δx 变为 $\Delta x + \Delta u$(图 5-4(b)),则比值 $\varepsilon_m = \dfrac{\Delta u}{\Delta x}$ 称为 AB 沿 x 方向的平均正应变。逐渐缩小 AB 的长度,使 Δx 趋于零,便得到 A 点沿 x 方向的正应变,即

$$\varepsilon_x = \lim_{\Delta x \to 0} \frac{\Delta u}{\Delta x}$$

　　由此可见,正应变就是该点在 x 方向长度的变化率。用同样的方法,可以确定 A 点沿其他方向上的正应变。正应变是一个无量纲的代数量,当正应变大于零时,表示该棱边伸长;当正应变小于零时,则表示该棱边缩短。正应变也称为线应变或简称为应变。

　　单元体的变形除有棱边长度的改变外,还有棱边所夹直角的改变(图 5-4(c))。直角的改变量 γ 称为 A 点在 xy 平面内的切应变。切应变的单位为弧度(rad)。

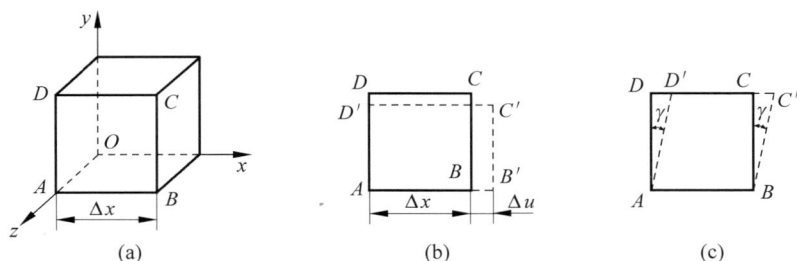

图　5-4

　　如果设想将构件分割成无数个单元体,那么每个单元体的变形的积累就形成了整个构件的变形。实际上,构件的变形一般是极其微小的。因此,在静力学分析中,可以不考虑因变形引起的尺寸变化。这样,在研究平衡问题时,仍可按构件的原始尺寸进行计算,使问题大大简化。通常,上述结论称为小变形假设。

5.5　杆件变形的基本形式

　　实际的工程构件几何形状千差万别,材料力学主要研究杆件。杆件是指其长度方向的尺寸远大于横向尺寸的一类构件。杆件的轴线是杆件各横截面形心的连线。轴线垂直于横截面穿过截面形心。轴线为直线的杆为直杆,轴线为曲线的杆为曲杆;横截面不变的杆为等截面杆,横截面改变的杆为变截面杆。工程中的很多构件可以简化为杆件,如连杆、传动轴、立柱、屋架梁等。

　　杆件在工作时所受外力不同,所产生的变形也各不相同。杆件变形有以下四种基本形式。

1. 轴向拉伸和压缩

如图 5-5 所示,托架的拉杆和压杆受力后分别产生轴向拉伸和轴向压缩变形。这类变形是由大小相等、方向相反、作用线与轴线重合的一对力引起,变形表现为杆件长度的伸长或缩短。

2. 剪切

如图 5-6 所示,连接件中的螺栓受力后产生剪切变形。这类变形是由大小相等、方向相反、作用线相距很近的平行力引起,变形表现为受剪杆件的两部分在受剪面发生相对错动。

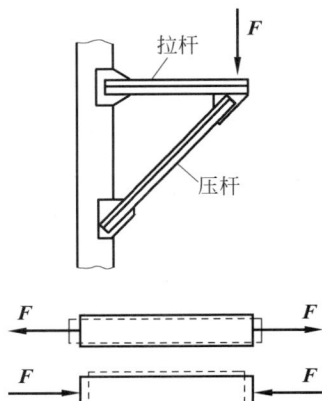

图　5-5

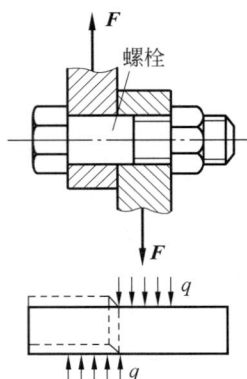

图　5-6

3. 扭转

如图 5-7 所示,机器的传动轴受力后产生扭转变形。这类变形是由大小相等、方向相反、作用面垂直于杆件轴线的两个力偶引起的,变形表现为杆件的各横截面绕轴线的相对转动。

4. 弯曲

如图 5-8 所示,吊车的横梁受力后产生弯曲变形。这类变形是由垂直于杆件轴线的横向力或由作用于包含轴线的纵向平面内的力偶引起,变形表现为杆件轴线由直线变为曲线或轴线的曲率发生改变。

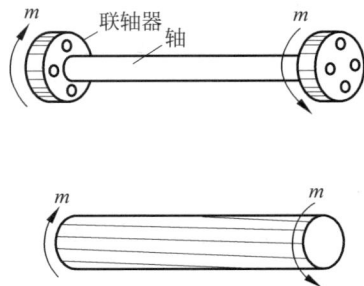

图　5-7

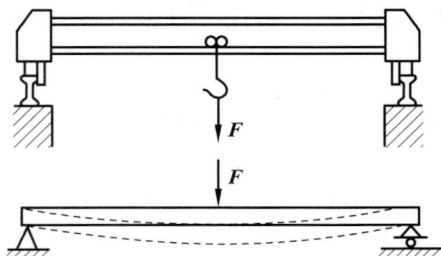

图　5-8

　　杆件受力后,除会发生上述某一种基本变形形式外,还可能同时发生几种基本变形,这种情况称为组合变形。在本书之后的各章中,一般先分别讨论基本变形的强度、刚度问题,然后再讨论组合变形。

本章总结

1. 材料力学的任务

材料力学的任务是研究构件的强度、刚度和稳定性条件,为经济合理地设计构件提供基本理论和方法。

（1）强度——构件抵抗破坏的能力。

（2）刚度——构件抵抗变形的能力。

（3）稳定性——构件保持原有平衡形态的能力。

2. 材料力学的基本假设

材料力学的研究对象主要是等直杆件,其材料一般是处于线弹性状态下的变形固体。为简化分析和计算,并且得到满足精度要求的结果,假设材料是连续的、均匀的和各向同性的,并且变形和杆件原始尺寸相比是微小的。

（1）连续性假设——认为构件整个体积内无空隙地充满了材料。

（2）均匀性假设——认为构件是由同一均匀材料组成,各点的力学性能相同。

（3）各向同性假设——认为构件材料沿各个方向具有相同的力学性能。

3. 内力

因外力作用引起的构件内部各部分之间固有内力的改变量称为内力。不同截面上的内力数值与方向各不相同。

4. 截面法

将杆件假想截成两部分,利用其中一部分的平衡方程计算出截面上的内力,这种方法称为截面法。它是材料力学中分析内力的基本方法。用截面法求内力,可以将一个截面上的内力理解为截面两侧一部分对另一部分的作用力。

5. 应力

截面一点处的内力集度称为应力,应力为矢量。从量纲上看,应力可理解成单位面积上的内力。

实际计算中,常用正应力 σ 和切应力（又称剪应力）τ 表示应力。正应力 σ 是截面的法向应力,切应力 τ 是截面的切向应力,均为代数量。规定正应力以离开截面为正（拉伸）,指向截面为负（压缩）。平面问题中,对研究对象内任一点的矩为顺时针转向的切应力规定为正,逆时针的为负。

应力的常用单位为 MPa,$1\mathrm{MPa}=10^6\,\mathrm{N/mm^2}$。

应力是强度计算的基本参数,计算中应注意是哪个截面上、哪个点的应力。

6．位移

（1）线位移——构件内一点空间坐标位置的改变量。

（2）角位移——构件内一条线段或一个平面的空间方位的改变量。

材料力学问题中，位移通常用其坐标分量表述，此时为代数量。

7．变形、应变

构件的尺寸改变和形状改变称为变形。变形是引起位移的主要原因，某些情况下位移量又可反映变形的程度。因此，位移和变形计算是材料力学的基本内容之一。

一点处的变形用应变描述，分为线应变和切应变。

（1）线应变 ε——构件内一点处在某个方向上单位长度的尺寸变化量，为代数量，规定伸长为正，缩短为负，无量纲。线应变又称正应变。

（2）切应变 γ——构件一点处在指定平面内两垂直线段的直角改变量，为代数量，无量纲。计算时，一般用弧度（rad）表示。切应变又称剪应变。

8．杆件变形的基本形式

轴向拉伸和压缩、剪切、扭转、弯曲。

分析思考题

5-1　什么是构件？什么是杆件？

5-2　材料力学的研究对象是什么？对它们作了哪些假设和哪些研究范围的规定？

5-3　杆件变形的基本形式有哪几种？它们的外力特征和变形特征各是什么？

5-4　什么是应力？应力与内力有何区别？又有何联系？

5-5　什么是变形位移？它与刚体位移有何区别？

5-6　什么是应变？它与变形位移有何关系？

习题

5-1　杆件受习题 5-1 图所示轴向拉力 F 作用，分析截面 1—1、截面 2—2、截面 3—3 上的内力，若设内力沿截面均匀分布，则 3 个截面上的应力是否相同？

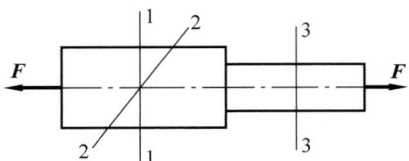

习题 5-1 图

答：不同。

5-2　求习题 5-2 图所示结构中截面 m—m 和截面 n—n 上的内力，并分析杆 AB 和 BC 的变形形式。

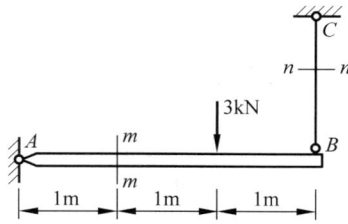

习题 5-2 图

答：$F_m = 1\text{kN}, M_m = 1\text{kN} \cdot \text{m}, F_n = 2\text{kN}$。$AB$ 杆为弯曲变形，BC 杆为拉伸变形。

5-3　如习题 5-3 图所示，悬臂钻床工作时所受载荷为 F，用截面法确定截面 m—m 和截面 n—n 上的内力。

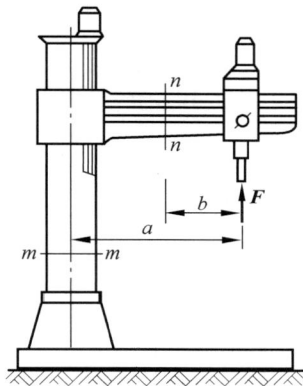

习题 5-3 图

答：$F_m = F, M_m = Fa, F_n = F, M_n = Fb$。

第6章

轴向拉伸、压缩和剪切

基本要求

（1）理解轴向拉伸和压缩的受力特点和变形特点，掌握用截面法计算轴向拉、压杆的轴力，画出轴力图。

（2）理解轴向拉、压杆的横截面上应力分析，掌握应力计算公式。

（3）了解材料在轴向拉压时的变形、应力、破坏等的特性和力学性能指标。

（4）熟练掌握轴向拉、压杆的三种强度计算问题。

（5）熟练掌握轴向拉、压杆的变形计算及胡克定律。

（6）了解轴向拉、压杆的简单静不定问题的求解。

（7）了解剪切和挤压的实用计算方法。

重点和难点

（1）轴向拉、压杆的强度计算。

（2）轴向拉、压杆的变形计算。

6.1　轴向拉伸、压缩的概念和内力分析

6.1.1　轴向拉伸和压缩的工程实例

在生产实践中，人们经常遇到承受拉伸或压缩的杆件。例如，如图 6-1(a)所示为简单吊物装置的两根杆件，如图 6-1(b)所示为螺杆等。

这些承受拉伸或压缩的杆件形状和加载方式各不相同，但都会受到一对大小相等、方向相反、作用线沿杆件轴线的力的作用，从而使杆件发生轴向的伸长或缩短，这样的变形称为轴向的拉伸和压缩变形。

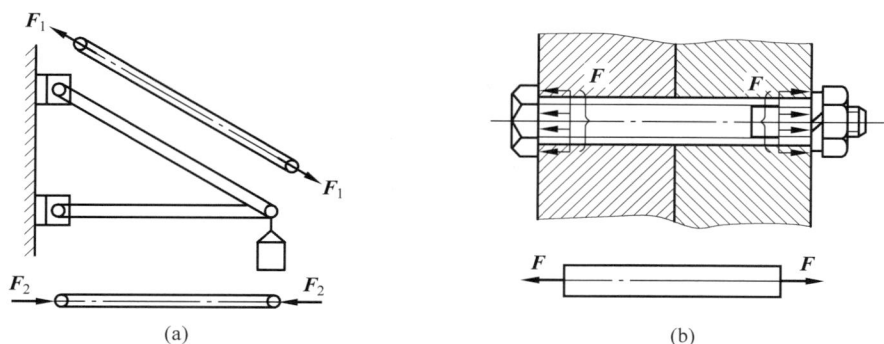

图　6-1

6.1.2　轴向拉伸和压缩的特点

轴向拉伸和压缩杆件的计算简图如图 6-2 所示。从图 6-2 中可看出,当一个杆件发生轴向拉伸和压缩变形时具有如下特点。

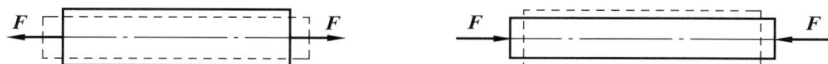

图　6-2

(1) 受力特点:外力作用线沿杆轴线方向且与轴线重合。

(2) 变形特点:杆件变形是沿轴线的方向伸长或缩短,横向的缩短或伸长。

6.1.3　轴向拉伸和压缩时横截面上的内力

图 6-3(a)所示为一受轴向拉伸的直杆,为了确定杆件横截面上的内力,用截面法在横截面 m—m 处将杆截为两段,取左段为研究对象,如图 6-3(b)所示。由左段的平衡条件可知,该截面上分布内力的合力必为一个与杆件轴线重合的轴向力 F_N,并且有 $F_N = F$,F_N 也称为轴力。

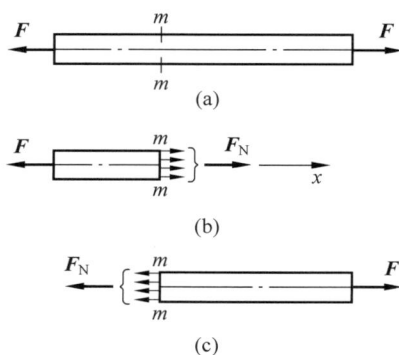

图　6-3

若取右段部分研究(图 6-3(c)),则由作用力与反作用力原理知,右段部分在截面上的轴力与前述左段部分的轴力大小相等,方向相反。为使取左段和右段所得同一截面上的轴力不但数值相等,而且具有相同的正、负号,参照杆件的变形情况,对轴力 F_N 的正负号作如下规定:当轴力沿横截面外法线方向时,杆件的变形为轴向伸长,轴力 F_N 为正,称为拉力;当轴力沿横截面内法线方向时,杆件的变形为轴向压缩,轴力 F_N 为负,称为压力。

当杆件受到多个轴向外力作用时,在不同的横截面上,轴力将不相同。为较直观、明显地表示各横截面上的轴力,常用轴力图来表示,即按选定的比例尺,用平行于杆件轴线的坐标表示横截面的位置,用垂直于杆件轴线的坐标表示横截面上轴力的数值,从而绘出表示轴力与截面位置关系的图线,称为轴力图。画轴力图时,有时不需要画出坐标轴,只需标明正、负号即可。下面举例进行说明。

【例 6-1】 画图 6-4(a)所示杆的轴力图。已知 $F_1=80\text{kN}$,$F_2=50\text{kN}$,$F_3=30\text{kN}$。

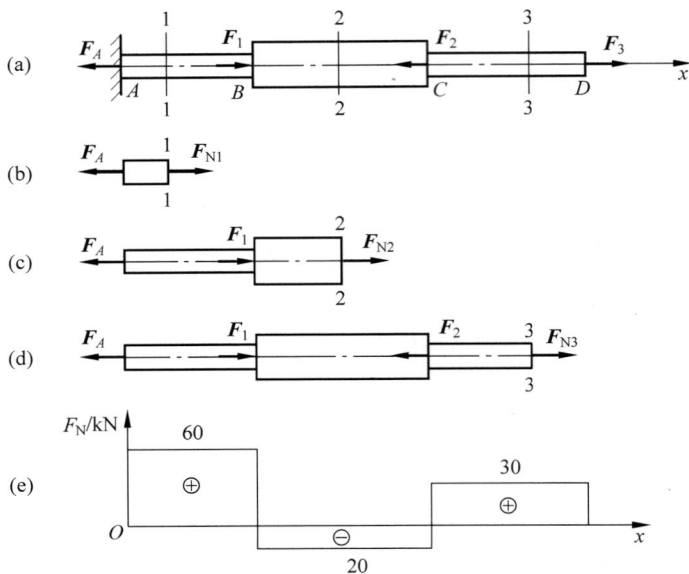

图 6-4

解:(1) 先求约束反力 F_A。以整个杆进行研究,受力图如图 6-4(a)所示,列平衡方程:

$$\sum F_x=0, \quad -F_A+F_1-F_2+F_3=0$$

得 $F_A=F_1-F_2+F_3=(80-50+30)\text{kN}=60\text{kN}$

(2) 以力作用点作为分界点,将杆分为 AB、BC 和 CD 三段,逐段计算轴力。

先将杆沿横截面 1—1 截开,取左段(图 6-4(b))研究,列平衡方程:

$$\sum F_x=0, \quad -F_A+F_{N1}=0$$

得

$$F_{N1}=F_A=60\text{kN}$$

结果为正,轴力均为拉力。

显然,在 AB 段各横截面上的轴力都相同,均为 60kN 的拉力。

再将杆沿横截面 2—2 截开,取其左段(图 6-4(c))研究,列平衡方程:

$$\sum F_x=0, \quad -F_A+F_1+F_{N2}=0$$

得

$$F_{N2}=F_A-F_1=(60-80)\text{kN}=-20\text{kN}$$

结果为负,说明实际指向与假设的指向相反,指向横截面,故轴力 F_{N2} 为压力。

最后将杆再沿横截面 3—3 截开,仍取左段(图 6-4(d))研究,列平衡方程:

$$\sum F_x=0, \quad -F_A+F_1-F_2+F_{N3}=0$$

得

$$F_{N3} = F_A - F_1 + F_2 = (60 - 80 + 50)\text{kN} = 30\text{kN}$$

可知，F_{N3} 为正，因此其是拉力。

（3）画轴力图，如图 6-4(e)所示。

当然，本例题可以不必先求出约束反力，而直接由右向左逐段求轴力，较上述求解过程简便。

由本例题可以看出，在画一个杆件某横截面的轴力时，在不知轴力是拉力还是压力的情况下，首先假定轴力为拉力，即为正的。这样计算出的结果的正负号就是所规定的拉力、压力的符号。此种方法称为设正法。

【**例 6-2**】 图 6-5(a)所示为一厂房的柱子，由两段等直杆组成。柱受屋架的载荷 $F_1 = 1\,000\text{kN}$ 和两边吊车的载荷 $F_2 = 80\text{kN}$ 的作用。求柱在横截面 1—1 和横截面 2—2 上的轴力，并画轴力图。

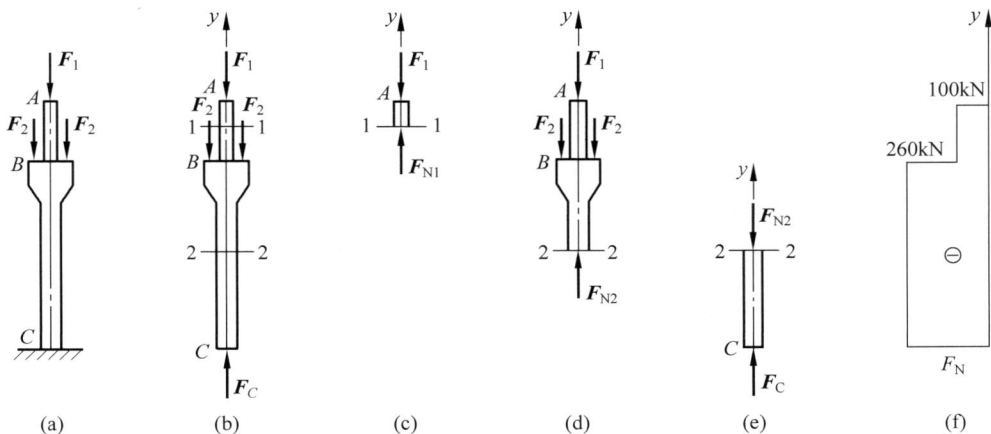

图 6-5

解：（1）求柱子所受的约束反力（图 6-5(b)），则由

$$\sum F_y = 0$$

得

$$F_C = F_1 + 2F_2 = 260\text{kN}$$

（2）求轴力。

求横截面 1—1 处的轴力时，沿横截面 1—1 截开，取上段研究，如图 6-5(c)所示，列平衡方程：

$$\sum F_y = 0$$

得

$$F_{N1} = F_1 = 100\text{kN}$$

在图 6-5 中，轴力假设为压力，所求结果虽然是正值，但按照正负号规定，轴力为压力，应为负值。

求横截面 2—2 处的轴力时，沿横截面 2—2 截开，取上段研究，如图 6-5(d)所示，列平衡方程：

$$\sum F_y = 0$$

得

$$F_{N2} = F_1 + 2F_2 = 260\text{kN}$$

与前面一样,轴力是压力,轴力图中取负值。

当然也可取其下段研究,如图 6-25(e)所示,列平衡方程:

$$\sum F_y = 0$$

得

$$F_{N2} = F_C = 260\text{kN}$$

（3）画柱子轴力图,如图 6-5(f)所示。

6.2 轴向拉伸和压缩时横截面上的应力

根据截面法求解各个截面上的轴力后,并不能直接判断杆件是否有足够的强度,因此必须用横截面上的应力来度量杆件的受力程度。下面讨论拉压杆横截面上的应力。

6.2.1 变形现象和平面假设

为了研究轴向拉伸和压缩时杆件横截面上的应力,做如下实验。

首先取一等直杆,实验前在其表面上距杆端稍远处画出许多与轴线平行的纵向线和与它垂直的横向线,如图 6-6(a)所示。然后在杆的两端加一对轴向拉力 F,使杆发生轴向拉伸变形。观察变形现象,可以发现变形后所有的纵向线仍为平行于轴线的直线,并且相邻横向线间的纵向线伸长都相等;所有的横向线仍为垂直于轴线的直线,如图 6-6(b)所示。由表及里,可以想象内部变形也是这样。于是,可以作如下假设:变形前的横截面,在变形后仍保持为平面,并且仍垂直于轴线。这个假设称为平面假设。平面假设是材料力学的一个重要假设。

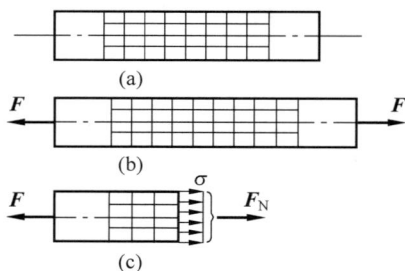

图 6-6

6.2.2 应力分布规律

由平面假设可知,相邻两横截面间的各纵向线伸长变形相同。根据连续均匀性假设,同一种性质的材料,产生相同变形的受力必相等,即轴力在横截面上各点作用强度相同,也就是应力是均匀分布的,并且垂直于横截面,如图 6-6(c)所示。所以,在轴向拉伸和压缩杆件的横截面上只存在正应力,而没有切应力,并且正应力是均匀分布的。

6.2.3 应力计算公式

根据内力和应力的关系,横截面上轴力等于横截面上均匀分布的应力的合力,于是可得

$$F_N = \int_A \sigma \, dA = \sigma A$$

其中，

$$\sigma = \frac{F_N}{A} \qquad (6\text{-}1)$$

式中，σ 为横截面上的正应力；F_N 为横截面上的轴力；A 为横截面面积。

式(6-1)对 F_N 为压力同样适用。

根据轴力的正负号，当轴力为拉力时，正应力为拉应力，也是正的；当轴力为压力时，正应力为压应力，也是负的。

【例 6-3】 起吊三角架如图 6-7(a)所示，已知杆 AB 由 2 根截面面积为 10.86cm^2 的角钢制成，$F = 130\text{kN}$，$\alpha = 30°$。求杆 AB 横截面上的应力。

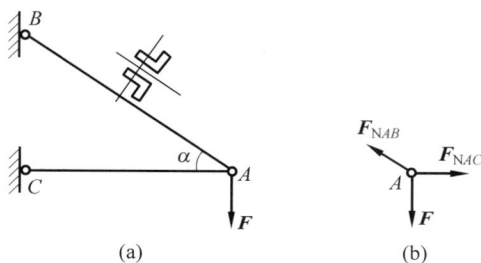

图 6-7

解：(1) 计算 AB 杆内力。取支点 A 为研究对象，如图 6-7(b)所示，由平衡条件 $\sum F_y = 0$，得

$$F_{NAB} = 2F = 260\text{kN} \quad (拉力)$$

(2) 计算 σ_{AB}。

$$\sigma_{AB} = \frac{F_{NAB}}{A} = \left(\frac{260 \times 10^3}{10.86 \times 2 \times 10^{-4}} \times 10^{-6} \right) \text{MPa} = 119.7\text{MPa}$$

6.3 材料拉伸和压缩时的力学性能

材料的力学性能是指材料在外力作用下所呈现的有关强度和变形方面的特性，如弹性模量 E、极限强度等。研究材料的力学性能的目的是确定材料在变形和破坏情况下的一些力学性能指标，并以此作为选用材料，以及计算材料强度、刚度的依据。材料的力学性能通过实验方法确定。

6.3.1 材料拉伸时的力学性能

1. 拉伸试验

拉伸试验是研究材料力学性能的常用基本试验，一般在常温静载荷作用下测定。《金属材料 拉伸试验 第 1 部分：室温试验方法》(GB/T 228.1—2021)规定试件应做成一定形状和尺寸,即标准试件。对于金属材料,圆截面的标准试件如图 6-8(a)所示。在试件中间等直部分取一段长度为 l 的测量长度,称为标距。标距 l 和直径 d 有两种比例,即 $l=5d$ 或 $l=10d$。而对于矩形截面,标距 l 与横截面面积 A 的比例为 $l=11.3\sqrt{A}$ 或 $l=5.65\sqrt{A}$,如图 6-8(b)所示。

将拉伸试样装夹在试验机上,开动机器,使试件受到从零开始缓慢渐增的拉力 F,于是在试件标距 l 内产生相应的变形 Δl,把试验过程中的拉力 F 与对应的变形 Δl 绘制成 F-Δl 曲线,称为拉伸图。拉伸图与试样的尺寸有关,为了消除试样尺寸的影响,把拉力 F 除以试样的横截面的原面积 A,得出正应力 σ。同时,把伸长量 Δl 除以标距的原始长度 l,得到应变 ε。以 σ 为纵坐标、ε 为横坐标,画出表示 σ 与 ε 的关系图,称为应力-应变图或 σ-ε 图。

2. 低碳钢在拉伸时的力学性能

低碳钢是指含碳量在 0.3% 以下的碳素钢,是工程上广泛使用的材料,其力学性质具有典型性。图 6-9 所示为低碳钢拉伸时的 σ-ε 曲线。

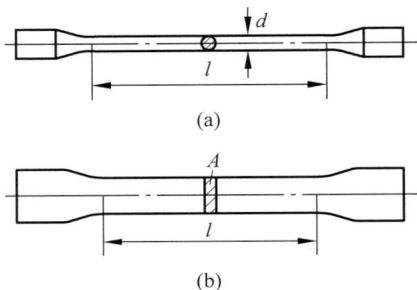

图 6-8

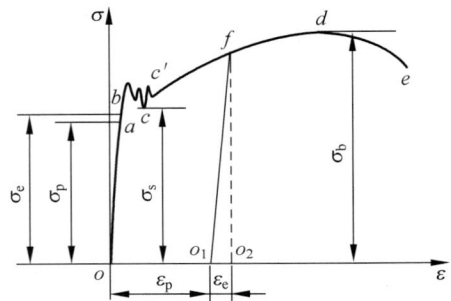

图 6-9

低碳钢的 σ-ε 曲线可分为下列几个阶段。

1) 弹性阶段(Ob 段)

在开始拉伸直至 a 点阶段,应力 σ 与应变 ε 是成正比的。其极限位置 a 点对应的应力值称为比例极限,记为 σ_p。它是应力与应变成正比的最大值。在这一阶段,应力与应变的关系可写成如下等式:

$$\sigma = E \cdot \varepsilon \tag{6-2}$$

式(6-2)称为拉压胡克定律。式中,E 为与材料有关的比例常数,称为弹性模量。

在应力-应变曲线上,当应力继续增加到 b 点时,曲线不再是直线,而呈微弯形态。在应力小于 b 点的应力值时,其变形是可以恢复的,即应力解除后,应变随之消失,这种变形称为弹性变形。b 点对应的应力 σ_e 是发生弹性变形的极限值,称为弹性极限,它是材料只产生弹性变形的最大应力。由于一般材料的 a、b 两点相当接近,工程中对比例极限和弹性极限并不严格区分。

2) 屈服阶段(bc' 段)

当应力超过弹性极限后,σ-ε 曲线上出现一段接近水平线的微小波动线段,变形显著增长而应力几乎不变,材料暂时失去抵抗变形的能力,这种现象称为屈服(或流动)。在 σ-ε 曲线上 c 点所对应的应力值是屈服阶段的最小值,称为屈服极限,记为 σ_s。σ_s 是衡量材料强度的重要指标。

在这一阶段,材料主要产生塑性变形。塑性变形是指载荷(应力)卸去后不能消失的变形,又称为残余变形。对于表面光滑的试件,在屈服时会由于金属材料内部晶格之间产生相对滑动而在其表面上出现许多与轴线大致成 45° 的条纹,这些条纹称为滑移线,如图 6-10 所示。

3) 强化阶段($c'd$ 段)

过了屈服阶段后,材料又恢复了抵抗变形的能力,要使它继续变形则必须增加拉力。这种现象称为材料的强化。强化阶段的最高点 d 所对应的应力值是材料所能承受的最大应力,称为强度极限,记为 σ_b。σ_b 表示材料所能承受的最大应力,也是衡量材料强度的重要指标。强化阶段的大部分变形也是塑性变形,同时试件的横向尺寸明显缩小。

4) 局部变形阶段(de 段)

应力达到强度极限后,在试件某一局部区域内,截面横向尺寸急剧缩小,形成颈缩现象(图 6-11)。颈缩部分的横截面面积迅速减少,使试件继续伸长,所需要的拉力也相应减少。最后试件在颈缩处被拉断。

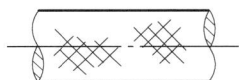

图　6-10

图　6-11

试件被拉断后,弹性变形消失,塑性变形被保留了下来。人们常用延伸率和断面收缩率两个指标来度量材料的塑性性能。

设试样拉断后的标距长度为 l_1,原始长度为 l,则定义

$$\delta = \frac{l_1 - l}{l} \times 100\% \tag{6-3}$$

为材料的延伸率或伸长率。

设试样的原始横截面面积为 A,拉断后颈缩处的最小截面面积为 A_1,则定义

$$\varphi = \frac{A - A_1}{A} \times 100\% \tag{6-4}$$

为材料的断面收缩率。

材料的延伸率和断面收缩率越大,说明材料的塑性越好。通常,工程上按延伸率的大小把材料分为两类:$\delta \geq 5\%$ 时,为塑性材料;$\delta < 5\%$ 时,为脆性材料。对于低碳钢,其塑性指标为 $\delta = 20\% \sim 30\%$,$\varphi = 60\%$。

5) 卸载定律与冷作硬化

若在强化阶段的某点 f 处给试样缓慢卸载,则应力与应变沿直线 fo_1 变化,并且斜直线 fo_1 大致与 oa 平行(图 6-9)。上述规律称为卸载定律。拉力完全卸除后,o_1o_2 代表消失了的弹性应变,而 oo_1 表示不能消失的塑性应变。

若卸载后在短期内再次加载,则 σ 与 ε 大致沿卸载时的斜直线 o_1f 变化,到 f 点后又按 fde 变化。可见在再次加载时,与第一次加载的 σ-ε 曲线相比,弹性极限提高了,但塑性变形降低了,过 f 点后才开始出现塑性变形。这种现象称为冷作硬化。

在工程中，常用冷作硬化来提高某些构件或零件，如起重钢索、钢筋等的弹性承载能力。

3. 其他塑性材料拉伸时的力学性能

如图 6-12 所示为 16Mn 钢与黄铜等金属材料的应力-应变图。可以看出，有些材料，如 16Mn 钢与低碳钢类似，有明显的 4 个阶段；有些材料，如黄铜，没有明显的屈服阶段。但是，它们断裂时均产生较大的残余变形，均属于塑性材料。

对于不存在明显屈服阶段的塑性材料，通常以产生 0.2% 的残余应变时所对应的应力值作为屈服极限，以 $\sigma_{0.2}$ 表示，称为条件屈服极限，如图 6-13 所示。

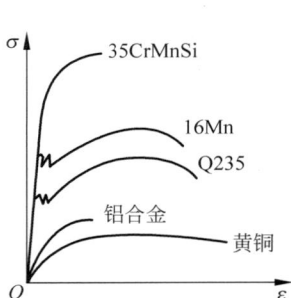

图　6-12

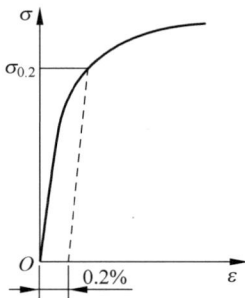

图　6-13

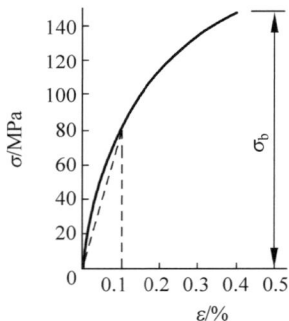

图　6-14

4. 铸铁拉伸时的力学性能

铸铁也是工程中广泛应用的一种材料。铸铁拉伸时的 σ-ε 曲线如图 6-14 所示。从图 6-14 中可以看出，铸铁拉伸的 σ-ε 曲线呈微弯状，不再服从胡克定律。而且在没有明显的变形情况下就被拉断，是典型的脆性材料。

由于铸铁拉伸时不服从胡克定律，工程上常用 σ-ε 曲线的割线来代替图中曲线的开始部分，并以割线的斜率作为铸铁的弹性模量，称为割线弹性模量。

铸铁拉断时对应的最大应力即为强度极限。因为没有屈服现象，所以强度极限 σ_b 是衡量强度的唯一指标。铸铁等脆性材料的抗拉强度很低，因此不宜作为抗拉构件的材料。

6.3.2　材料在压缩时的力学性能

金属的压缩试样一般制成很短的圆柱，以免被压弯。圆柱高度与直径的关系为 $h = (1.5 \sim 3)d$。混凝土、石料等则制成立方体形的试块。

1. 低碳钢压缩时的力学性能

取低碳钢制成的试样放在试验机上，在缓慢加压的情况下可得低碳钢压缩时的 σ-ε 曲线，如图 6-15(a)实线所示，虚线表示拉伸时的 σ-ε 曲线。在屈服阶段以前，两曲线重合，即低碳钢压缩时的弹性模量 E 与屈服极限 σ_s 都与拉伸时相同。由于低碳钢的塑性好，在屈服阶段后，试件被越压越扁，不会出现断裂现象，如图 6-15(b)所示，因此不存在抗压强度极限。

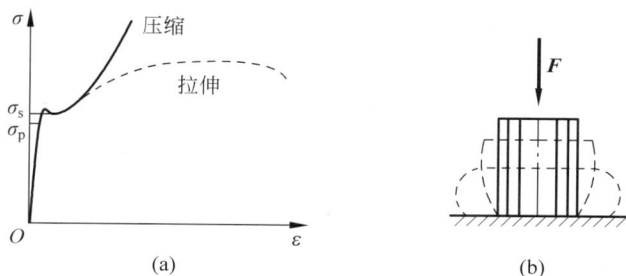

图　6-15

2. 铸铁压缩时的力学性能

取铸铁试样做试验,可得到如图 6-16(a)所示的 σ-ε 曲线。铸铁压缩时,没有明显的直线部分,也不存在屈服极限。随着压力增加,试件略呈鼓形,最后在很小的变形下突然断裂,破坏断面与横截面大致成 $45°\sim55°$ 的倾角,如图 6-16(b)所示。这说明,破坏主要与切应力有关。铸铁的抗压强度极限 σ_{bc} 与其抗拉强度 σ_b 的关系为 $\sigma_{bc}=(3\sim5)\sigma_b$。其他脆性材料的抗压强度也远高于抗拉强度。由此可见,脆性材料抗压不抗拉。脆性材料的压缩试验比拉伸试验更为重要。

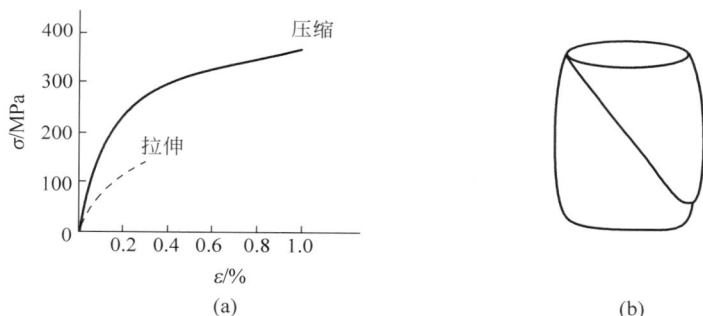

图　6-16

6.4　失效、安全因数和强度计算

6.4.1　强度失效的概念

对于脆性材料制成的构件,当应力达到强度极限 σ_b(或 σ_{bc})时,构件会发生脆性断裂;而对于塑性材料制成的构件,当应力达到屈服极限 σ_s 时,构件会出现显著的塑性变形而影响正常工作。各种原因使结构丧失其正常工作能力的现象,称为失效。在工程中,构件工作时不容许断裂是毋庸置疑的,同时,如果构件在工作时产生较大的塑性变形,那么将影响整个结构的正常工作,因此也不容许构件在工作时产生较大的塑性变形。所以,断裂和屈服都是构件强度失效的形式。

6.4.2　安全因数和许用应力

通常,材料失效时的应力称为材料的极限应力,用 σ_u 表示。对于塑性材料,以屈服极限作为极限应力；对于脆性材料，以强度极限 σ_b 作为极限应力。

对构件进行强度计算时，考虑到力学模型与实际情况的差异而必须有适当的强度安全储备等因素，将材料的极限应力 σ_u 除以大于 1 的因数 n，于是得到许用应力 $[\sigma]$，即

$$[\sigma] = \frac{\sigma_u}{n} \tag{6-5}$$

式中，n 称为安全因数。许用应力是一定材料制成的构件可以达到的最大容许工作应力。

安全因数的选定是一项很复杂的工作，关系到构件的安全性与经济性。确定安全因数时，一般应考虑如下几方面的因素：①荷载估计的准确性；②简化过程和计算方法的精确性；③材料的均匀性；④构件的重要性；⑤构件的工作条件及使用寿命等。

一般情况下，塑性材料的 n 取 1.25～2.5；脆性材料的 n 取 2.5～5.0，甚至更大。

6.4.3　强度条件、三类强度计算问题

由 6.2 节所述可知，轴向拉（压）杆的横截面上存在正应力，在杆件的某一截面上出现最大的正应力，这一最大的应力称为最大工作应力，其所在的截面称为危险截面。

为保证拉（压）杆在工作时不发生强度失效，需使最大工作应力小于等于许用应力，以此可建立强度条件为

$$\sigma_{max} \leqslant [\sigma] \tag{6-6}$$

式中，σ_{max} 为构件内的最大工作应力。

对于等截面拉（压）杆，强度条件可转化为

$$\sigma_{max} = \frac{F_{Nmax}}{A} \leqslant [\sigma] \tag{6-7}$$

根据上述强度条件，可以解决以下 3 种类型的强度计算问题。

1）强度校核

已知外力大小（由此可知轴力 F_N）、横截面面积 A 和拉（压）杆材料的许用应力，可求出杆上最大应力，用强度条件式（6-7）校核构件是否满足强度要求。

2）设计截面

已知构件所受的外力和所用材料的许用应力，按强度条件设计构件所需的横截面面积 A。此时，可将式（6-7）改写为

$$A \geqslant \frac{F_N}{[\sigma]}$$

由此，可以计算出构件所需的横截面面积。

3）确定许用载荷

已知构件的横截面面积和材料的许用应力，可按强度条件式（6-7）确定构件所能承受的最大轴力。此时，可将式（6-7）改写为

$$F_N \leqslant A[\sigma]$$

根据构件所受的最大轴力，确定该构件或结构所能承受的最大载荷。

【例 6-4】　图 6-17(a)所示为一承受载荷 $F = 1\,000\text{kN}$ 的吊环，两边的斜杆均由两个横截面为矩形的钢杆构成。杆的厚度和宽度分别为 $b = 25\text{mm}$ 和 $h = 90\text{mm}$，斜杆轴线与吊环对称，轴线间的夹角为 $\alpha = 20°$。若材料的许用应力 $[\sigma] = 120\text{MPa}$，校核斜杆的强度。

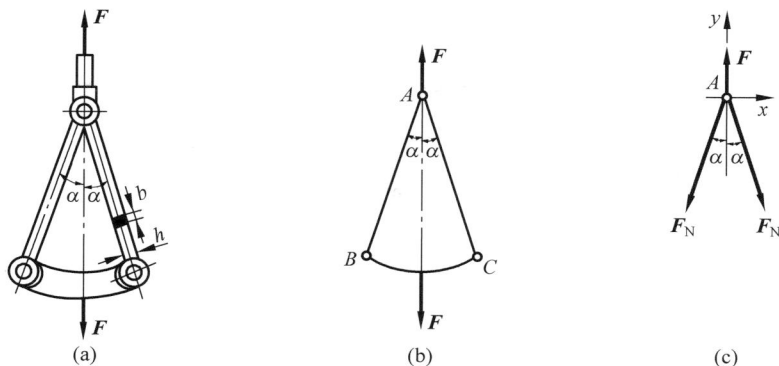

图　6-17

解：(1) 求斜杆的内力。

研究节点 A 的平衡,由于结构在几何和受力方面的对称性,两斜杆内的轴力 F_N 应相等。由图 6-17(b)和(c),根据平衡条件 $\sum F_y = 0$,得

$$F - 2F_N \cos\alpha = 0$$

于是

$$F_N = \frac{F}{2\cos\alpha} = \frac{1\ 000 \times 10^3}{2 \times \cos 20°} \text{N} = 5.32 \times 10^5 \text{N}$$

(2) 校核斜杆强度。

计算斜杆横截面的工作应力。每一斜杆各由两个矩形截面杆组成,故 $A = 2bh$。斜杆内的工作应力为

$$\sigma = \frac{F_N}{A} = \frac{F_N}{2bh} = \left(\frac{5.32 \times 10^5}{2 \times 25 \times 10^{-3} \times 90 \times 10^{-3}} \right) \text{Pa} = 118.2 \text{MPa} < [\sigma] = 120 \text{MPa}$$

所以,斜杆有足够的强度。

【例 6-5】 气动夹具如图 6-18(a)所示。已知气缸内径 $D = 140\text{mm}$,缸内气压 $p = 0.6\text{MPa}$。活塞杆为 20 号钢,$[\sigma] = 80\text{MPa}$。设计活塞杆的直径 d。

解：(1) 计算轴力。活塞杆左端承受活塞上的气体压力,右端承受工件的反作用力,故为轴向拉伸,如图 6-18(b)所示。拉力 F 可由气体压强乘活塞的受压面积求得。在尚未确定活塞杆的横截面面积前,计算活塞的受压面积时,可暂将活塞杆横截面面积略去不计,这样是偏于安全的,故有

(a)

(b)

图　6-18

$$F = p \times \frac{\pi D^2}{4} = \left(0.6 \times 10^6 \times \frac{\pi}{4} \times 140^2 \times 10^{-6} \right) \text{N}$$

$$= 9\ 236 \text{N} \approx 9.24 \text{kN}$$

活塞杆的轴力为

$$F_N = F = 9.24 \text{kN}$$

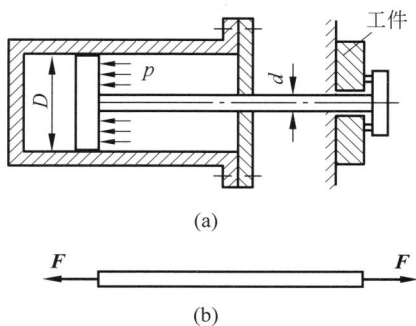

（2）确定直径。根据强度条件式(6-7)，活塞杆横截面面积应满足以下要求：

$$A = \frac{\pi d^2}{4} \geqslant \frac{F_N}{[\sigma]} = \frac{9.24 \times 10^3}{80 \times 10^6} \mathrm{m}^2 = 1.16 \times 10^{-4} \mathrm{m}^2$$

由此求出

$$d \geqslant 0.012\ 2\mathrm{m}$$

最后，将活塞杆的直径取为

$$d = 0.012\mathrm{m} = 12\mathrm{mm}$$

【例 6-6】 如图 6-19(a)所示，杆 AB 为刚性杆，杆 1、2 均为钢杆，横截面面积分别为 $A_1 = 300\mathrm{mm}^2$、$A_2 = 200\mathrm{mm}^2$，材料的许用应力 $[\sigma] = 160\mathrm{MPa}$。求该结构的许可载荷。

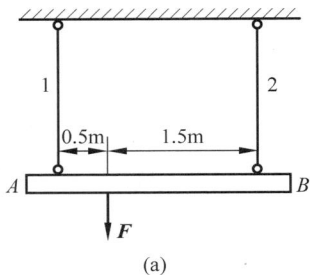

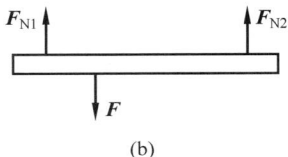

图 6-19

解：（1）计算轴力。取刚性杆 AB 进行受力分析，如图 6-18(b)所示。由平衡条件可求得两杆轴力 F_{N1}、F_{N2} 与载荷 F 间的关系为

$$F_{N1} = \frac{3}{4}F, \quad F_{N2} = \frac{1}{4}F$$

（2）确定许可载荷。杆 1 满足强度条件时，其轴力为

$$F_{N1} \leqslant [\sigma]A_1 = (160 \times 300)\mathrm{kN} = 48\mathrm{kN}$$

满足此条件的载荷

$$F \leqslant \frac{4}{3}F_{N1} = \frac{4}{3} \times 48\mathrm{kN} = 64\mathrm{kN}$$

杆 2 满足强度条件时，其轴力为

$$F_{N2} \leqslant [\sigma]A_2 = (160 \times 200)\mathrm{kN} = 32\mathrm{kN}$$

满足此条件的载荷

$$F \leqslant 4F_{N2} = 4 \times 32\mathrm{kN} = 128\mathrm{kN}$$

要保证结构的安全，需要同时满足杆 1、2 的强度，则应选取上列两个 F 值中的较小值，所以许可载荷 $F_{\max} = 64\mathrm{kN}$。

6.5　轴向拉伸和压缩时的变形

杆件在载荷作用下将发生变形。直杆在轴向力作用下，引起轴向尺寸的伸长或缩短而横向尺寸相应的缩短或伸长。因此，可以有如下定义：杆件沿轴线方向的变形称为轴向变形或纵向变形，垂直于轴线方向的变形称为横向变形。

6.5.1　纵向变形、胡克定律

如图 6-20 所示，等直杆受轴向拉力 F 作用，设杆的原长为 l，横截面面积为 A。变形后杆长 l 变为 l_1，杆的轴向伸长为

$$\Delta l = l_1 - l$$

由于轴向拉(压)杆沿轴向的变形均匀，因此任意一点的纵向线应变相等，并且为杆的变形量 Δl 除以原长 l，即

$$\varepsilon = \frac{\Delta l}{l}$$

当杆横截面上的应力不超过比例极限时,由前述的胡克定律 $\sigma = E\varepsilon$,得

$$\frac{F_N}{A} = E\frac{\Delta l}{l}$$

所以有

$$\Delta l = \frac{F_N l}{EA} \tag{6-8}$$

式(6-8)的关系也称为胡克定律,是胡克定律用力与变形的另一种表述形式。式(6-8)表明,当应力不超过比例极限时,杆件的伸长 Δl 与轴力 F_N 和杆件的原始长度 l 成正比,与横截面面积 A 及弹性模量 E 成反比。EA 称为抗拉(压)刚度,其值越大,越不易变形。

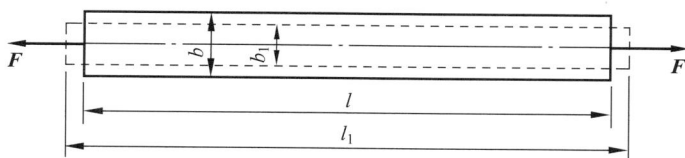

图 6-20

6.5.2 横向变形、泊松比

若杆件变形前的横向尺寸为 b,受轴向拉伸后变为 b_1(图 6-20),杆件横向缩短为 $\Delta b = b_1 - b$,于是横向线应变为

$$\varepsilon' = \frac{\Delta b}{b} = \frac{b_1 - b}{b}$$

试验结果表明,当拉(压)杆件横截面上的应力不超过材料的比例极限时,横向应变 ε' 与纵向应变 ε 比值的绝对值为一常数。这一比值称为横向变形系数或泊松比,通常用 μ 表示,即

$$\mu = \left| \frac{\varepsilon'}{\varepsilon} \right| \tag{6-9}$$

由于横向应变 ε' 与纵向应变 ε 的变形方向始终相反,式(6-9)又可写成

$$\varepsilon' = -\mu\varepsilon \tag{6-10}$$

泊松比 μ 也与弹性模量 E 一样,是一个反映材料的力学性质的量。其数值与材料有关,通过试验测得,可在有关的工程手册中查到,表6-1给出了几种常用材料的 E 值和 μ 值。

表 6-1 几种常用材料的 E 和 μ

材 料	E/GPa	μ
钢	190～210	0.25～0.33
灰铸铁	80～150	0.23～0.27
球墨铸铁	160	0.25～0.29
铜及其合金(黄铜,青铜)	74～130	0.31～0.42
锌及强铝	72	0.33
混凝土	14～35	0.16～0.18

材　料		E/GPa	μ
玻璃		56	0.25
橡胶		0.007 8	0.47
木材	顺纹	$9\sim12$	—
	横纹	0.49	

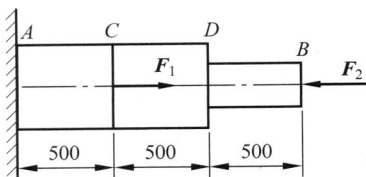

图　6-21

【例 6-7】 图 6-21 所示为一变截面杆,已知 BD 段横截面面积 $A_1=2\text{cm}^2$, AD 段横截面面积 $A_2=4\text{cm}^2$。材料的弹性模量 $E=120\times10^3\text{MPa}$,受载荷 $F_1=10\text{kN}$ 和 $F_2=5\text{kN}$ 作用。计算 AB 杆的伸长量 Δl_{AB}。

解: (1) 内力计算。用截面法分别求得 BD、DC、CA 三段轴力 F_{N1}、F_{N2}、F_{N3} 为

$$F_{N1}=-5\text{kN}, \quad F_{N2}=-5\text{kN}, \quad F_{N3}=5\text{kN}$$

(2) 变形计算。根据式(6-8)计算各段的变形:

$$\Delta l_{BD}=\Delta l_1=\frac{F_{N1}l_1}{EA_1}=\left(\frac{-5\times10^3\times0.5}{120\times10^9\times2\times10^{-4}}\right)\text{m}=-1.05\times10^{-4}\text{ m}$$

$$\Delta l_{DC}=\Delta l_2=\frac{F_{N2}l_2}{EA_2}=\left(\frac{-5\times10^3\times0.5}{120\times10^9\times4\times10^{-4}}\right)\text{m}=-0.52\times10^{-4}\text{ m}$$

$$\Delta l_{CA}=\Delta l_3=\frac{F_{N3}l_3}{EA_3}=\left(\frac{5\times10^3\times0.5}{120\times10^9\times4\times10^{-4}}\right)\text{m}=0.52\times10^{-4}\text{ m}$$

(3) 计算杆的变形。根据以上计算公式,则有

$$\Delta l_{AB}=\Delta l_1+\Delta l_2+\Delta l_3=-1.05\times10^{-4}\text{ m}$$

式中,Δl_{AB} 的负号说明此杆缩短。

【例 6-8】 图 6-22(a)所示为一支架,杆 AB 和杆 AC 均为钢杆,弹性模量 $E_1=E_2=200\text{GPa}$,两杆的横截面面积分别为 $A_1=200\text{mm}^2$、$A_2=250\text{mm}^2$,杆 AB 长 $l_1=2\text{m}$,载荷 $F=10\text{kN}$。求节点 A 的位移。

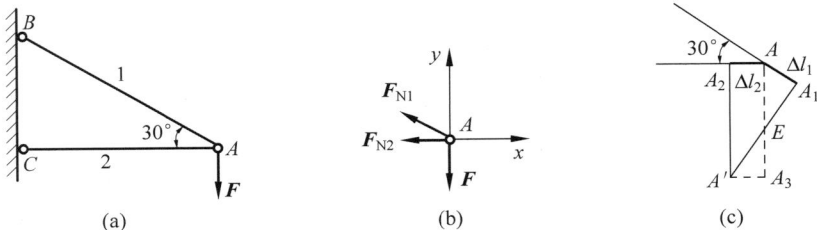

图　6-22

解: 在载荷作用下,杆 AB 和杆 AC 发生变形,从而引起节点 A 的位移。所以应先求出两杆的内力,并计算其变形,再由两杆变形求节点的位移。

(1) 内力计算。以节点 A 为研究对象,设杆 AB、杆 AC 的轴力分别为 F_{N1}、F_{N2},均为拉力,如图 6-22(b)所示。列出平衡方程:

$$\sum F_x = 0, \quad F_{N2} + F_{N1}\cos30° = 0$$

$$\sum F_y = 0, \quad F_{N1}\sin30° - F = 0$$

可得两杆的轴力分别为

$$F_{N1} = 2F = 20\text{kN}$$

$$F_{N2} = -F_{N1}\cos30° = (-20\cos30°)\text{kN} = -17.3\text{kN}$$

计算结果表明,杆 AB 受拉,杆 AC 受压。

（2）变形计算。杆 AB 的轴向伸长量

$$\Delta l_1 = \frac{F_{N1}l_1}{E_1 A_1} = \frac{20 \times 10^3 \times 2\,000}{200 \times 10^3 \times 200}\text{mm} = 1.0\text{mm}$$

杆 AC 长 $l_2 = l_1\cos30° = (2\cos30°)\text{m} = 1.73\text{m} = 1\,730\text{mm}$,轴向缩短量

$$\Delta l_2 = \frac{F_{N2}l_2}{E_2 A_2} = -\frac{17.3 \times 10^3 \times 1\,730}{200 \times 10^3 \times 250}\text{mm} = -0.6\text{mm}$$

由计算结果可以看出,杆 AB、杆 AC 两杆的变形量和杆的原长度相比甚小,因此是小变形。

（3）节点 A 的位移。假设在 A 点将支架拆开,杆 AB 伸长后为 A_1B,杆 AC 缩短后为 A_2C,如图 6-22（c）所示。A 点位移后的新位置是以 B 点为圆心、以 $\overline{BA_1}$ 为半径的圆弧和以 C 点圆心、以 $\overline{CA_2}$ 为半径的圆弧的交点。因为变形很小,上述两个圆弧可近似用其切线（分别垂直于直线 $\overline{BA_1}$ 和 $\overline{CA_2}$）代替,两条切线的交点 A' 即为节点 A 的新位置,$\overline{AA'}$ 为节点 A 的位移。

节点 A 的水平位移

$$\Delta_H = \overline{AA_2} = |\Delta l_2| = 0.6\text{mm}$$

节点 A 的垂直位移

$$\Delta_V = \overline{AA_3} = \overline{AE} + \overline{EA_3} = \frac{\Delta l_1}{\sin30°} + \frac{\Delta l_2}{\tan30°}$$

$$= \left(\frac{1.0}{\sin30°} + \frac{0.6}{\tan30°}\right)\text{mm} = 3.0\text{mm}$$

所以,节点 A 的位移

$$\overline{AA'} = \sqrt{\Delta_H^2 + \Delta_V^2} = (\sqrt{0.6^2 + 3.0^2})\text{mm} = 3.06\text{mm}$$

6.6 拉伸和压缩的简单静不定问题

6.6.1 拉压静不定的概念

在前面所讨论的问题中,结构的约束反力或构件的内力等未知力用平衡方程就能确定,这种问题称为静定问题。例如,图 6-23（a）所示为由两根杆构成的桁架,其为一静定问题。而如图 6-23（b）所示为由三根杆构成的桁架,其为静不定问题。因为在图 6-23（b）中未知轴力为 3 个,平面汇交力系独立平衡方程只有 2 个。显然,仅由两个平衡方程尚不能确定 3 个未知轴力,这种仅凭平衡方程不能解出全部未知力的问题称为静不定问题,也称为超静定问

题。若由拉压杆构成的静不定问题,称为拉压静不定。

　　静不定问题中存在多于维持平衡所必需的支座或杆件,习惯上称其为多余约束。与其对应的未知力称为多余未知力。未知力的数目必然多于能建立的独立平衡方程的数目。两者的差称为静不定次数或超静定次数。图 6-23(b)所示的桁架为一次静不定。

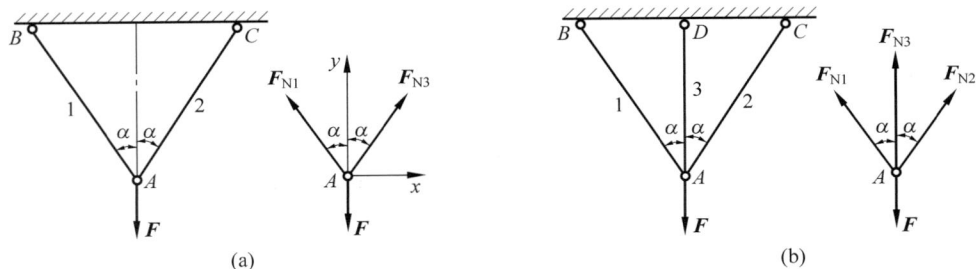

图　6-23

6.6.2　拉压静不定问题的解法

　　以图 6-23(b)所示结构为例,说明静不定问题的求解方法。设杆 1、2 的抗拉刚度均为 EA,杆 3 的抗拉刚度为 $E_3 A_3$ 且长度为 l,其中 α、F、l 为已知。求三杆的轴力。

　　取节点 A 进行研究,受力图如图 6-23(b)所示,列平衡方程:

$$\sum F_x = 0, \quad F_{N2}\sin\alpha - F_{N1}\sin\alpha = 0$$

$$\sum F_y = 0, \quad F_{N1}\cos\alpha + F_{N2}\cos\alpha + F_{N3} - F = 0$$

　　除以上平衡方程外,还必须建立一个补充方程。各杆受力变形后仍应保持整体结构,而且杆的变形应与其约束相适应,因此这些变形之间必存在相互制约的条件,称其为变形协调条件。另外,考虑到变形与力之间的物理关系,可根据变形协调条件建立起反映有关各力之间关系的补充方程。

　　现将杆 3 看作多余约束,去掉多余约束杆 3,以多余未知力 F_{N3} 代替杆的作用,则原结构变为静定结构(图 6-24(a))。此时,作用点 A 的受力分析如图 6-24(b)所示,杆 1 和杆 2 的轴力分别为 F_{N1}、F_{N2}。由于杆 1 和杆 2 的抗拉刚度相同,结构对称,节点 A 垂直地移动到 A'(图 6-24(c)),位移 AA' 也就是杆 3 的伸长 Δl_3(图 6-24(d))。

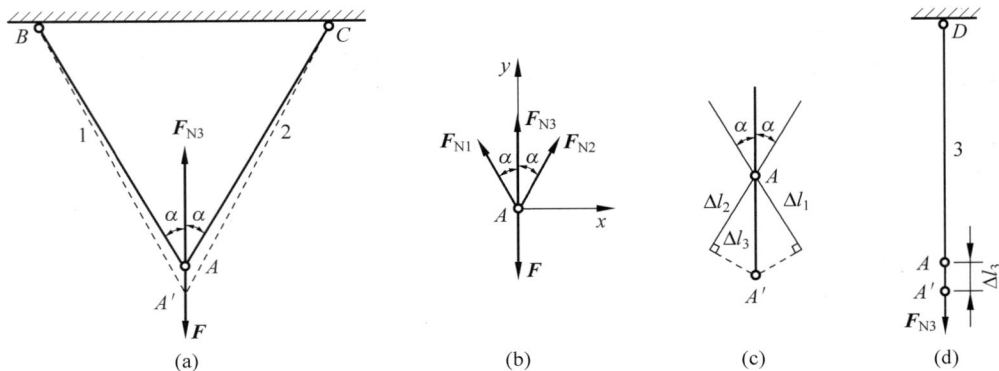

图　6-24

由于三杆在受力变形后,下端仍应铰接在 A' 点,所以 1、2 两杆的伸长量 Δl_1、Δl_2 与杆 3 的伸长量 Δl_3 之间有如下关系:

$$\Delta l_1 = \Delta l_2 = \Delta l_3 \cos\alpha$$

上式就是变形几何方程。

再由拉压胡克定律,可知杆 1、3 的轴力与变形之间的关系为

$$\Delta l_1 = \frac{F_{N1} l_1}{EA} = \frac{\dfrac{F_{N1} l}{\cos\alpha}}{EA}$$

$$\Delta l_3 = \frac{F_{N3} l}{E_3 A_3}$$

将其代入变形几何关系方程后,得到补充方程为

$$\frac{F_{N1}}{EA\cos\alpha} = \frac{F_{N3}}{E_3 A_3}\cos\alpha$$

结合静力平衡方程,可解得

$$F_{N1} = F_{N2} = \frac{F}{2\cos\alpha + \dfrac{E_3 A_3}{EA\cos^2\alpha}}$$

$$F_{N3} = \frac{F}{1 + 2\dfrac{EA}{E_3 A_3}\cos^3\alpha}$$

由这些结果可以看出,在静不定结构中,各杆的轴力与该杆刚度和其他杆的刚度比有关。刚度越大的杆,其轴力也越大。

归纳上述方法,一般静不定问题的解法具体如下。

(1) 进行受力分析,建立平衡方程。

(2) 根据变形满足的条件,建立变形几何方程。

(3) 根据胡克定律,建立物理方程。

(4) 联立求解平衡方程以及(2)和(3)所建立的补充方程,求出未知力。

【例 6-9】 如图 6-25(a)所示为一刚性结构,用两根等截面等长度同材料的拉杆和铰链 A 安装于支座上,载荷 $F = 160\text{kN}$。若许用应力 $[\sigma] = 160\text{MPa}$,求拉杆所需截面面积。

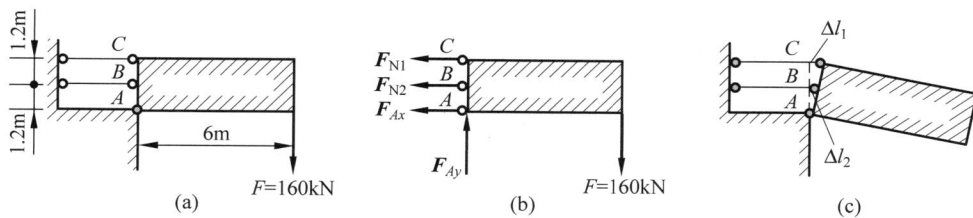

图　6-25

解:(1) 静力平衡关系。取刚性结构研究,受力图如图 6-25(b)所示,为平面任意力系,应有 3 个独立的平衡方程,除两杆内力外,支座 A 处有 2 个反力 F_{Ax} 和 F_{Ay},所以是一次静不定问题。列平衡方程 $\sum M_A = 0$,得

$$F_{N1} \times 2.4 + F_{N2} \times 1.2 - F \times 6 = 0$$

（2）变形几何关系。刚性结构受力后，将绕 A 点旋转，整个结构变形如图 6-25（c）所示。由图 6-25（c）可知

$$\frac{\Delta l_1}{\Delta l_2} = \frac{2.4}{1.2} = 2$$

即

$$\Delta l_1 = 2\Delta l_2$$

（3）物理关系。两杆变形均为伸长，轴力为拉力，于是

$$\Delta l_1 = \frac{F_{N1} l_1}{E_1 A_1}, \quad \Delta l_2 = \frac{F_{N2} l_2}{E_2 A_2}$$

根据变形几何关系和物理关系，可得补充方程为

$$\frac{F_{N1} l_1}{E_1 A_1} = 2\frac{F_{N2} l_2}{E_2 A_2}$$

由题意知 $E_1 = E_2$，$A_1 = A_2$，$l_1 = l_2$。上式改写为

$$F_{N1} = 2F_{N2}$$

代入平衡方程，得

$$F_{N1} = 2F, \quad F_{N2} = F$$

（4）确定各杆截面面积 A。由式（6-7），可得

$$A_1 \geqslant \frac{F_{N1}}{[\sigma]} = \frac{2F}{[\sigma]} = \frac{2 \times 160 \times 10^3}{160 \times 10^6} \mathrm{m}^2 = 2 \times 10^{-3} \mathrm{m}^2$$

$$A_2 \geqslant \frac{F_{N2}}{[\sigma]} = \frac{F}{[\sigma]} = \frac{160 \times 10^3}{160 \times 10^6} \mathrm{m}^2 = 1 \times 10^{-3} \mathrm{m}^2$$

按题意，两杆面积应为

$$A = A_1 = 2 \times 10^{-3} \mathrm{m}^2 = 20 \mathrm{cm}^2$$

由本例题可见，对于静不定问题，关键是找到杆件间的变形协调条件，只要找到变形协调条件，就可以得到杆件的内力。

*6.7　应力集中与圣维南原理

6.7.1　应力集中的概念

等截面直杆在轴向拉伸或压缩时，横截面上的应力是均匀分布的。但是，有时为了结构的需要，有些构件必须有圆孔、切槽、螺纹等，在这些部位上构件的截面尺寸发生突然变化。试验和理论研究表明：在构件形状尺寸发生突变的截面上，应力不再是均匀分布的。图 6-26（a）和（b）所示为开有圆孔或切口的板条，当其受轴向拉伸时，在圆孔或切口附近的局部区域内应力急剧增加，而离开这一区域稍远处，应力迅速降低并趋于均匀。这种由于构件形状尺寸的突变，引起局部应力急剧增大的现象，称为应力集中。

大量分析表明，构件的截面尺寸改变得越急剧，切口尖角越小，应力集中越严重。因此，构件应尽可能避免截面的形状轮廓、尺寸骤然改变，避免拐角、孔和沟槽带尖角，阶梯轴的轴肩处宜用圆弧或斜坡过渡，且弧度或坡度宜平缓光滑。

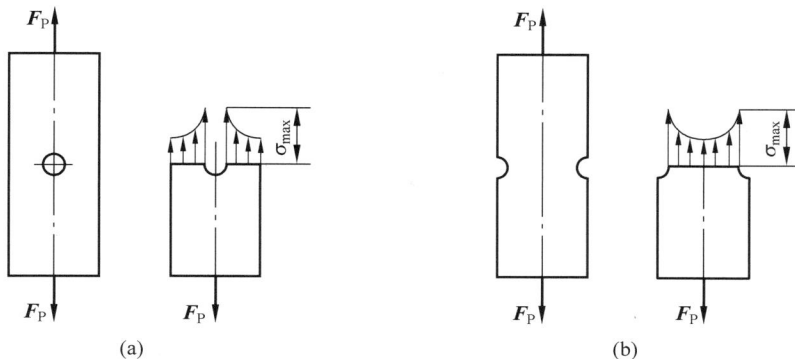

图　6-26

应力集中处的最大应力 $\sigma_{\max}$ 与该截面上平均应力 σ_m 之比,称为理论应力集中因数,以 k_t 表示,即

$$k_t = \frac{\sigma_{\max}}{\sigma_m}$$

式中,k_t 反映了杆件在静荷载下应力集中的程度,是一个大于 1 的因数。

此外,各种材料对应力集中的反应程度并不相同。塑性材料由于有屈服流动阶段,当局部应力最大值 $\sigma_{\max}$ 达到材料的屈服极限 σ_s 时,该处材料变形将继续增长而应力却不再增大。截面上,后继增加的内力将由截面中尚未屈服处的其余材料承担。此过程将使该截面上其他点的应力相继依次增大到屈服极限。这个过程限制了最大应力 $\sigma_{\max}$ 的数值,从而使该截面应力逐渐趋于均匀,即应力重分布。因此,应力集中对静载荷下塑性材料破坏的影响并不十分明显。脆性材料无屈服阶段,随载荷的增大,应力集中处的最大应力 $\sigma_{\max}$ 将一直处于峰值,率先达到强度极限 σ_b,而导致该处开裂。所以,应力集中对脆性材料的危害性显得尤为严重。

6.7.2　圣维南原理

6.2 节中得到了计算横截面上正应力的计算公式,即 $\sigma = \dfrac{F_N}{A}$,但对杆端加载的方式却没有严格规定,实际上杆端加载的方式是可以不同的,如图 6-27(a)和(b)所示。

在这两个杆件中,某一横截面上的轴力都是相同的,若杆件的横截面面积也相同的话,可知其应力是相同的。研究表明:当拉压杆两端承受集中荷载或其他非均布荷载时,在外力作用处附近,变形较为复杂,应力不再是均匀分布的。因此,在加载点附近区域,正应力的计算公式(式(6-1))不再适用。

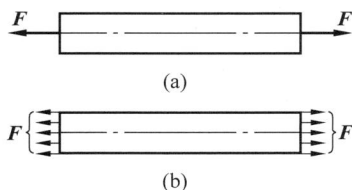

图　6-27

但进一步研究表明:静力等效的不同加载方式只对加载处附近区域的应力分布有影响,离开加载处较远的区域,其应力分布没有显著的差别,这一论断称为圣维南原理。一般来说,应力分布受到加载方式影响的区域,其长度大致为截面的横向尺寸。

根据圣维南原理,无论杆件是何种加载方式,只要其合力作用线与杆的轴线重合,就可以将其简化,并用式(6-1)计算横截面上的正应力。

6.8　剪切与挤压的实用计算

　　工程中经常要用到连接件,如图 6-28(a)所示的连接钢板的铆钉、图 6-28(b)所示的齿轮和轴之间的键连接、图 6-28(c)所示的木结构中的榫连接等。在这些连接中,铆钉、键块、隼头,甚至还有螺栓、销钉、焊缝等都称为连接件。

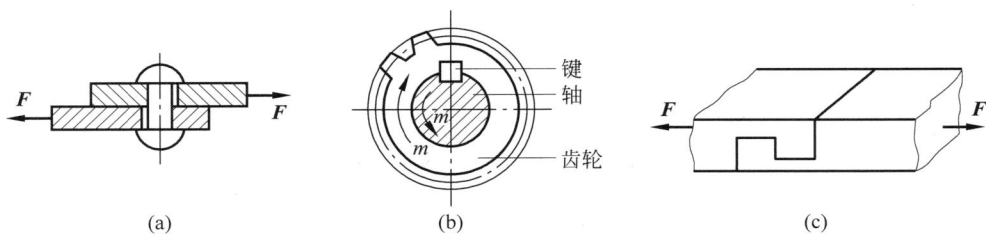

图　6-28

6.8.1　剪切与挤压的概念

　　连接件受外力作用时,将产生变形。以图 6-28(a)所示的板与板通过铆钉连接的方式为例,铆钉的受力如图 6-29(a)所示。铆钉的两侧面上受到大小相等、方向相反,作用线相距很近的两组分布外力系的作用。铆钉在这样的外力作用下,将沿外力分界面发生相对错动。这种变形形式称为剪切。发生剪切变形的截面 m—m,称为剪切面。连接件除发生剪切破坏之外,在传递压力的接触表面上还发生局部的承压现象,称为挤压。连接件与被连接件相互挤压的接触面称为挤压面。

6.8.2　剪切的实用计算

　　如图 6-29(a)所示的连接铆钉,当作用的外力过大时,将沿剪切面被剪断。为保证其正常工作,应进行强度计算。

　　连接件一般不是细长杆件,加之受力和变形比较复杂,要从理论上计算往往非常困难,

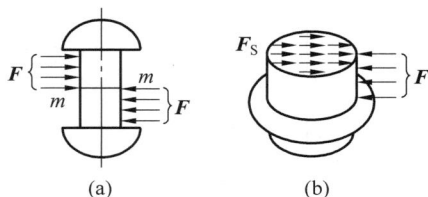

图　6-29

有时甚至不可能。在工程实际中,常常根据连接件的实际使用和破坏情况,对其受力和应力分布作一些假设进行简化计算,这种简化计算方法称为实用计算法。此种方法需包含两方面内容:一方面,根据假设计算出杆件受力面上的"名义应力";另一方面,通过试验测定同类连接件的破坏应力,确定许用应力。其中,应力的计算方法与"名义应力"相同。

　　为分析铆钉的剪切强度,先利用截面法求出剪切面上的内力,如图 6-29(b)所示。在剪切面上,分布内力的合力称为剪力,用 F_S 表示。

　　在剪切面上,切应力 τ 的分布情况比较复杂。在实用计算中,假设切应力在剪切面上均匀分布,则剪切面上的名义切应力为

$$\tau = \frac{F_S}{A_S} \tag{6-11}$$

式中，A_S 为剪切面面积。由平衡条件可知，

$$F_S = F$$

于是，剪切强度条件为

$$\tau = \frac{F_S}{A_S} \leqslant [\tau] \tag{6-12}$$

式中，$[\tau]$ 为许用切应力，其值可由试验测得。

6.8.3　挤压的实用计算

仍以图 6-28(a) 所示连接为例，结合图 6-30(a) 可知，当压力过大时，在铆钉和钢板接触处的局部区域将产生塑性变形或压溃，发生挤压破坏，从而使连接件失效。

挤压面上的压力称为挤压力，用 F_{bs} 表示；挤压力引起的应力称为挤压应力，用 σ_{bs} 表示。挤压应力在挤压面上的分布很复杂，钢板与铆钉之间的挤压应力在挤压面上的分布大致如图 6-30(b) 所示。由图 6-30 可知，挤压应力的分布是不均匀的。工程实际中，为简单起见，常采用实用计算的方法求得名义挤压应力，公式为

$$\sigma_{bs} = \frac{F_{bs}}{A_{bs}} \tag{6-13}$$

式中，A_{bs} 称为挤压面计算面积。若接触面为平面，则 A_{bs} 为接触面面积；若接触面为圆柱表面，则 A_{bs} 为圆柱的直径平面面积。例如，对于铆钉连接，其挤压面计算面积为 $A_{bs} = dh$（图 6-31）。

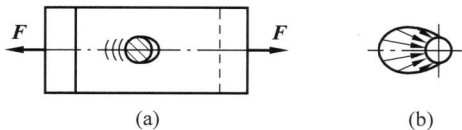

图　6-30

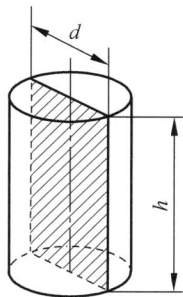

图　6-31

为防止挤压破坏，保证连接件能安全可靠地工作，连接件还应满足挤压强度条件：

$$\sigma_{bs} = \frac{F_{bs}}{A_{bs}} \leqslant [\sigma_{bs}] \tag{6-14}$$

式中，$[\sigma_{bs}]$ 为许用挤压应力，其值可由试验测得。

通过分析连接件与被连接件的强度，可以发现连接部位有三种可能的破坏形式：连接件的剪切破坏、挤压破坏和在削弱的截面处的拉压强度破坏。下面通过实例说明实际问题如何计算。

【例 6-10】　如图 6-32(a) 所示为一销轴连接。已知外力 $F = 18$kN，$\delta = 8$mm，销轴材料

的许用剪切应力$[\tau]=60\text{MPa}$,许用挤压应力$[\sigma_{bs}]=200\text{MPa}$。设计销轴的直径$d$。

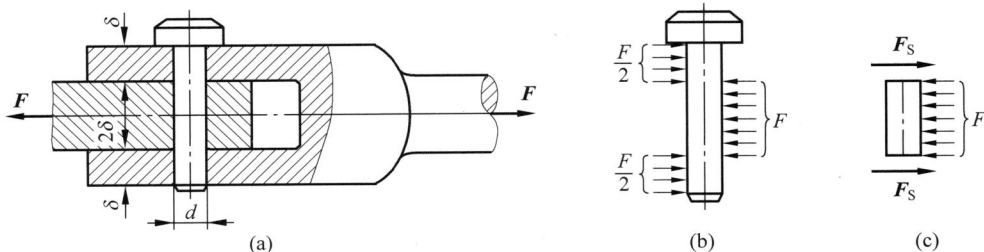

图　6-32

解： 先确定作用在销轴上的外力。已知销轴中部承受的力为F,两端承受的力各为$\dfrac{F}{2}$。销轴的受力如图 6-32(b)所示。

（1）按剪切强度设计。销轴具有两个剪切面(图 6-32(c)),一般称为双剪面。由截面法可求得这两个面上的剪力均为

$$F_S = \frac{F}{2} = \frac{18 \times 10^3}{2}\text{N} = 9 \times 10^3\text{N}$$

按剪切强度设计,则有

$$A \geqslant \frac{F_S}{[\tau]} = \frac{9 \times 10^3}{60 \times 10^6}\text{m}^2 = 1.5 \times 10^{-4}\text{m}^2$$

而$A = \dfrac{\pi}{4}d^2$,于是有

$$d = \sqrt{\frac{4A}{\pi}} \geqslant \sqrt{\frac{4 \times 1.5 \times 10^{-4}}{\pi}}\text{m} = 1.382 \times 10^{-2}\text{m} = 13.8\text{mm}$$

（2）按挤压强度校核。销轴的挤压面积$A_{bs} = 2\delta d$,挤压应力为

$$\sigma_{bs} = \frac{F_{bs}}{A_{bs}} = \frac{F}{2\delta d} = \frac{18 \times 10^3}{2 \times 8 \times 10^{-3} \times 13.8 \times 10^{-3}}\text{Pa} = 81.5\text{MPa} < [\sigma_{bs}]$$

由此可见,当$d=13.8\text{mm}$时,也满足挤压强度条件。查机械设计手册,最后采用$d=15\text{mm}$的标准圆柱销。

【例 6-11】 用四个铆钉来连接两块钢板,如图 6-33(a)所示。钢板与铆钉的材料相同,铆钉直径$d=16\text{mm}$,钢板的尺寸为$b=100\text{mm}$,$\delta=10\text{mm}$,$F=90\text{kN}$,铆钉的许用应力$[\tau]=120\text{MPa}$,$[\sigma_{bs}]=300\text{MPa}$,钢板的许用应力$[\sigma]=160\text{MPa}$。校核铆钉接头的强度。

解： 本题需校核接头的三种破坏强度,具体如下。

（1）铆钉的剪切强度。因为铆钉是对称布置,故可假设每一铆钉承受$F/4$力,即铆钉受剪面上的剪力为

$$F_S = \frac{90}{4}\text{kN} = 22.5\text{kN}$$

切应力为

$$\tau = \frac{F_S}{A_S} = \frac{22.5 \times 10^3}{\pi \times 16^2/4}\text{MPa} = 112\text{MPa} < [\tau]$$

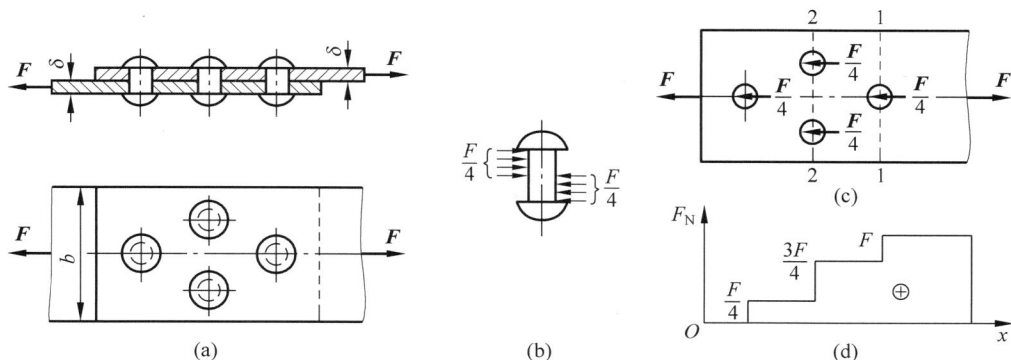

图　6-33

（2）铆钉的挤压强度。因为铆钉与钢板的材料相同，故只需校核铆钉或钢板的挤压强度：

$$\sigma_{bs} = \frac{F_{bs}}{A_{bs}} = \frac{22.5 \times 10^3}{16 \times 10} MPa = 141 MPa < [\sigma_{bs}]$$

（3）钢板的拉伸强度。钢板的受力及其轴力图如图 6-33（c）和（d）所示。显然，应对截面 1—1 进行强度校核。截面 2—2 的轴力虽比截面 1—1 小，但截面 2—2 被两个钉孔所削弱，所以对截面 2—2 也应作强度校核。

$$\sigma_{1-1} = \frac{F}{(b-d)\delta} = \frac{90 \times 10^3}{(100-16) \times 10} MPa = 107 MPa < [\sigma]$$

$$\sigma_{2-2} = \frac{3F/4}{(b-2d)\delta} = \frac{90 \times 10^3 \times 3/4}{(100-2 \times 16) \times 10} MPa = 99.3 MPa < [\sigma]$$

由此可见，整个接头强度是安全的。

通过上面的两个例题可以看到，应用强度条件式（6-11）和式（6-13）可以解决连接件的强度校核、截面设计和确定许可载荷三类强度计算问题。

本章总结

1．轴向拉（压）杆件受力与变形特点

外力或同一横截面处外力的合力作用线位于杆的轴线上，杆件只发生伸长或缩短变形。上述特点是识别轴向拉压变形的主要依据。

二力杆一般可视为轴向拉压杆。

2．内力

轴向拉压变形时，杆件横截面上的内力只有轴力 F_N，它的作用线与杆件的轴线重合。

（1）正负号规定：引起杆件轴向伸长的轴力为正，画成与截面外法线方向一致；引起杆件缩短的轴力为负，画成与截面外法线方向相反，即指向截面。

（2）求法：截面法。一个截面的轴力，其数值等于该截面一侧所有外力的代数和。

（3）轴力图：表示轴力沿杆件轴线变化规律的图形，实际是用几何法表示轴力沿杆轴分布规律的，具有表述易统一、直观、不依赖坐标系等优点。

画轴力图时,一般先选坐标,再写轴力方程,最后根据轴力方程画出轴力图。

3. 应力

等直拉压杆横截面上没有切应力,只有正应力。正应力在横截面上是均匀分布的,可用下式计算:

$$\sigma = \frac{F_N}{A}$$

拉压杆的斜截面上一般既存在正应力 σ_α,也存在切应力 τ_α。计算公式为

$$\sigma_\alpha = \sigma\cos^2\alpha, \quad \tau_\alpha = \frac{\sigma}{2}\sin 2\alpha$$

4. 材料的力学性能

材料在常温、静载下的力学性能一般通过试验获得,主要是观察试件变形特点和分析 σ-ε 图。

1) 材料拉伸时的力学性能

(1) 低碳钢及相关指标。

① 四个阶段:弹性阶段、屈服阶段、强化阶段、颈缩(局部变形)阶段。

② 特征应力:比例极限 σ_p、弹性极限 σ_e、屈服极限 σ_s、强度极限 σ_b。

③ 强度指标:σ_s 或 $\sigma_{0.2}$(塑性材料)、σ_b(脆性材料)。

④ 塑性指标:伸长率(延伸率)δ、断面收缩率 ψ。

⑤ 两类工程材料:塑性材料的 $\delta \geqslant 5\%$,脆性材料 $\delta < 5\%$。

(2) 其他材料。

应通过分析 σ-ε 图了解材料的力学性能。对于无明显屈服阶段的塑性材料,规定卸载后残余应变为 0.2% 所对应的应力 $\sigma_{0.2}$ 为名义屈服极限,用作该材料的强度指标。脆性材料的伸长率很小,σ-ε 图基本上是非线性的。

2) 材料压缩时的力学性能

低碳钢等塑性材料压缩与拉伸的 σ-ε 曲线在屈服阶段前大致是重合的,σ_e、σ_p、σ_s、E 等参数可由拉伸试验获得。脆性材料压缩时的力学性能与拉伸时有较大差别,通常抗压能力明显高于抗拉能力,因此需要做压缩试验确定其有关力学性能。

5. 强度条件

$$\sigma_{max} = \frac{F_{Nmax}}{A} \leqslant [\sigma]$$

上式适用于等直杆的拉压强度校核、确定许可荷载与截面设计。

应注意的是:①强度计算一般是在危险点上进行的,因此要学会判断危险点的位置,这个要求应贯穿材料力学课程始终;②对于抗压强度 $[\sigma_c]$ 与抗拉强度 $[\sigma_t]$ 不相等的材料,应注意分别在最大压应力和最大拉应力所在点处进行强度计算。

6. 变形

当 $\sigma \leqslant \sigma_p$ 时,轴向变形可由胡克定律计算,即

$$\Delta l = \frac{F_N l}{EA}$$

胡克定律可表述为

$$\sigma = E\varepsilon$$

式中,ε 为纵向线应变,横向线应变为 $\varepsilon' = -\mu\varepsilon$。

7. 拉压静不定问题

静不定问题是指仅用静力平衡方程不能求解出全部未知量的力学问题。

求解静不定问题的步骤一般如下。

(1) 判断静不定次数。

(2) 列变形协调条件。

(3) 列物理方程。

(4) 建立补充方程(把物理方程代入几何方程后即可求得)。

(5) 列平衡方程。

(6) 联立平衡方程和补充方程求解未知量。

8. 剪切与连接的实用计算

(1) 连接件受力比较复杂,精确计算很困难,通常采用实用计算法。

① 剪切强度

$$\tau = \frac{F_{\text{S}}}{A_{\text{S}}} \leqslant [\tau]$$

② 挤压强度

$$\sigma_{\text{bs}} = \frac{F_{\text{bs}}}{A_{\text{bs}}} \leqslant [\sigma_{\text{bs}}]$$

(2) 连接件强度实用计算的要点如下。

① 正确判断剪切面和挤压面。

② 正确计算剪力和挤压力。

分析思考题

6-1 两根材料不同、截面不同的杆件,当受相同的轴向拉力作用时,它们的内力是否相同?

6-2 拉压杆横截面上的正应力公式是如何建立的? 为什么要作平面假设? 该公式的应用条件是什么?

6-3 拉压杆斜截面上的应力公式是如何建立的? 正应力、切应力与方位角的正负号是如何规定的? 最大正应力与最大切应力各位于何方位的截面上? 其值为多少?

6-4 拉压杆的胡克定律是如何建立的? 有几种表示形式? 该定律的应用条件是什么? 什么是杆件的拉压刚度?

6-5 什么是许用应力? 什么是强度条件? 利用强度条件可以解决哪些类型的强度问题?

6-6 什么是小变形,如何利用切线代替圆弧的方法确定节点位移?

6-7 如分析思考题 6-7 图所示,桁架的 A 点作用一水平荷载 F_{P},如何画出其变形关系图?

6-8 求解超静定问题的方法和步骤有哪些? 画受力图与变形关系图时应注意什么? 与静定问题相比较,超静定问题有何特点?

6-9 在一些公路和桥梁的铺装层表面往往要留伸缩缝,为什么?

6-10 如分析思考题 6-10 图所示,ABC 为刚性梁,杆 1、杆 2 刚度相等。当杆 1 的温度升高时,两杆的轴力有何变化?

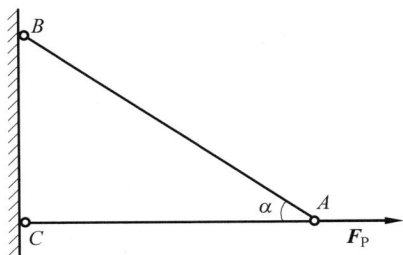

分析思考题 6-7 图

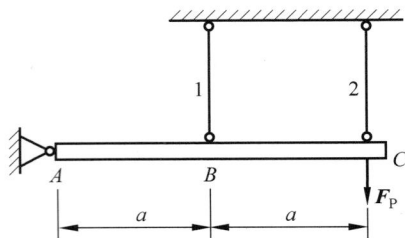

分析思考题 6-10 图

习题

6-1　求习题 6-1 图所示各杆中截面 1—1、截面 2—2、截面 3—3 的轴力,并画出杆的轴力图。

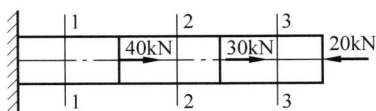

(a)

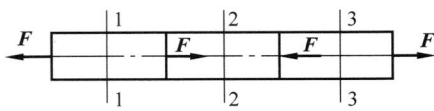

(b)

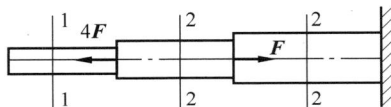

(c)

习题 6-1 图

答:(a) $F_{N1} = 50\text{kN}$,$F_{N2} = 10\text{kN}$,$F_{N3} = -20\text{kN}$;(b) $F_{N1} = F$,$F_{N2} = 0$,$F_{N3} = F$;(c) $F_{N1} = 0$,$F_{N2} = 4F$,$F_{N3} = 3F$。

6-2　求习题 6-2 图所示等直杆截面 1—1、截面 2—2 和截面 3—3 上的轴力,并画轴力图。若横截面面积 $A = 400\text{mm}^2$。求各横截面上的应力。

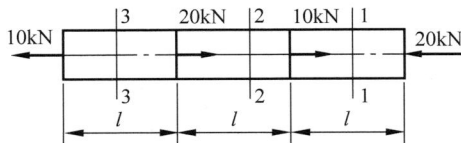

习题 6-2 图

答:$F_{N1} = -20\text{kN}$,$\sigma_1 = -50\text{MPa}$;$F_{N2} = -10\text{kN}$,$\sigma_2 = -25\text{MPa}$;$F_{N3} = 10\text{kN}$,$\sigma_3 = 25\text{MPa}$。

6-3　求习题 6-3 图所示阶梯状直杆横截面 1—1、截面 2—2 和截面 3—3 上的轴力,并画轴力图。若横截面面积 $A_1 = 200\text{mm}^2$,$A_2 = 300\text{mm}^2$,$A_3 = 400\text{mm}^2$,求各横截面上的应力。

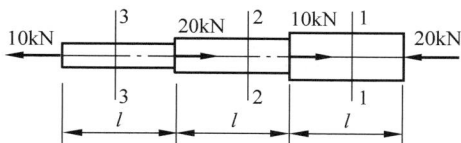

习题 6-3 图

答：$F_{N1} = -20\text{kN}, \sigma_1 = -25\text{MPa}$；$F_{N2} = -10\text{kN}, \sigma_2 = -33.3\text{MPa}$；$F_{N3} = 10\text{kN}$，$\sigma_3 = 50\text{MPa}$。

6-4 一低碳钢拉伸试件，试验前测得试件的直径 $d = 10\text{mm}$，长度 $l = 50\text{mm}$，试件拉断后测得颈缩处的直径 $d_1 = 6.2\text{mm}$，杆的长度 $l_1 = 58.3\text{mm}$。试件的拉伸图如习题 6-4 图所示，屈服阶段最高点 a 相应的载荷 $F_a = 22\text{kN}$，最低点 b 相应的载荷 $F_b = 19.6\text{kN}$，拉伸图最高点 c 相应的载荷 $F_c = 33.8\text{kN}$。求材料的屈服极限、强度极限、延伸率及断面收缩率。

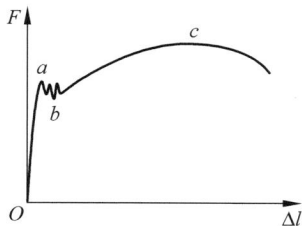

习题 6-4 图

答：$\sigma_s = 250\text{MPa}, \sigma_b = 430\text{MPa}, \delta = 16.6\%, \psi = 61.6\%$。

6-5 如习题 6-5 图所示为某硬铝试件，其中 $a = 2\text{mm}$、$b = 20\text{mm}$、$l = 70\text{mm}$。在轴向拉力 $F = 6\text{kN}$ 作用下，测得试验段伸长 $\Delta l = 0.15\text{mm}$，板宽缩短 $\Delta b = 0.014\text{mm}$，计算硬铝的弹性模量 E 和泊松比 μ。

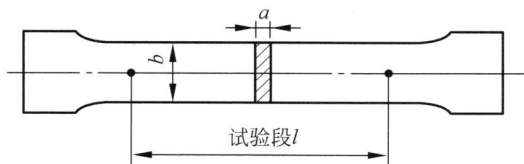

习题 6-5 图

答：$E = 70\text{GPa}, \mu = 0.33$。

6-6 如习题 6-6 图所示，某结构 A 处为铰链支承，C 处为滑轮，刚性杆 AB 通过钢丝绳

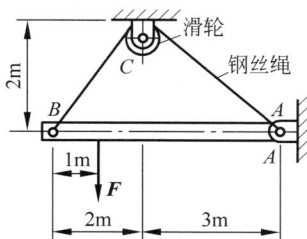

习题 6-6 图

悬挂在滑轮上。已知 $F=70\text{kN}$，钢丝绳的横截面面积 $A=500\text{mm}^2$，许用应力 $[\sigma]=160\text{MPa}$，校核钢丝绳的强度。

答：$\sigma=158.4\text{MPa}<[\sigma]$，安全。

6-7 如习题 6-7 图所示，链条直径 $d=20\text{mm}$，许用拉应力 $[\sigma]=70\text{MPa}$，按拉伸强度条件求出链条能承受的最大载荷 F。

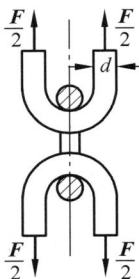
习题 6-7 图

答：$[F]=44\text{kN}$。

6-8 如习题 6-8 图所示为某桁架，承受载荷 F 作用，已知杆的许用应力 $[\sigma]$。若节点 A 和 B 的位置保持不变，试确定使结构重量最小的 α 值。

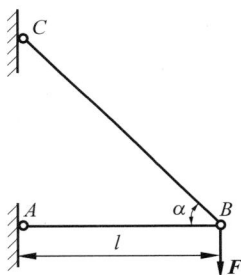
习题 6-8 图

答：$\alpha=54°44'$。

6-9 如习题 6-9 图所示为某双杠杆夹紧机构，需产生一对 20kN 的夹紧力，求水平杆 AB 及两斜杆 BC 和 BD 的横截面直径。已知 3 个杆的材料相同，$[\sigma]=100\text{MPa}$，$\alpha=30°$。

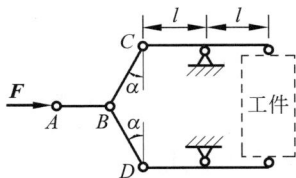
习题 6-9 图

答：$d_{AB}=d_{BC}=d_{BD}\geqslant17.2\text{mm}$。

6-10 在习题 6-10 图所示结构中，AC 为钢杆，横截面面积 $A_1=200\text{mm}^2$，许用应力 $[\sigma]_1=160\text{MPa}$；BC 为铜杆，横截面面积 $A_2=300\text{mm}^2$，许用应力 $[\sigma]_2=100\text{MPa}$。求许可载荷 $[F]$。

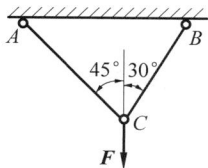

习题 6-10 图

答：$[F] = 41\text{kN}$。

6-11　变截面直杆如习题 6-11 图所示，横截面面积 $A_1 = 800\text{mm}^2$，$A_2 = 400\text{mm}^2$，材料的弹性模量 $E = 200\text{GPa}$。求杆的总伸长。

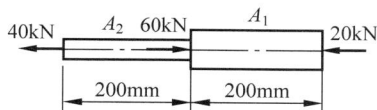

习题 6-11 图

答：$\Delta l = 0.075\text{mm}$。

6-12　如习题 6-12 图所示，打入黏土的木桩受载荷 F 及黏土的摩擦力，摩擦力集度 $f = ky^2$，其中 k 为常数。已知 $F = 420\text{kN}$，$l = 12\text{m}$，杆的横截面面积 $A = 64 \times 10^3\text{mm}^2$，弹性模量 $E = 10\text{GPa}$。确定常数 k，并求木桩的缩短量。

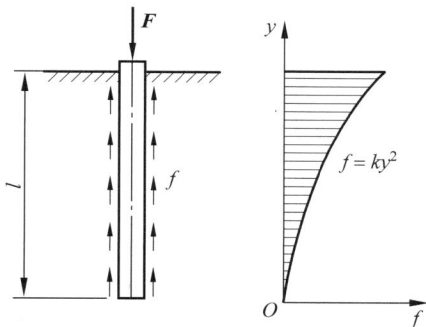

习题 6-12 图

答：$k = 0.73\text{kN/m}$，$\Delta l = 1.97\text{mm}$。

6-13　如习题 6-13 图所示为一简单托架，AB 杆为直径 $d = 20\text{mm}$ 的圆截面钢杆，BC 杆为 8 号槽钢，两杆的 $E = 200\text{GPa}$。已知 $F = 60\text{kN}$，求 B 点的位移。

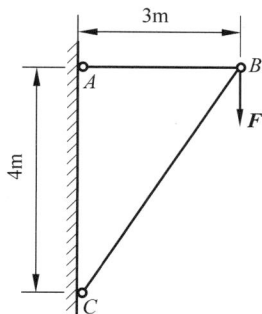

习题 6-13 图

答：$\Delta_{BV}=3.9\text{mm},\Delta_{BH}=2.15\text{mm}$。

6-14 如习题 6-14 图所示为由两种材料组成的圆杆，直径 $d=40\text{mm}$，杆的总伸长 $\Delta l=0.126\text{mm}$。$E_{st}=200\text{GPa},E_{br}=100\text{GPa}$。求载荷 F 及在力 F 作用下杆内的最大正应力。

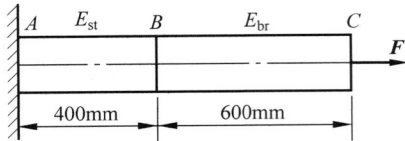

习题 6-14 图

答：$F=19.8\text{kN},\sigma=15.8\text{MPa}$。

6-15 在习题 6-15 图中，螺栓 M12 的内径 $d_1=10.1\text{mm}$，待螺栓拧紧后，在其计算长度 $l=80\text{mm}$ 内伸长为 $\Delta l=0.03\text{mm}$。已知材料的弹性模量 $E=210\text{GPa}$，求螺栓内的应力及螺栓的预紧力。

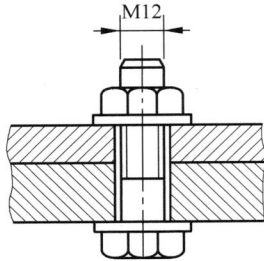

习题 6-15 图

答：$\sigma=78.8\text{MPa},F=6.31\text{kN}$。

6-16 如习题 6-16 图所示为一支架，AB 为钢杆，BC 为铸铁杆。已知两杆横截面面积均为 $A=400\text{mm}^2$，钢的许用应力 $[\sigma]=160\text{MPa}$，铸铁的许用拉应力 $[\sigma^+]=30\text{MPa}$，许用压应力 $[\sigma^-]=90\text{MPa}$。求许可载荷 $[F]$，并且若将 AB 改用铸铁杆，BC 改用钢杆，这时许可载荷又为多少?

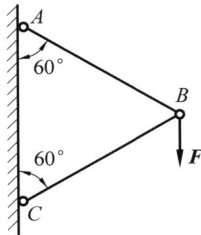

习题 6-16 图

答：$[F]=36\text{kN},[F]_1=12\text{kN}$。

6-17 如习题 6-17 图所示为两端固定的等截面直杆，横截面面积为 A，弹性模量为 E。求受力后两固定端的反力。

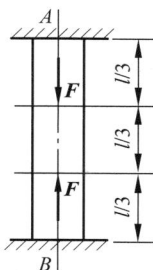

习题 6-17 图

答：$F_A = F_B = F/3$。

6-18 如习题 6-18 图所示为一套有铜套管的钢螺栓,螺距为 3mm,长度 l 为 750mm。已知钢螺栓的横截面面积 $A_{st} = 6\mathrm{cm}^2$,$E_{st} = 210\mathrm{GPa}$；铜套管的横截面面积 $A_{co} = 12\mathrm{cm}^2$,$E_{co} = 105\mathrm{GPa}$。求下述两种情形下螺栓和套管截面上的内力。

(1) 螺栓拧紧 1/4 转；

(2) 螺栓拧紧 1/4 转后,再在两端加拉力 $F = 80\mathrm{kN}$。

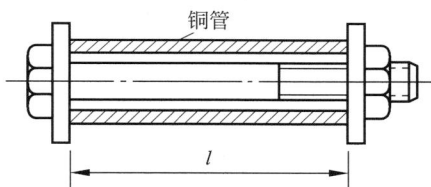

习题 6-18 图

答：(1) $F_{N1} = 63\mathrm{kN}$,$F_{N2} = -63\mathrm{kN}$；(2) $F_{N1} = 103\mathrm{kN}$,$F_{N2} = -23\mathrm{kN}$。

6-19 如习题 6-19 图所示,刚性板重量为 32kN,由三根立柱支承,长度均为 4m,左、右两根为混凝土柱,弹性模量 $E_1 = 20\mathrm{GPa}$,横截面面积 $A_1 = 8 \times 10^4 \mathrm{mm}^2$；中间一根为木柱,弹性模量 $E_2 = 12\mathrm{GPa}$,横截面面积 $A_2 = 4 \times 10^4 \mathrm{mm}^2$。求每根立柱所受的压力。

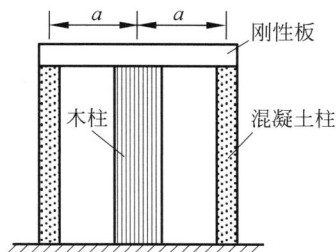

习题 6-19 图

答：$F_{N1} = -13.9\mathrm{kN}$,$F_{N2} = -4.2\mathrm{kN}$。

6-20 一刚性梁放在三根混凝土支柱上,中间支柱与梁之间有 $\delta = 1.5\mathrm{mm}$ 的间隙,如习题 6-20 图所示。三支柱横截面面积均为 $0.04\mathrm{m}^2$,混凝土的弹性模量 $E = 14\mathrm{GPa}$,当梁上作用载荷 $F = 720\mathrm{kN}$ 时,三支柱内应力各是多少？

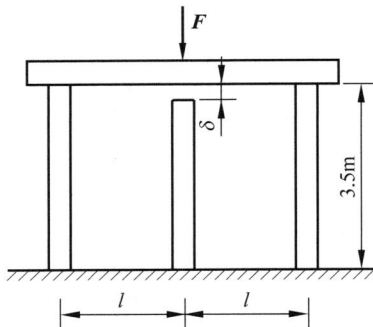

习题 6-20 图

答：左、右支柱 $\sigma = -80\text{MPa}$，中间支柱 $\sigma = -2\text{MPa}$。

6-21　在厚度 $t = 5\text{mm}$ 的钢板上，冲出一个形状如习题 6-21 图所示的孔，钢板剪断时的剪切强度极限 $\tau_b = 300\text{MPa}$，求冲床所需的冲力 F。

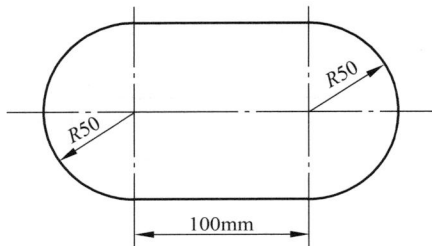

习题 6-21 图

答：$F \geqslant 771\text{kN}$。

6-22　如习题 6-22 图所示为一圆截面杆件，受轴向拉力 F 作用。设拉杆的直径为 d，端部墩头直径为 D，高度为 h，试从强度方面考虑并建立三者间的合理比值。已知许用应力 $[\sigma] = 120\text{MPa}$，许用切应力 $[\tau] = 90\text{MPa}$，许用挤压应力 $[\sigma_{bs}] = 240\text{MPa}$。

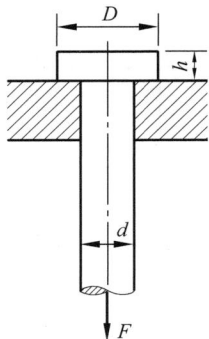

习题 6-22 图

答：$D : h : d = 1.225 : 0.333 : 1$。

6-23　一正方形截面的混凝土柱，其横截面边长 $a = 200\text{mm}$，其基底为边长 $l = 1\text{m}$ 的正方形混凝土板。柱承受轴向压力 $F = 100\text{kN}$，如习题 6-23 图所示。假设地基对混凝土板的支反力为均匀分布,混凝土的许用切应力$[\tau]=1.5$MPa,为使柱不穿过板,混凝土板所需的最小厚度 δ 应为多少?

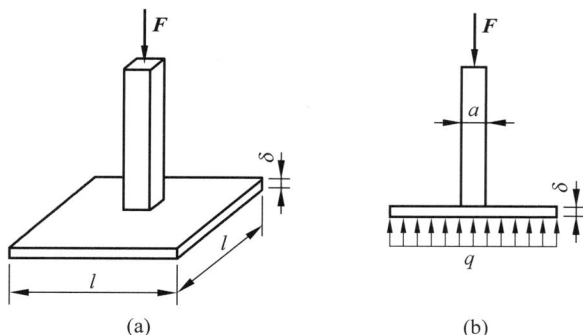

习题 6-23 图

答:$\delta \geqslant 80$mm。

6-24　如习题 6-24 图所示为一铆接件,是由中间钢板(主板)通过上、下两块钢盖板对接而成,铆钉直径 $d=26$mm,主板厚度 $t=20$mm,盖板厚度 $t_1=10$mm,主板与盖板宽度 $b=130$mm,铆钉与钢板材料相同,许用切应力$[\tau]=100$MPa,许用挤压应力$[\sigma_{bs}]=280$MPa,许用拉应力$[\sigma]=160$MPa,求该铆接件的许可载荷$[F]$。

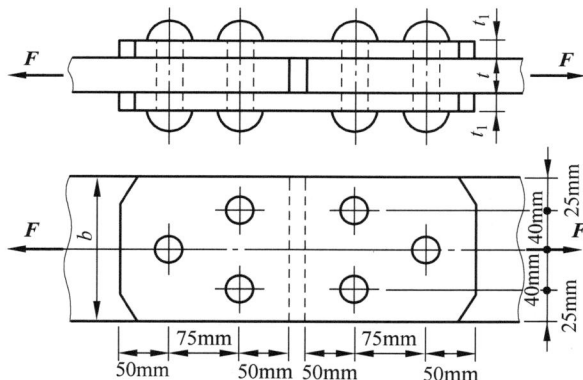

习题 6-24 图

答:$[F]=250$kN。

第7章

扭转

基本要求

(1) 了解扭转变形的受力和变形特点,熟练掌握用截面法求扭矩、画扭矩图。

(2) 掌握纯剪切的概念、切应力互等定理。

(3) 熟练掌握圆轴扭转时横截面上的应力分布及强度计算。

(4) 掌握圆轴扭转时的变形和刚度计算方法。

重点和难点

圆轴扭转时的强度和刚度计算。

7.1 扭转的概念和内力分析

7.1.1 扭转的工程实例

扭转变形是杆件基本变形之一。在工程实际和日常生活中,人们经常遇到扭转变形的杆件,如图 7-1(a)中方向盘带动的汽车转向轴和图 7-1(b)中拧螺丝用到的螺丝刀等。

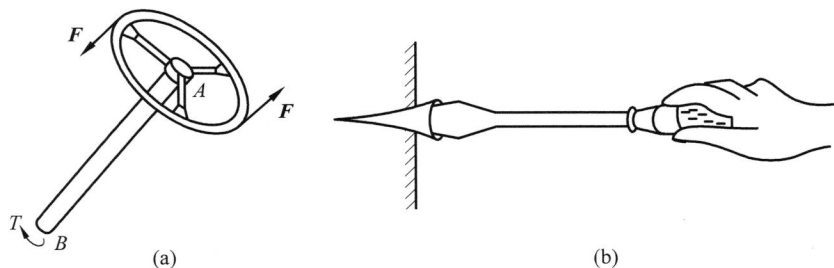

图 7-1

这些杆件都是受到一对大小相等、转向相反,作用在垂直于杆轴线平面内的力偶作用;各横截面绕轴线相对转动。杆件的这种变形形式称为扭转变形。以扭转变形为主的杆件称为轴。轴截面间绕轴线的相对角位移,称为扭转角,用 φ 表示。

7.1.2　圆轴扭转的受力和变形特点

扭转变形杆件的计算简图如图 7-2 所示。从图 7-2 中可明显看出,当一个杆件发生扭转变形时,其受力和变形特点具体如下。图中 γ 称为剪切角。

(1)受力特点:受到一对大小相等、方向相反、作用面与横截面平行的外力偶作用。

(2)变形特点:轴表面上平行于轴线的母线倾斜 γ 角,同时各横截面绕轴线相对转动,产生了扭转角 φ。

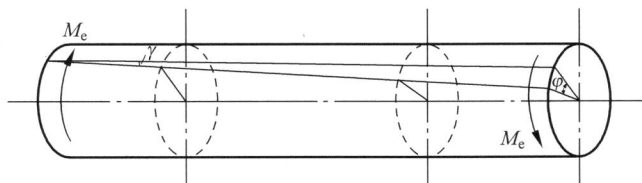

图　7-2

本章主要研究圆截面直杆的扭转,这既是工程中常见的情况,又是扭转中最简单的问题。而对于非圆截面杆的扭转,本章不作介绍。

7.1.3　外力偶矩的计算

为研究圆轴扭转时的内力,需先知道作用于轴上的外力偶矩。在工程中,作用于轴上的外力偶矩往往不是直接给出的,通常给出的是轴上所传送的功率和轴的转速。因此,必须通过功率、转速与外力偶矩间的关系确定外力偶矩。设轴所传递的功率为 P,外力偶矩为 M_e,轴的角速度为 ω,则由转动功率的计算方法可得

$$P = M_e \omega$$

于是有

$$M_e = \frac{P}{\omega}$$

式中,功率 P 的单位为瓦(W);角速度 ω 的单位为弧度/秒(rad/s)。在工程中,功率常用单位为千瓦(kW),力偶矩的单位为牛·米(N·m),转速 n 的单位为转/分(r/min)。做单位变换,则有 $\omega = 2\pi n/60$,$1\mathrm{kW} = 1\,000\mathrm{W}$,代入上式,可得

$$M_e = 9\,549\frac{P}{n} \tag{7-1}$$

式中,M_e 的单位为牛·米(N·m)。

7.1.4　扭转时横截面上的扭矩和扭矩图

在求得所有作用于轴上的外力偶矩后,即可用截面法求任意受扭圆轴横截面上的内力。图 7-3(a)所示为一受扭圆轴,若欲求 m—m 横截面上的内力,则可假设用一平面沿截面 m—m 将该轴分为Ⅰ、Ⅱ两部分,如图 7-3(b)和(c)所示。若取左段Ⅰ研究,由该段的平衡方

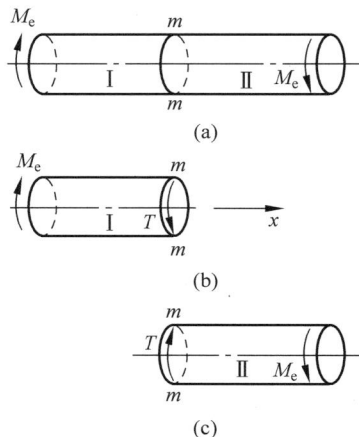

图 7-3

程可知,在截面 m—m 上必存在一个转向与外力偶 M_e 相反的内力偶 T。列平衡方程:

$$T - M_e = 0$$
$$T = M_e$$

式中,T 为截面 m—m 上的内力偶矩,称为扭矩,它是Ⅰ、Ⅱ两部分截面 m—m 上相互作用的分布内力系的合力偶矩。

若取右半段Ⅱ研究,可求得 $T = M_e$,其方向与Ⅰ所求出的相反。为使无论取哪段研究所求出的同一截面上的内力大小、方向均相同,对扭矩 T 的符号进行如下规定:若按右手螺旋法则把 T 表示为矢量,则当矢量方向与截面的外法线方向一致时,T 为正;反之,为负。根据这一法则,图 7-3 所示截面 m—m 上的扭矩为正。

如果作用于轴上的外力偶多于两个,外力偶将轴分成若干段,各段横截面上的扭矩不尽相同,则需分段求出扭矩。为表示沿轴线各截面的扭矩变化情况,可用图线来表示,这种图线称为扭矩图。与拉(压)时的轴力图相同,图中的横轴表示横截面的位置,纵轴表示相应截面上的扭矩。

下面举例进行说明。

【例 7-1】 如图 7-4(a)所示为一轴,已知转速 $n = 955\text{r/min}$,功率由轮 B 输入,$P_B = 100\text{kW}$,通过轮 A、C 输出,$P_A = 40\text{kW}$,$P_C = 60\text{kW}$,画轴的扭矩图。

解:(1)外力偶矩计算。由式(7-1),可得

$$M_B = 9\,549\frac{P_B}{n} = \left(9\,549 \times \frac{100}{955}\right)\text{N·m} = 1\,000\text{N·m}$$

$$M_A = 9\,549\frac{P_A}{n} = \left(9\,549 \times \frac{40}{955}\right)\text{N·m} = 400\text{N·m}$$

$$M_C = 9\,549\frac{P_C}{n} = \left(9\,549 \times \frac{60}{955}\right)\text{N·m} = 600\text{N·m}$$

式中,M_B 为输入力偶矩,与轴转向相同;M_A、M_C 分别为阻力偶矩,与轴转向相反,因此可画出其计算简图,如图 7-4(b)所示。

(2)扭矩计算。用截面法分别计算 AB 和 BC 段扭矩(按正向假设,如图 7-4(c)所示)。由平衡条件 $\sum M_x = 0$,可得

$$T_1 = -M_A = -400\text{N·m}, \quad T_2 = M_C = 600\text{N·m}$$

式中负号表示扭矩转向与假设相反。

(3)画扭矩图,如图 7-4(d)所示。由此可见,危险截面在 BC 段。

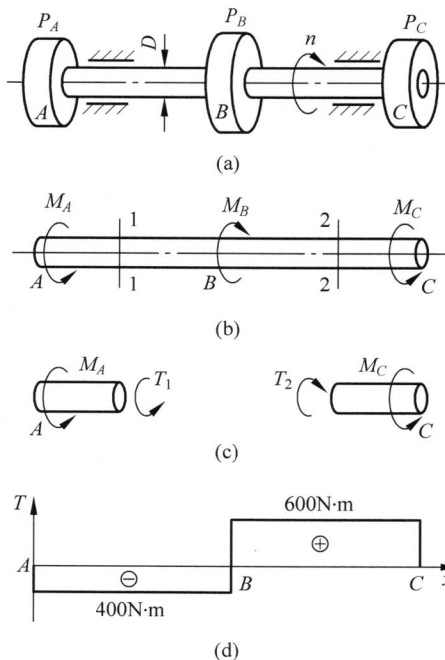

图 7-4

7.2 纯剪切

7.2.1 薄壁圆筒扭转时的切应力分析

如图 7-5(a)所示为一薄壁圆筒,其壁厚 t 远远小于平均半径 $r_0\left(t \leqslant \dfrac{r_0}{10}\right)$。为得到横截面上的应力分布情况,下面作扭转试验。受扭前,在圆筒表面画上等间距的圆周线和纵向母线,从而形成一系列正方形格子,然后在圆筒两端面施加扭转外力偶 M_e。观察变形现象可知,圆周线的形状、大小和间距均不变;在小变形下,纵向线倾斜相同的角度且仍近似为直线;表面的方格左、右两边发生相对错动而变为平行四边形,如图 7-5(b)所示,γ 即为前面所定义的切应变。这些现象表明,当薄壁圆筒扭转时,其横截面及包含轴线的纵向截面上都没有正应力,横截面上只有切应力 τ,因为筒壁的厚度 t 很小,可以认为沿壁厚切应力均匀分布。又由于在同一圆周上各点变形相同,应力也就相同,方向沿圆周切线方向,如图 7-5(c)所示。横截面上切应力 τ 的合力为横截面上的扭矩 T,即

$$T = \int_A r_0 \tau \mathrm{d}A = \int_0^{2\pi} r_0 \tau r_0 \mathrm{d}\theta = 2\pi \cdot r_0^2 t \cdot \tau$$

所以有

$$\tau = \frac{T}{2\pi \cdot r_0^2 t} \tag{7-2}$$

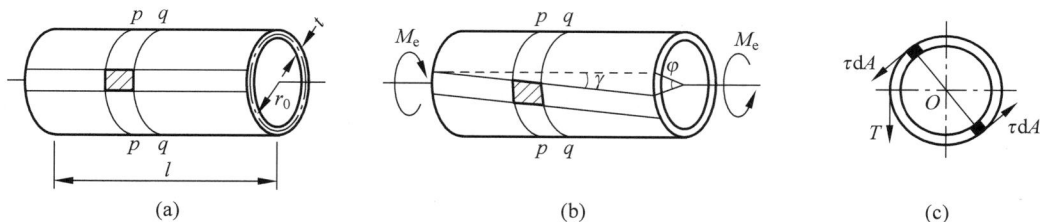

图 7-5

7.2.2 纯剪切的概念、切应力互等定理

用相邻的横截面 p—p 和横截面 q—q 与两个纵向截面,从圆筒中取出边长分别为 $\mathrm{d}x$、$\mathrm{d}y$ 和 t 的微小六面体,称为单元体,如图 7-6 所示。单元体左、右两侧面是圆筒横截面的一部分,其上应力数值相等但方向相反,形成了一个力偶,力偶矩为 $(\tau t \mathrm{d}y)\mathrm{d}x$。由于圆筒平衡,单元体必也平衡。为保持其平衡,单元体的上、下两个侧面上必然有切应力,且大小相等、方向相反,组成一个与 $(\tau t \mathrm{d}y)\mathrm{d}x$ 相平衡的力偶。设上、下两个侧面上的切应力为 τ',由 $\sum M_z = 0$ 得:

$$(\tau \cdot t \mathrm{d}y)\mathrm{d}x = (\tau' t \mathrm{d}x)\mathrm{d}y$$

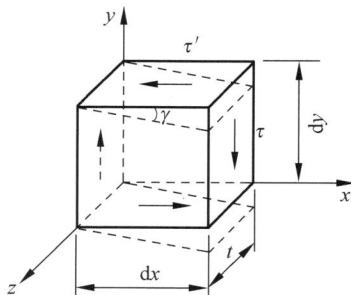

图 7-6

所以有

$$\tau = \tau'$$

上式表明,在相互垂直的一对平面上,切应力同时存在,数值相等,并且都垂直于两个平面的交线,方向共同指向或共同背离这一交线。这就是切应力互等定理。

单元体的上、下、左、右四个侧面上,只有切应力而无正应力,这种应力状态称为纯剪切。

7.2.3 剪切胡克定律

设 φ 为圆筒两端截面的相对扭转角,l 为圆筒的长度,由图 7-5(b)可知,切应变为

$$\gamma = \frac{r\varphi}{l}$$

由试验可得,在弹性变形范围内,切应力与切应变成正比,其关系可表示为

$$\tau = G\gamma \tag{7-3}$$

式中,G 为材料的剪切弹性模量或称切变模量。

式(7-3)称为剪切胡克定律,即在剪切弹性范围内,切应变 γ 与切应力 τ 成正比。

至此,已经介绍了三个与材料有关的弹性常数 E、μ、G,对于各向同性材料,三者的关系为

$$G = \frac{E}{2(1+\mu)} \tag{7-4}$$

7.3 圆轴扭转时横截面上的应力和强度计算

7.3.1 圆轴扭转时横截面上的应力分析

薄壁圆筒横截面上的切应力计算公式(式(7-2))对于非薄壁的圆轴不再成立。下面从研究变形规律开始,运用变形几何关系、物理关系和静力学关系来分析圆轴横截面的应力。

1. 变形几何关系

为得到圆轴扭转时的变形规律,下面先做一个试验。图 7-7(a)所示为一受扭圆轴,未施加外力偶前,在圆轴表面上画出圆周线和纵向线,然后在轴两端施加一对大小相等、转向相反的外力偶矩。观察变形发现,圆周线的大小、形状和间距均未改变,只是相邻两圆周线绕轴线转动了一个角度;纵向线由直线变成了斜线。由于只观察到了圆轴表面的变化,对于杆件内部的变形由表及里作如下假设:等直圆轴发生扭转变形后,其横截面仍保持为平面,其大小、形状和横截面间的距离均保持不变,横截面如同刚性平面般绕轴线转动。此假设称为圆轴扭转平面假设。从上述的试验现象和平面假设易知,在圆轴的横截面上只存在切应力而无正应力,并且切应力是沿横截面上各同心圆周线的切线方向。

从变形后的圆轴中取出长为 $\mathrm{d}x$ 的一段,如图 7-7(b)所示。右截面相对于左截面绕轴线转动了一个角度 $\mathrm{d}\varphi$,相应的 $\mathrm{d}x$ 段内的纵向线 ab 变成了斜线 ab',ab 与 ab' 所成夹角 γ 为 a 点的切应变。设距轴线为 ρ 的纵向线 cd 变形后为 cd',夹角 γ_ρ 即为 c 点的切应变。由图 7-7(b)所示关系,可知

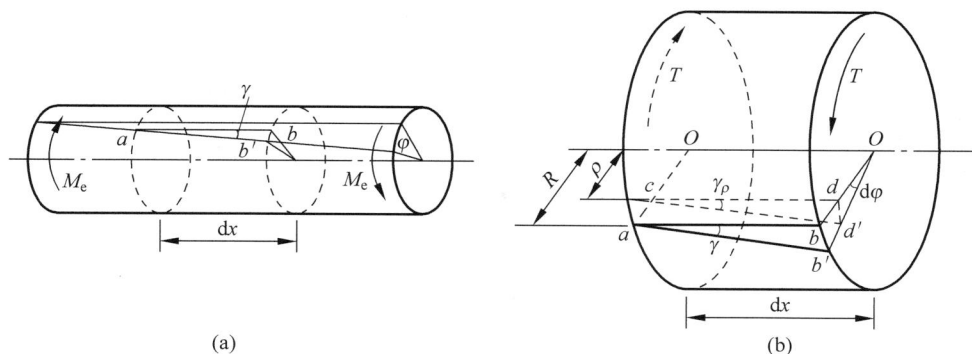

图 7-7

$$\overline{dd'} = \gamma_\rho \, dx = \rho \, d\varphi$$

所以有

$$\gamma_\rho = \rho \, \frac{d\varphi}{dx} \qquad\qquad (7\text{-}5)$$

式中，$\dfrac{d\varphi}{dx}$ 为单位长度的扭转角，对于给定的横截面，其为常量。式(7-5)说明，等直圆轴受扭时，横截面上任意一点处的切应变 γ_ρ 与到轴心的距离 ρ 成正比。

2. 物理关系

在弹性范围内，切应力与切应变服从剪切胡克定律，由式(7-3)可得

$$\tau_\rho = G\gamma_\rho = G \cdot \rho \, \frac{d\varphi}{dx} \qquad\qquad (7\text{-}6)$$

式(7-6)表明，横截面上切应力与到轴心的距离成正比。切应力的分布如图 7-8(a)所示。

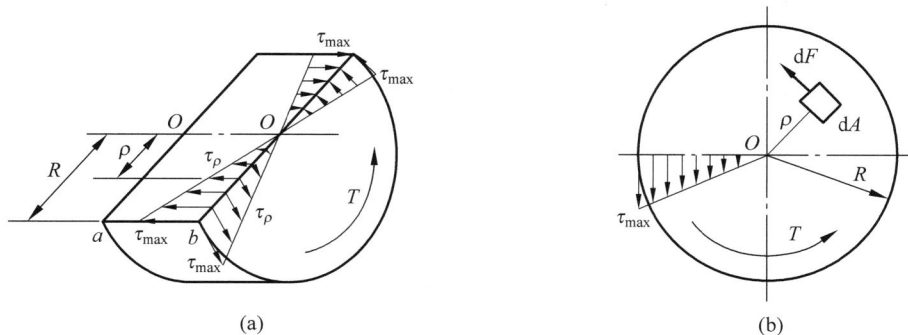

图 7-8

3. 静力学关系

如图 7-8(b)所示，在距圆心 ρ 处的微面积 dA 上，内力 $dF = \tau_\rho dA$ 对圆心的微力矩为 $(\tau_\rho dA) \cdot \rho$。在整个截面上，所有微力矩之和应等于扭矩 T，即

$$T = \int_A \rho \cdot \tau_\rho \, dA$$

式中，A 为横截面面积，将得到的应力关系式（式(7-6)）代入上式，可得：

$$T = \int_A \rho \cdot G\rho \frac{\mathrm{d}\varphi}{\mathrm{d}x} \cdot \mathrm{d}A = G \frac{\mathrm{d}\varphi}{\mathrm{d}x} \int_A \rho^2 \, \mathrm{d}A$$

式中，积分 $\int_A \rho^2 \, \mathrm{d}A$ 只与截面尺寸有关，称为截面的极惯性矩，用 I_P 表示，即

$$I_P = \int_A \rho^2 \, \mathrm{d}A \tag{7-7}$$

于是得：

$$\frac{\mathrm{d}\varphi}{\mathrm{d}x} = \frac{T}{GI_P} \tag{7-8}$$

再将式(7-8)代入应力关系式(7-6)，有

$$\tau_\rho = \frac{T}{I_P} \rho \tag{7-9}$$

式(7-9)即为圆轴扭转时横截面上的切应力计算公式，对于空心圆轴同样适用。

7.3.2　圆轴扭转时的强度条件

由式(7-9)知，当 $\rho = \dfrac{D}{2} = R$，即在圆轴外表面上各点切应力最大时，其值为

$$\tau_{\max} = \frac{TR}{I_P} = \frac{T}{\dfrac{I_P}{R}}$$

若令

$$W_P = \frac{I_P}{R} \tag{7-10}$$

则式(7-10)可写成

$$\tau_{\max} = \frac{T}{W_P} \tag{7-11}$$

式中，W_P 是一个与截面尺寸有关的量，称为抗扭截面系数。

为了保证扭转时的强度，必须使最大切应力不超过许用切应力$[\tau]$。于是，可建立圆轴受扭时的强度条件，即

$$\tau_{\max} = \frac{T_{\max}}{W_P} \leqslant [\tau] \tag{7-12}$$

式中，$T_{\max}$ 为危险截面上的扭矩；$[\tau]$为轴材料的许用切应力。不同材料的许用切应力$[\tau]$各不相同，通常由扭转试验测得各种材料的扭转极限应力 τ_u，并除以适当的安全因数 n 得到，即$[\tau] = \dfrac{\tau_u}{n}$。在静荷载情况下，它与许用拉应力的大致关系如下。

（1）对于塑性材料

$$[\tau] = (0.5 \sim 0.6)[\sigma]$$

（2）对于脆性材料

$$[\tau] = (0.8 \sim 1.0)[\sigma]$$

7.3.3 极惯性矩和抗扭截面系数

计算极惯性矩 I_P 时,取厚度为 $d\rho$ 的圆环作微面积 dA,如图 7-9(a)所示,即 $dA = 2\pi\rho d\rho$。由式(7-7)和式(7-10)可得实心圆截面的极惯性矩和抗扭截面系数为

$$I_P = \int_A \rho^2 dA = \int_0^{\frac{D}{2}} \rho^2 \cdot 2\pi\rho \cdot d\rho = \frac{\pi D^4}{32}$$

$$W_P = \frac{I_P}{\frac{D}{2}} = \frac{\pi D^3}{16}$$

设空心圆轴的内、外径分别为 d 和 D,如图 7-9(b)所示,其比值 $\alpha = \dfrac{d}{D}$,则由式(7-7)和式(7-10),可得

$$I_P = \int_A \rho^2 dA = \int_{\frac{d}{2}}^{\frac{D}{2}} \rho^2 \cdot 2\pi\rho \cdot d\rho = \frac{\pi D^4}{32}(1 - \alpha^4)$$

$$W_P = \frac{\pi}{16} D^3 (1 - \alpha^4)$$

式中,I_P 的单位为 m^4;W_P 的单位为 m^3。

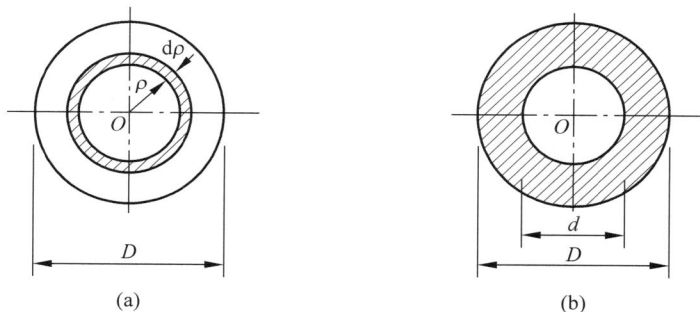

(a)　　　　　　　　　　　　(b)

图 7-9

7.3.4 三类强度计算问题

与轴向拉伸和压缩一样,利用式(7-12)可进行轴的强度校核、截面设计和许用载荷的确定三种强度计算。下面举例进行说明。

【例 7-2】 实心圆轴和空心圆轴通过牙嵌式离合器相连,并传递功率,如图 7-10 所示。已知轴的转速 $n = 100 \text{r/min}$,传递功率 $P = 75\text{kW}$。若已知实心圆轴的直径 $d_1 = 45\text{mm}$;空心圆轴的内、外径之比 $\alpha = \dfrac{d_2}{D_2} = 0.5$,$D_2 = 46\text{mm}$。实心圆轴与空心圆轴材料相同,许用切应力 $[\tau] = 40\text{MPa}$。

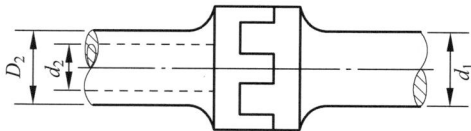

图 7-10

(1) 校核实心圆轴与空心圆轴的强度;

(2) 若实心圆轴与空心圆轴的长度相等,比较二者的重量。

解：（1）校核实心圆轴与空心圆轴的强度。

由于两个传动轴的转速与传递的功率相等，二者承受相同的外力偶矩，横截面上的扭矩也相等。根据外力偶矩与轴所传递的功率和转速之间的关系，求得横截面上的扭矩为

$$T = M_e = 9\,549\,\frac{P}{n} = \left(9\,549 \times \frac{75}{100}\right)\text{N} \cdot \text{m} = 7\,162\,\text{N} \cdot \text{m}$$

对于实心轴

$$\tau_{\max} = \frac{T}{W_P} = \frac{16T}{\pi d_1^3} = \frac{16 \times 7\,162}{3.142 \times (45 \times 10^{-3})^3}\text{Pa} = 40\text{MPa}$$

对于空心轴：

$$\tau_{\max} = \frac{T}{W_P} = \frac{16T}{\pi D_2^3(1-\alpha^4)} = \frac{16 \times 7\,162}{3.142 \times (46 \times 10^{-3})^3(1-0.5^4)}\text{Pa} = 40\text{MPa}$$

结果表明，实心圆轴和空心圆轴的最大切应力都正好等于许用切应力，所以此二轴的强度都是足够的。

（2）比较实心圆轴与空心圆轴的重量。

实心圆轴与空心圆轴的材料、长度均相同，二者重量之比即为横截面面积之比。于是有

$$\frac{G_1}{G_2} = \frac{A_1}{A_2} = \frac{d_1^2}{D_2^2(1-\alpha^2)} = \left(\frac{45 \times 10^3}{46 \times 10^3}\right)^2 \times \frac{1}{1-0.5^2} = 1.28$$

由此可见，空心轴比实心轴节省材料。

【例 7-3】 一阶梯轴计算简图如图 7-11（a）所示。已知 $D_1 = 22\text{mm}$，$D_2 = 18\text{mm}$，许用切应力 $[\tau] = 60\text{MPa}$。求许可的最大外力偶矩 M_e。

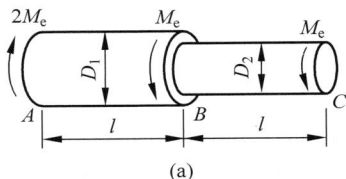

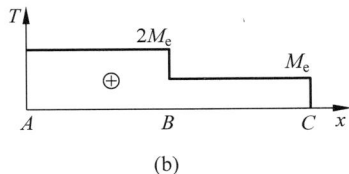

图 7-11

解：（1）画扭矩图，如图 7-11（b）所示。虽然 BC 段扭矩比 AB 段小，但其直径也比 AB 段小，因此两段轴的强度都必须考虑。

（2）许可的最大外力偶矩 M_e。

按 AB 段强度计算，则有

$$\tau_{\max 1} = \frac{T_1}{W_{P1}} = \frac{2M_e}{\dfrac{\pi D_1^3}{16}} \leqslant [\tau]$$

$$M_e \leqslant [\tau]\frac{\pi D_1^3}{32} = \left[60 \times 10^6 \times \frac{\pi \times (22 \times 10^{-3})^3}{32}\right]\text{N} \cdot \text{m}$$
$$= 62.7\text{N} \cdot \text{m}$$

按 BC 段强度计算，则有

$$\tau_{\max 2} = \frac{T_2}{W_{P2}} = \frac{M_e}{\dfrac{\pi D_2^3}{16}} \leqslant [\tau]$$

$$M_e \leqslant [\tau]\frac{\pi D_2^3}{16} = \left[60 \times 10^6 \times \frac{\pi \times (18 \times 10^{-3})^3}{16}\right]\text{N} \cdot \text{m} = 68.7\text{N} \cdot \text{m}$$

故许可外力偶矩为

$$M_e = 62.7\text{N} \cdot \text{m}$$

7.4　圆轴扭转时的变形与刚度计算

7.4.1　圆轴扭转时的变形

圆轴的扭转变形是用两截面间的相对扭转角 φ 来度量的,根据式(7-8)可得,相距为 $\mathrm{d}x$ 的两截面间的相对扭转角为

$$\mathrm{d}\varphi = \frac{T}{GI_{\mathrm{P}}}\mathrm{d}x \tag{7-13}$$

即扭转角的转向与扭矩的符号相对应。长为 l 的圆轴扭转角计算公式为

$$\varphi = \int_l \mathrm{d}\varphi = \int_0^l \frac{T}{GI_{\mathrm{P}}}\mathrm{d}x \tag{7-14}$$

若在轴两截面之间的 T 值不变,且轴为等直圆轴,则式(7-14)中 $\dfrac{T}{GI_{\mathrm{P}}}$ 为常量。此时式(7-14)可变为

$$\varphi = \frac{Tl}{GI_{\mathrm{P}}} \tag{7-15}$$

式中,GI_{P} 称为圆轴的抗扭刚度,并且 GI_{P} 越大,φ 就越小。

有时,轴在各段内的扭矩 T 并不相同,或者各段内截面极惯性矩 I_{P} 不同(如阶梯轴),这时应分段计算各段的相对转角,然后求其代数和,得两端截面的相对扭转角为

$$\varphi = \sum_{i=1}^n \frac{T_i l_i}{GI_{\mathrm{P}i}} \tag{7-16}$$

式中,T_i、l_i 和 $I_{\mathrm{P}i}$ 分别为第 i 段圆轴的扭矩、长度和极惯性矩。用式(7-16)进行计算时,应将扭矩的正负号代入。

7.4.2　圆轴扭转时的刚度条件和三类刚度计算问题

为防止因过大的扭转变形而影响机器的正常工作,必须对某些轴的扭转角加以限制。由于实际中轴的长度不同,通常将轴的单位长度扭转角 $\dfrac{\mathrm{d}\varphi}{\mathrm{d}x}$ 作为扭转变形指标,要求它不超过规定的许用值 $[\theta]$。由式(7-8)可知,单位长度的扭转角为

$$\theta = \frac{\mathrm{d}\varphi}{\mathrm{d}x} = \frac{T}{GI_{\mathrm{P}}}$$

式中,θ 的单位为 $\mathrm{rad/m}$。

由此,可建立圆轴扭转的刚度条件为

$$\theta_{\max} = \left(\frac{T}{GI_{\mathrm{P}}}\right)_{\max} \leqslant [\theta] \tag{7-17}$$

式中,$\theta_{\max}$ 单位为 $\mathrm{rad/m}$。

对于等直圆轴,则有

$$\theta_{\max} = \frac{T_{\max}}{GI_{\mathrm{P}}} \leqslant [\theta] \quad (\mathrm{rad/m}) \tag{7-18}$$

式中，$\theta_{\max}$ 单位为 rad/m。

若许用单位长度扭转角 $[\theta]$ 的单位为 $(°)/m$，则式(7-18)变换为

$$\theta_{\max} = \frac{T_{\max}}{GI_P} \times \frac{180}{\pi} \leqslant [\theta] \quad ((°)/m) \tag{7-19}$$

式中，$\theta_{\max}$ 单位为 $(°)/m$；$[\theta]$ 是根据载荷性质及圆轴的使用需求规定的。精密机器的轴 $[\theta] = 0.25 \sim 0.5(°)/m$，一般传动轴 $[\theta] = 0.5 \sim 1.0(°)/m$；较低要求的轴 $[\theta] = 1.0 \sim 2.5(°)/m$。具体数值可查有关机械设计手册。

运用圆轴的扭转刚度条件可以对圆轴的刚度进行校核，选择圆轴的截面尺寸，确定许可的外载荷等三类刚度计算。

【例 7-4】 图 7-12 所示为一传动轴系钢制实心圆截面轴。已知，$M_{e1} = 1\,592$N·m，$M_{e2} = 955$N·m，$M_{e3} = 637$N·m，轴的直径 $d = 70$mm，$l_1 = 300$mm、$l_2 = 500$mm。钢的切变模量 $G = 80$GPa。求截面 C 相对截面 B 的扭转角。

解： 由截面法求得此轴 1、2 两段内的扭矩分别为 $T_1 = 955$N·m，$T_2 = -637$N·m。由式(7-16)得：

$$\varphi_{BC} = \frac{T_1 l_1}{GI_P} + \frac{T_2 l_2}{GI_P} = \left(\frac{955 \times 0.3 - 637 \times 0.5}{80 \times 10^9 \times \frac{\pi}{32} \times 7^4 \times 10^{-8}} \right) \text{rad} = -1.7 \times 10^{-4} \text{rad}$$

式中，负号表明 C 截面相对 B 截面的扭转角的转向与 M_{e3} 的转向相同。

【例 7-5】 如图 7-13 所示，某传动轴的转速 $n = 500$r/min 传递的功率 $P_1 = 380$kW，$P_2 = 160$kW，$P_3 = 220$kW，轴的 $[\tau] = 70$MPa，$[\theta] = 1(°)/m$，$G = 80$GPa。分别设计 AB 段、BC 段圆轴的直径。

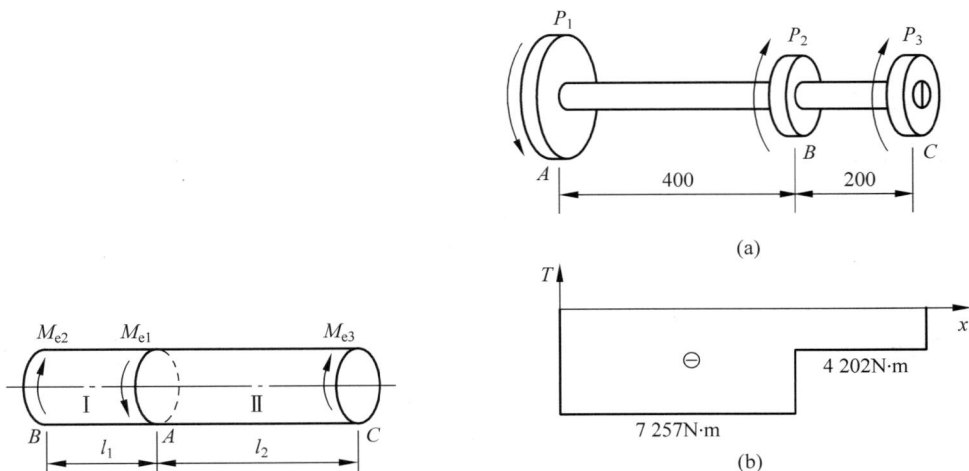

图　7-12

图　7-13

解： (1) 计算外力偶矩，画扭矩图，则有

$$M_{e1} = 9\,549 \frac{P_1}{n} = \left(9\,549 \times \frac{380}{500} \right) \text{N·m} = 7\,257 \text{N·m}$$

$$M_{e2} = 9\,549 \frac{P_2}{n} = \left(9\,549 \times \frac{160}{500} \right) \text{N·m} = 3\,055 \text{N·m}$$

$$M_{e3} = 9\,549\frac{P_3}{n} = \left(9\,549 \times \frac{220}{500}\right) \text{N} \cdot \text{m} = 4\,202\text{N} \cdot \text{m}$$

画扭矩图,如图 7-13(b)所示。

（2）设计 AB 段直径。

由扭转强度条件

$$\tau_{\max} = \frac{T_{AB}}{W_{P1}} = \frac{16T_{AB}}{\pi d_1^3} \leqslant [\tau]$$

得

$$d_1 \geqslant \left(\sqrt[3]{\frac{16T_{AB}}{\pi[\tau]}} \quad \sqrt[3]{\frac{16 \times 7\,257}{\pi \times 70 \times 10^6}}\right) \text{m} = 80.8\text{mm}$$

由扭转刚度条件

$$\theta_{\max} = \frac{T_{AB}}{GI_{P1}} \times \frac{180}{\pi} = \frac{T_{AB}}{G\frac{\pi}{32}d_1^4} \times \frac{180}{\pi} \leqslant [\theta]$$

得

$$d_1 \geqslant 85.3\text{mm}$$

所以取 $d_1 = 85.3\text{mm}$。

（3）设计 BC 段直径。

同理,由扭转强度条件得,$d_2 \geqslant 67.4\text{mm}$;由扭转刚度条件,得 $d_2 \geqslant 74.4\text{mm}$,所以取 $d_2 = 74.4\text{mm}$。

本章总结

1. 扭转变形的外力特征和变形特征

（1）外力特征。在垂直于杆轴平面内作用着一对大小相同、转向相反的外力偶矩。

（2）变形特征。杆件各横截面绕轴线发生相对的转动。

2. 外力偶矩的计算

根据轴传递的功率 $P(\text{kW})$ 和轴的转速 $n(\text{r/min})$,可以计算出作用于轴上的外力偶矩

$$M_e = 9\,549\frac{P}{n}$$

式中,M_e 单位为 $\text{N} \cdot \text{m}$。

3. 扭转内力——扭矩

扭矩的概念和符号规定如表 7-1 所示。

表 7-1　内力——扭矩

定　　义	扭矩符号	扭矩图
受扭杆横截面上的内力偶矩（图 7-3）称为扭矩,用 T 表示	扭矩 T 的正负号规定:扭矩矢量的指向与截面外法线指向一致时为正;反之,为负(图 7-3)	表示横截面上的扭矩沿杆轴线的变化规律的图线

4. 剪切胡克定律

（1）单元体的上、下、左、右四个侧面上，只有切应力而无正应力，这种应力状态称为纯剪切应力状态。等直圆杆和薄壁圆筒在发生扭转时，其单元体均处于纯剪切应力状态。

（2）单元体在相互垂直的一对平面上，切应力同时存在，数值相等，且都垂直于两个平面的交线，方向共同指向或共同背离这一交线，称为切应力互等定理，即 $\tau = \tau'$。

（3）在剪切弹性变形范围内，切应力与切应变成正比，其关系可表示为

$$\tau = G\gamma$$

即剪切胡克定律。应当注意剪切胡克定律只有在切应力不超过材料的某一极限值时才是适用的。该极限值称为材料的剪切比例极限 τ_P，即在剪切弹性范围内，切应变 γ 与切应力 τ 成正比。

5. 圆轴扭转时横截面上的切应力强度条件

圆轴扭转时横截面上的切应力、强度条件如表 7-2 所示。

表 7-2　圆轴扭转时横截面上的切应力强度条件

切　应　力	强　度　条　件
分布规律 横截面上任一点处的切应力，方向垂直于半径，大小与到圆心的距离成正比（图 7-8）	强度条件 $\tau_{max} = \dfrac{T_{max}}{W_P} \leqslant [\tau]$
计算公式 横截面上距圆心为 ρ 的任一点处的切应力为 $\tau = \dfrac{T\rho}{I_P}$ 最大剪应力 $\tau_{max} = \dfrac{T}{I_P}\rho_{max} = \dfrac{T}{W_P}$ 实心圆截面 $I_P = \dfrac{\pi D^4}{32}$，$W_P = \dfrac{\pi D^3}{16}$ 空心圆截面 $I_P = \dfrac{\pi D^4}{32}(1-\alpha^4)$， $W_P = \dfrac{\pi D^3}{16}(1-\alpha^4)$ I_P 为极惯性矩，W_P 为抗扭截面系数	强度计算的三类问题 强度校核 $\tau_{max} = \dfrac{T_{max}}{W_P} \leqslant [\tau]$ 设计截面 $W_P \geqslant \dfrac{T}{[\tau]}$ 许用荷载 $[T] \leqslant [\tau]W_P$

6. 圆轴扭转时的变形、刚度条件

圆轴扭转时的变形、刚度条件如表 7-3 所示。

表 7-3　圆轴扭转时的变形、刚度条件

变　形　计　算	刚　度　条　件
扭转角 $\varphi = \displaystyle\int \dfrac{T\,\mathrm{d}x}{GI_P}$（rad） 或 $\varphi = \dfrac{Tl}{GI_P}$ 单位长度扭转角 $\theta = \dfrac{T}{GI_P}$（rad/m） 或 $\theta = \dfrac{T}{GI_P} \times \dfrac{180}{\pi}$（(°)/m） GI_P 为抗扭刚度	刚度条件 $\theta = \dfrac{T_{max}}{GI_P} \leqslant [\theta]$（rad/m） 或 $\theta = \dfrac{T_{max}}{GI_P} \times \dfrac{180}{\pi} \leqslant [\theta]$（(°)/m）

分析思考题

7-1 什么是扭矩? 扭矩正负号是如何规定的?

7-2 平面假设的根据是什么? 该假设在圆轴扭转切应力的推导中起了什么作用?

7-3 判别如分析思考题 7-3 图所示各圆杆分别发生了什么变形?

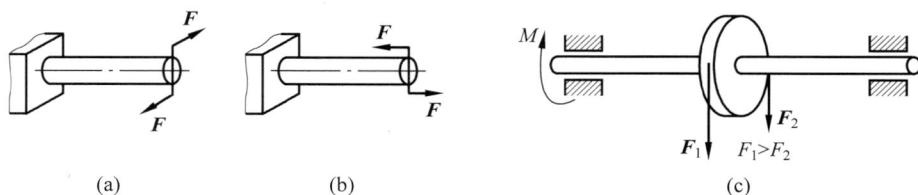

(a)　　　　　(b)　　　　　(c)

分析思考题 7-3 图

7-4 空心圆轴的外径为 D,内径为 d,抗扭截面系数能否用下式计算? 为什么?

$$W_P = \frac{\pi D^3}{16} - \frac{\pi d^3}{16}$$

7-5 圆轴的直径为 D,受扭时轴内最大切应力为 τ,单位长度扭转角为 θ。若直径改为 $D/2$,则此时轴内的最大切应力为多少? 单位长度扭转角为多少?

7-6 当矩形截面受扭时,横截面上的切应力分布有何特点? 最大切应力发生在什么位置? 其值如何计算?

习题

7-1 画出习题 7-1 图示各轴的扭矩图,并确定最大扭矩。$M_e = 10\text{N} \cdot \text{m}$。

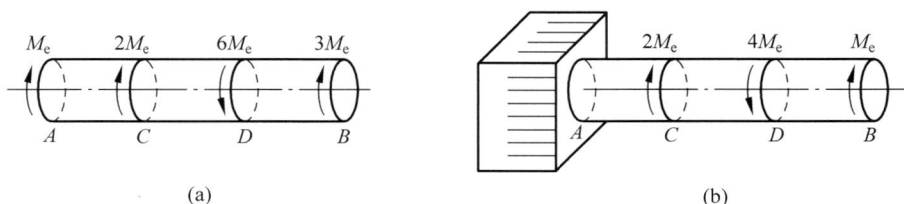

(a)　　　　　　　　　　　　(b)

习题 7-1 图

答:略。

7-2 求习题 7-2 图所示圆轴内点 A、B(横截面内)处的应力。

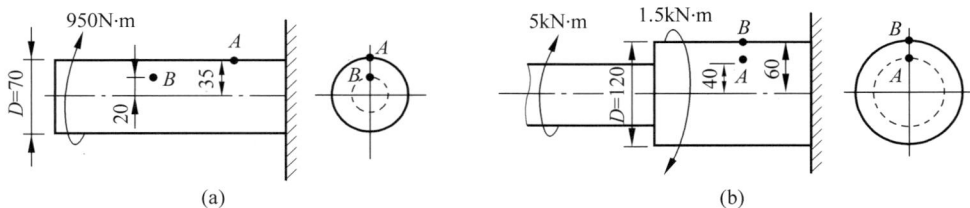

(a)　　　　　　　　　　　　(b)

习题 7-2 图

答：(a) $\tau_A = 14.1\text{MPa}$，$\tau_B = 8.06\text{MPa}$；(b) $\tau_A = 6.88\text{MPa}$，$\tau_B = 10.3\text{MPa}$。

7-3　如习题 7-3 图所示为一传动轴，转速 $n = 100\text{r/min}$，B 为主动轮，输入功率 100kW，A、C、D 为从动轮，输出功率分别为 50kW、30kW 和 20kW。(1)画轴的扭矩图；(2)若将 A、B 轮位置互换，分析轴的受力是否合理？(3)若 $[\tau] = 60\text{MPa}$，设计轴的直径 d。

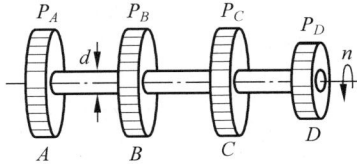

习题 7-3 图

答：(1)、(2)答案略；(3) $d = 74\text{mm}$。

7-4　截面为空心和实心的两根受扭圆轴，材料、长度和受力情况均相同，空心轴外径为 D，内径为 d，并且 $d/D = 0.8$。求当两轴具有相同的强度($\tau_{\text{实max}} = \tau_{\text{空max}}$)时的重量比和刚度比。

答：$G_{\text{实}}/G_{\text{空}} = 1.95$，空心轴刚度是实心轴刚度的 1.192 倍。

7-5　如习题 7-5 图所示，阶梯轴受扭转，已知 $M_{e1} = 1.8\text{kN} \cdot \text{m}$、$M_{e2} = 1.2\text{kN} \cdot \text{m}$，$l_1 = 750\text{mm}$、$l_2 = 500\text{mm}$，$d_1 = 75\text{mm}$、$d_2 = 50\text{mm}$，$G = 80\text{GPa}$。求 C 截面对 A 截面的相对扭转角和轴的最大单位长度扭转角。

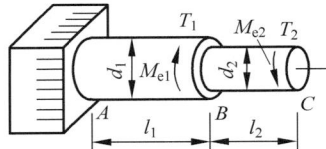

习题 7-5 图

答：$\varphi_{CA} = 0.597°$，$\theta_{\max} = 1.4(°)/\text{m}$。

7-6　半径为 R 的等截面圆轴，A 端固定，长度为 l，承受均匀分布的扭矩 m_0 作用，如习题 7-6 图所示。求 B 端的转角 φ_B。已知材料的切变模量为 G。

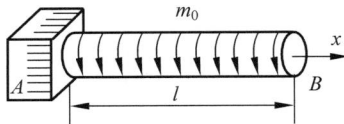

习题 7-6 图

答：$\varphi_B = \dfrac{m_0 l^2}{G\pi R^4}$。

7-7　如习题 7-7 图所示为一正方形单元体，边长为 a，当受纯剪切时，由试验测得其对角线 AC 的伸长量为 $a/2\,000$，若材料的切变模量为 $G = 80\text{GPa}$，求切应力 τ。

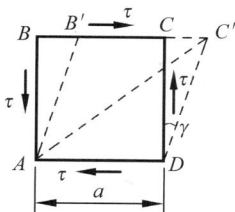

习题 7-7 图

答：$\tau = 56.6\text{MPa}$。

7-8 如习题 7-8 图所示为一阶梯形圆轴，其中 AE 段为空心圆截面，外径 $D = 140\text{mm}$，内径 $d = 80\text{mm}$；BC 段为实心圆截面，直径 $d_1 = 100\text{mm}$。外力偶矩分别为 $M_{eA} = 20\text{kN} \cdot \text{m}$、$M_{eB} = 36\text{kN} \cdot \text{m}$、$M_{eC} = 16\text{kN} \cdot \text{m}$。已知轴的许用应力 $[\tau] = 80\text{MPa}$，$G = 80\text{GPa}$，$[\theta] = 1.2(°)/\text{m}$。校核轴的强度和刚度。

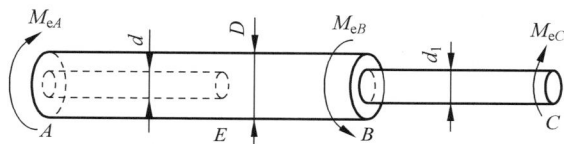

习题 7-8 图

答：$\tau_{\max} = 81.5\text{MPa}$，不满足强度条件；$\theta_{\max} = 1.17(°)/\text{m}$，满足刚度条件。

7-9 设有一圆截面传动轴，轴的转速 $n = 300\text{r/min}$，传递功率 $P = 80\text{kW}$，轴材料的许用切应力 $[\tau] = 80\text{MPa}$，单位长度许用扭转角 $[\theta] = 1.0(°)/\text{m}$，切变模量 $G = 80\text{GPa}$。设计轴的直径。

答：$d \geqslant 70\text{mm}$。

7-10 空心钢轴的外径 $D = 100\text{mm}$，内径 $d = 50\text{mm}$，若轴在长度 2m 内的最大转角不超过 $1.5°$，求它所承受的最大扭矩，并求此时轴内的最大切应力。已知 $G = 80\text{GPa}$。

答：$T_{\max} = 9.64\text{kN} \cdot \text{m}$，$\tau_{\max} = 52.4\text{MPa}$。

7-11 传动轴的转速 $n = 500\text{r/min}$，主动轮 1 输入功率 $P_1 = 400\text{kW}$，从动轮 2、3 的输出功率分别为 $P_2 = 160\text{kW}$、$P_3 = 240\text{kW}$，如习题 7-11 图所示。已知 $[\tau] = 70\text{MPa}$，$[\theta] = 1.0°/\text{m}$，$G = 80\text{GPa}$。

（1）确定 AB 段的直径 d_1 和 BC 段的直径 d_2；

（2）若 AB 和 BC 两段选用同一直径，确定直径 d；

（3）主动轮和从动轮应如何安排才比较合理。

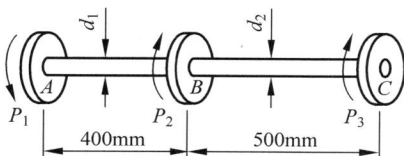

习题 7-11 图

答：(1) $d_1 = 82.2\text{mm}$，$d_2 = 69.3\text{mm}$；(2) $d = 82.2\text{mm}$；(3) 轮 1、2 互相调换。

7-12 一外径 $D = 50\text{mm}$，内径 $d = 30\text{mm}$ 的空心钢轴，在扭转力偶矩 $M_e = 1.6\text{kN·m}$ 的作用下，测得相距为 20cm 的 A、B 两截面间的相对转角 $\varphi = 0.4°$，如习题 7-12 图所示。已知钢的弹性模量 $E = 210\text{GPa}$，求材料泊松比 μ。

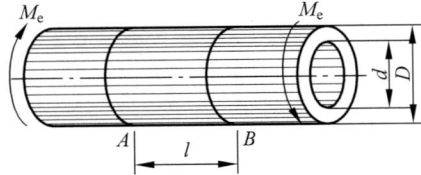

习题 7-12 图

答：$\mu = 0.224$。

7-13 用试验方法求钢的切变模量 G 时，其装置示意图如习题 7-13 图所示。AB 长 $l = 100\text{mm}$，直径 $d = 10\text{mm}$ 的圆截面钢试件，其 A 端固定，B 端有长 $s = 80\text{mm}$ 的杆 BC 与截面连成整体。当 B 端加扭转力偶矩 $M_e = 15\text{N·m}$ 时，测得杆 BC 的顶点 C 的位移 $\Delta = 1.5\text{mm}$。求：(1)切变模量 G；(2)杆内的最大切应力 $\tau_{\max}$；(3)杆表面的切应变 γ。

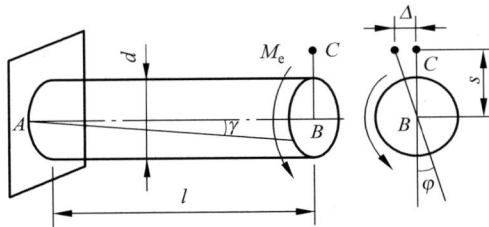

习题 7-13 图

答：(1) $G = 81.5\text{GPa}$；(2) $\tau_{\max} = 76.4\text{MPa}$；(3) $\gamma = 0.053\,7\text{rad}$。

第8章

弯曲内力和弯曲应力

基本要求

(1) 掌握平面弯曲的概念,了解工程实例中的弯曲变形,掌握梁的计算简图。

(2) 掌握剪力方程和弯矩方程,并能根据剪力方程和弯矩方程画剪力图和弯矩图;熟练掌握用荷载集度、剪力和弯矩间的关系画剪力图和弯矩图。

(3) 掌握纯弯曲的概念。

(4) 熟练掌握梁纯弯曲时的正应力公式及梁正应力的强度计算。

(5) 了解几种常见截面的切应力的计算公式和分布情况。

(6) 理解梁的合理设计方法和提高梁弯曲强度的措施。

重点和难点

(1) 剪力和弯矩图的画法。

(2) 梁弯曲时的正应力公式及梁正应力的强度计算方法。

8.1 弯曲的概念和力学模型的简化

8.1.1 弯曲的工程实例

弯曲变形是构件的基本变形之一,也是工程中最常见的一种变形形式。例如,工厂车间的起重机大梁承受自重和它所吊起重物的重力作用发生弯曲变形,如图 8-1(a)所示;高大的塔罐受到水平方向风载荷的作用发生弯曲变形,如图 8-2(a)所示;火车轮轴受到火车车厢的作用发生弯曲变形,如图 8-3(a)所示。

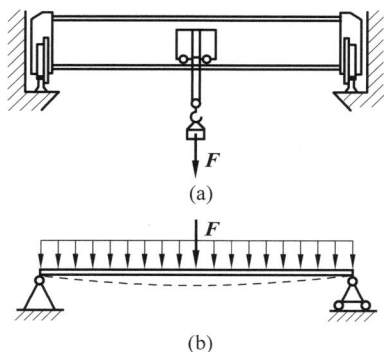

(a)

(b)

图 8-1

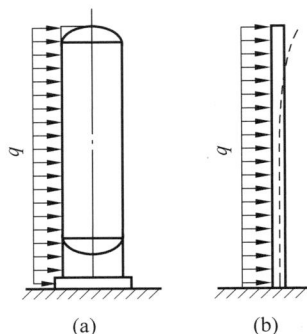

图 8-2

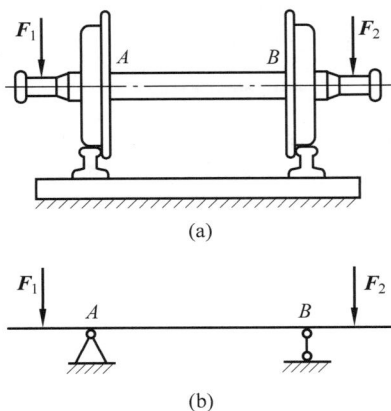

图 8-3

8.1.2　弯曲的受力和变形特点

从上面的工程实例可以看出,杆件发生弯曲变形的受力特点是杆件承受作用在轴线所在平面内,并且垂直于轴线的横向外力或外力偶的作用;变形特点是杆的轴线在变形后由直线变成曲线,同时杆的各个横截面也发生了转动。在工程实际中,通常把这种以弯曲变形为主的杆件称为梁。工程结构中经常用梁承受载荷。

8.1.3　平面弯曲的概念

在工程中,梁的横截面通常多采用对称形状,如矩形、工字形等,此时梁的横截面都有一根纵向对称轴。整个杆件有一个包含轴线在内的纵向对称面。当外力(载荷与支座反力)都作用在该对称面内时,梁弯曲变形后,轴线仍保持在此对称平面内,成为一条平面曲线(图 8-4),这种弯曲称为对称弯曲。通常将梁变形后的轴线所在平面与外力所在平面相重合的弯曲变形称为平面弯曲。由此可见,对称弯曲是平面弯曲的一种简单形式。本书所讨论的弯曲问题主要局限于梁的对称弯曲问题。

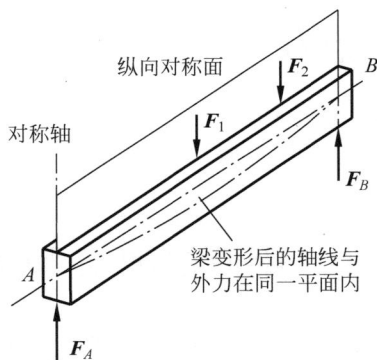

图 8-4

8.1.4　梁的力学模型的简化

梁的结构、支承和受力方式多种多样,为了分析计算,通常先对实际梁结构进行简化,得到其简化的力学模型。简化时,用梁的轴线代替梁的实体;梁的支承方式根据实际结构的约束特点简化为固定铰支座、可动铰支座和固定端;作用在梁上常见的载荷根据作用特点简化为以下三种类型。

（1）集中力:若梁上作用的横向力分布在梁上极小长度上,可把其简化为作用在梁上某点的集中力。

（2）集中力偶：若构成力偶的力分布在很短一段梁上，可把其简化为作用在梁上某点的力偶。

（3）分布力：若梁上作用的横向力沿梁长一段范围内连续分布，则应看成分布力。

图 8-1(a)、图 8-2(a)和图 8-3(a)所示实际梁结构，通过简化可以得到如图 8-1(b)、图 8-2(b)和图 8-3(b)所示简化的力学模型。

8.1.5　静定梁的三种基本形式

对梁的实际结构进行简化，可以得到梁简化的力学模型。在力学模型中，如果支座反力可以由静力平衡条件完全确定，那么这样的梁称为静定梁。常见的简单静定梁有如下三种。

（1）简支梁：梁的端部一端用固定铰支座支承，另一端用可动铰支座支承，这样的梁称为简支梁。图 8-1(a)所示的起重机大梁，轨道对两端车轮轮缘的约束作用可简化为一个固定铰支座和一个可动铰支座，因此可简化为简支梁，如图 8-1(b)所示。

（2）外伸梁：支承结构与简支梁相同，但梁的一端或两端伸出支座以外，这样的梁称为外伸梁。图 8-3(a)所示火车轮轴就可以简化为外伸梁，如图 8-3(b)所示。

（3）悬臂梁：梁的一端是固定端，另一端是自由端的梁称为悬臂梁。图 8-2(a)所示塔罐就可以简化为悬臂梁，如图 8-2(b)所示。

梁在两支座间的部分称为跨，其长度称为梁的跨长。常见的静定梁大多是单跨的。

8.2　剪力和弯矩

8.2.1　剪力和弯矩

在弯曲外力作用下，梁产生弯曲变形，横截面上的内力可以通过截面法求出来。

图 8-5(a)所示的简支梁在外力作用下处于平衡状态。现假想在距左端为 x 的截面 m—m 处，用一假想的垂直于梁轴线的平面将梁截为两段，取其中的任一段梁，如取左段梁研究，并将右段梁对它的作用以截面上的内力来代替（图 8-5(b)）。为使左段梁保持平衡，在其右端截面上应该有两个内力：沿截面切线方向的力 F_S 和力偶矩 M，力 F_S 称为剪力，力偶矩 M 称为弯矩。

1. 剪力和弯矩的计算

上述梁在截面 m—m 上的内力——剪力 F_S 和弯矩 M 的具体数值可由平衡条件求得，即

$$\sum F_y = 0, \quad F_A - F_S = 0$$

$$\sum M_O = 0, \quad -F_A x + M = 0 \quad (\text{矩心 } O \text{ 为截面 } m\text{—}m \text{ 的形心})$$

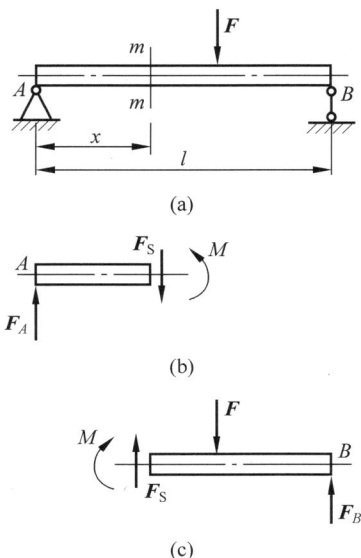

图　8-5

可得

$$F_S = F_A, \qquad M = F_A x$$

也可以取右段梁研究,求出梁在截面 m—m 上的内力,其结果与上面取左段梁研究时求得的 F_S 和 M 大小相等但方向相反(图 8-5(c))。

2. 剪力、弯矩符号的规定

为使取左段梁和右段梁研究时,算出的同一截面上的内力不仅大小相等而且有相同的正负号,现对梁的内力——剪力和弯矩作如下正负号规定。

1) 剪力符号规定

取微段梁研究,若截面上的剪力对梁上任意一点的矩为顺时针转向时,剪力为正;反之为负,如图 8-6 所示。

2) 弯矩符号规定

取微段梁研究,当截面上的弯矩使梁呈凹形时,弯矩为正;使梁变成凸形时,弯矩为负,如图 8-7 所示。

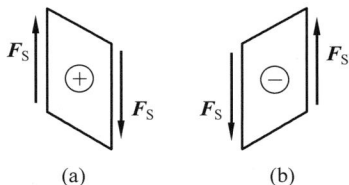

图　8-6

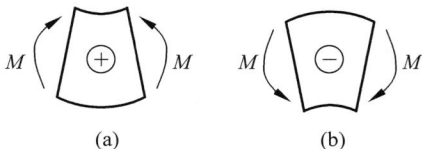

图　8-7

在计算横截面上的剪力和弯矩时,一般先按正向假设,若计算出的结果为负,则说明其实际方向与假设方向相反。

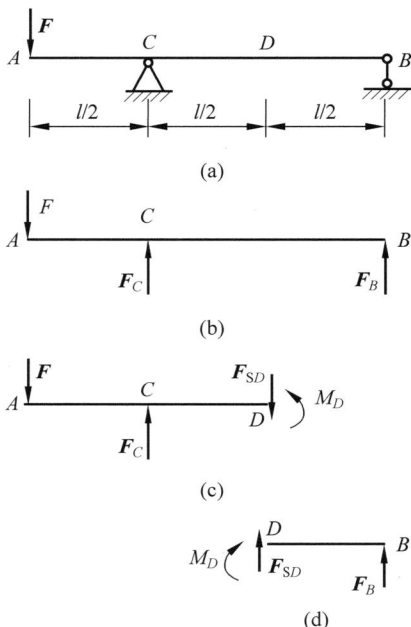

图　8-8

【例 8-1】 求图 8-8(a)所示梁截面 D 的剪力和弯矩。

解:(1) 求支反力。

根据图 8-8(b),列平衡方程:

$$\sum M_C = 0, \qquad F_B l + F \frac{l}{2} = 0$$

$$\sum M_B = 0, \qquad -F_C l + F \frac{3l}{2} = 0$$

解得

$$F_B = -\frac{F}{2}, \qquad F_C = \frac{3F}{2}$$

(2) 求剪力和弯矩。

将梁沿横截面 D 截开,取左段研究,在截断处标明未知内力 F_{SD} 和 M_D 的方向(按符号规定的正号方向标明),如图 8-8(c)所示,列平衡方程:

$$\sum F_y = 0, \qquad F_C - F - F_{SD} = 0,$$

故

$$F_{SD} = F_C - F = \frac{F}{2}$$

$$\sum M_O = 0, \quad -F_C \frac{l}{2} + Fl + M_D = 0 (O \text{ 为 } D \text{ 截面的形心})$$

故

$$M_D = -Fl + F_C \frac{l}{2} = -\frac{Fl}{4}$$

求得 F_{SD} 为正值,说明截面 D 上剪力的实际方向与假定的方向相同;求得 M_D 为负值,说明截面 D 上弯矩的实际方向与假定的方向相反。当然,也可以取截面 D 右段梁研究(图 8-8(d)),求得剪力 F_{SD} 和弯矩 M_D。

【**例 8-2**】　求图 8-9(a)所示悬臂梁 C 截面上的剪力和弯矩。

解:应用截面法,取梁的右段研究,并且不计算支座反力,在 C 截面标明未知内力 F_{SC} 和 M_C 的方向(同样应按内力正方向标注,如图 8-9(b)所示)。列平衡方程:

$$\sum F_y = 0, \quad F_{SC} - qa - F = 0$$

得

$$F_{SC} = F + qa = 13 \text{kN}$$

$$\sum M_O = 0, -M_C - Fa - \frac{1}{2}qa^2 = 0 (O \text{ 为 } C \text{ 截面的形心})$$

得

$$M_C = -Fa - \frac{1}{2}qa^2 = -10.5 \text{kN} \cdot \text{m}$$

求得 F_{SC} 为正值,说明截面 C 上剪力的实际方向与假定的方向相同;求得 M_C 为负值,说明截面 C 上弯矩的实际方向与假定的方向相反。

从上面的解题过程可以看出,用截面法求梁任一截面上的内力是利用研究体的平衡,并列平衡方程进行求解得到的。求横截面上的剪力时,列沿横截面方向的投影平衡方程;求横截面上的弯矩时,列对横截面形心的力矩平衡方程。通过分析上面的例题,可以得到如下结论。

(1)梁横截面上的剪力,在数值上等于该截面任意一侧(左侧或右侧)梁上所有的外力(包括支座反力)在梁轴垂线上投影的代数和,在左侧梁上向上的外力或右侧梁上向下的外力投影为正,反之为负。

(2)梁横截面上的弯矩,在数值上等于该截面任意一侧(左侧或右侧)梁上所有的外力(包括支座反力)对该截面形心力矩的代数和,无论是在截面的左侧梁上还是右侧梁上,向上的外力对截面形心的力矩均为正,反之则为负。对于截面左侧梁上的外力偶,则顺时针方向引起正值弯矩,逆时针方向引起负值弯矩;而对于截面右侧梁上的外力偶,则相反。

若用以上两结论计算任一横截面的内力,可略去平衡方程的书写,使求解过程变得非常简便。

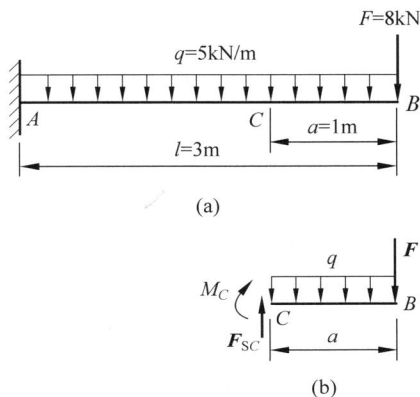

图　8-9

8.2.2　剪力方程和弯矩方程

假设梁截面位置用沿梁轴线的坐标 x 表示,则梁的各个横截面上的剪力和弯矩都可以表示为坐标 x 的函数,即

$$F_S = F_S(x), \quad M = M(x)$$

通常,上式分别称为梁的剪力方程和弯矩方程。

8.2.3　剪力图和弯矩图

一般情况下,梁横截面上的剪力和弯矩都是随横截面的位置变化而变化的。为表明内力沿梁轴线的变化情况,通常用图形将剪力和弯矩沿梁长的变化情况表示出来,这样的图形分别称为剪力图和弯矩图。其基本做法是先列出剪力方程和弯矩方程,建立以梁横截面位置 x 为横坐标,以横截面上的剪力和弯矩为纵坐标的坐标系,然后通过方程绘出表示 $F_S(x)$ 或 $M(x)$ 的图线。下面通过例题说明剪力图和弯矩图的做法。

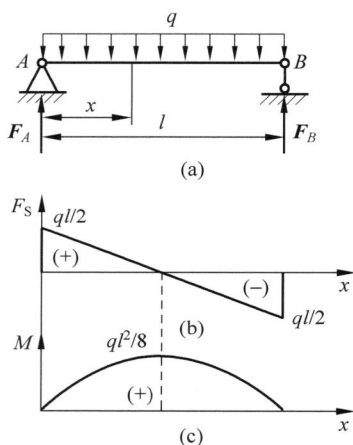

图　8-10

【例 8-3】　如图 8-10(a)所示为一简支梁,在全梁上受集度为 q 的均布载荷作用,画梁的剪力图和弯矩图。

解:求此梁的内力图时,应先求支座反力、列内力方程,最后由内力方程求解结果画内力图。

(1)求支座反力。

利用平衡方程,求得

$$F_A = F_B = \frac{ql}{2}$$

(2)建立内力方程。

取距左端支座为 x 的任意横截面,考虑截面左侧的梁段,则梁的剪力和弯矩方程分别为

$$F_S(x) = F_A - qx = \frac{ql}{2} - qx \quad (0 < x < l)$$

$$M(x) = F_A x - \frac{1}{2}qx^2 = \frac{ql}{2}x - \frac{1}{2}qx^2 \quad (0 \leqslant x \leqslant l)$$

(3)画内力图。

剪力方程是 x 的一次函数,所以剪力图是一条倾斜直线段。由 $F_S(0) = \frac{ql}{2}$,$F_S(l) = -\frac{ql}{2}$ 可画出剪力图(图 8-10(b))。

弯矩方程是 x 的二次函数,所以弯矩图是一条二次抛物线。由 $M(0) = 0$,$M\left(\frac{l}{2}\right) = \frac{ql^2}{8}$,$M(l) = 0$ 可画出弯矩图(图 8-10(c))。

由图 8-10 可知,在梁跨中横截面上的弯矩值最大,该截面上剪力为零;而两支座内侧截面上的剪力值最大。

画内力图时,可不画横坐标和纵坐标的坐标方向,但须标明图的正负和各内力特征值的数值。在画高次曲线时,应运用数学方法确定曲线的凹凸方向和极值。

【例 8-4】 如图 8-11(a)所示为一简支梁,在 C 点处受集中力 F 的作用,画梁的剪力图和弯矩图。

解:(1)求支座反力。利用平衡方程求得

$$F_A = \frac{Fb}{l}, \quad F_B = \frac{Fa}{l}$$

(2)建立内力方程。由于梁在 C 点处有集中力 F 的作用,则在集中力两侧的梁段,其剪力和弯矩方程均不相同,因此,内力在全梁范围内不能用一个统一的函数式来表达。必须以 C 点为界,将梁分为 AC 和 CB 两段,分别写出其剪力方程和弯矩方程。

对于 AC 段梁,其剪力方程和弯矩方程分别为

$$F_S(x) = F_A = \frac{Fb}{l} \quad (0 < x < a)$$

$$M(x) = F_A x = \frac{Fb}{l}x \quad (0 \leqslant x \leqslant a)$$

对于 CB 段梁,其剪力方程和弯矩方程分别为

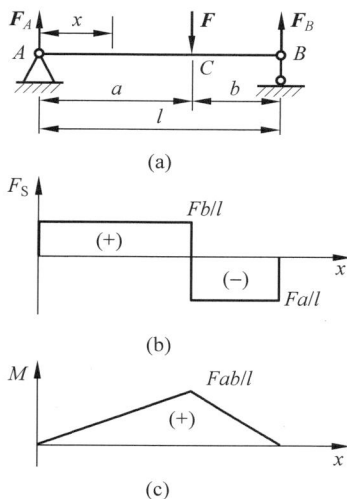

图 8-11

$$F_S(x) = -F_B = -\frac{Fa}{l} \quad (a < x < l)$$

$$M(x) = F_B(l - x) = \frac{Fa}{l}(l - x) \quad (a \leqslant x \leqslant l)$$

(3)画内力图。由两段梁的剪力方程可知,两段梁的剪力图各为一条平行于梁轴线的直线段。由两段梁的弯矩方程可知,两段梁的弯矩图各为一条斜直线段。画出的剪力图和弯矩图如图 8-11(b)和(c)所示。

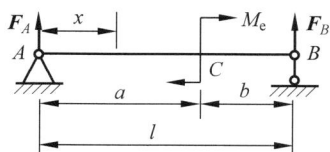

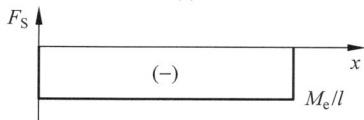

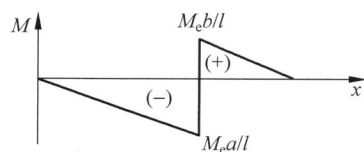

图 8-12

由图 8-11 可知,在集中力作用处,剪力图发生突变,并且此突变值等于集中力的大小。

【例 8-5】 如图 8-12(a)所示为一简支梁,在 C 点处受集中力偶 M_e 的作用,画梁的剪力图和弯矩图。

解:(1)求支座反力。

利用平衡方程求得

$$F_A = -\frac{M_e}{l}, \quad F_B = \frac{M_e}{l}$$

(2)建立内力方程。剪力方程无须进行分段,则有

$$F_S(x) = F_A = -\frac{M_e}{l} \quad (0 < x < l)$$

弯矩方程分为两段,对于 AC 段梁,弯矩方程为

$$M(x) = F_A x = -\frac{M_e}{l}x \quad (0 \leqslant x < a)$$

对 CB 段梁,弯矩方程为

$$M(x) = F_A x + M_e = \frac{M_e}{l}(l - x) \quad (a < x \leqslant l)$$

（3）画内力图。

梁的剪力方程是一个常量，因此剪力图是一条平行于梁轴线的直线段，如图 8-12(b)所示。

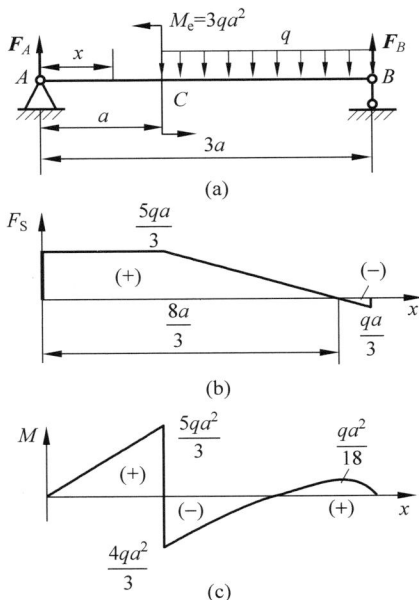

图 8-13

由于两段梁的弯矩方程都是 x 的一次函数，所以两段梁的弯矩图各为一条斜直线段，如图 8-12(c)所示。

由梁的弯矩图可知，在集中力偶作用处，弯矩图发生突变，并且突变值的大小等于集中力偶值。

【例 8-6】 如图 8-13 所示为一简支梁，尺寸及荷载如图 8-13 所示。画梁的剪力图和弯矩图。

解：（1）求支座反力。

利用平衡方程，求得支座反力为

$$F_A = \frac{5}{3}qa, \quad F_B = \frac{1}{3}qa$$

（2）建立内力方程。

对于 AC 段梁，其剪力方程和弯矩方程分别为

$$F_S(x) = F_A = \frac{5qa}{3} \quad (0 < x \leqslant a)$$

$$M(x) = F_A x = \frac{5}{3}qax \quad (0 \leqslant x < a)$$

对于 CB 段梁，其剪力方程和弯矩方程分别为

$$F_S(x) = F_A - q(x - a) = \frac{8}{3}qa - qx \quad (a \leqslant x < 3a)$$

$$M(x) = F_A x - M_e - \frac{1}{2}q(x - a)^2 = -\frac{1}{2}qx^2 + \frac{8}{3}qax - \frac{7}{2}qa^2 \quad (a < x \leqslant 3a)$$

（3）画内力图。

由剪力方程可知，AC 段梁的剪力图为一条平行于梁轴线的直线段，CB 段梁的剪力图为一条斜直线段，如图 8-13(b)所示。

由弯矩方程可知，AC 段梁的弯矩图为一条斜直线段，CB 段梁的弯矩图为二次曲线。由于二次曲线存在极值，对 CB 段梁的弯矩方程求 x 的一阶导数并令其为零，可得 $x = \frac{8}{3}a$ 处弯矩为极值，即

$$M_{极值} = F_A \times \frac{8}{3}a - M_e - \frac{1}{2}q \times \left(\frac{8}{3}a - a\right)^2 = \frac{qa^2}{18}$$

画弯矩图，如图 8-13(c)所示。

*8.2.4　载荷集度、剪力和弯矩之间的微分关系

通过上面的例子可以看出，剪力和弯矩图的形状与梁上所受外力形式有密切的关系。在图 8-14 所示梁中，距左端为 x 处用相距 $\mathrm{d}x$ 的两个横截面从梁中截出一个微段，因为 $\mathrm{d}x$

非常微小,所以在微段上的分布载荷可以看作均匀分布,分布载荷取向上为正。假设微段左右截面上的剪力和弯矩分别为 $F_S(x)$、$M(x)$ 和 $F_S(x)+\mathrm{d}F_S(x)$,$M(x)+\mathrm{d}M(x)$。根据平衡条件

$$\sum F_y = 0, \quad F_S(x)-[F_S(x)+\mathrm{d}F_S(x)]+q(x)\mathrm{d}x=0$$

可得

$$\frac{\mathrm{d}F_S(x)}{\mathrm{d}x}=q(x)$$

$$\sum M_O=0, \quad [M(x)+\mathrm{d}M(x)]-M(x)-F_S(x)\mathrm{d}x-q(x)\mathrm{d}x\cdot\frac{\mathrm{d}x}{2}=0$$

略去高阶微量,可得

$$\frac{\mathrm{d}M(x)}{\mathrm{d}x}=F_S(x)$$

由以上两式可得

$$\frac{\mathrm{d}^2M(x)}{\mathrm{d}x^2}=q(x)$$

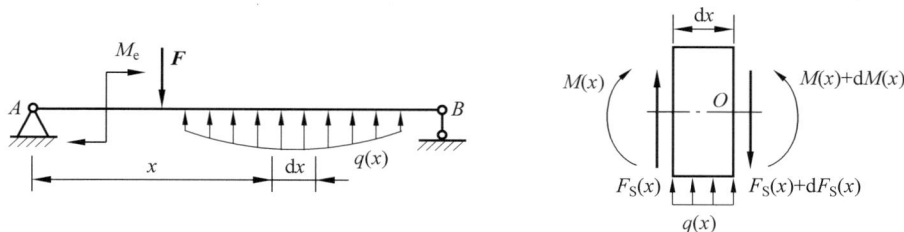

图 8-14

根据这些关系,可以得到剪力图和弯矩图的特征,具体如下。

(1) 若某段梁上无分布载荷,即 $q(x)=0$,则该段梁的剪力 $F_S(x)$ 为常量,剪力图为平行于 x 轴的直线;而弯矩 $M(x)$ 为 x 的一次函数,弯矩图为斜直线。

(2) 若某段梁上的分布载荷 $q(x)=q$(常量),则该段梁的剪力 $F_S(x)$ 为 x 的一次函数,剪力图为斜直线;而 $M(x)$ 为 x 的二次函数,弯矩图为抛物线。当 $q>0$(q 向上)时,弯矩图为向下凸的曲线;当 $q<0$(q 向下)时,弯矩图为向上凸的曲线。

(3) 若某截面的剪力 $F_S(x)=0$,根据 $\frac{\mathrm{d}M(x)}{\mathrm{d}x}=0$,则该截面的弯矩为极值。

剪力图和弯矩图的特征的详细情况可参考表 8-1。

表 8-1 剪力图和弯矩图的特征

外力	无外力段	均布荷载段		集中力	集中力偶
	$q=0$	$q>0$	$q<0$	C	C

	水平直线		斜直线		自左向右突变	无变化
F_S 图特征	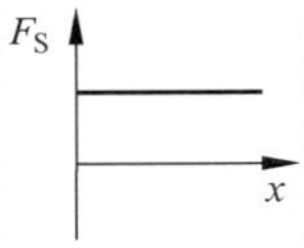 $F_S>0$	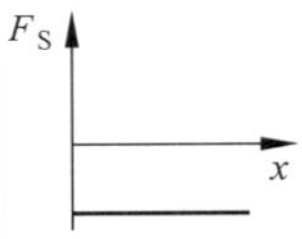 $F_S<0$	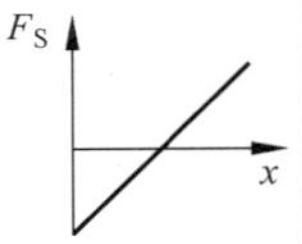 增函数	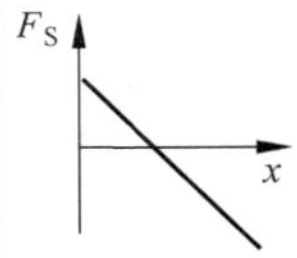 降函数	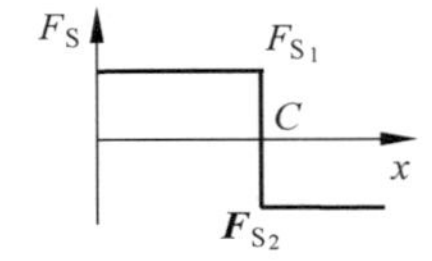 $\boldsymbol{F}_{S1}-\boldsymbol{F}_{S2}=\boldsymbol{F}$	
	斜直线		二次曲线		自左向右折角	自左向右突变
M 图特征	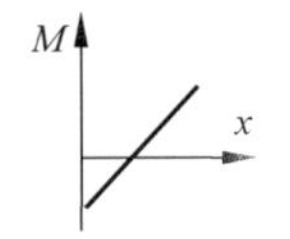 增函数	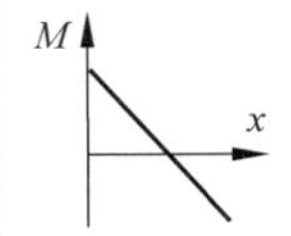 降函数	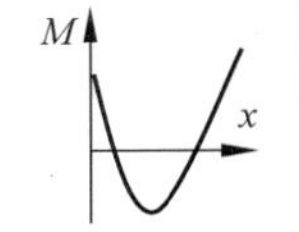 下凹	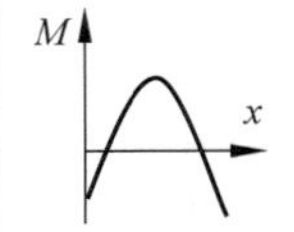 上凸	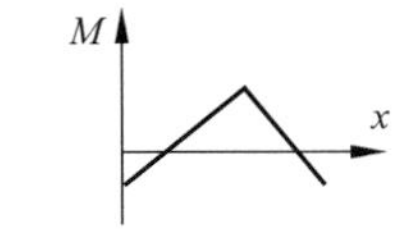 折向与F同向	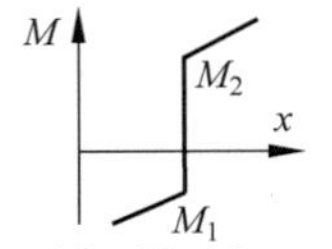 $M_2-M_1=M_e$

根据梁上的外力情况,并利用剪力图与弯矩图的规律,首先判断出各段剪力图和弯矩图的形状,然后确定梁的几个控制截面上的剪力值和弯矩值,最后方便地画出梁的内力图。

【例 8-7】 利用剪力、弯矩与载荷集度间的关系,画例 8-6 中所示外伸梁的剪力图和弯矩图。

解:(1)求支座反力。利用平衡方程求得支座反力为

$$F_A=\frac{5}{3}qa,\quad F_B=\frac{1}{3}qa$$

(2)画剪力图。

对于 AC 段,有 $q=0$,剪力图为水平直线,即

$$F_{SA右}=\frac{5}{3}qa$$

对于 CB 段,有 $q=$常量<0,剪力图为向右下方倾斜的斜直线。

$$F_{SC}=\frac{5}{3}qa,\quad F_{SB左}=-\frac{1}{3}qa$$

(3)画弯矩图。

对于 AC 段:弯矩图为斜直线。

$$M_A=0,\quad M_{C左}=F_A\times a=\frac{5}{3}qa^2$$

对于 CB 段:弯矩图为向上凸的二次曲线。

$$M_{C右}=M_{C左}-M_e=-\frac{4}{3}qa^2,\quad M_B=0$$

由剪力图,并利用几何关系可得,距 A 端 $\frac{8}{3}a$ 处剪力为零,弯矩在此处存在极值,即

$$M_{极值}=F_A\times\frac{8}{3}a-M_e-\frac{1}{2}q\times\left(\frac{8}{3}a-a\right)^2=\frac{qa^2}{18}$$

画剪力图和弯矩图,如图 8-13(b)和(c)所示。

8.3 纯弯曲时的正应力

8.3.1 纯弯曲的概念

前面讨论了梁的内力计算及内力图的绘制,本节将进一步研究梁横截面上的应力,找出分布规律,推导出应力的计算公式,以便进行梁的强度计算。

梁弯曲时,横截面上一般存在剪力和弯矩,与此相应的应力也是两种。由于剪力是由沿着截面切向的分布内力组成的,因此与剪力对应的应力为切应力;而弯矩是位于对称平面内的力偶,它只能由沿截面法向的分布内力组成,因此与弯矩对应的应力为正应力。

如图 8-15(a)所示的矩形截面简支梁,在对称载荷 F 作用下,其剪力图和弯矩图如图 8-15(b)和(c)所示。可以看出,在梁的 CD 段内,剪力为零,弯矩为常数,这种情况称为纯弯曲;而梁的 AC、DB 段既有剪力又有弯矩,称为横力弯曲或剪切弯曲。

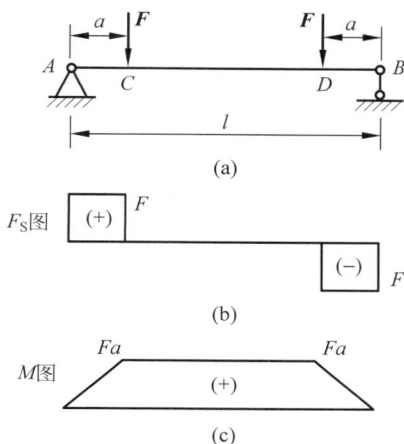

图 8-15

8.3.2 纯弯曲试验及假设

下面以图 8-16(a)所示的矩形截面梁为例,通过试验观察变形特点、推导等直梁在纯弯曲情况下横截面上正应力的计算公式。

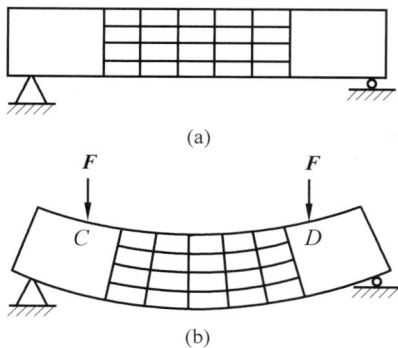

图 8-16

试验前,首先在梁的侧面画上一些平行于轴线的纵向线和与纵向线垂直的代表横截面的横向线。然后在梁上 C 和 D 处分别加集中载荷 F,CD 段梁发生纯弯曲变形,变形后形状如图 8-16(b)所示。由图 8-16可以观察到如下现象。

(1)变形前,与纵向线垂直的横向线在变形后仍为直线,并且仍然与变形后的纵向线保持垂直,但相对转过一个角度。

(2)变形前,互相平行的纵向直线在变形后均变为圆弧线,并且上部的纵向线缩短,下部的纵向线伸长。

设想梁是由许多平行于轴线的纵向纤维组成,根据这些试验现象,可对纯弯曲变形和受力作如下假设。

(1)平面假设——梁的横截面在梁弯曲后仍然保持为平面,并且仍然与变形后的梁轴线保持垂直。

(2)单向受力假设——梁的纵向纤维处于单向受力状态,并且纵向纤维之间的相互挤压作用可忽略不计。

梁变形后,在凸边的纵向纤维伸长,而在凹边的纵向纤维缩短。由梁变形的连续性可知,在梁中一定有一层纤维既不伸长也不缩短,此层称为中性层;中性层与梁横截面的交线称为中性轴,如图 8-17 所示。

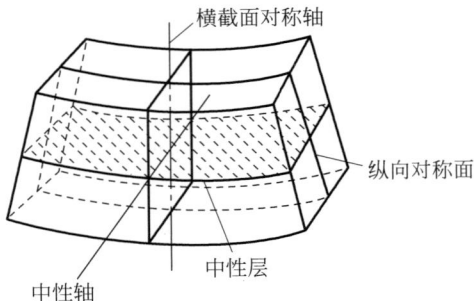

图　8-17

8.3.3　纯弯曲时横截面上的正应力

综合考虑梁变形的几何条件、表示应力应变关系的物理条件和力的平衡条件,研究梁横截面上的正应力。

1. 几何方面

如图 8-18(a)所示,假设用横截面 $m—n$ 和横截面 $p—q$ 在梁上截出一长为 dx 的微段。梁在发生纯弯曲变形后,微段的左右截面将有一个微小的相对转动,中性层和截面中性轴如图 8-18(b)所示。假设微段两端截面间的相对转角为 $d\theta$(图 8-18(c)),ρ 表示微段中性层 dx 的曲率半径,则弧线 O_1O_2 的长度为 $dx = \rho d\theta$。

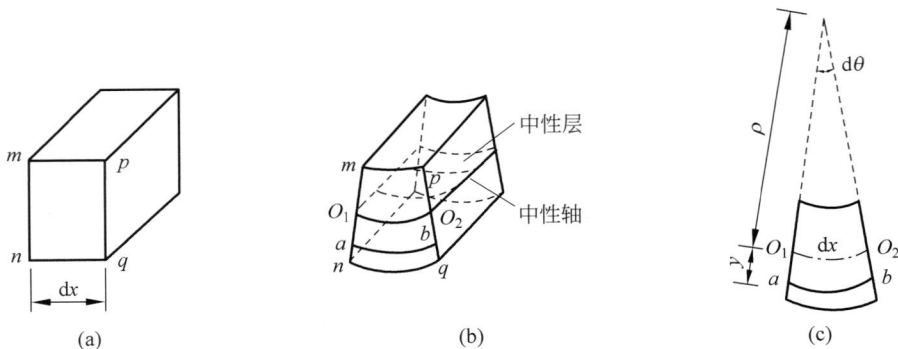

图　8-18

距中性层为 y 处的纵向纤维 ab 原长为 dx,变形后的长度为 $(\rho + y)d\theta$,所以其伸长 $dl = (\rho + y)d\theta - \rho d\theta = y d\theta$,相应的线应变为

$$\varepsilon = \frac{dl}{dx} = \frac{y d\theta}{\rho d\theta} = \frac{y}{\rho} \tag{8-1}$$

式(8-1)表明,梁的纵向纤维的应变与纤维距中性层的距离成正比,离中性层越远,纤维的线应变越大。

2. 物理方面

根据单向受力假设,梁的各纵向纤维间的相互作用可忽略不计,即梁的各纵向纤维均处于单向受力状态,因此,在弹性范围内,应力与应变的关系为

$$\sigma = E\varepsilon = E\,\frac{y}{\rho} \tag{8-2}$$

式(8-2)表明,梁横截面上的正应力与其作用点到中性轴的距离成正比,并且在 y 坐标相同的各点处正应力相等,如图 8-19 所示。

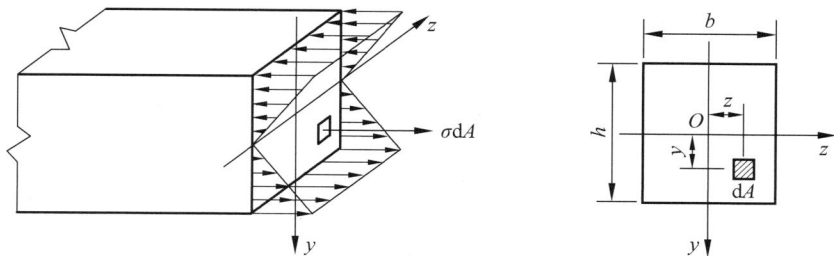

图　8-19

3. 静力学方面

由图 8-19 可以看出,梁横截面各微面积上的微内力 $\mathrm{d}F = \sigma\mathrm{d}A$ 构成了空间平行力系,它们向截面形心简化的结果为以下 3 个内力分量,即

$$F_{\mathrm{N}} = \int_A \sigma\mathrm{d}A\,, \quad M_y = \int_A z\sigma\mathrm{d}A\,, \quad M_z = \int_A y\sigma\mathrm{d}A$$

纯弯曲梁横截面上只有弯矩 M 作用,所以有

$$F_{\mathrm{N}} = \int_A \sigma\mathrm{d}A = 0 \tag{8-3}$$

$$M_y = \int_A z\sigma\mathrm{d}A = 0 \tag{8-4}$$

$$M_z = \int_A y\sigma\mathrm{d}A = M \tag{8-5}$$

将式(8-2)代入以上三式,并结合截面的几何性质,可得

$$\frac{E}{\rho}\int_A y\mathrm{d}A = \frac{ES_z}{\rho} = 0 \tag{8-6}$$

$$\frac{E}{\rho}\int_A yz\mathrm{d}A = \frac{EI_{yz}}{\rho} = 0 \tag{8-7}$$

$$\frac{E}{\rho}\int_A y^2\mathrm{d}A = \frac{EI_z}{\rho} = M \tag{8-8}$$

由式(8-6)可得 $S_z = 0$,即梁横截面对中性轴(z 轴)的静矩等于零,也即中性轴必通过横截面的形心,这就确定了中性轴的位置。

由式(8-7)可得 $I_{yz} = 0$,即梁横截面对 y、z 轴的惯性积等于零,说明 y、z 轴应为横截面的形心主轴。对上述矩形横截面,式(8-7)是自动满足的。

最后由式(8-8),可得

$$\frac{1}{\rho} = \frac{M}{EI_z} \tag{8-9}$$

式中，I_z 是梁横截面对中性轴的惯性矩。

由式(8-9)可知：中性层曲率 $\frac{1}{\rho}$ 与弯矩 M 成正比、与 EI_z 成反比。在相同弯矩的作用下，EI_z 值越大，梁的弯曲变形越小。EI_z 表明，梁抵抗弯曲变形的能力，称为梁的弯曲刚度。

将式(8-9)代入式(8-2)中并整理，可得

$$\sigma = \frac{My}{I_z} \tag{8-10}$$

式(8-10)就是梁在纯弯曲时横截面上任一点的正应力的计算公式。由式(8-10)可知，梁横截面上任意一点的正应力与截面上的弯矩和该点到中性轴的距离成正比，与截面对中性轴的惯性矩成反比。虽然式(8-10)是通过矩形截面梁在纯弯曲的情况下推导出来的，但也适用于具有纵向对称面的其他对称截面梁的纯弯曲情况，如工字形、T 字形、槽形截面梁等。

应用式(8-10)计算梁横截面上任意一点的正应力时，可将 M 和 y 的绝对值代入，计算出正应力。其正负号可由横截面的受拉压区（拉压区由弯矩方向确定）直接判断，若点在受拉区，则为拉应力；若在受压区，则为压应力。拉应力为正，压应力为负。

8.4　横力弯曲时的正应力和强度计算

8.4.1　横截面上的应力特点和正应力计算公式

弯曲正应力公式(式(8-10))是梁在纯弯曲的情况下推导出来的，而工程实际中的梁，大多发生的是横力弯曲。在这种情况下，梁横截面上既有弯矩又有剪力，梁的横截面将发生翘曲，平面假设和单向受力假设便不再成立。但根据试验和进一步的理论研究可知，剪力的存在对正应力的分布规律影响很小，此时横截面上正应力的变化规律与纯弯曲时几乎相同。弹性理论的分析结果指出，对均布荷载作用下的矩形截面简支梁，当其跨长与截面高度之比 l/h 大于 5 时，横截面上最大正应力按纯弯曲(式(8-10))来计算，其误差不超过 1%。因此，对于工程实际中常用的梁，当梁的跨度比较大时，应用纯弯曲时的正应力计算公式计算梁在横力弯曲时横截面上的正应力，所得的结果足以满足工程中的精度要求。可见，弯曲正应力公式的应用条件具体如下。

（1）细长梁的平面弯曲。

（2）梁的变形在弹性变形阶段。

【例 8-8】　如图 8-20 所示，长为 $l=3\text{m}$ 的矩形截面梁，在自由端作用一集中力 $F=1.5\text{kN}$，截面尺寸为 $b=0.12\text{m}$，$h=0.18\text{m}$，C 截面距 B 端的距离 $a=2\text{m}$。求 C 截面上 K 点的正应力，K 点距中性轴 z 的距离 $y=0.06\text{m}$。

解：先求出 C 截面上的弯矩：

$$M_C = (-1.5 \times 2)\text{kN} \cdot \text{m} = -3\text{kN} \cdot \text{m}$$

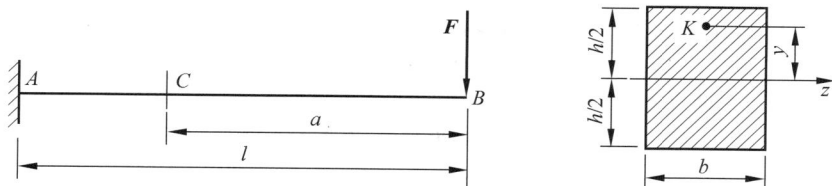

图 8-20

截面对中性轴的惯性矩：

$$I_z = \frac{bh^3}{12} = \frac{0.12 \times 0.18^3}{12} \text{m}^4 = 0.583 \times 10^{-4} \text{m}^4$$

考虑到 K 点在截面受拉区，K 点的正应力为拉应力。由弯曲正应力计算公式可得

$$\sigma_K = \frac{|M_C| y}{I_z} = \frac{3 \times 10^3 \times 0.06}{0.583 \times 10^{-4}} \text{Pa} = 3.09 \times 10^6 \text{Pa} = 3.09 \text{MPa}$$

8.4.2 弯曲正应力强度条件

由梁横截面上正应力的计算公式（式（8-10））可知，梁横截面上的正应力与到中性轴的距离成正比，在最远的位置有最大正应力。对于整个等截面梁而言，若中性轴 z 为截面的对称轴，最大正应力发生在弯矩绝对值最大的横截面上，并且在距中性轴最远的位置上，此时最大拉压应力数值相等。

为保证梁能安全工作，必须使梁横截面上的最大正应力不超过材料的许用应力 $[\sigma]$。因此，梁的正应力强度条件为

$$\sigma_{\max} = \frac{M_{\max} y_{\max}}{I_z} \leqslant [\sigma] \tag{8-11}$$

令 $W_z = \dfrac{I_z}{y_{\max}}$，则

$$\sigma_{\max} = \frac{M_{\max}}{W_z} \leqslant [\sigma] \tag{8-12}$$

式中，W_z 称为抗弯截面系数，它与梁的截面形状和尺寸有关。

对于矩形截面，有

$$W_z = \frac{I_z}{h/2} = \frac{bh^2}{6}$$

对于实心圆形截面，有

$$W_z = \frac{I_z}{d/2} = \frac{\pi d^3}{32}$$

对各种型钢截面，抗弯截面系数可以在型钢表中查得（见附录 C）。

若中性轴 z 不为截面的对称轴，则最大拉压应力数值上不相等，此时应选择横截面上距中性轴最远的距离代入式（8-11），求得最大的正应力（注意最大正应力也可能是压应力）。

8.4.3 抗拉和抗压强度不同的材料的弯曲强度计算

对于抗拉和抗压强度不同的材料(如铸铁),由于其许用拉应力$[\sigma_t]$和许用压应力$[\sigma_c]$不相等,则要求梁横截面上的最大拉应力和最大压应力(注意两者往往不发生在同一横截面上)分别不超过材料的许用拉应力$[\sigma_t]$和许用压应力$[\sigma_c]$。此时,应分别求出最大拉应力和最大压应力进行强度计算,抗拉强度条件和抗压强度条件为

$$\sigma_{tmax} \leqslant [\sigma_t], \quad \sigma_{cmax} \leqslant [\sigma_c] \tag{8-13}$$

当中性轴z为截面的对称轴时,例如矩形或圆形截面,最大拉压应力数值上相等,可由式(8-12)只计算弯矩绝对值最大的截面上的最大拉压应力即可;当中性轴z不为截面的对称轴时,例如T字形截面,最大拉压应力数值上不相等,则应由式(8-11)分别计算最大正弯矩和最大负弯矩所在横截面上的最大拉应力和最大压应力,再由式(8-13)按抗拉强度条件和抗压强度条件进行计算。

8.4.4 三种强度计算问题

根据强度条件,可以求解与梁强度有关的3种问题,具体如下。

(1) 强度校核,即已知梁的结构尺寸和载荷,确定梁是否满足$\sigma_{max} \leqslant [\sigma]$。

(2) 截面设计,即已知梁的结构和载荷,设计梁的截面参数。此时应将式(8-12)改写为

$$W_z \geqslant \frac{M_{max}}{[\sigma]}$$

(3) 确定梁的许可载荷,即已知梁的结构尺寸和载荷形式,确定梁所能承受的最大外载荷。此时应将式(8-12)改写为

$$M_{max} \leqslant [\sigma]W_z$$

【例 8-9】 图 8-21 所示为一简支梁,$F=40\text{kN}$,$l=4.5\text{m}$,$[\sigma]=150\text{MPa}$。选择工字钢型号。

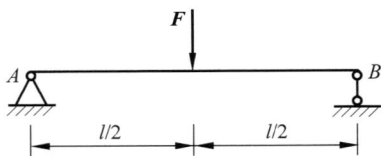

解：(1) 求梁上的最大弯矩。

根据受力情况可得,梁的最大弯矩为

$$M_{max} = \frac{1}{4}Fl$$

(2) 强度计算。

由强度条件$\sigma_{max} = \dfrac{M_{max}}{W_z} \leqslant [\sigma]$,可得

图 8-21

$$W_z \geqslant \frac{M_{max}}{[\sigma]} = \frac{40 \times 10^3 \times 4.5}{4 \times 150 \times 10^6}\text{m}^3 = 3 \times 10^{-4}\text{m}^3 = 300\text{cm}^3$$

查附录 C 中型钢表,应选 22a 工字钢,$W_z = 309\text{cm}^3$,$I_z = 3\,400\text{cm}^4$。

【例 8-10】 图 8-22(a)所示为一槽形截面铸铁梁,已知$b=2\text{m}$,截面对中性轴的惯性矩$I_z = 5\,493 \times 10^4\text{mm}^4$,铸铁的许用拉应力$[\sigma_t] = 30\text{MPa}$,许用压应力$[\sigma_c] = 90\text{MPa}$,求梁的许可荷载$[F]$。

解：(1) 画弯矩图,确定危险截面

由静力平衡方程求出梁的支反力

$$F_A = \frac{F}{4}, \quad F_B = \frac{7}{4}F$$

画梁的弯矩图,如图 8-22(b)所示。

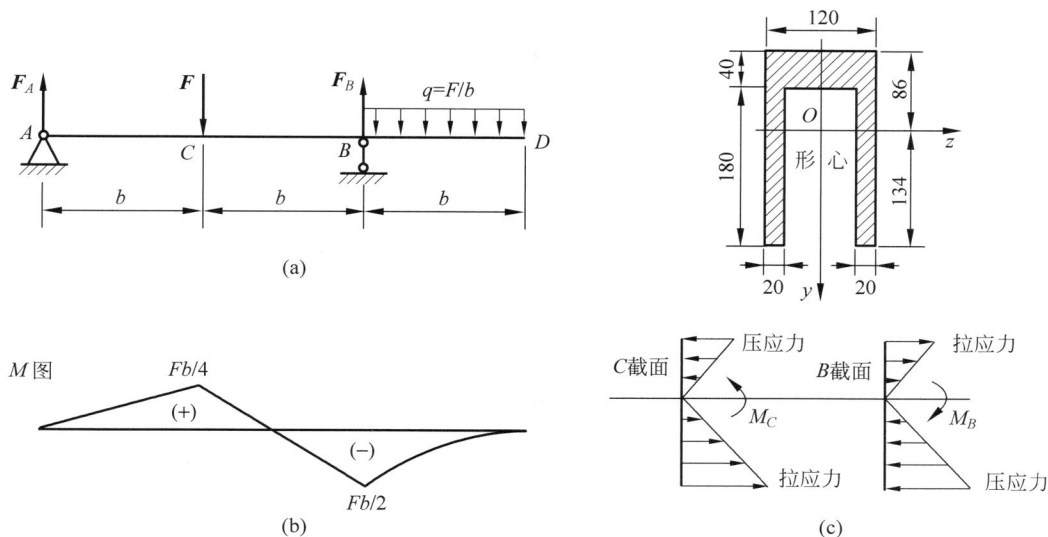

(a)

(b)

(c)

图 8-22

最大正弯矩发生在截面 C 上,即

$$M_{\max}^+ = M_C = \frac{Fb}{4}$$

最大负弯矩发生在截面 B 上,即

$$M_{\max}^- = M_B = -\frac{Fb}{2}$$

B、C 截面为危险截面。

(2)计算最大拉、压应力

由于梁的中性轴不对称,同一截面上的最大拉压应力不相等,计算最大应力时应分别计算最大拉应力和最大压应力。梁横截面的中性轴到上下边缘的距离分别为 $y_1 = 134\text{mm}$,$y_2 = 86\text{mm}$。梁的 C 截面和 B 截面上的应力分布如图 8-22(c)所示。在截面 C 上,梁的上侧受压、下侧受拉,根据几何尺寸,最大拉应力大于最大压应力,又因为许用压应力大于许用拉应力,所以只需计算最大拉应力强度;在截面 B 上,梁的上侧受拉、下侧受压,最大拉应力小于最大压应力,需同时计算最大拉应力和最大压应力强度。

对于截面 B,由

$$\sigma_{\text{t,max}} = \left| \frac{M_B y_2}{I_z} \right| = \frac{(F/2 \times 2) \times (86 \times 10^{-3})}{5\,493 \times 10^4 \times 10^{-12}}\text{Pa} \leqslant 30\text{MPa}$$

可得

$$F \leqslant 19.2\text{kN}$$

由

$$\sigma_{\text{c,max}} = \left| \frac{M_B y_1}{I_z} \right| = \frac{(F/2 \times 2) \times (134 \times 10^{-3})}{5\,493 \times 10^4 \times 10^{-12}}\text{Pa} \leqslant 90\text{MPa}$$

可得

$$F \leqslant 36.9\text{kN}$$

考虑截面 C ,由

$$\sigma_{t,\max} = \frac{M_C y_1}{I_z} = \frac{(F/4 \times 2) \times (134 \times 10^{-3})}{5\,493 \times 10^4 \times 10^{-12}}\text{Pa} \leqslant 30\text{MPa}$$

可得

$$F \leqslant 24.6\text{kN}$$

因此,梁的强度由截面 B 上的最大拉应力控制,即

$$[F] = 19.2\text{kN}$$

*8.4.5 弯曲切应力简介

在横力弯曲时,横截面上既有弯矩又有剪力,因此横截面上同时存在正应力和切应力。在特殊情况下,梁可能由于切应力发生强度破坏,因此简单介绍一下弯曲切应力。

1. 矩形截面梁的切应力

矩形截面梁的切应力分布满足如下条件。

(1)横截面上各点切应力方向均与剪力平行。

(2)切应力沿截面宽度均匀分布,即距中性轴等距离各点的切应力相等。

通过推导,矩形截面梁横截面上任一点的切应力计算公式为

$$\tau = \frac{F_S S_z^*}{I_z b} \tag{8-14}$$

式中, F_S 为横截面上的剪力; b 为截面的宽度; S_z^* 为 ω 对中性轴的静矩; ω 为横截面距中性轴为 y 的横线以外部分的面积(图 8-23(a))。

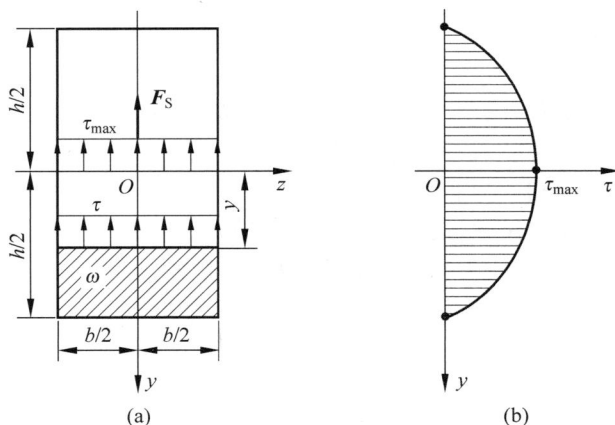

图 8-23

对于矩形截面梁,由图 8-23(a)可知

$$S_z^* = b\left(\frac{h}{2} - y\right)\left(y + \frac{h/2 - y}{2}\right) = \frac{b}{2}\left(\frac{h^2}{4} - y^2\right)$$

所以有

$$\tau = \frac{F_S}{I_z b} \times \frac{b}{2}\left(\frac{h^2}{4} - y^2\right) = \frac{F_S}{2I_z}\left(\frac{h^2}{4} - y^2\right)$$

上式表明,矩形截面梁横截面上的切应力沿梁高按二次抛物线规律分布(图8-23(b))。在截面上、下边缘处为零,而在中性轴上切应力有最大值,即

$$\tau_{max} = \frac{F_S h^2}{8I_z} = \frac{3F_S}{2bh} = \frac{3F_S}{2A} \tag{8-15}$$

式中,$A = bh$ 为横截面面积。由此可见,矩形截面梁横截面上的最大切应力是截面上平均切应力的 1.5 倍。

2. 其他截面梁的最大切应力

1)工字形截面梁

工字形截面是由上、下翼缘及中间腹板组成的。腹板上的切应力沿腹板高度按抛物线规律分布,最大切应力仍发生在截面的中性轴上(图8-24(b))。相应计算公式为

$$\tau = \frac{F_S S_z^*}{I_z \delta} \tag{8-16}$$

式中,δ 为腹板的宽度;S_z^* 为横截面距中性轴为 y 的横线以外部分的面积对中性轴的静矩(图8-24(a))。

$$\tau_{max} = \frac{F_S S_{z,max}^*}{I_z \delta} \tag{8-17}$$

式中,$S_{z,max}^*$ 为中性轴任一边的半个横截面面积对中性轴的静矩。

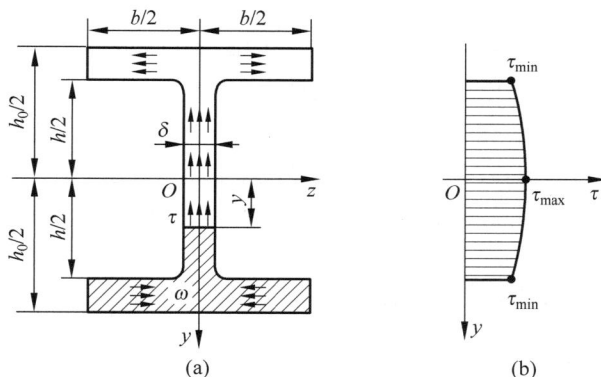

图 8-24

2)圆形及薄壁环形截面梁的切应力

圆形及薄壁环形截面梁的最大竖向切应力也都发生在中性轴上,并沿中性轴均匀分布,如图8-25所示。

对于圆形截面梁:

$$\tau_{max} = \frac{F_S S_z^*}{I_z d} = \frac{4}{3} \frac{F_S}{A} \tag{8-18}$$

式中,d 为圆截面的直径;S_z^* 为半圆面积对中性轴的静矩;A 为圆截面面积。

对薄壁环形截面梁:

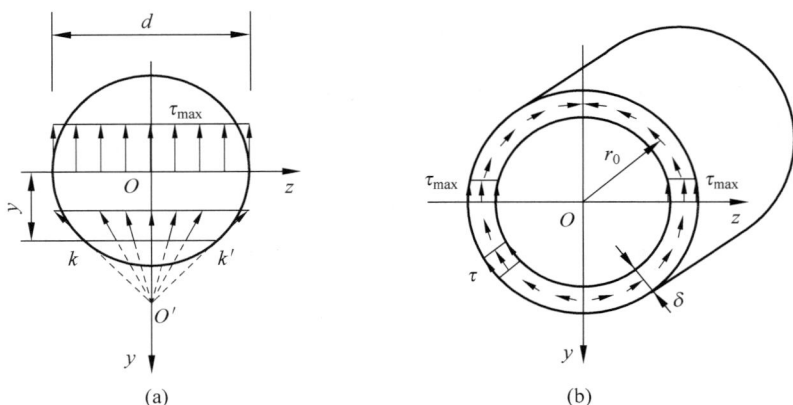

图　8-25

$$\tau_{\max} = \frac{F_S S_z^*}{I_z(2\delta)} = 2\frac{F_S}{A} \tag{8-19}$$

式中，δ 为薄壁环的壁厚；S_z^* 为半圆环面积对中性轴的静矩；A 为薄壁环截面的面积。

3. 梁的切应力强度条件

如上所述，梁中的某个截面上的最大切应力一般发生在中性轴上，而对于整个等截面梁来说，最大切应力应发生在剪力最大的横截面的中性轴上。为保证梁的安全工作，梁在载荷作用下产生的最大切应力不能超过材料的许用切应力，即切应力的强度条件为

$$\tau_{\max} \leqslant [\tau] \tag{8-20}$$

在进行梁的强度计算时，必须同时满足正应力强度条件和切应力强度条件。一般情况下，梁的强度计算由正应力强度条件控制。因此，按正应力强度条件设计的截面常可使切应力远小于许用切应力。所以一般情况下，首先根据梁的横截面上的最大正应力来设计截面，然后再按切应力强度条件进行校核。但在少数情况下，如当梁的跨度较短，或在支座附近作用有较大的载荷时，梁中的弯矩较小而剪力却很大，梁的切应力强度条件也可能起到控制作用。

*8.4.6　提高梁强度的措施

1. 合理选取截面形状

在对梁进行设计时，既要保证梁具有足够的强度，使梁在荷载作用下能安全工作，又要使材料得到充分的利用，以达到节约的目的，这时就需要选择合理的截面形式。

由梁的正应力计算公式(式(8-12))可知，梁的抗弯能力直接取决于其抗弯截面系数的大小，因此从弯曲强度考虑，比较合理的截面形状是：具有较小的截面面积，却有较大抗弯截面系数。因此，可采用以下措施选取合理的截面形状。

(1) 尽可能使横截面面积分布在距中性轴较远处，以使抗弯截面系数增大(图 8-26 中的工字形截面)。

(2) 对于由拉伸和压缩强度相等的材料制成的梁，其横截面应以中性轴为对称轴(图 8-26 中的圆形截面、矩形截面、工字形截面)。

(3) 对于由拉、压强度不等的材料制成的梁，应采用对中性轴不对称的截面，以尽量使

梁的最大工作拉、压应力分别达到(或接近)材料的许用拉应力$[\sigma_t]$和许用压应力$[\sigma_c]$(图 8-26 中的 T 形截面)。

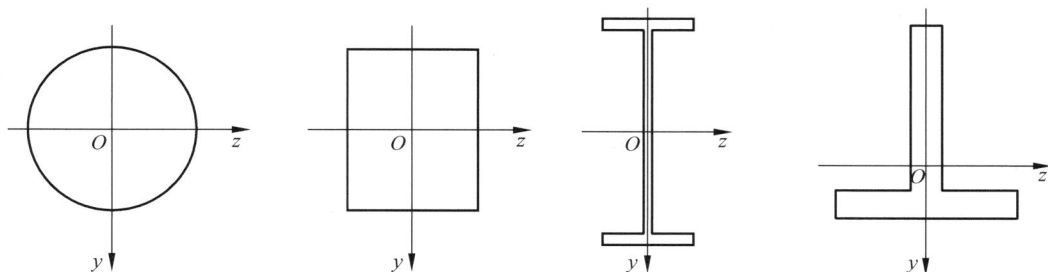

图　8-26

2. 合理设计梁的外形

强度计算是根据危险截面上的最大弯矩来设计梁的,而其他截面上的弯矩一般小于最大弯矩,如果采用等截面梁,那么对于那些弯矩比较小的位置,材料就没有充分发挥作用。如果要想更好地发挥材料的作用,那么应该在弯矩较大的位置采用较大的截面,在弯矩较小的位置采用较小的截面,这种横截面沿着梁轴线变化的梁,称为变截面梁。如图 8-27 所示,梁横截面的高度沿着梁轴线发生变化。

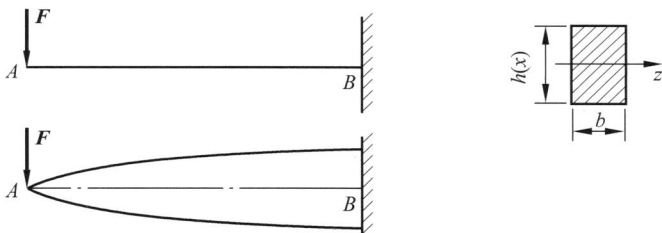

图　8-27

最理想的变截面梁是使梁的各个截面上的最大正应力同时达到材料的许用应力。各个横截面具有同样强度的梁称为等强度梁。但是,考虑到加工制造及构造上的需要等因素,实际构件往往设计成近似等强度的构件。

3. 合理配置梁的载荷和支座

1) 将载荷分散

可以把集中力改变成分布载荷,从而减小最大弯矩。例如,利用副梁把作用于跨中的集中力分散为两个集中力(图 8-28),从而使最大弯矩降低为 $Fl/8$。利用副梁来分散载荷、减小最大弯矩是工程中经常采用的方法。

2) 合理设置支座位置

可以通过改变支座的位置来减小最大弯矩。例如,图 8-29 所示受均布载荷的简支梁, $M_{\max}=ql^2/8=0.125ql^2$。若将两端支座各向里移动 $0.2l$,则最大弯矩减小为 $M_{\max}=\dfrac{ql^2}{40}=0.025ql^2$,只及前者的 1/5。

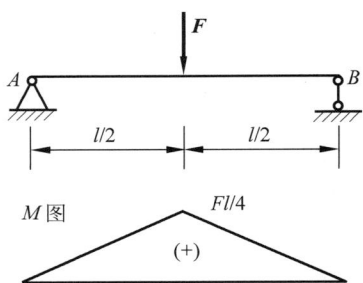

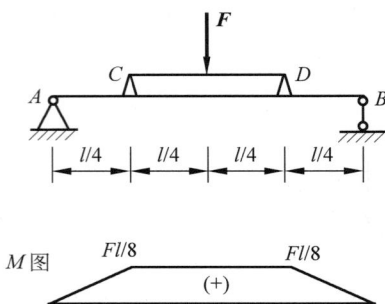

图 8-28

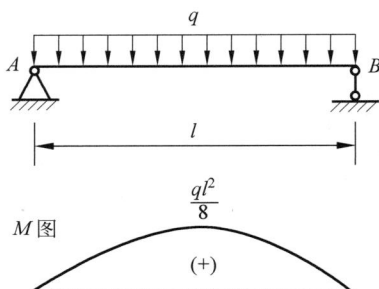

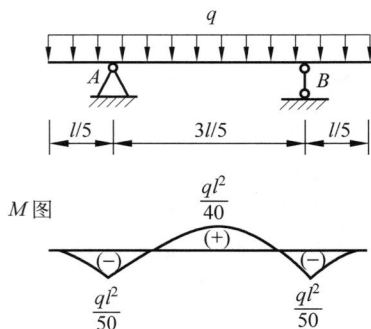

图 8-29

本章总结

1. 平面弯曲的概念

1）平面弯曲

梁变形后的轴线所在平面与外力所在平面重合。

2）对称弯曲

外力作用在杆件的纵向对称面内,梁变形后轴线仍保持在该对称平面内。对称弯曲是平面弯曲的一种简单形式。

2. 横截面上的内力

1）弯矩

杆件受弯时,作用面垂直于其横截面的内力偶矩,用 M 表示。

2）剪力

杆件受弯时,作用线平行于其横截面的内力,用 F_S 表示。

3）剪力方程与弯矩方程

剪力方程与弯矩方程是将杆件各横截面上的剪力、弯矩表示为截面的坐标位置 x 的函数,即表示剪力、弯矩随截面位置而变化的函数关系:

$$F_S = F_S(x), \quad M = M(x)$$

4）剪力图与弯矩图

剪力图与弯矩图是表示各横截面上剪力、弯矩沿杆件轴线变化规律的图线。

当梁上荷载较多时,需将梁分成若干段画剪力图与弯矩图。分段原则如下:以集中力、集中力偶作用点及分布荷载的起终点为界进行分段。

3. 荷载集度、剪力和弯矩之间的关系

1）荷载集度与剪力、弯矩之间的微分关系

$$\frac{dF_S(x)}{dx} = q(x), \quad \frac{dM(x)}{dx} = F_S(x), \quad \frac{d^2M(x)}{dx^2} = q(x)$$

2）集中力作用处,剪力图和弯矩图的特征

在集中力作用处剪力图有突变,弯矩图有转折。

3）集中力偶作用处,剪力图和弯矩图的特征

集中力偶作用处,剪力图无变化,弯矩图有突变。另外,在剪力图中剪力为零的截面上,在相应的弯矩图上存在极值。剪力图、弯矩图的特征如表 8-1 所示。

4. 梁的正应力、正应力强度条件

1）中性层与中性轴

（1）中性层——弯曲变形时,梁内有一层纵向纤维,既不伸长,也不缩短,因而其不受拉应力或压应力,该纤维层称为梁的中性层。

（2）中性轴——中性层与横截面的交线（即横截面上正应力为零的各点之连线）。

（3）中性轴的位置——在弹性范围内平面弯曲的梁,其中性轴通过截面的形心,并且与荷载作用面垂直。

2）梁横截面上的正应力

（1）分布规律——任意一点正应力的大小与该点至中性轴的垂直距离成正比,中性轴的一侧为拉应力,另一侧为压应力。

（2）梁横截面上的正应力的计算公式为

$$\sigma = \frac{My}{I_z}, \quad \sigma_{max} = \frac{My_{max}}{I_z} = \frac{M}{W_z}$$

上述公式是基于纯弯曲梁的平面假设和单向受力假设得出的,对于纯弯曲梁,上述公式为精确解;对于横力弯曲梁,上述公式为近似解$\left(\text{当}\dfrac{l}{h} \geqslant 5 \text{ 时},误差不超过 } 1\%\right)$。

3）梁的正应力强度条件

（1）若材料抗拉压强度相同,当中性轴 z 为截面的对称轴时（如矩形截面梁）,则要求 $\sigma_{max} = \dfrac{M_{max}}{W_z} \leqslant [\sigma]$;当中性轴 z 不为截面的对称轴时（如 T 字形截面梁）,则要求 $\sigma_{max} = \dfrac{M_{max}y_{max}}{I_z} \leqslant [\sigma]$。

（2）若材料抗拉压强度不相同,则要求 $\sigma_{tmax} \leqslant [\sigma_t]$,$\sigma_{cmax} \leqslant [\sigma_c]$。尤其是,当中性轴 z 不为截面的对称轴时,最大拉压应力不相等,应分别计算最大正弯矩和最大负弯矩所在横截面上的最大拉应力和最大压应力,再按抗拉强度条件和抗压强度条件进行计算分析。

4）强度计算的三类问题

（1）强度校核。

$$\sigma_{max} \leqslant [\sigma]$$

（2）截面设计。

$$W_z \geqslant \frac{M_{max}}{[\sigma]}，由 W_z 计算截面尺寸。$$

（3）计算许可荷载。

$$M_{max} \leqslant [\sigma] W_z，由 M_{max} 计算许可荷载。$$

5）受弯杆件强度问题的说明

（1）对于细长杆而言，因弯矩产生的正应力是主要的，剪力产生的切应力是次要的，故只需考虑正应力强度条件。但当杆件较粗短、剪力较大而弯矩较小时，或在薄壁截面梁中，应核算切应力强度条件。

（2）σ_{max} 发生在 M_{max} 所在截面的上、下边缘处，该处 $\tau = 0$；τ_{max} 发生在 F_{Smax} 所在截面的中性轴上，该处 $\sigma = 0$。对于其他既有正应力又有切应力的点（如工字形截面的翼缘与腹板连接处的点），则其强度条件不能用 $\sigma_{max} \leqslant [\sigma]$、$\tau_{max} \leqslant [\tau]$ 来计算，应计算该点的主应力，并用强度理论进行核算（见后续相关章节）。

5．提高梁强度的措施

1）合理选取截面形状

（1）尽可能使横截面面积分布在距中性轴较远处，以使弯曲截面系数增大。

（2）对于由拉伸和压缩强度相等的材料制成的梁，其横截面应以中性轴为对称轴。

（3）对于拉、压强度不等的材料制成的梁，应采用对中性轴不对称的截面，以尽量使梁的最大工作拉、压应力分别达到（或接近）材料的许用拉应力 $[\sigma_t]$ 和许用压应力 $[\sigma_c]$。

2）合理设计梁的外形

可将梁设计为变截面梁，即在弯矩较大的位置采用较大的截面，在弯矩较小的位置采用较小的截面。

3）合理配置梁的载荷和支座

（1）将载荷分散。

（2）合理设置支座位置。

分析思考题

8-1　什么是平面弯曲？它有什么特点？发生平面弯曲的充分条件是什么？

8-2　怎样理解在集中力作用截面，剪力图有突变？在集中力偶作用截面，弯矩图有突变？

8-3　在写剪力方程和弯矩方程时，在何处需要进行分段？

8-4　（1）在分析思考题 8-4 图（a）所示的梁中，AC 段和 CB 段剪力图图线的斜率是否相同？为什么？

（2）在分析思考题 8-4 图（b）所示梁中，在集中力偶作用处，左、右两段弯矩图的切线斜率是否相同？

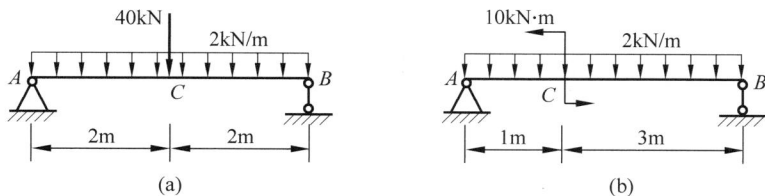

分析思考题 8-4 图

8-5 什么是中性层？什么是中性轴？其位置如何确定？

8-6 在推导纯弯曲正应力公式时作了哪些假设？在什么条件下这些假设才是正确的？纯弯曲正应力公式的应用范围是什么？

8-7 在直梁弯曲时，为什么中性轴必定通过截面的形心？

8-8 同一梁按分析思考题 8-8 图（a）和（b）所示两种方式放置。问两梁的最大弯曲正应力是否相同？

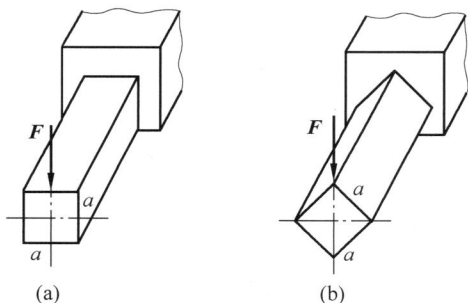

分析思考题 8-8 图

8-9 由 4 根 $100\text{mm} \times 80\text{mm} \times 10\text{mm}$ 不等边角钢焊成一体的梁，在纯弯曲条件下按图示 4 种形式组合，哪一种强度最高，哪一种强度最低？

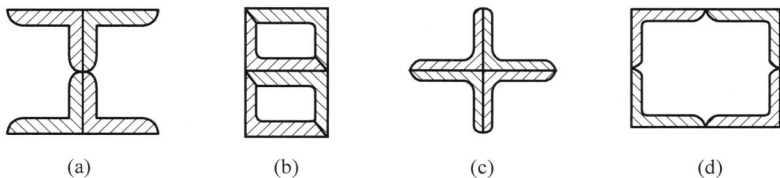

分析思考题 8-9 图

8-10 设梁的横截面如分析思考题 8-10 图所示，问此截面对 z 轴的惯性矩和抗弯截面系数是否可按下式计算，为什么？

$$I_z = \frac{BH^3}{12} - \frac{bh^3}{12}, \quad W_z = \frac{BH^2}{6} - \frac{bh^2}{6}$$

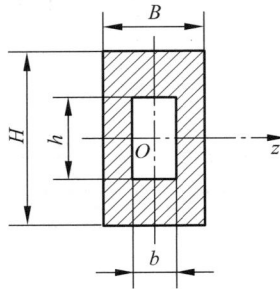

分析思考题 8-10 图

习题

8-1 计算习题 8-1 图所示各梁指定截面(标有细线者)的剪力和弯矩。

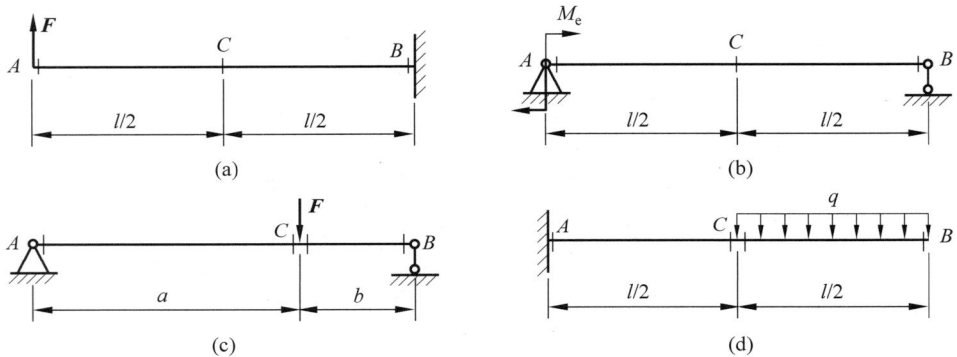

习题 8-1 图

答:

(a) $F_{SA右}=F$，$M_{A右}=0$，$F_{SC}=F$，$M_C=Fl/2$，$F_{SB左}=F$，$M_{B左}=Fl$；

(b) $F_{SA右}=-\dfrac{M_e}{l}$，$M_{A右}=M_e$，$F_{SC}=-\dfrac{M_e}{l}$，$M_C=\dfrac{M_e}{2}$，$F_{SB左}=-\dfrac{M_e}{l}$，$M_{B左}=0$；

(c) $F_{SA右}=\dfrac{b}{a+b}F$，$M_{A右}=0$，$F_{SC左}=\dfrac{b}{a+b}F$，$M_{C左}=\dfrac{ab}{a+b}F$，

$\quad F_{SC右}=-\dfrac{a}{a+b}F$，$M_{C右}=\dfrac{ab}{a+b}F$，$F_{SB左}=-\dfrac{a}{a+b}F$，$M_{B左}=0$；

(d) $F_{SA右}=\dfrac{ql}{2}$，$M_{A右}=-\dfrac{3ql^2}{8}$，$F_{SC左}=\dfrac{ql}{2}$，$M_{C左}=-\dfrac{ql^2}{8}$，

$\quad F_{SC右}=\dfrac{ql}{2}$，$M_{C右}=-\dfrac{ql^2}{8}$，$F_{SB左}=0$，$M_{B左}=0$。

8-2 建立习题 8-2 图所示各梁的剪力方程和弯矩方程,并画剪力图和弯矩图。

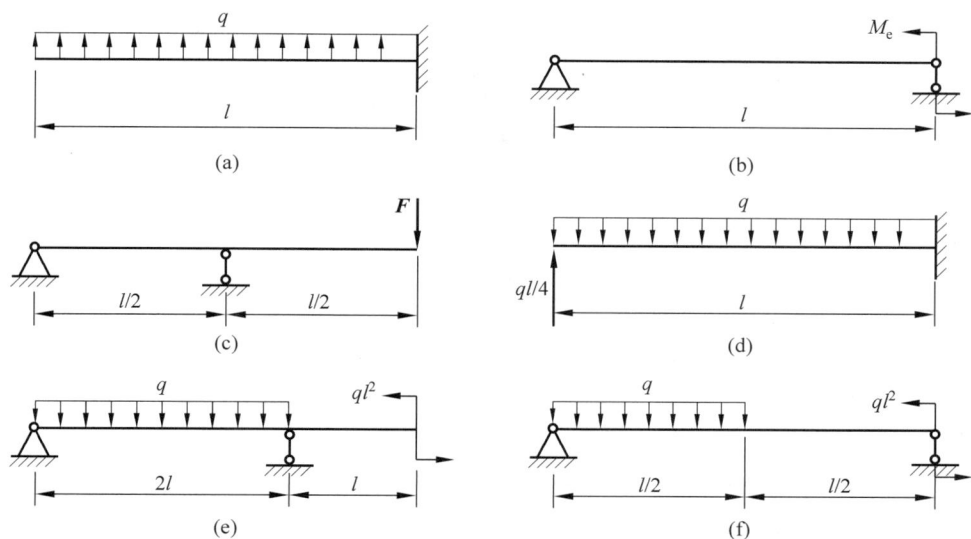

习题 8-2 图

答：

（a）$F_{\text{Smax}} = ql$，$M_{\max} = \dfrac{ql^2}{2}$；　（b）$F_{\text{Smax}} = \dfrac{M_e}{l}$，$M_{\max} = M_e$；

（c）$F_{\text{Smax}} = F$，$|M|_{\max} = \dfrac{Fl}{2}$；　（d）$|F_S|_{\max} = \dfrac{3ql}{4}$，$|M|_{\max} = \dfrac{ql^2}{4}$；

（e）$F_{\text{Smax}} = \dfrac{3ql}{2}$，$M_{\max} = \dfrac{9ql^2}{8}$；　（f）$F_{\text{Smax}} = \dfrac{9ql}{8}$，$M_{\max} = ql^2$。

8-3　习题 8-3 图所示各梁，利用剪力、弯矩和载荷集度间的关系画剪力图和弯矩图。

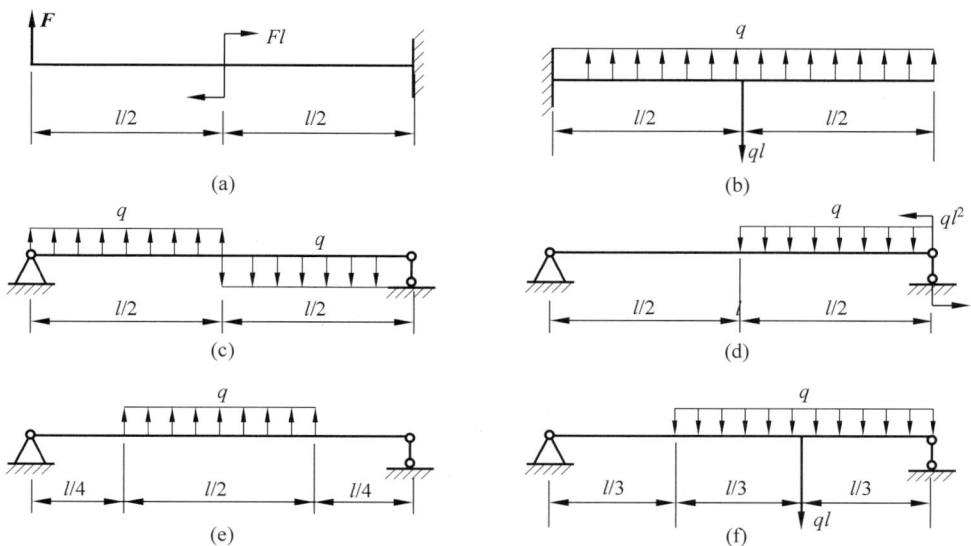

习题 8-3 图

答：图略。

(a) $F_{Smax}=F,|M|_{max}=2Fl$；(b) $F_{Smax}=\dfrac{ql}{2},M_{max}=\dfrac{ql^2}{8}$；

(c) $F_{Smax}=\dfrac{ql}{4},M_{max}=\dfrac{ql^2}{32}$；(d) $F_{Smax}=\dfrac{9ql}{8},M_{max}=ql^2$；

(e) $F_{Smax}=\dfrac{ql}{4},|M|_{max}=\dfrac{3ql^2}{32}$；(f) $|F_S|_{max}=\dfrac{10ql}{9},M_{max}=\dfrac{17ql^2}{54}$。

8-4 习题 8-4 图所示为一悬臂梁，横截面为矩形，承受载荷 F_1 与 F_2 作用，并且 $F_1=2F_2=5kN$，计算梁内的最大弯曲正应力，以及该应力所在截面点 K 处的弯曲正应力。

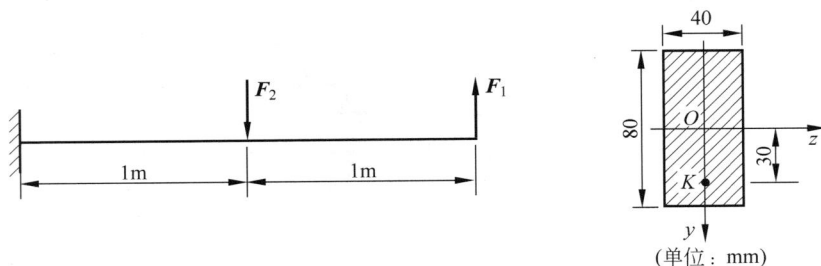

习题 8-4 图

答：$\sigma_{max}=176MPa,\sigma_K=132MPa$。

8-5 习题 8-5 图所示为一简支梁，由 28 号工字钢制成，在载荷集度为 q 的均布载荷作用下，测得横截面 C 底边的纵向正应变 $\varepsilon=3\times10^{-4}$，计算梁内的最大弯曲正应力。已知钢的弹性模量 $E=200GPa,a=1m$。

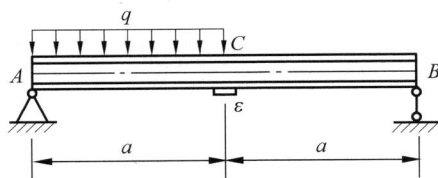

习题 8-5 图

答：$\sigma_{max}=67.5MPa$。

8-6 某车间的宽度为 8m，现需安装一台行车，起重力为 29.4kN。行车大梁选用 32a 号工字钢，单位长度的重力为 517N/m，工字钢的材料为 A3 钢，许用应力 $[\sigma]=120MPa$，如习题 8-6 图所示。校核行车大梁的强度。

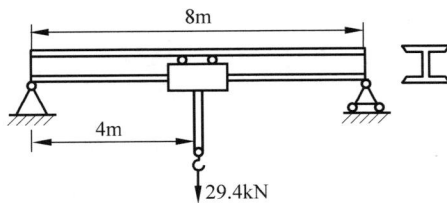

习题 8-6 图

答：$\sigma_{max} = 90.9 \text{MPa}$，强度足够。

8-7 习题 8-7 图所示为一矩形截面木梁，许用应力 $[\sigma] = 10 \text{MPa}$。

（1）根据强度要求确定截面尺寸 b；

（2）若在截面 A 处钻一直径为 $d = 60 \text{mm}$ 的圆孔，则其是否安全？

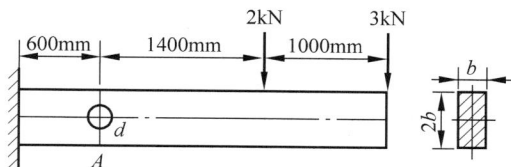

习题 8-7 图

答：$b \geqslant 125 \text{mm}$，$\sigma_{max}^A = 7.78 \text{MPa} < [\sigma]$，安全。

8-8 习题 8-8 图所示为一矩形截面钢梁，承受集中载荷 F 与集度为 q 的均布载荷作用，确定截面尺寸 b。已知载荷 $F = 10 \text{kN}$，$q = 5 \text{N/mm}$，许用应力 $[\sigma] = 160 \text{MPa}$。

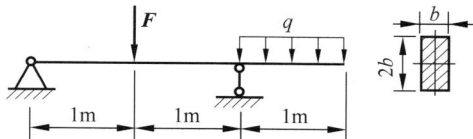

习题 8-8 图

答：$b \geqslant 32.7 \text{mm}$。

8-9 习题 8-9 图所示为一外伸梁，承受载荷 F 作用。已知载荷 $F = 20 \text{kN}$，许用应力 $[\sigma] = 160 \text{MPa}$，选择合适的工字钢型号。

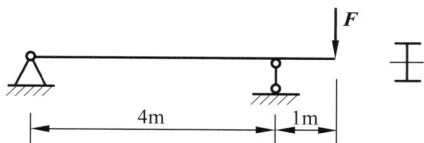

习题 8-9 图

答：16 号工字钢。

8-10 习题 8-10 图所示为一承受均布载荷的外伸梁。已知 $q = 12 \text{kN/m}$，材料的许用应力 $[\sigma] = 160 \text{MPa}$。选择适合该梁的工字钢型号。

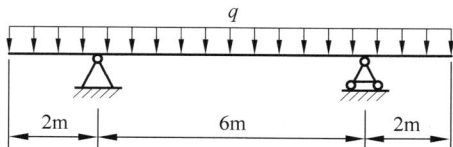

习题 8-10 图

答：18 号工字钢。

8-11 习题 8-11 图所示为一铸铁梁，$I_z = 7.63 \times 10^{-6}\,\mathrm{m^4}$，若许用拉应力 $[\sigma_t] = 30\mathrm{MPa}$，许用压应力 $[\sigma_c] = 60\mathrm{MPa}$，校核此梁的强度。

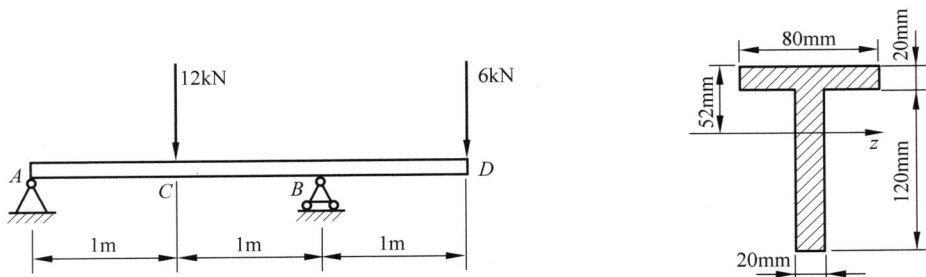

习题 8-11 图

答：$\sigma_{tmax} = 40.9\mathrm{MPa} > [\sigma_t]$，$\sigma_{cmax} = 69.2\mathrm{MPa} > [\sigma_c]$，强度不够。

8-12 习题 8-12 图所示为一梁，当力 F 直接作用在梁 AB 中点时，梁内的最大正应力超过许用应力 30%，为了消除此过载现象，配置了如图所示的辅助梁 CD。求此辅助梁的最小长度 a。已知 $l = 6\mathrm{m}$。

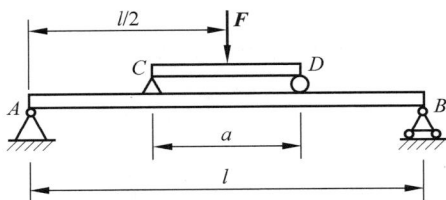

习题 8-12 图

答：$a = 1.385\mathrm{m}$。

8-13 习题 8-13 图所示为一截面铸铁梁，已知许用压应力为许用拉应力的 4 倍，即 $[\sigma_c] = 4[\sigma_t]$，若从强度方面考虑，宽度 b 为何值时最佳？

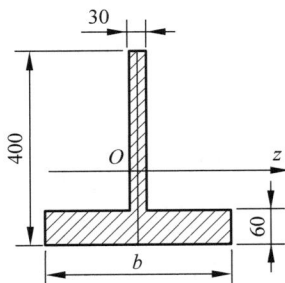

习题 8-13 图

答：$b = 510\mathrm{mm}$。

8-14 习题 8-14 图所示为一简支梁，跨度中点承受集中载荷 F 作用，若横截面的高度 h 保持不变，则根据等强度梁的观点确定截面宽度 $b(x)$ 的变化规律。已知材料的许用应

力 $[\sigma]$。

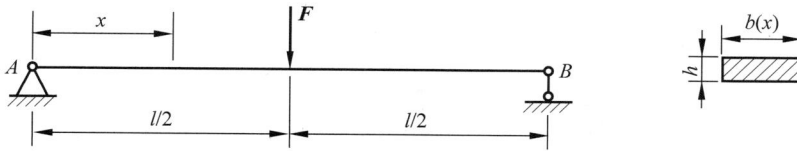

习题 8-14 图

答：$b(x) = \dfrac{3Fx}{h^2[\sigma]}$。

第9章

弯曲变形

基本要求

(1) 了解工程问题中的弯曲变形,掌握挠度和转角的概念。
(2) 掌握挠曲线的近似微分方程。
(3) 掌握各种梁的边界条件,用积分法求弯曲变形。
(4) 熟练掌握用叠加法求梁的变形。
(5) 掌握超静定梁的概念,用变形比较法求简单超静定梁。
(6) 理解提高梁弯曲刚度的措施。

重点和难点

(1) 挠曲线微分方程及其积分。
(2) 用叠加法求梁的位移。

9.1 弯曲变形概述

9.1.1 弯曲变形问题的工程实例

当杆件受弯时,杆件的轴线由直线变成曲线,称为弯曲变形。在工程实际中,为保证受弯构件的正常工作,除要求构件有足够的强度外,在某些情况下,还要求其弯曲变形不能过大,即具有足够的刚度。例如,轧钢机在轧制钢板时,轧辊的弯曲变形将造成钢板沿宽度方向的厚度不均匀(图 9-1);齿轮轴若弯曲变形过大,将使齿轮啮合状况变差,引起偏磨和噪声(图 9-2)。

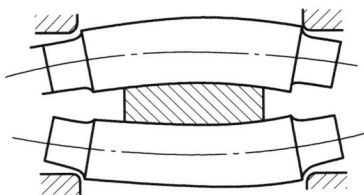

图 9-1

弯曲变形虽然有不利的一面,但也有可以利用的一面。例如,汽车轮轴上的叠板弹簧(图 9-3),就是利用弯曲变形起到缓冲和减震的作用。此外,在求解静不定梁时,也需考虑梁的变形。

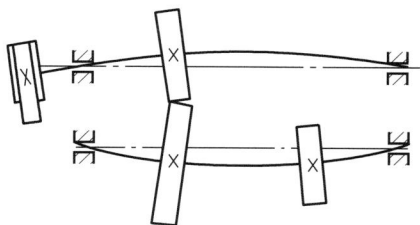

图　9-2

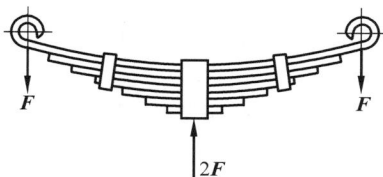

图　9-3

为解决上述问题,必须研究梁的弯曲变形。本章只研究平面弯曲时梁的变形问题。

9.1.2　梁的位移的度量——挠度和转角

在载荷作用下,梁将发生平面弯曲,其轴线由直线变为一条连续光滑的平面曲线,该曲线称为挠曲线(图 9-4)。以梁的最左端 O 点为原点建立坐标系 Oxy,挠曲线上任意一点 x 处的纵坐标 w 是梁 x 横截面的形心沿 y 方向的线位移,称为挠度。为表示清楚位移的方向,规定向上的挠度 w 为正,向下的挠度 w 为负。这样,挠曲线方程可以写为

$$w = w(x) \qquad (9\text{-}1)$$

在小变形情况下,梁的挠度远小于梁的跨度 l,因此可以忽略截面形心沿轴线方向的位移。

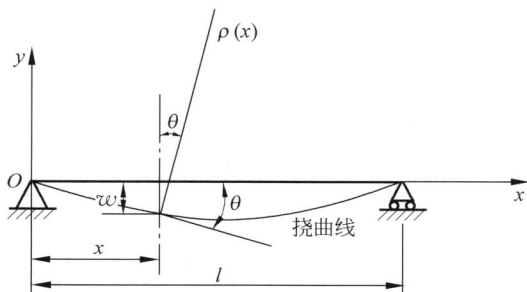

图　9-4

弯曲变形时,横截面绕中性轴发生转动,其转过的角度 θ 称为转角。根据平面假设,变形前垂直轴线(x 轴)的横截面,变形后仍然与变形后的轴线(挠曲线)垂直。因此,转角 θ 就是挠曲线法线与 y 轴的夹角。同样,为表示转角的转向,规定逆时针转动为正,顺时针转动为负。转角也是截面位置的函数,因此可以用转角方程表示,即

$$\theta = \theta(x) \qquad (9\text{-}2)$$

9.1.3　挠度和转角的关系

弯曲变形用挠度 w 和转角 θ 这两个位移量来度量。由图 9-4 可以看出,转角 θ 与挠曲线在该点的切线倾角相等。在小变形情况下,有

$$\theta \approx \tan\theta = \frac{\mathrm{d}w}{\mathrm{d}x} \qquad (9\text{-}3)$$

由式(9-3)可知,横截面的转角可以用该点处挠曲线切线的斜率表示。由此可见,只要知道挠曲线方程,就能确定梁上任一横截面的挠度和转角,因此求变形的关键在于如何确定梁的挠曲线方程。

9.2 挠曲线微分方程及其积分

9.2.1 挠曲线微分方程

在纯弯曲时,挠曲线曲率 $1/\rho$ 与弯矩 M 的关系为式(8-9),即

$$\frac{1}{\rho} = \frac{M}{EI}$$

在横力弯曲时,如果是细长梁,剪力对变形的影响可以忽略,上式仍然成立,但曲率和弯矩都是 x 的函数,即

$$\frac{1}{\rho(x)} = \frac{M(x)}{EI} \tag{9-4}$$

$w = w(x)$ 上任意一点的曲率为

$$\frac{1}{\rho(x)} = \pm \frac{\dfrac{\mathrm{d}^2 w}{\mathrm{d}x^2}}{\left[1 + \left(\dfrac{\mathrm{d}w}{\mathrm{d}x}\right)^2\right]^{\frac{3}{2}}} \tag{9-5}$$

$$\pm \frac{\mathrm{d}^2 w}{\mathrm{d}x^2} = \frac{M(x)}{EI} \tag{9-6}$$

根据弯矩的符号规定和挠曲线二阶导数与曲率中心方位的关系,在所取坐标系下弯矩 M 的正负号始终与 $\dfrac{\mathrm{d}^2 w}{\mathrm{d}x^2}$ 的正负号一致(图9-5)。

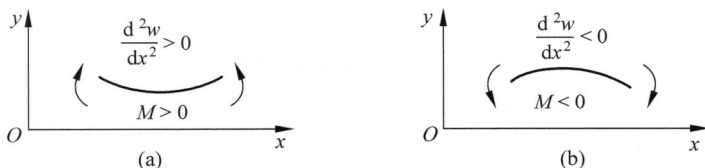

图 9-5

$$\frac{\mathrm{d}^2 w}{\mathrm{d}x^2} = \frac{M(x)}{EI} \tag{9-7}$$

式(9-7)即为梁的挠曲线微分方程。

9.2.2 挠曲线微分方程的积分

对式(9-7)积分一次,得转角方程

$$\theta = \frac{\mathrm{d}w}{\mathrm{d}x} = \int \frac{M}{EI} \mathrm{d}x + C \tag{9-8}$$

再积分一次,可得挠曲线方程

$$w = \int \left(\int \frac{M}{EI} \mathrm{d}x\right) \mathrm{d}x + Cx + D \tag{9-9}$$

式中,C、D 分别为积分常数。当梁为等截面梁时,EI 为常数,可以提到积分符号外面。如果梁的弯矩方程是分段函数,则上面的积分式也应分段积分。

9.2.3 积分常数的确定、约束条件和连续光滑条件

积分常数 C 和 D 可以通过梁上某些位置的已知挠度和转角或应满足的变形关系来确定。通常梁用某种支座支承,受到支座的约束,支座处的挠度或转角是已知的。例如铰支座处的挠度为零,则在图 9-6(a)中,在 $x=0$ 和 $x=l$ 处,$w_A=w_B=0$;又如固定端约束处的挠度和转角均为零,则在图 9-6(b)中,在 $x=0$ 处,$w_A=0$,$\theta_A=0$。只要将这些数据代入式(9-8)和式(9-9)中就可确定 C 和 D 的值。

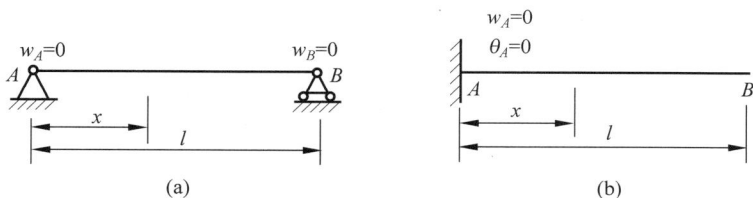

图 9-6

如果梁的弯矩方程是分段的,那么对各段微分方程积分时,每一段均会出现两个积分常数。要确定这些积分常数,除利用约束条件外,还要利用梁的连续光滑条件。因为挠曲线是一条连续光滑的曲线,所以在梁的积分分段点处,通过左右两段弯矩方程积分算出的挠度和转角是相等的。例如,图 9-7 所示梁在集中力 F 作用点 A 处,有连续光滑条件为 $w_{A左}=w_{A右}$ 和 $\theta_{A左}=\theta_{A右}$。

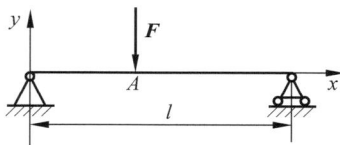

图 9-7

在计算梁的挠度和转角时,如果能够事先判断出梁的挠曲线的大致形状,对正确分析具有很大的帮助。梁弯曲时,挠曲线应满足支座的约束条件和连续光滑条件。在满足上述条件的前提下,根据弯矩的正负号,可以判断出挠曲线的大致形状,即当某段梁上弯矩为正时,该段梁挠曲线向下凹;当某段梁上弯矩为负时,该段梁挠曲线向上凸;当某段梁上弯矩为零时,该段梁挠曲线保持直线。按照上述方法,可以判断图 9-8(a)和(b)中两梁的挠曲线大致形状,如图 9-8 中虚线所示。

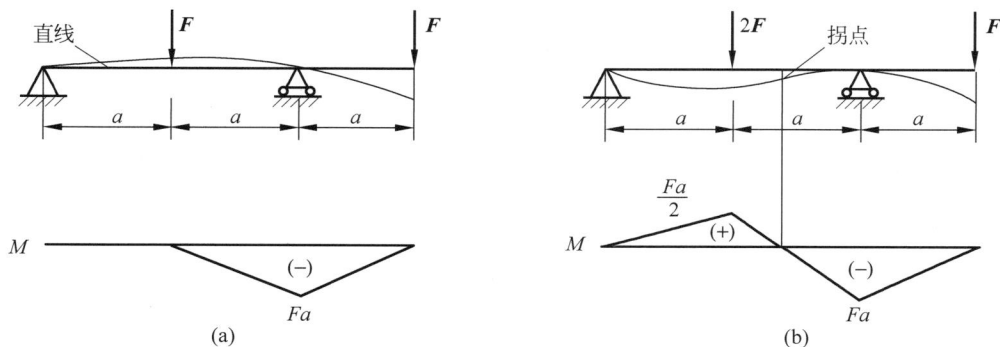

图 9-8

9.2.4　用积分法求梁的位移

对式(9-7)两端进行积分,并根据约束条件和连续光滑条件确定积分常数,再将已确定的积分常数代回积分式,即可得到梁的挠曲线方程和转角方程,从而可确定任一截面的挠度及转角。这种求梁的位移的方法称为积分法。

在工程计算中,习惯用 w 表示梁特定截面处的挠度。

【例 9-1】　简支梁 AB 受均布载荷 q 作用,如图 9-9 所示。建立梁的挠曲线方程和转角方程,并计算最大挠度和最大转角。

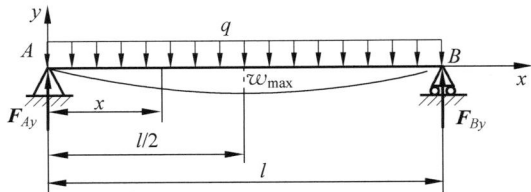

解:(1)计算支反力,列弯矩方程和挠曲线微分方程。

通过平衡方程,可得

$$F_{Ay} = F_{By} = \frac{ql}{2}$$

弯矩方程为

$$M(x) = F_{Ay}x - qx\frac{x}{2} = \frac{ql}{2}x - \frac{qx^2}{2}$$

故挠曲线微分方程为

$$\frac{\mathrm{d}^2 w}{\mathrm{d}x^2} = \frac{q}{2EI}(lx - x^2)$$

图　9-9

(2)对挠曲线微分方程积分
将上式两端积分两次,得

$$\theta = \frac{\mathrm{d}w}{\mathrm{d}x} = \frac{q}{2EI}\left(\frac{lx^2}{2} - \frac{x^3}{3}\right) + C$$

和

$$w = \frac{q}{2EI}\left(\frac{lx^3}{6} - \frac{x^4}{12}\right) + Cx + D$$

(3)确定积分常数
将约束条件 $x=0$ 处的 $w=0$ 和 $x=l$ 处的 $w=0$ 代入上式中,可得

$$D = 0 \quad 和 \quad C = -\frac{ql^3}{24EI}$$

(4)建立挠曲线方程和转角方程。
将 C、D 值代入积分式,分别得到挠曲线方程和转角方程为

$$w = \frac{q}{24EI}(2lx^3 - x^4 - l^3x)$$

$$\theta = \frac{q}{24EI}(6lx^2 - 4x^3 - l^3)$$

(5)计算最大挠度和最大转角。

全梁上的弯矩都为正,所以梁的挠曲线是一条下凹的曲线,又根据结构和载荷的对称性,可画出挠曲线的大致形状,如图 9-9 所示。在梁中点处有最大挠度,在梁的支座 A、B 处有最大转角。将相应的 x 坐标代入挠曲线方程和转角方程中,得

$$w_{\max} = w \Big|_{x=\frac{l}{2}} = -\frac{5ql^4}{384EI}$$

和

$$\theta_{\max} = \theta \Big|_{x=0} = -\frac{ql^3}{24EI}$$

式中，负号表示其变形方向与规定的正向相反。

【例 9-2】 如图 9-10 所示简支梁在 C 点作用一集中力 F，梁的抗弯刚度为 EI。求梁的挠曲线方程和转角方程。

解：（1）计算支反力，列弯矩方程。

通过平衡方程，可得

$$F_{Ay} = \frac{Fb}{l}, \quad F_{By} = \frac{Fa}{l}$$

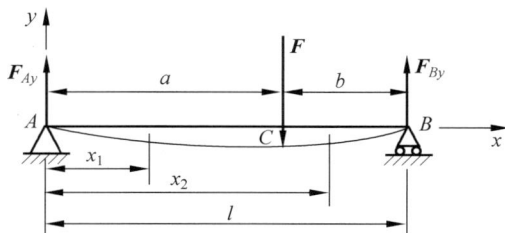

图 9-10

分段列弯矩方程。

对于 AC 段：$M(x_1) = \dfrac{Fb}{l}x_1 \quad (0 \leqslant x_1 \leqslant a)$

对于 CB 段：$M(x_2) = \dfrac{Fb}{l}x_2 - F(x_2 - a) \quad (a \leqslant x_2 \leqslant l)$

（2）分段列挠曲线微分方程并积分。

分别列 AC 和 CD 段的挠曲线微分方程，并两次积分，结果如表 9-1 所示。

表 9-1　挠曲线微分方程积分结果

AC 段　$(0 \leqslant x_1 \leqslant a)$		CB 段　$(a \leqslant x_2 \leqslant l)$	
$EIw'' = \dfrac{Fb}{l}x_1$		$EIw'' = \dfrac{Fb}{l}x_2 - F(x_2 - a)$	
$EIw' = \dfrac{Fb}{l}\dfrac{x_1^2}{2} + C_1$	(9-10)	$EIw' = \dfrac{Fbx_2^2}{l\ 2} - F\dfrac{(x_2-a)^2}{2} + C_2$	(9-11)
$EIw = \dfrac{Fb}{l}\dfrac{x_1^3}{6} + C_1x_1 + D_1$	(9-12)	$EIw = \dfrac{Fbx_2^3}{l\ 6} - F\dfrac{(x_2-a)^3}{6} + C_2x_2 + D_2$	(9-13)

（3）确定积分常数。

积分出现 4 个常数，需 4 个条件来确定。因为挠曲线是连续光滑的曲线，在两段交界面 C 处，由式(9-10)确定的转角和由式(9-11)确定的转角相等；由式(9-12)确定的挠度和由式(9-13)确定的挠度相等，即

$$\frac{Fb}{l}\frac{a^2}{2} + C_1 = \frac{Fb}{l}\frac{a^2}{2} - F\frac{(a-a)^2}{2} + C_2$$

$$\frac{Fb}{l}\frac{a^3}{6} + C_1a + D_1 = \frac{Fb}{l}\frac{a^3}{6} - F\frac{(a-a)^3}{6} + C_2a + D_2$$

由此可得

$$C_1 = C_2, \quad D_1 = D_2$$

梁的 A、B 两端有铰支座，根据约束条件，则有

当 $x_1 = 0$ 时，

$$EIw = D_1 = 0$$

当 $x_2 = l$ 时，

$$EIw = \frac{Fb}{l}\frac{l^3}{6} - F\frac{(l-a)^3}{6} + C_2 l + D_2 = 0$$

可得

$$D_1 = D_2 = 0, \quad C_1 = C_2 = -\frac{Fb}{6l}(l^2 - b^2)$$

（4）建立挠曲线方程和转角方程。

将 4 个积分常数代回式（9-10）和式（9-11），以及式（9-12）式（9-13），分别得到转角方程和挠曲线方程，如表 9-2 所示。

表 9-2　转角方程和挠度方程

AC 段　（$0 \leqslant x_1 \leqslant a$）		CB 段　（$a \leqslant x_2 \leqslant l$）	
$EIw' = -\dfrac{Fb}{6l}(l^2 - b^2 - 3x_1^2)$	(9-14)	$EIw' = -\dfrac{Fb}{6l}\left[(l^2 - b^2 - 3x_2^2) + \dfrac{3l}{b}(x_2 - a)^2\right]$	(9-15)
$EIw = -\dfrac{Fbx_1}{6l}(l^2 - b^2 - x_1^2)$	(9-16)	$EIw = -\dfrac{Fb}{6l}\left[(l^2 - b^2 - x_2^2)x_2 + \dfrac{l}{b}(x_2 - a)^3\right]$	(9-17)

如果要求梁上的最大挠度和最大转角，可以首先根据挠曲线的大致形状判断最大值出现的截面位置。最大转角出现在两端截面上，在式（9-14）和式（9-15）中分别代入 $x_1 = 0$ 和 $x_2 = l$，得

$$\theta_A = -\frac{Fab(l+b)}{6EIl}, \quad \theta_B = \frac{Fab(l+a)}{6EIl}$$

若 $a > b$，可以断定 θ_B 为最大转角。

最大挠度可以用求极值的方法计算。可以证明，梁的最大挠度所在位置非常接近于梁的中点，因此常用简支梁中点的挠度来代替梁的最大挠度，则有

$$w_{max} \approx w\Big|_{x=\frac{l}{2}} = -\frac{Fb}{48EI}(3l^2 - 4b^2)$$

积分法是求梁的变形的基本方法，它可以直接运用积分求得梁的挠曲线方程和转角方程，进而求出特定截面的挠度或转角。

9.3　用叠加法求梁的位移

在实际工程中，梁上可能同时作用几种载荷，此时若用积分法计算其位移，则计算过程比较烦琐，计算工作量大。由于研究的是小变形，材料处于线弹性阶段，所计算的梁的位移与梁上的载荷呈线性关系。所以，当梁上同时作用几种载荷时，可首先分别求出每一载荷单独作用时所引起的位移；然后计算这些位移的代数和，即为各载荷同时作用时所引起的位移。这种计算弯曲变形的方法称为叠加法。

前面的分析中不加区别地使用变形和位移这两个概念，而事实上，位移和变形是有区别的。变形是指构件在载荷作用下形状和尺寸的改变，而位移则是指构件特定位置在载荷作

用下在空间的移动量。位移是杆件各部分变形累加的结果,它不仅与变形有关,也与杆件所受的约束有关。当梁发生弯曲变形时,引起梁的位移;但并不能由此判断当某段梁没有发生弯曲变形时,该段梁的位移为零。例如,如图 9-11 所示悬臂梁上 BC 段弯矩为零,没有发生弯曲变形,但由于 AB 段变形的影响,BC 段存在位移。

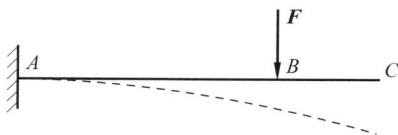

图 9-11

为了使用方便,将各种常见载荷作用下的简单梁的转角和挠度计算公式及挠曲线方程列于表 9-3 中。利用表格,按叠加法计算梁在多个载荷共同作用下所引起的位移是很方便的。

表 9-3 梁在简单载荷作用下的变形

序号	梁 的 简 图	挠曲线方程	端截面转角	最 大 挠 度
1		$w=-\dfrac{M_e x^2}{2EI}$	$\theta_B=-\dfrac{M_e l}{EI}$	$w_B=-\dfrac{M_e l^2}{2EI}$
2		$w=-\dfrac{Fx^2}{6EI}(3l-x)$	$\theta_B=-\dfrac{Fl^2}{2EI}$	$w_B=-\dfrac{Fl^3}{3EI}$
3		$w=-\dfrac{qx^2}{24EI}(x^2-4lx+6l^2)$	$\theta_B=-\dfrac{ql^3}{6EI}$	$w_B=-\dfrac{ql^4}{8EI}$
4		$w=-\dfrac{M_e x}{6EIl}(l^2-x^2)$	$\theta_A=-\dfrac{M_e l}{6EI}$ $\theta_B=\dfrac{M_e l}{3EI}$	$x=\dfrac{l}{\sqrt{3}}$ $w_{\max}=-\dfrac{M_e l^2}{9\sqrt{3}\,EI}$ $x=\dfrac{l}{2},w_{\frac{l}{2}}=\dfrac{M_e l^2}{16EI}$
5		$w=-\dfrac{Fx}{48EI}(3l^2-4x^2)$ $\left(0\leqslant x\leqslant\dfrac{l}{2}\right)$	$\theta_A=-\theta_B=\dfrac{Fl^2}{16EI}$	$w_{\frac{l}{2}}=-\dfrac{Fl^3}{48EI}$
6		$w=-\dfrac{Fbx}{6EIl}(l^2-x^2-b^2)$ $(0\leqslant x\leqslant a)$ $w=-\dfrac{Fb}{6EIl}\left[\dfrac{l}{b}(x-a)^3+(l^2-b^2)x-x^3\right]$ $(a\leqslant x\leqslant l)$	$\theta_A=-\dfrac{Fab(l+b)}{6EIl}$ $\theta_B=\dfrac{Fab(l+a)}{6EIl}$	设 $a>b$,在 $x=\sqrt{\dfrac{l^2-b^2}{3}}$ 处, $w_{\max}=-\dfrac{Fb(l^2-b^2)^{\frac{3}{2}}}{9\sqrt{3}\,EIl}$ 在 $x=\dfrac{l}{2}$ 处, $w_{\frac{l}{2}}=\dfrac{Fb(3l^2-4b^2)}{48EI}$

续表

序号	梁 的 简 图	挠曲线方程	端截面转角	最 大 挠 度
7		$w = -\dfrac{qx}{24EI}(l^3 - 2lx^2 + x^3)$	$\theta_A = -\theta_B$ $= -\dfrac{ql^3}{24EI}$	$w_{\frac{l}{2}} = -\dfrac{5ql^4}{384EI}$

9.3.1 多个载荷作用时求梁的位移的叠加法

根据叠加法,几个载荷共同作用下梁任意横截面上的位移,等于每个载荷单独作用时该截面位移的代数和。

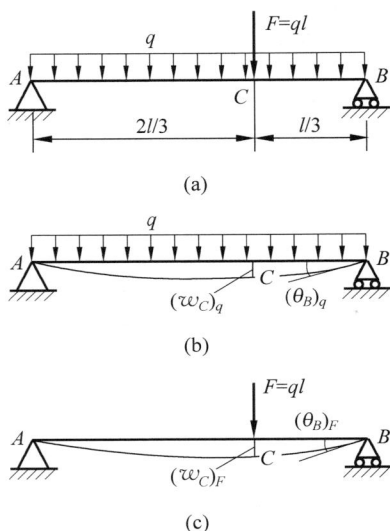

(a)

(b)

(c)

图 9-12

【例 9-3】 求图 9-12(a)所示梁 C 截面的挠度和截面 B 的转角。设 EI 为常数。

解:(1)梁的位移的分解。

梁上有集度为 q 的均布载荷和集中力 F 作用,其截面 C 的挠度和截面 B 的转角为两个载荷单独作用下位移的代数和,即

$$w_C = (w_C)_q + (w_C)_F$$
$$\theta_B = (\theta_B)_q + (\theta_B)_F$$

(2)在均布力作用下。

截面 B 转角查表 9-3 中第 7 栏可得

$$(\theta_B)_q = \frac{ql^3}{24EI}$$

截面 C 的挠度可以通过查表 9-3 中第 7 栏的挠曲线方程,代入坐标值 $x = \dfrac{2}{3}l$ 计算,即

$$(w_C)_q = -\frac{q\left(\dfrac{2}{3}l\right)}{24EI}\left[l^3 - 2l\left(\frac{2}{3}l\right)^2 + \left(\frac{2}{3}l\right)^3\right] = -\frac{11ql^4}{972EI}$$

(3)在集中力 F 作用下。

截面 B 转角查表 9-3 中第 6 栏可得

$$(\theta_B)_F = \frac{F\dfrac{2l}{3}\dfrac{l}{3}\left(l + \dfrac{2l}{3}\right)}{6EIl} = \frac{5Fl^2}{81EI} = \frac{5ql^3}{81EI}$$

截面 C 的挠度可以通过查表 9-3 中第 6 栏的两段中的任一段挠曲线方程,代入坐标值 $x = \dfrac{2}{3}l$ 计算,即

$$(w_C)_F = -\frac{F\dfrac{l}{3}\dfrac{2l}{3}}{6EIl}\left[l^2 - \left(\frac{2}{3}l\right)^2 - \left(\frac{l}{3}\right)^2\right] = -\frac{4Fl^3}{243EI} = -\frac{4ql^4}{243EI}$$

（4）叠加。因此有

$$w_C = (w_C)_q + (w_C)_F = -\frac{11ql^4}{972EI} - \frac{4ql^4}{243EI} = -\frac{27ql^4}{972EI}$$

$$\theta_B = (\theta_B)_q + (\theta_B)_F = \frac{ql^3}{24EI} + \frac{5ql^3}{81EI} = \frac{67ql^3}{648EI}$$

【例 9-4】　图 9-13（a）所示为一悬臂梁,其抗弯刚度 EI 为常数,求 B 点的转角和挠度。

解：（1）在力 F 单独作用下,

查表 9-3 中第 2 栏可得

$$(\theta_B)_F = -\frac{Fl^2}{2EI}, \quad (w_B)_F = -\frac{Fl^3}{3EI}$$

（2）在 q 单独作用下。

查表 9-3 中第 3 栏可得

$$(\theta_C)_q = -\frac{q(l/2)^3}{6EI} = -\frac{ql^3}{48EI}$$

$$(w_C)_q = -\frac{q(l/2)^4}{8EI} = -\frac{ql^4}{128EI}$$

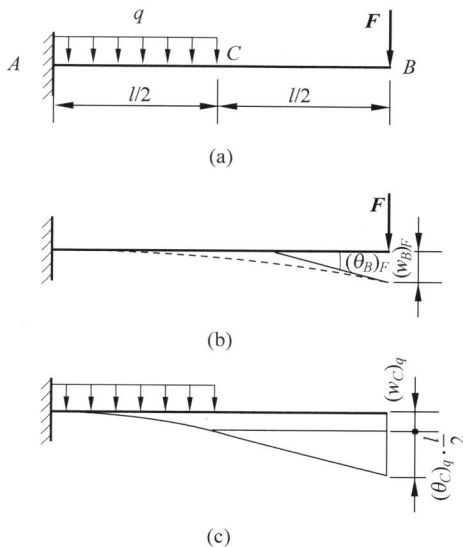

图　9-13

因为 CB 段没有弯矩作用,挠曲线保持直线状态,而两段挠曲线在 C 点应相切,所以 B 点的转角和挠度为

$$(\theta_B)_q = (\theta_C)_q = -\frac{ql^3}{48EI}$$

$$(w_B)_q = (w_C)_q + (\theta_C)_q \cdot \frac{l}{2} = -\frac{ql^4}{128EI} - \frac{ql^3}{48EI}\frac{l}{2} = -\frac{7ql^4}{384EI}$$

（3）在 F 和 q 共同作用下。

$$\theta_B = (\theta_B)_F + (\theta_B)_q = -\frac{Fl^2}{2EI} - \frac{ql^3}{48EI}$$

$$w_B = (w_B)_F + (w_B)_q = -\frac{Fl^3}{3EI} - \frac{7ql^4}{384EI}$$

9.3.2　逐段刚化法

在有些情况下,梁上某截面的位移是由几段梁的弯曲变形共同引起的。在计算其位移时,可以分别计算各段梁单独变形引起的该截面的位移,然后代数求和,这种分析方法称为逐段刚化法。对于表 9-3 中没有列出的外伸梁情况以及变截面梁情况,常用逐段刚化法分析。在梁上作用多个载荷情况下,可以先分解成单个载荷作用情形,然后分别用逐段刚化法分析,再进行位移叠加。下面举例说明其分析方法和特点。

【例 9-5】　图 9-14（a）所示为一外伸梁,在 C 处作用集中力 F,梁的 EI、l、a 已知。求截面 C 的挠度和转角。

解：该梁由 AB、BC 两段组成,梁在截面 C 的挠度和转角等于两段梁分别变形时在该截面引起的挠度和转角的代数和。

（1）刚化 AB 段，只考虑 BC 段的变形。如图 9-14(b)所示，AB 段不变形，保持原来的直线形态；BC 段发生弯曲，在 B 点与 AB 连续光滑连接，所以 B 点没有转角位移，因此可以将 B 截面处视为固定端，将 BC 段看成悬臂梁。

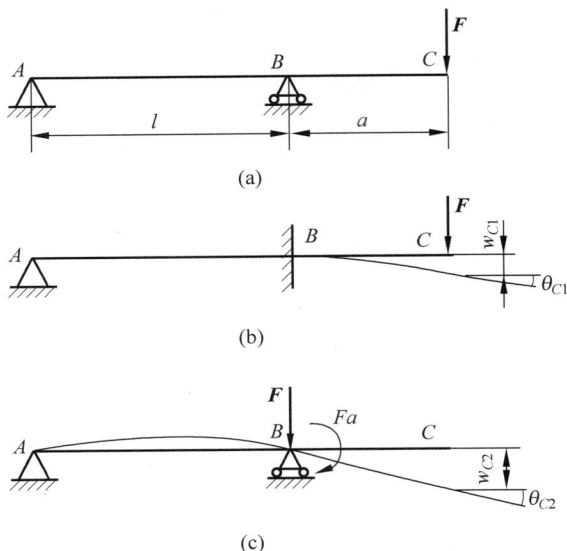

图 9-14

查表 9-3 第 2 栏可得

$$\theta_{C1} = -\frac{Fa^2}{2EI}, \quad w_{C1} = -\frac{Fa^3}{3EI}$$

（2）刚化 BC 段，只考虑 AB 段的变形。

如图 9-14(c)所示，AB 段发生弯曲；CB 段不变形，保持原来的直线形态，在 B 点与 AB 保持连续光滑连接。力 F 对 AB 段的作用可以用将力 F 等效简化到 B 点得到的一个力 F 和一个力偶 Fa 代替。因为力在 BC 段的等效不改变对 AB 段的作用效果，即没有改变 AB 段的弯矩，所以这种简化是可行的。简化到 B 点的 F 力作用在支座上，不会使 AB 梁变形；力偶 Fa 的作用可以查表 9-3 中第 4 栏，得到

$$\theta_B = \frac{M_e l}{3EI} = -\frac{Fal}{3EI}$$

则由 AB 段变形引起的 C 点的转角和挠度为

$$\theta_{C2} = \theta_B = -\frac{Fal}{3EI}, \quad w_{C2} = \theta_{C2} a = -\frac{Fa^2 l}{3EI}$$

（3）叠加。

梁上截面 C 的总挠度和总转角为

$$w_C = w_{C1} + w_{C2} = -\frac{Fa^3}{3EI} - \frac{Fa^2 l}{3EI} = -\frac{Fa^2}{3EI}(a+l)$$

$$\theta_C = \theta_{C1} + \theta_{C2} = -\frac{Fa^2}{2EI} - \frac{Fal}{3EI} = -\frac{Fa}{6EI}(3a+2l)$$

【例 9-6】 求图 9-15(a)所示悬臂梁端截面 A 的挠度。

解：（1）刚化 BC 段，只考虑 AB 段的变形。

如图 9-15（b）所示，B 点可以看作固定端，查表 9-3 中第 3 栏得

$$w_{A1} = \frac{ql^4}{8EI} (\downarrow)$$

在查表 9-3 时可以发现，表 9-3 固定端位置与题中情况正好相反，这样在使用表格数据时有时会出现符号相反的情况，如图 9-15 中截面 A 的转角方向为逆时针，应取正号。为了不出现错误，通常将变形后的挠曲线大致形状画出，根据变形方向确定符号，也可用箭头标明位移方向。

（2）刚化 AB 段，只考虑 BC 段的变形。

将载荷等效简化到 B 点，得到一个力 ql 和一个力偶 $\frac{1}{2}ql^2$，分别计算力偶和力作用下在 B 点产生的挠度和转角。查表 9-3 中第 1、2 栏可得：

$$\theta_B = \frac{\frac{1}{2}ql^2 l}{EI} + \frac{qll^2}{2EI} = \frac{ql^3}{EI} (\uparrow)$$

$$w_B = \frac{\frac{1}{2}ql^2 l^2}{2EI} + \frac{qll^3}{3EI} = \frac{7ql^4}{12EI} (\downarrow)$$

则 A 点的挠度为

$$w_{A2} = w_B + \theta_B l = \frac{7ql^4}{12EI} + \frac{ql^3}{EI} l = \frac{19ql^4}{12EI} (\downarrow)$$

（3）叠加。

$$w_A = w_{A1} + w_{A2} = \frac{ql^4}{8EI} + \frac{19ql^4}{12EI} = \frac{41ql^4}{24EI} (\downarrow)$$

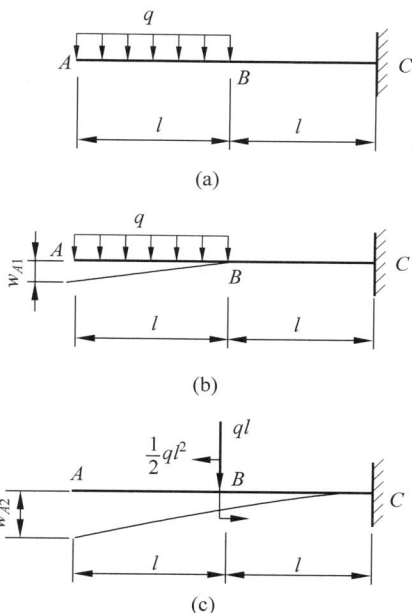

图 9-15

9.4 简单静不定梁

9.4.1 静不定梁的概念

前面分析过的梁，如简支梁和悬臂梁等，其支座反力和内力仅用静力平衡条件就可全部确定，这种梁称为静定梁。在工程实际中，为提高梁的强度和刚度，往往在静定梁上增加一个或几个约束，此时梁的支座反力和内力用静力平衡条件不能全部确定，这种梁称为静不定梁或超静定梁。例如，在图 9-16(a)所示悬臂梁的自由端 B 加一支座，未知约束反力增加一个，该梁由静定梁变为了静不定梁，如图 9-16(b)所示。

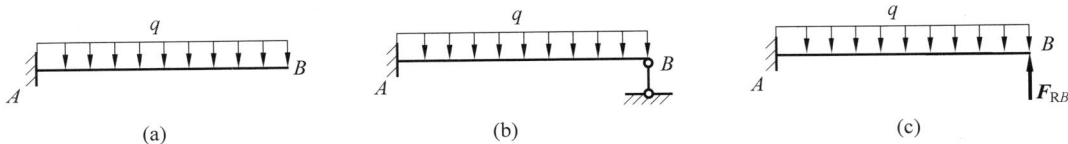

图 9-16

9.4.2 变形比较法求解简单静不定梁

在静不定梁中,那些超过维持梁平衡所必需的约束称为多余约束,对应的支座反力称为多余约束反力。由于多余约束的存在,未知力的数目多于能够建立的独立平衡方程的数目,两者之差称为静不定次数。为确定静不定梁的全部约束反力,除利用平衡条件外,还必须根据梁的变形情况建立补充方程式。如果解除静不定梁上的多余约束,那么该静不定梁又变为一个静定梁。这个静定梁称为原静不定梁的基本静定梁,两个梁应具有相同的受力和变形。

为使基本静定梁的受力和变形与原静不定梁完全相同,作用在基本静定梁上的外力除原来的载荷外,还应加上多余约束反力。同时,还要求基本静定梁在多余约束处的挠度或转角满足该约束所产生的限制条件。例如,在图 9-16(b)中,若将 B 端的可动铰支座作为多余约束,则可得到图 9-16(c)所示的基本静定梁;在图 9-16(b)中,由于 B 端支座的作用,静不定梁 B 点挠度为零,则在图 9-16(c)中,该梁也应满足如下条件:

$$w_B = 0 \quad \text{或} \quad w_B = (w_B)_q + (w_B)_{F_{RB}} = 0$$

这就是梁应满足的变形协调条件。

根据变形条件和力与变形间的物理关系可以建立补充方程。由此可以求出多余约束反力,进而求解梁的内力、应力和变形。这种通过比较多余约束处的变形,建立变形协调关系,求解静不定梁的方法称为变形比较法。

由以上的讨论可知,变形比较法解静不定梁可按以下步骤进行:第一,去掉多余约束,使静不定梁变成基本静定梁,并施加与多余约束对应的约束反力;第二,比较多余约束处的变形情况,建立变形协调关系;第三,将力与变形之间的物理关系代入变形条件,得到补充方程,求出多余约束反力。

解静不定梁时,选择哪个约束为多余约束并不是固定的,可以根据方便求解的原则确定。选取的多余约束不同,得到的基本静定梁的形式和变形条件也不同。例如,图 9-16(b)所示静不定梁也可选阻止 A 端转动的约束为多余约束,相应的多余约束反力为力偶矩

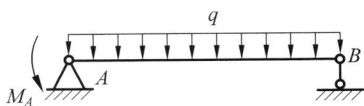

图 9-17

M_A。解除这一多余约束后,固定端将变为固定铰支座;相应的基本静定梁为简支梁,如图 9-17 所示。该梁应满足的变形关系为 A 端的转角为零,即

$$\theta_A = (\theta_A)_q + (\theta_A)_{M_A} = 0$$

最后利用物理关系得到补充方程,求解可以得到与前面相同的结果。

【例 9-7】 房屋建筑中某一等截面梁简化为均布载荷作用下的双跨梁,如图 9-18(a)所示。求梁的全部约束反力。

解:(1)确定基本静定梁。

解除 C 点的约束,加上相应的约束反力 F_{RC},得到基本静定梁如图 9-18(b)所示。

（2）变形协调条件。

C 点由于支座的约束，梁的挠度为零，即

$$w_C = (w_C)_q + (w_C)_{F_{RC}} = 0$$

（3）建立补充方程。

查表 9-3 中第 5、7 栏可得

$$(w_C)_{F_{RC}} = \frac{F_{RC}(2l)^3}{48EI} = \frac{F_{RC}l^3}{6EI}$$

$$(w_C)_q = -\frac{5q(2l)^4}{384EI} = -\frac{5ql^4}{24EI}$$

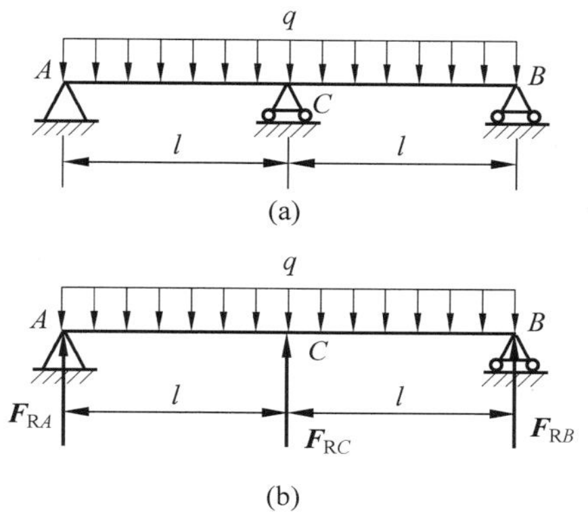

代入变形关系，可得补充方程为

$$-\frac{5ql^4}{24EI} + \frac{F_{RC}l^3}{6EI} = 0$$

解得

$$F_{RC} = \frac{5}{4}ql$$

（4）列平衡方程，求解其他约束反力。

$$\sum M_A = 0 \quad 2ql \cdot l - F_{RC} \cdot l - F_{RB} \cdot 2l = 0$$

$$\sum F_y = 0 \quad F_{RA} + F_{RB} + F_{RC} - 2ql = 0$$

解得

$$F_{RA} = F_{RB} = \frac{3}{8}ql$$

图 9-18

在求出梁上作用的全部外力后，就可以进一步分析梁的内力、应力、强度和变形了。读者可以分析比较一下 C 点有无支座时梁的强度和刚度，以对采用静不定梁的作用加深理解。

*9.4.3 超静定梁中的支座沉陷问题

在工程中，有时地基会下沉，使梁的各支座发生程度不同的沉陷。在静定结构中，地基下沉对梁的强度并无影响。但对于静不定梁，地基下沉会对梁的强度产生明显的影响。

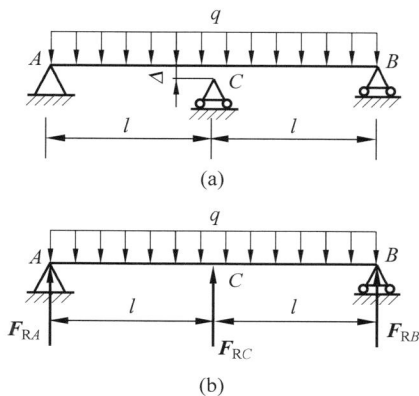

图 9-19

分析静不定梁中的支座沉陷问题的方法与求解一般的静不定梁相同，也就是应用变形比较法通过去掉多余约束，使静不定梁变成基本静定梁，并施加与多余约束对应的约束反力；比较多余约束处的变形情况，建立变形协调关系；将力与变形之间的物理关系代入变形条件，得到补充方程，求出多余约束反力。只是在建立变形协调关系时将地基沉陷因素考虑进去。例如，图 9-19（a）所示双跨梁中间支座沉陷了 Δ，则以简支梁为基本静定梁（图 9-19（b））的变形协调关系为

$$w_C = (w_C)_q + (w_C)_{F_{RC}} = -\Delta$$

应用此关系建立补充方程，就可以求解该问题。

9.5　梁的刚度条件和提高梁的刚度的措施

9.5.1　梁的刚度条件

在工程实际中,梁的挠度、转角过大,会影响梁的正常工作。为保证梁的正常工作,有时会限定梁的最大挠度和最大转角,得到刚度条件:

$$\begin{cases} |w|_{\max} \leqslant [w] \\ |\theta|_{\max} \leqslant [\theta] \end{cases} \tag{9-18}$$

式中,$[w]$和$[\theta]$分别为规定的许用挠度和许用转角。表 9-4 列出了某些工程构件的许用挠度和许用转角的参考值。

表 9-4　梁变形的许用值

使 用 场 合	变形许用值
建筑工程	$[w] = \left(\dfrac{1}{250} \sim \dfrac{1}{1\,000}\right)l$
一般用途的轴	$[w] = (0.000\,3 \sim 0.000\,5)l$
安装齿轮的轴	$[w] = (0.01 \sim 0.03)m_n$
	$[\theta] = (0.001 \sim 0.002)\text{rad}$
普通机床主轴	$[w] = 0.000\,2l$
起重机大梁	$[w] = (0.001 \sim 0.002)l$
安装滑动轴承处	$[\theta] = 0.001\text{rad}$

注:表中 l 是轴的两个支撑之间的距离;m_n 为齿轮的法面模数。

*9.5.2　提高梁的刚度的措施

由梁的挠度及转角公式可知,梁的挠度和转角除与梁的支承条件、载荷有关外,还与截面的惯性矩、梁的跨度及材料的弹性模量有关。梁的挠度与截面的惯性矩、弹性模量成反比。因此,为提高梁的刚度,可采取如下措施。

(1)采用适当形状的截面,使截面面积分布在距中性轴较远处,以增大截面的惯性矩,减小弯曲变形。不同形状的截面,即使其截面面积相等,惯性矩也不一定相等。一般,空心薄壁截面的惯性矩比同面积的实心截面大,所以起重机大梁、机床床身、导轨、立柱等都采用工字形、T 形、槽形、箱形等薄壁截面。一般情况下,增大截面的惯性矩,往往也提高了梁的强度。不过,在强度问题中,仅需提高弯矩较大局部范围内的抗弯截面系数。而弯曲变形与全长内各部分的刚度都有关系,往往要考虑提高杆件全长的弯曲刚度。

(2)减小梁的跨度或增加梁的支座。挠度与跨度的 n 次幂成正比,所以跨度对变形的影响很大,那么减小梁的跨度或增加梁的支座都可以有效地减小梁的变形。例如,如图 9-20 所示为车床

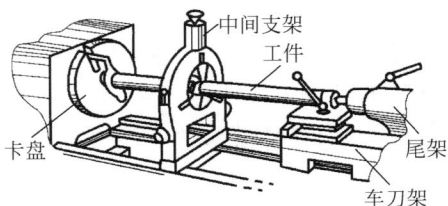

中间支架
工件
卡盘
尾架
车刀架

图　9-20

上加工较长的工件时的情况,为减小切削力引起的挠度,提高加工精度,可在卡盘和尾架之间再加一个中间支架。此时,工件由原来的静定梁变为超静定梁。

（3）改善梁的受力和支座位置。梁的变形与梁上作用的弯矩有关,因此可以通过调整加载方式,合理安排荷载作用位置,以减少弯矩,进而达到提高梁刚度的作用。

本章总结

1. 梁的位移的概念

1）梁的位移的度量——挠度和转角

发生弯曲变形时,梁某一横截面的形心沿 y 方向的线位移称为挠度,该横截面绕中性轴转过的角度称为转角,梁的位移包括挠度和转角。挠度由挠曲线方程描述,转角用转角方程描述,分析梁的位移就是分析梁上各个横截面的挠度和转角。在分析挠度和转角时,应注意位移方向。

2）挠度和转角的关系

在小变形情况下,横截面的转角可以用该点处挠曲线切线的斜率表示,即

$$\theta = \frac{\mathrm{d}w}{\mathrm{d}x}$$

2. 挠曲线微分方程及其积分

1）挠曲线微分方程

梁的挠曲线微分方程为 $\dfrac{\mathrm{d}^2 w}{\mathrm{d}x^2} = \dfrac{M(x)}{EI}$,将方程进行积分,就可以求得挠度 w 和转角 θ。在该方程选取的坐标系内,挠度以向上为正;转角以原来位置逆时针转向为正。若坐标取向不同,挠度和转角的正负也随之改变。方程的适用条件如下:应力在比例极限内,平面弯曲,小变形问题。

2）挠曲线微分方程的积分

$$\theta = \frac{\mathrm{d}w}{\mathrm{d}x} = \int \frac{M}{EI} \mathrm{d}x + C$$

$$w = \int \left(\int \frac{M}{EI} \mathrm{d}x \right) \mathrm{d}x + Cx + D$$

式中,C、D 分别为积分常数。如果梁的弯矩方程是分段函数,那么上面的积分式也应分段积分。

3）积分常数的确定

根据支承处的约束条件和挠曲线连续光滑条件,代入挠度方程和转角方程,就可确定积分常数 C 和 D。

4）用积分法求梁的位移

在计算梁的挠度和转角时,首先判断出梁的挠曲线的大致形状,某些情况下可由挠曲线的大致形状判断最大挠度和最大转角的位置;由弯矩方程得到梁的挠曲线微分方程;对梁的挠曲线微分方程进行积分;根据约束条件和连续光滑条件确定积分常数,再将已确定的

积分常数代回积分式,即可得到梁的挠曲线方程和转角方程;从而可确定任一截面的挠度及转角;在某些情况下,需要用求极值的方法计算最大挠度。

3. 用叠加法求梁的位移

1)多个载荷作用时求梁的位移的叠加法

常见载荷作用下的简单梁的转角和挠度计算公式及挠曲线方程列于表 9-3 中。根据叠加法,几个载荷共同作用下梁任意横截面上的位移,等于每个载荷单独作用时该截面位移的代数和。在应用叠加法计算梁的位移时,一定要注意梁的变形与位移的区别,注意所求解问题的梁的长度、载荷大小与表格中梁的长度、载荷大小的区别,并且正确判断挠度和转角的正负号。

2)逐段刚化法

在梁上作用多个载荷情况下,可以先分解成单个载荷作用情形,若单个载荷作用无表可查,用逐段刚化法分析,即梁上某截面的位移是由几段梁的弯曲变形共同引起的。在计算其位移时,分别计算各段梁单独变形引起的该截面的位移,然后代数求和。

4. 简单超静定梁

1)超静定梁的概念

梁的支座反力和内力用静力平衡条件不能全部确定,这种梁称为超静定梁。超静定次数通过比较约束反力数和独立平衡方程数得到。

2)变形比较法求解简单超静定梁

去掉多余约束,使超静定梁变成基本静定梁,并施加与多余约束对应的约束反力;比较多余约束处的变形情况,建立变形协调关系;将力与变形之间的物理关系代入变形条件,得到补充方程,求出多余约束反力。

5. 梁的刚度条件和提高梁的刚度的措施

1)梁的刚度条件

梁的刚度条件 $w_{max} \leqslant [w]$ 和 $\theta_{max} \leqslant [\theta]$,$[w]$ 和 $[\theta]$ 分别为规定的许用挠度和许用转角。

2)提高梁的刚度的措施

由梁的挠度及转角公式可知,梁的挠度和转角除与梁的支承条件、载荷有关外,还与截面的惯性矩、跨度及材料的弹性模量有关。挠度与截面的惯性矩、弹性模量成反比。因此,为提高梁的刚度,可采取下面一些措施:①采用适当形状的截面,使截面面积分布在距中性轴较远处,以增大截面的惯性矩,工程上常采用工字形、槽形、箱形等形状的截面梁;②减小梁的跨度或增加梁的支座,挠度与跨度的 n 次幂成正比,所以跨度对变形的影响很大,那么减小梁的跨度或增加梁的支座都可以有效地减小梁的变形;③梁的变形与梁上作用的弯矩有关,因此可以通过调整加载方式,合理安排载荷作用位置,以减少弯矩,进而达到提高梁刚度的作用。

分析思考题

9-1 梁的位移包括哪几个方面? 如何描述?

9-2 梁的位移和变形有何区别?

9-3 为什么说本章建立的梁挠曲线的微分方程为近似微分方程？

9-4 用积分法求梁的变形时，如何确定其中的积分常数？

9-5 挠度和转角的符号是如何规定的？

9-6 如何求梁的最大挠度？最大挠度处的截面转角一定为零吗？最大弯矩处的挠度也一定是最大值吗？

9-7 建立梁的挠曲线近似微分方程时的分段原则是什么？同建立内力方程时的分段原则有无差别？

9-8 为什么可以用叠加法求梁的变形？其应用条件与求梁的内力时的叠加法是否相同？

9-9 如何区别静定梁和超静定梁？用变形比较法解简单超静定梁的关键是什么？

9-10 提高梁的弯曲刚度和弯曲强度有什么异同？

习题

9-1 如习题 9-1 图所示，根据弯矩图和约束条件，画出各梁挠曲线大致形状。

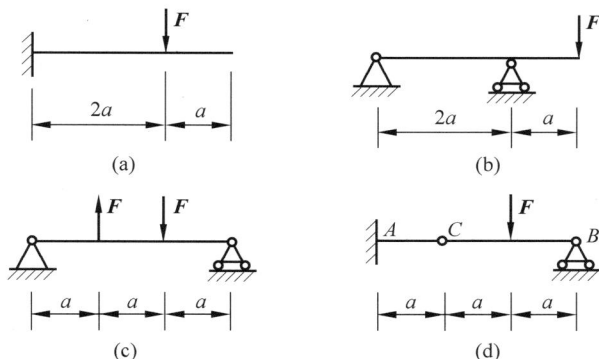

习题 9-1 图

答：略。

9-2 设梁（习题 9-2 图）的 EI 为常数，用积分法求下列各梁的转角方程与挠曲线方程以及最大挠度和最大转角。

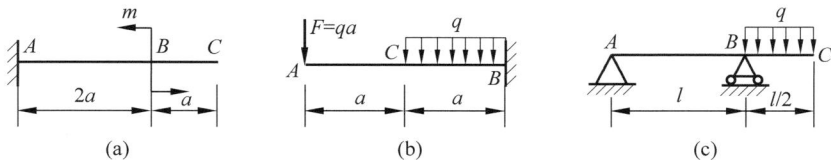

习题 9-2 图

答：(a) $\theta_{\max}=\dfrac{2ma}{EI}$, $w_{\max}=\dfrac{4ma^2}{EI}$; (b) $\theta_{\max}=\dfrac{13qa^3}{6EI}$, $w_{\max}=\dfrac{71qa^4}{24EI}$;

(c) $\theta_{\max}=\dfrac{ql^3}{16EI}$, $w_{\max}=\dfrac{11ql^4}{384EI}$。

9-3 设梁(习题 9-3 图)的 EI 为常数,用积分法求下列各梁的转角方程与挠曲线方程以及指定截面上的挠度和转角。

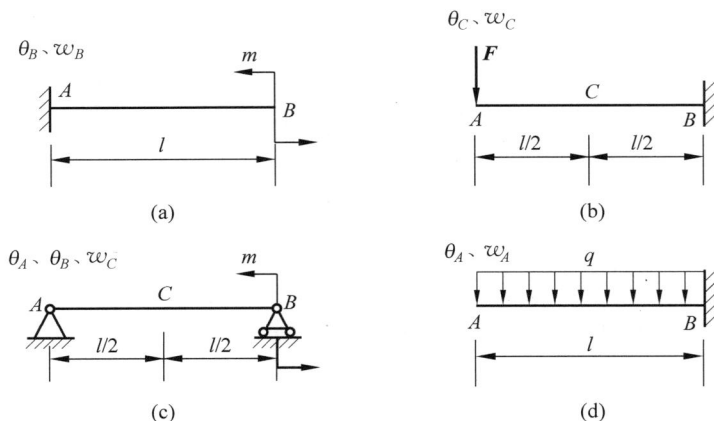

习题 9-3 图

答：(a) $\theta_B = \dfrac{ml}{EI}$，$w_B = \dfrac{ml^2}{2EI}$；(b) $\theta_C = \dfrac{3Fl^2}{8EI}$，$w_C = -\dfrac{5Fl^3}{48EI}$；

(c) $\theta_A = -\dfrac{ml}{6EI}$，$\theta_B = \dfrac{ml}{3EI}$，$w_C = -\dfrac{ml^2}{16EI}$；(d) $\theta_A = \dfrac{ql^3}{6EI}$，$w_A = -\dfrac{ql^4}{8EI}$。

9-4 一悬臂梁受分布载荷作用,如习题 9-4 图所示。已知 EI 为常数,用积分法求截面 B 的转角和挠度。

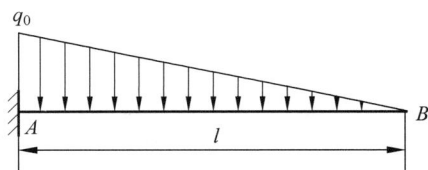

习题 9-4 图

答：$\theta_B = -\dfrac{q_0 l^3}{24EI}$，$w_B = -\dfrac{q_0 l^4}{30EI}$。

9-5 用叠加法求习题 9-5 图所示阶梯形悬臂梁最大挠度和最大转角。

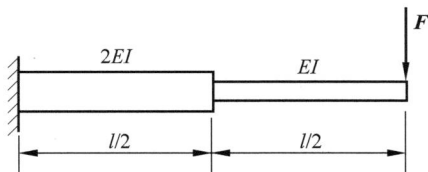

习题 9-5 图

答：$\theta_{max} = \dfrac{5Fl^2}{16EI}$，$w_{max} = \dfrac{3Fl^3}{16EI}$。

9-6 用叠加法求习题 9-6 图所示各梁中指定截面的挠度和转角。已知梁的 EI 为常数。

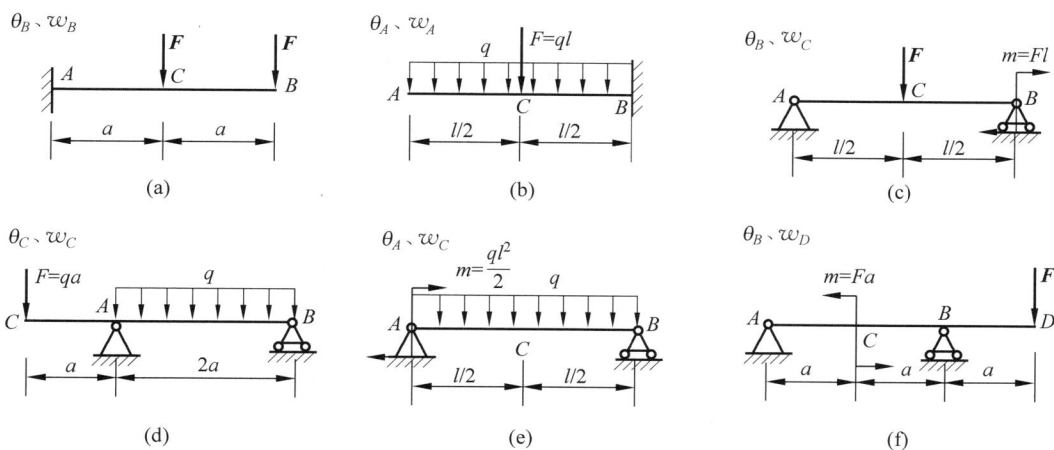

(a)　(b)　(c)

(d)　(e)　(f)

习题 9-6 图

答：(a) $\theta_B=-\dfrac{5Fa^2}{2EI}$，$w_B=-\dfrac{7Fa^3}{2EI}$；(b) $\theta_A=\dfrac{7ql^3}{24EI}$，$w_A=-\dfrac{11ql^4}{48EI}$；

(c) $\theta_B=-\dfrac{13Fl^3}{48EI}$，$w_C=\dfrac{Fl^3}{24EI}$；(d) $\theta_C=\dfrac{5qa^3}{6EI}$，$w_C=-\dfrac{2qa^4}{3EI}$；

(e) $\theta_A=-\dfrac{5ql^3}{24EI}$，$w_C=-\dfrac{17ql^4}{384EI}$；(f) $\theta_B=-\dfrac{3Fa^2}{4EI}$，$w_D=-\dfrac{13Fa^3}{12EI}$。

9-7　用叠加法求习题 9-1 图中各梁的最大转角和最大挠度。

答：略。

9-8　用叠加法求习题 9-4 图中阶梯形悬臂梁的最大转角和最大挠度。

答：略。

9-9　单梁吊车起重量为 50kN，由型号为 45b 的工字钢制成，跨度 $l=10$m，如习题 9-9 图所示。已知梁的许用挠度 $[w]=\dfrac{l}{500}$，材料的弹性模量 $E=210$GPa，考虑梁的自重，画出计算简图并校核梁的刚度。

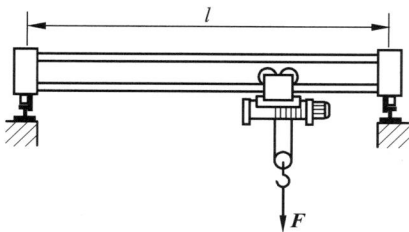

习题 9-9 图

答：$w_{\max}=16.3$mm$\leqslant[w]$。

9-10　滚轮沿等截面梁移动，要求滚轮恰好走一条水平路径。问：在习题 9-10 图所示两种梁情形下，梁应预弯成什么样的曲线？

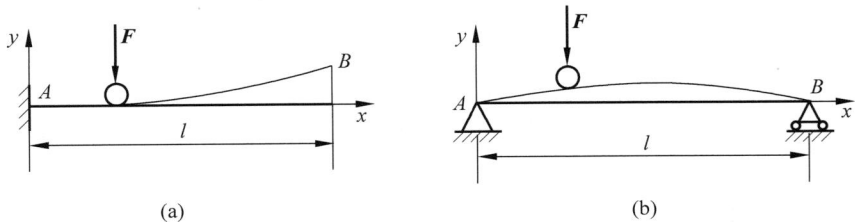

(a)　　　　　　　　　　　　　　(b)

习题 9-10 图

答：(a) $y=\dfrac{Fx^3}{3EI}$；(b) $y=\dfrac{Fx^2(l-x)^2}{3EIl}$。

9-11　如习题 9-11 图所示，组合梁由两根梁铰接而成，EI 相同。求外载荷 F 力作用点的位移。

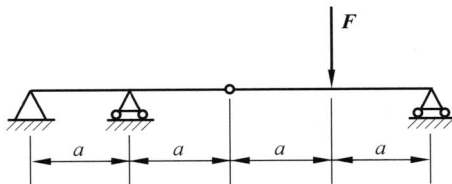

习题 9-11 图

答：$w=-\dfrac{Fa^3}{3EI}$。

9-12　如习题 9-12 图所示，测力装置以矩形截面弯曲梁 BC 中点 F 的位移确定载荷 F_P 的大小。已知 $l=1\mathrm{m}$，$a=0.1\mathrm{m}$，梁截面宽 $b=60\mathrm{mm}$，高 $h=40\mathrm{mm}$，材料的弹性模量 $E=220\mathrm{GPa}$。当 F 点处百分表转动一格（$1/100\mathrm{mm}$）时，载荷 F_P 增加多少？

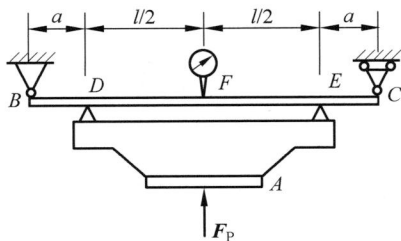

习题 9-12 图

答：$\Delta F_P=78.9\mathrm{N}$。

9-13　直角拐由圆截面 AB 段和矩形截面 BC 段组成，A 端固定，B 端用滑动轴承支承，C 端作用集中力 $F=60\mathrm{N}$，如习题 9-13 图所示。已知材料的弹性模量 $E=210\mathrm{GPa}$，剪切弹性模量 $G=84\mathrm{GPa}$。求 C 端的挠度。

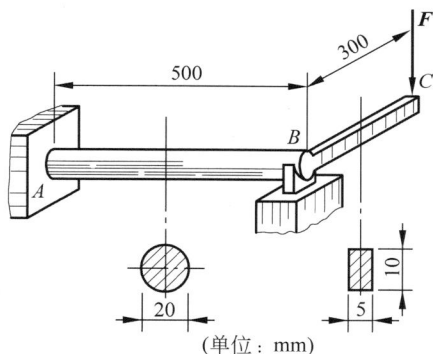

习题 9-13 图

答：$w_C = 8.22\text{mm}$。

9-14 求习题 9-14 图所示各梁的支座反力，并作弯矩图。已知各梁的 EI 为常数。

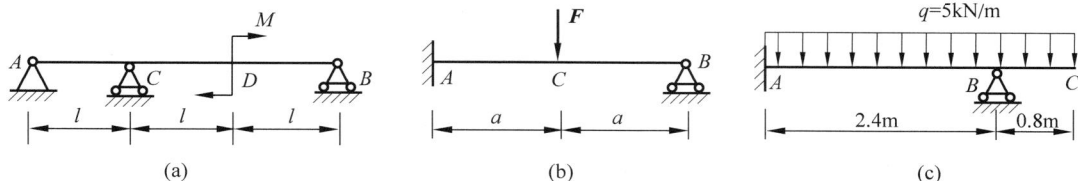

习题 9-14 图

答：（a）$F_{RC} = \dfrac{5M}{8l}$；（b）$F_{RB} = \dfrac{5}{16}F$；（c）$F_{RB} = 9.5\text{kN}$。图略。

9-15 习题 9-15 图所示为一静不定梁，已知 EI 为常数。作梁的剪力图和弯矩图，确定最大剪力和最大弯矩。

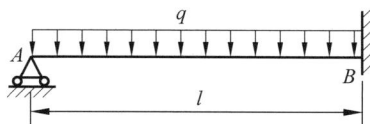

习题 9-15 图

答：$|F_S|_{\max} = \dfrac{5}{8}ql$，$|M|_{\max} = \dfrac{1}{8}ql^2$。

9-16 悬臂梁 AB 因强度和刚度不够，用相同材料和截面的短梁 CD 加固，如习题 9-16 图所示。问：（1）支座 D 处的反力为多少？（2）AB 梁的最大弯矩和 B 点的挠度比没有加固前减小多少？

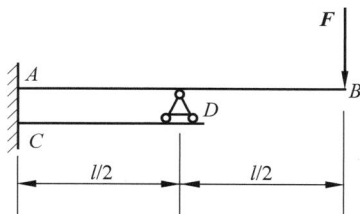

习题 9-16 图

答：(1) $F_{RD} = \dfrac{5}{4}F$；(2) 最大弯矩减小 $\dfrac{Fl}{2}$，B 点挠度减小 $\dfrac{25Fl^3}{192EI}$。

9-17 习题 9-17 图所示为一等截面梁，其 B 端与支承之间在加载前存在一间隙 δ_0，已知 $E = 200\text{GPa}$，梁截面高 100mm、宽 50mm。若要求支反力 $F_{RB} = 10\text{kN}$，方向向上，求 δ_0。

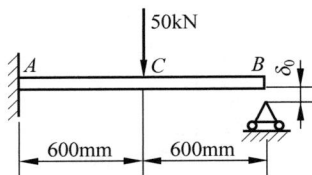

习题 9-17 图

答：$\delta_0 = 3.888\text{mm}$。

第10章

应力状态和强度理论

基本要求

（1）了解一点应力状态的概念，掌握用单元体描述一点应力状态。

（2）掌握平面应力状态中斜面上的正应力、切应力计算，熟练掌握主应力、主方向的确定及最大切应力的计算。

（3）理解二向应力状态下应力分析的应力圆法。

（4）了解胡克定律及应用。

（5）了解强度理论的概念。

（6）掌握四种常用的强度理论。

（7）了解强度理论应用中应注意的问题，掌握具体应用。

重点和难点

（1）一点应力状态的概念及描述。

（2）二向应力状态分析的解析法。

（3）强度理论的概念及应用。

10.1　应力状态概述

10.1.1　问题的提出

前面几章分别讨论了拉压、扭转和平面弯曲的强度计算问题。在进行这些强度计算时，一般步骤是先对杆件进行内力分析、确定危险截面位置及其内力值，再根据应力计算公式确定危险截面上危险点的最大应力，并与根据试验获得的极限应力相比较确定其强度。按照这种方法分析强度问题的要求是，首先危险截面上的危险点只承受正应力或切应力一种应力，其次极限应力是直接通过试验得到的。

工程中还有许多构件，其危险截面上的危险点同时承受正应力和切应力，这种受力状态称为复杂应力状态。例如,由弯曲和扭转变形组成的弯扭组合变形,由于横截面上各点存在弯曲正应力和扭转切应力,其应力状态是复杂应力状态;即使是横力弯曲变形,在横截面上除特殊位置外,各点也是同时受正应力和切应力的复杂应力状态。复杂应力状态变化繁多,在强度计算时不可能一一通过试验确定失效时的极限应力,因此必须研究复杂应力状态的应力在各个方向的变化规律,为失效原因分析提供基础。

10.1.2   应力状态的概念

受力构件内某一点处,各个不同方位截面上的应力及其关系称为一点的应力状态。为了研究一点的应力状态,可围绕该点取单元体。因为单元体的尺寸非常微小,可以认为各个面上的应力均匀分布,相对的两个面上的应力情况完全相同。这样构件上一点的应力状态,可由围绕该点的单元体各面上的应力情况表示。换句话说,单元体的受力就代表该点的应力状态。

10.1.3   单元体的取法

研究一点的应力状态,首先要从受力构件中将该点的单元体取出,然后确定单元体各面上的受力情况。通常用应力已知的截面来截取单元体。例如,在图 10-1(a)所示的轴向拉伸构件中,为了分析 A 点的应力状态,围绕 A 点用横截面和纵向截面截取出单元体进行研究。由于横截面上只有均匀分布的正应力,纵向截面上没有应力作用,因此,A 点单元体受力如图 10-1(a)所示。在图 10-1(b)所示的扭转圆轴中,为了分析外表面上 C 点的应力状态,围绕 C 点用左右两个横截面、上下两个纵截面和平行于外表面的一个纵截面截取出单元体研究。横截面上存在线性分布的切应力,根据切应力互等定理,在上下两纵截面上也有大小相等方向相反的切应力作用,在平行于外表面的纵截面和外表面上无应力存在,因此 C 点单元体受力如图 10-1(b)所示。

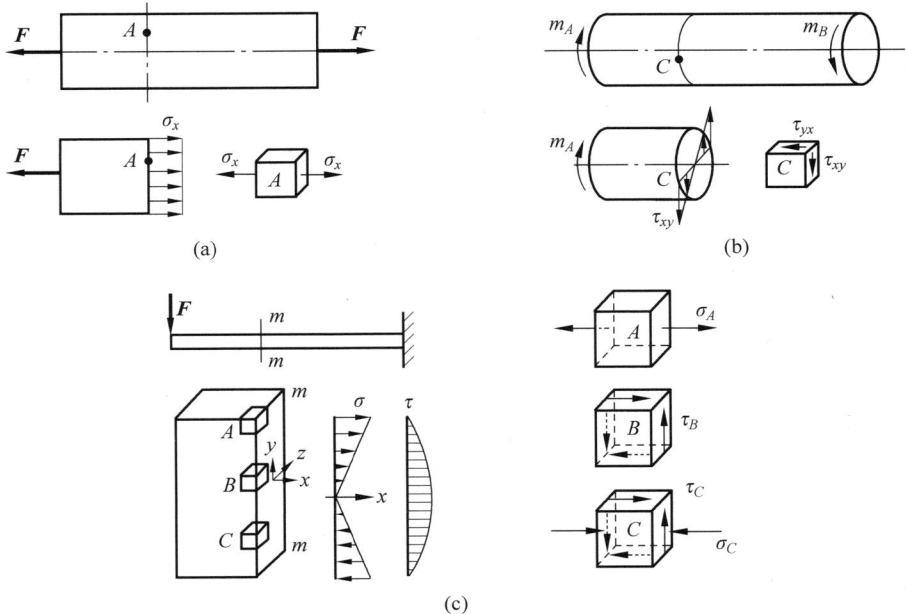

(a)

(b)

(c)

图   10-1

在图 10-1(c) 所示的矩形截面悬臂梁上，若研究 m—m 截面上 A、B、C 三点的应力状态，围绕三点分别用横截面和纵截面截取出单元体研究。横截面上的应力分布如图 10-1(c) 所示，大小可由弯曲应力计算公式确定。由于 A 点在梁横截面的最上端，横截面方向只受正应力作用，纵截面无应力作用，其单元体受力如图 10-1(c) 所示；B 点在中性轴上，横截面上只受切应力作用，根据该截面上剪力的方向，可确定切应力的方向，再根据切应力互等定理可以确定其他各面上的切应力，其单元体受力如图 10-1(c) 所示；同理可确定 C 点的单元体受力如图 10-1(c) 所示。

待取出单元体，并确定其受力后，应用截面法和静力平衡条件就可求出单元体其他截面方向上的应力。

10.1.4　主应力和主平面

若围绕构件内一点截取不同方向的单元体，则各截面上的受力也各不相同。若某一截面上无切应力，则称这种切应力为零的面为主平面。主平面上的正应力称为主应力。一般来说，受力构件的任意点上总存在三个互相垂直的主平面，也有三个主应力。通常，三个主应力从大到小排列分别用 σ_1、σ_2、σ_3 表示。若三个主应力中只有一个不等于零，则称为单向应力状态，图 10-1 中的 A 点就是单向应力状态；若三个主应力中有两个不等于零，则称为二向或平面应力状态，图 10-1 中的 B、C 点就是二向应力状态；若三个主应力都不等于零，则称为三向或空间应力状态。单向应力状态也称为简单应力状态，二向和三向应力状态也统称为复杂应力状态。

10.2　二向应力状态分析的解析法

10.2.1　二向应力状态下斜截面的应力

二向应力状态是最常见的一种应力情况。图 10-2 所示的单元体为二向应力状态的最一般的受力情况。建立图 10-2 所示坐标系，坐标轴 x、y、z 分别是单元体三个互相垂直平面的法线，对应的面分别称为 x 面、y 面、z 面，其上的应力加该面的名称作为下标，如 σ_x、τ_{yx} 等。为确定任意斜截面上的应力，需首先对单元体上的各应力正负号作如下约定。

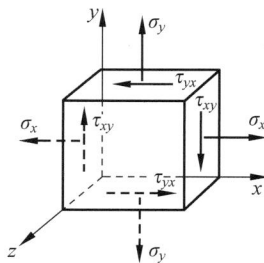

(1) 正应力：拉应力为正，压应力为负。

(2) 切应力：使单元体顺时针旋转的切应力为正，反之为负。

按照上述约定，图 10-2 中各应力 σ_x、σ_y 和 τ_{xy} 为正，τ_{yx} 为负。

图　10-2

为确定任意斜截面上的应力，用垂直于 z 面、与 x 面夹角为 α 的斜截面假设将单元体截开，如图 10-3(a) 所示。由于所有应力作用线均平行于 z 平面，将单元体受力图投影简化为图 10-3(b) 形式，x、y 面和斜截面用投影的线段表示。取出楔形体 ABC 研究，斜截面上的应力 σ_α、τ_α 按正向假设标出，如图 10-3(c) 所示。若设斜截面的面积为 $\mathrm{d}A$，则侧面 AB 和底面 AC 的面积分别为 $\mathrm{d}A\cos\alpha$ 和 $\mathrm{d}A\sin\alpha$，楔形体 ABC 的受力图如图 10-3(d)所示。

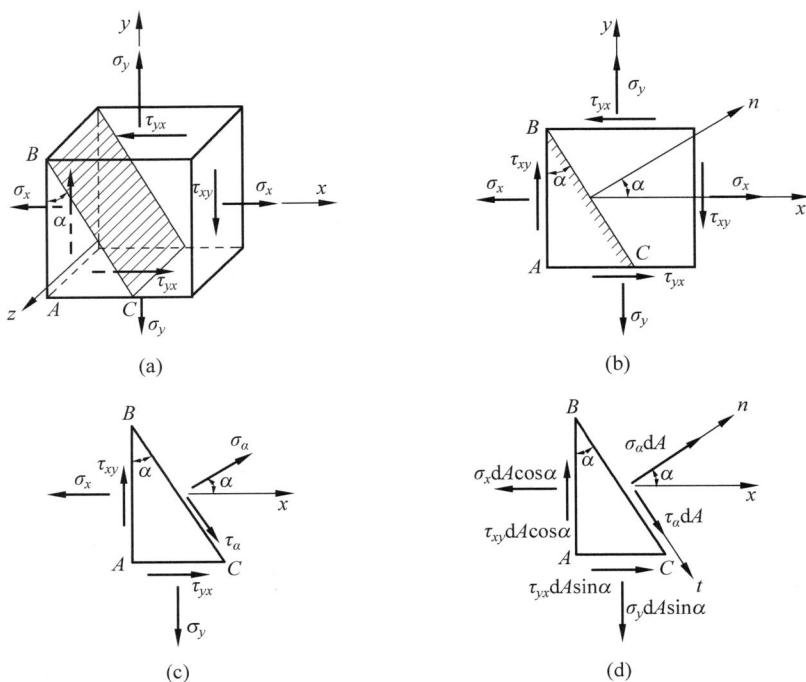

图　10-3

列斜截面法向 n 和切向 t 的投影平衡方程，则有

$$\sum F_n = 0, \quad \sigma_\alpha \mathrm{d}A - (\sigma_x \mathrm{d}A \cos\alpha)\cos\alpha + (\tau_{xy} \mathrm{d}A \cos\alpha)\sin\alpha - $$
$$(\sigma_y \mathrm{d}A \sin\alpha)\sin\alpha + (\tau_{yx} \mathrm{d}A \sin\alpha)\cos\alpha = 0$$

$$\sum F_t = 0, \quad \tau_\alpha \mathrm{d}A - (\sigma_x \mathrm{d}A \cos\alpha)\sin\alpha - (\tau_{xy} \mathrm{d}A \cos\alpha)\cos\alpha + $$
$$(\sigma_y \mathrm{d}A \sin\alpha)\cos\alpha + (\tau_{yx} \mathrm{d}A \sin\alpha)\sin\alpha = 0$$

需要注意到 τ_{xy} 和 τ_{yx} 数值相等，都用 τ_{xy} 表示，利用三角公式，上面两式简化为

$$\sigma_\alpha = \frac{\sigma_x + \sigma_y}{2} + \frac{\sigma_x - \sigma_y}{2}\cos2\alpha - \tau_{xy}\sin2\alpha \tag{10-1}$$

$$\tau_\alpha = \frac{\sigma_x - \sigma_y}{2}\sin2\alpha + \tau_{xy}\cos2\alpha \tag{10-2}$$

以上就是计算二向应力状态下任意斜截面上应力的公式。式中，α 是指斜截面与 x 截面的夹角，即两截面外法线正向 x 和 n 间的夹角。规定：由 x 轴正向转到法线 n 正向，若为逆时针转向，α 为正；顺时针转向，α 为负。在应用以上公式时，应注意正确地选取各量的符号。还应注意到，公式中的斜截面仅是指垂直于 z 面的斜截面，并不能求解任意斜截面上的应力。

10.2.2　主应力和主平面方位

斜截面上的应力是随 α 角的改变而变化的。利用以上公式可进一步确定正应力和切应力的极值和所在位置。

将式(10-1)对 α 求导数并令其为零,得

$$\frac{\mathrm{d}\sigma_\alpha}{\mathrm{d}\alpha} = -2\left(\frac{\sigma_x - \sigma_y}{2}\sin2\alpha + \tau_{xy}\cos2\alpha\right) = 0$$

将括号中公式与式(10-2)比较,可见在正应力的极值作用截面上,切应力为零。根据主应力和主平面的定义,正应力的极值就是主应力,其作用面就是主平面。以 α_0 表示主平面方位,则由上式解得主平面方位为

$$\tan2\alpha_0 = -\frac{2\tau_{xy}}{\sigma_x - \sigma_y} \tag{10-3}$$

由式(10-3)可求出相差 $90°$ 的两个 α_0 角。加上主平面 z 面,构成互相垂直的三个主平面,形成由主平面组成的主应力单元体。由式(10-3)求出 $\sin2\alpha_0$ 和 $\cos2\alpha_0$,代入式(10-1),得主应力为

$$\begin{cases} \sigma_{\max} \\ \sigma_{\min} \end{cases} = \frac{\sigma_x + \sigma_y}{2} \pm \sqrt{\left(\frac{\sigma_x - \sigma_y}{2}\right)^2 + \tau_{xy}^2} \tag{10-4}$$

10.2.3 最大切应力

将式(10-2)对 α 求导数并令其为零,解得切应力的极值作用平面方位(用 α_1 表示)为

$$\tan2\alpha_1 = \frac{\sigma_x - \sigma_y}{2\tau_{xy}} \tag{10-5}$$

由式(10-5)也可求出相差 $90°$ 的两个 α_1 角。比较式(10-3)与式(10-5)可得

$$\alpha_1 = \alpha_0 \pm 45°$$

即切应力的极值作用平面与主平面成 $45°$。由式(10-5)求出 $\sin2\alpha_1$ 和 $\cos2\alpha_1$,代入式(10-2),可得切应力的最大值和最小值为

$$\begin{cases} \tau_{\max} \\ \tau_{\min} \end{cases} = \pm\sqrt{\left(\frac{\sigma_x - \sigma_y}{2}\right)^2 + \tau_{xy}^2} \tag{10-6}$$

【例 10-1】 单元体受力如图 10-4(a)所示(应力单位:MPa)。求:(1)指定斜截面上的应力;(2)主应力和主平面方位;(3)最大切应力。

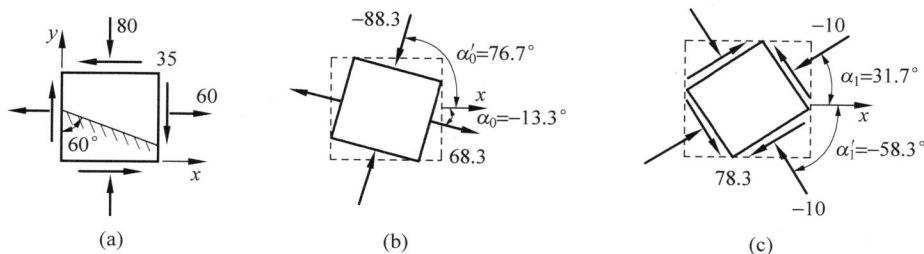

图 10-4

解:(1)计算斜截面上的应力。

建立图 10-4(a)所示坐标轴,根据符号规定有:$\sigma_x = 60\text{MPa}$,$\sigma_y = -80\text{MPa}$,$\tau_{xy} =$

35MPa，$\alpha = 60°$。将上述数据代入式(10-1)和式(10-2)，可得

$$\sigma_{60°} = \left(\frac{60-80}{2} + \frac{60+80}{2}\cos120° - 35\sin120° \right) \text{MPa} = -75.3\text{MPa}$$

$$\tau_{60°} = \left(\frac{60+80}{2}\sin120° + 35\cos120° \right) \text{MPa} = 43.1\text{MPa}$$

（2）计算主应力和主平面方位。

由式(10-3)，可得

$$\tan2\alpha_0 = -\frac{2\times35}{60+80} = -0.5$$

解得

$$\alpha_0 = -13.3°, \quad \alpha_0' = 76.7°$$

为确定对应主平面上的主应力值，分别将 α_0 和 α_0' 值代入式(10-1)，可得

$$\sigma_{\alpha_0} = \left[\frac{60-80}{2} + \frac{60+80}{2}\cos(-26.6°) - 35\sin(-26.6°) \right] \text{MPa} = 68.3\text{MPa}$$

$$\sigma_{\alpha_0'} = \left(\frac{60-80}{2} + \frac{60+80}{2}\cos153.4° - 35\sin153.4° \right) \text{MPa} = -88.3\text{MPa}$$

若按主应力排列，则 $\sigma_1 = 68.3\text{MPa}$，$\sigma_2 = 0$，$\sigma_3 = -88.3\text{MPa}$。主应力单元体如图 10-4(b) 所示。

（3）最大切应力。

由式(10-6)，可得

$$\begin{cases} \tau_{max} \\ \tau_{min} \end{cases} = \pm\sqrt{\left(\frac{60+80}{2} \right)^2 + 35^2}\ \text{MPa} = \pm78.3\text{MPa}$$

其作用面方位由 $\alpha_1 = \alpha_0 \pm 45°$ 得

$$\alpha_1 = 31.7° \quad \text{和} \quad \alpha_1' = -58.3°$$

其单元体如图 10-4(c) 所示。

【例 10-2】 讨论圆轴扭转时表面上一点的主应力，并分析粉笔受扭的破坏现象（图 10-5）。

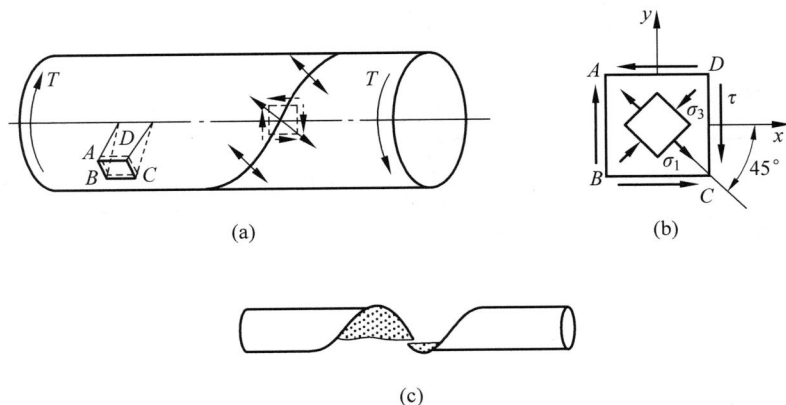

图　10-5

解：（1）取单元体。

在圆轴表层按图 10-5（a）所示方式取出单元体 $ABCD$，其中 AB、CD 面为横截面。单元体各面上的应力如图 10-5（b）所示，可见圆轴扭转为纯剪切应力状态。

$$\sigma_x = \sigma_y = 0, \quad \tau_{xy} = \tau$$

根据圆轴扭转应力计算公式，在圆轴表面有最大切应力，其值为

$$\tau = \frac{T}{W_P}$$

（2）求主应力和主方向。

根据式（10-4），纯剪切应力状态的主应力为

$$\begin{cases} \sigma_{\max} \\ \sigma_{\min} \end{cases} = \frac{\sigma_x + \sigma_y}{2} \pm \sqrt{\left(\frac{\sigma_x - \sigma_y}{2}\right)^2 + \tau_{xy}^2} = \pm \tau$$

由式（10-3），可得主方向为

$$\tan 2\alpha_0 = -\frac{2\tau_{xy}}{\sigma_x - \sigma_y} \longrightarrow -\infty$$

得

$$\alpha_0 = -45°, \quad \alpha_0' = -135°$$

所以有

$$\sigma_1 = \tau, \quad \sigma_2 = 0, \quad \sigma_3 = -\tau$$

其主应力单元体如图 10-5（b）中所示。

（3）分析粉笔受扭时的破坏现象。

对粉笔进行试验，可以观察到粉笔沿 45° 螺旋面方向发生断裂破坏，如图 10-5（c）所示。这也是一般脆性材料扭转破坏的现象。通过主应力分析可以发现，断裂位置恰好在最大拉应力方向上。由于脆性材料抗压不抗拉的特性，脆性材料更容易在最大拉应力方向上发生断裂破坏。

10.3　二向应力状态分析的图解法

10.3.1　应力圆的概念

将斜截面计算公式（式（10-1））改为

$$\sigma_\alpha - \frac{\sigma_x + \sigma_y}{2} = \frac{\sigma_x - \sigma_y}{2}\cos 2\alpha - \tau_{xy}\sin 2\alpha$$

然后将上式和式（10-2）各自平方，再将平方后的两式左右分别相加，整理得到

$$\left(\sigma_\alpha - \frac{\sigma_x + \sigma_y}{2}\right)^2 + \tau_\alpha^2 = \left(\frac{\sigma_x - \sigma_y}{2}\right)^2 + \tau_{xy}^2$$

上式是以 σ_α 和 τ_α 为变量的方程，在 σ-τ 直角坐标系中，其曲线为一个圆。该圆的圆心 C 的坐标为 $\left(\dfrac{\sigma_x + \sigma_y}{2}, 0\right)$，半径为 $R = \sqrt{\left(\dfrac{\sigma_x - \sigma_y}{2}\right)^2 + \tau_{xy}^2}$。该圆周上任意一点的坐标值对应

于单元体上某一个 α 截面上的应力 σ_α 和 τ_α，这个圆称为应力圆。

10.3.2 应力圆的画法

利用找圆心和半径的方法画应力圆并不方便。如图 10-6(a)所示单元体，通常按以下步骤画应力圆。

(1) 在 σ-τ 直角坐标系中，选定比例尺，确定代表 x 截面的点 $D_1(\sigma_x,\tau_{xy})$ 和代表 y 截面的点 $D_2(\sigma_y,\tau_{yx})$。

(2) 连接 D_1、D_2 两点，与 σ 轴交于 C 点。以 C 为圆心、CD_1 为半径作圆，即为所求应力圆。

由图 10-6(b)可知

$$\overline{OC}=\frac{\overline{OA}+\overline{OB}}{2}=\frac{\sigma_x+\sigma_y}{2}$$

$$\overline{CD_1}=\sqrt{\overline{CA}^2+\overline{AD_1}^2}=\sqrt{\left(\frac{\sigma_x-\sigma_y}{2}\right)^2+\tau_{xy}^2}$$

所得结果与圆心和半径相吻合，说明该圆就是应力圆。

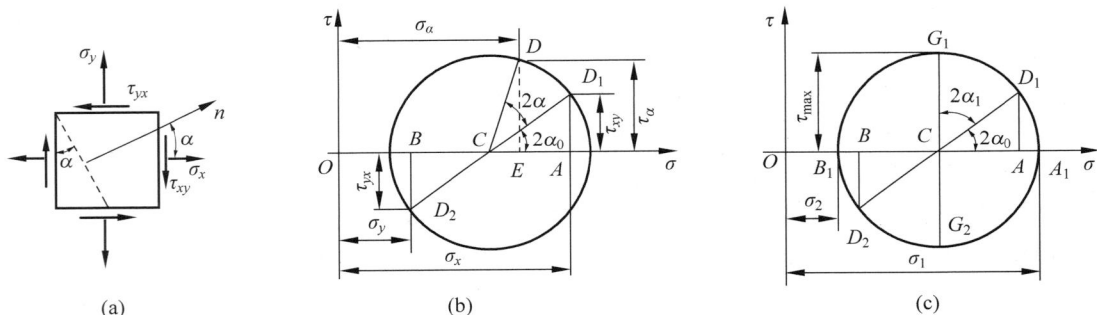

图 10-6

10.3.3 用图解法求斜截面的应力

画出应力圆后，若要求 α 截面上的应力，则可从 x 截面对应的 D_1 点出发，按单元体上 α 角的转向，沿着圆周转过 2α 的圆心角，得到圆周上的 D 点。D 点的横、纵坐标分别是 α 截面上的正应力 σ_α 和切应力 τ_α，具体证明如下。

在图 10-6(b)中，设 $\angle ACD_1=2\alpha_0$，则

$$\overline{OE}=\overline{OC}+\overline{CE}=\overline{OC}+\overline{CD}\cos(2\alpha+2\alpha_0)=\overline{OC}+\overline{CD_1}\cos(2\alpha+2\alpha_0)$$

$$=\overline{OC}+\overline{CD_1}\cos2\alpha_0\cos2\alpha-\overline{CD_1}\sin2\alpha_0\sin2\alpha$$

$$=\frac{\sigma_x+\sigma_y}{2}+\frac{\sigma_x-\sigma_y}{2}\cos2\alpha-\tau_{xy}\sin2\alpha=\sigma_\alpha$$

$$\overline{DE}=\overline{CD}\sin(2\alpha+2\alpha_0)=\overline{CD_1}\cos2\alpha_0\sin2\alpha+\overline{CD_1}\sin2\alpha_0\cos2\alpha$$

$$=\frac{\sigma_x-\sigma_y}{2}\sin2\alpha+\tau_{xy}\cos2\alpha=\tau_\alpha$$

在使用应力圆时应注意以下对应关系：①点面对应，即应力圆上的点对应于单元体上的截面；②转向一致，即单元体和应力圆的斜截面位置都是从同一截面（一般是 x 截面）出发，按相同的转向转动；③角度 2 倍，即应力圆上的转角是单元体上转角的 2 倍。

10.3.4　用图解法求主应力和最大切应力

从应力圆上很容易得到单元体的主应力和最大切应力。图 10-6(c) 上切应力为零（在 σ 轴上）的 A_1、B_1 点就是主平面位置，其横坐标就是主应力。显然，A_1 点坐标为圆心横坐标 $\left(\dfrac{\sigma_x + \sigma_y}{2}\right)$ 加半径 $\left(\sqrt{\left(\dfrac{\sigma_x - \sigma_y}{2}\right)^2 + \tau_{xy}^2}\right)$，$B_1$ 点坐标为圆心坐标减半径；最大切应力就是应力圆的半径值。这正是式(10-4)和式(10-6)给出的结果。

从应力圆中还可以看出，应力圆的半径也可表示为

$$R = \frac{\overline{A_1 B_1}}{2} = \frac{\overline{OA_1} - \overline{OB_1}}{2} = \frac{\sigma_{\max} - \sigma_{\min}}{2}$$

所以

$$\tau_{\max} = \frac{\sigma_{\max} - \sigma_{\min}}{2}$$

应力圆可以形象直观地确定单元体的各种应力特征，也有助于解析法公式的理解和记忆。以应力圆为辅助工具，根据图中的几何关系进行定量分析计算和验算解析法计算结果是图解法的基本应用。

【**例 10-3**】　单元体受力如图 10-7(a)所示（应力单位：MPa）。画应力圆，并求主应力、主平面方位和最大切应力。

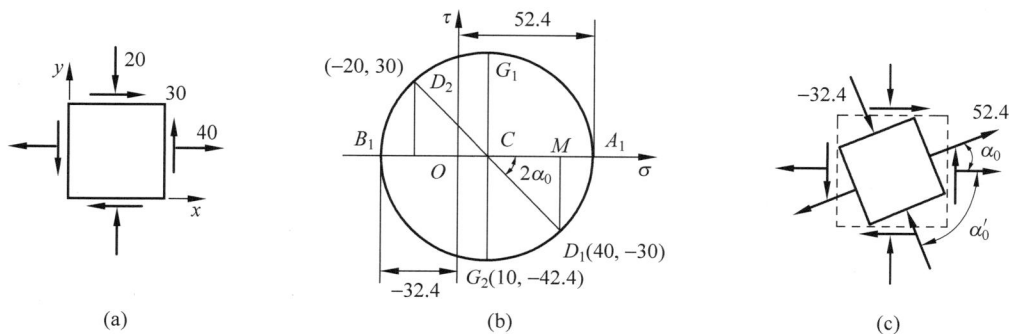

图　10-7

解：(1) 画应力圆。

建立 σ-τ 直角坐标系，选取适当比例尺，在坐标系中找到 x 面对应的点 $D_1(40, -30)$、y 面对应的点 $D_2(-20, 30)$，连接 D_1、D_2 点，交 σ 轴于 C 点。以 C 为圆心、CD_1 为半径画应力圆，如图 10-7(b)所示。根据几何关系，圆心坐标 $C(10, 0)$，半径 $R = 30\sqrt{2}$。

(2) 求主应力、主平面方位和最大切应力。

根据应力圆，有

$$\sigma_1 = \sigma_{A_1} = \overline{OC} + R = (10 + 30\sqrt{2})\,\text{MPa} = 52.4\,\text{MPa}$$

$$\sigma_3 = \sigma_{B_1} = \overline{OC} - R = (10 - 30\sqrt{2})\,\text{MPa} = -32.4\,\text{MPa}$$

$$\tan 2\alpha_0 = \frac{\overline{D_1 M}}{\overline{CM}} = \frac{30}{30} = 1$$

从 x 面对应的 D_1 点到主应力 σ_1 对应的 A_1 点是逆时针旋转 $2\alpha_0$ 角,所以 α_0 为正,因此得对应于 A_1 点的主平面方位为

$$\alpha_0 = 22.5°$$

对应于 B_1 点的主平面方位为

$$\alpha'_0 = -67.5°$$

主平面单元体如图 10-7(c)所示。最大切应力为

$$\tau_{\max} = R = 30\sqrt{2}\,\text{MPa} = 42.4\,\text{MPa}$$

10.4　三向应力状态

10.4.1　三向应力状态概述

三向应力状态是最一般的应力状态情况,其单元体受力如下:在每个截面上都有正应力和平行于该截面棱边的两个切应力分量,如图 10-8(a)所示。理论分析证明,与二向应力状态类似,三向应力状态单元体也可以找到互相垂直的三个主平面,得到主应力单元体,如图 10-8(b)所示。

在工程实际中,经常会出现三向应力状态的情况。例如,在滚珠轴承中的滚珠与外圈的接触处,由于有接触应力 σ_3 的作用,单元体会向四周膨胀,引起周围材料对它产生约束应力 σ_1 和 σ_2,受力呈三向应力状态,如图 10-9 所示。

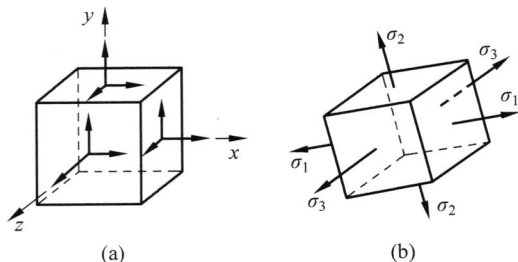

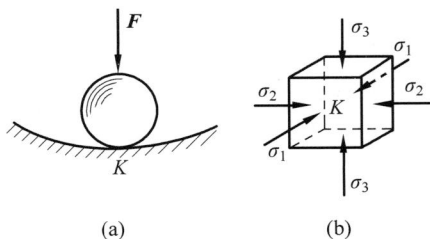

(a)　　　　　(b)　　　　　　　　(a)　　　　(b)

图　10-8　　　　　　　　　　图　10-9

10.4.2　三向应力状态的最大应力

为分析单元体上的最大应力,在主应力单元体上取平行于 σ_3 的 α 截面(图 10-10(a)),沿 σ_3 方向将单元体受力图投影,可以看出单元体受力与二向应力状态完全相同,因此可用二向应力状态的分析方法求 α 截面上的应力,画出该方向斜截面应力圆,如图 10-10(d)所示。同理,分别取平行于 σ_1 的 β 截面(图 10-10(b))和平行于 σ_2 的 γ 截面(图 10-10(c)),画

出相应的应力圆。两两相切的三个应力圆圆周上的点对应平行于三个主应力方向的斜截面上的应力。可以证明,与三个主应力方向不平行的一般斜截面上的应力点落在图 10-10(d)所示的阴影区域内。

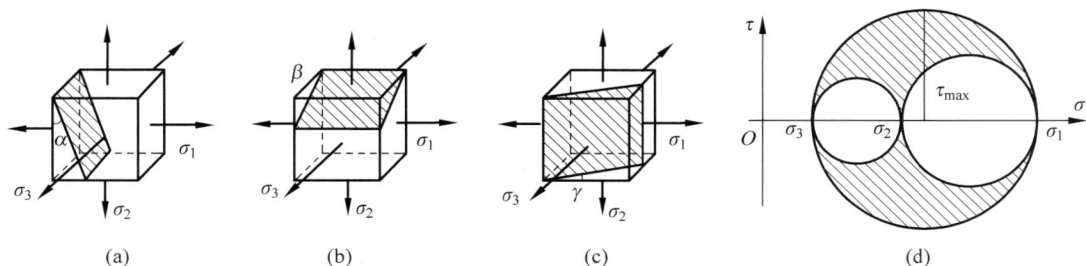

图　10-10

从应力圆图(图 10-10(d))中可以看出,最大正应力和最小正应力分别为

$$\sigma_{\max} = \sigma_1, \quad \sigma_{\min} = \sigma_3$$

最大切应力为

$$\tau_{\max} = \frac{\sigma_1 - \sigma_3}{2} \tag{10-7}$$

由此可知,最大切应力位于平行于 σ_2,并且与 σ_1 和 σ_3 均成 45°的斜截面上。

10.4.3　广义胡克定律

对于三向应力状态单元体的变形,根据叠加原理,可以借助单向拉压的胡克定律计算。即图 10-11(a)所示单元体变形,等于图 10-11(b)～(d)3 种情况下单元体相应变形的代数和。

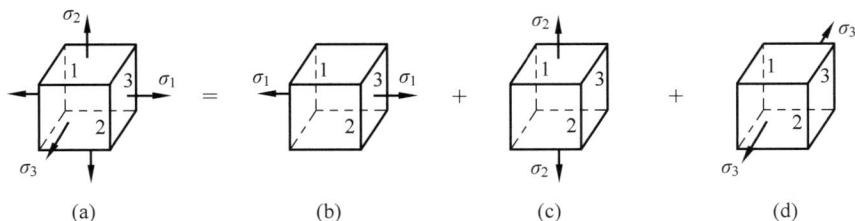

图　10-11

当只有 σ_1 作用时(图 10-11(b)),棱边 1 将伸长,棱边 2、3 将缩短。各方向的应变为

$$\varepsilon_1' = \frac{\sigma_1}{E}, \quad \varepsilon_2' = \varepsilon_3' = -\mu \frac{\sigma_1}{E}$$

同理,在只有 σ_2 作用(图 10-11(c))和只有 σ_3 作用时(图 10-11(d)),各方向的应变分别为

$$\varepsilon_2'' = \frac{\sigma_2}{E}, \quad \sigma_1'' = \varepsilon_3'' = -\mu \frac{\sigma_2}{E}$$

$$\varepsilon_3''' = \frac{\sigma_3}{E}, \quad \sigma_1''' = \varepsilon_2''' = -\mu \frac{\sigma_3}{E}$$

在小变形条件下,叠加可得 3 个主应力同时作用时各棱边的应变为

$$\begin{cases} \varepsilon_1 = \dfrac{1}{E}[\sigma_1 - \mu(\sigma_2 + \sigma_3)] \\[2mm] \varepsilon_2 = \dfrac{1}{E}[\sigma_2 - \mu(\sigma_1 + \sigma_3)] \\[2mm] \varepsilon_3 = \dfrac{1}{E}[\sigma_3 - \mu(\sigma_1 + \sigma_2)] \end{cases} \qquad (10\text{-}8)$$

式(10-8)称为广义胡克定律。所求的应变 ε_1、ε_2、ε_3 称为主应变,其中 ε_1 是所有方向应变中的最大值,即

$$\varepsilon_{\max} = \varepsilon_1$$

对于线弹性小变形条件下的各向同性材料,正应变只与正应力有关,与切应力无关。因此,对于如图 10-8(a)所示的一般受力情况单元体,其广义胡克定律可表示为

$$\begin{cases} \varepsilon_x = \dfrac{1}{E}[\sigma_x - \mu(\sigma_y + \sigma_z)] \\[2mm] \varepsilon_y = \dfrac{1}{E}[\sigma_y - \mu(\sigma_x + \sigma_z)] \\[2mm] \varepsilon_z = \dfrac{1}{E}[\sigma_z - \mu(\sigma_x + \sigma_y)] \end{cases} \qquad (10\text{-}9)$$

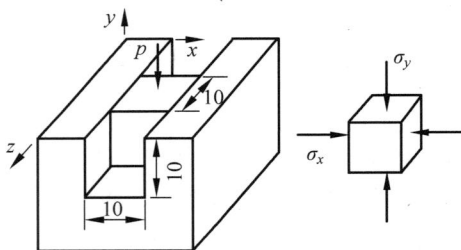

图 10-12

【例 10-4】 图 10-12 所示为一个宽、深均为 10mm 的刚性槽,其内放置一个 10mm×10mm×10mm 的正立方体钢块,顶部施加均布压力 $p = 60\text{MPa}$,钢材料的弹性模量 $E = 200\text{GPa}$,泊松比 $\mu = 0.3$。假设钢块与槽之间光滑接触。求钢块的三个主应力和最大切应力。

解:(1)计算钢块三个方向的应力。

选取图 10-12 所示坐标系,沿 y 方向作用均布压力,则

$$\sigma_y = -p = -60\text{MPa}$$

沿 z 方向不受力,且变形不受限制,则

$$\sigma_z = 0$$

沿 x 方向受刚性槽约束不变形,则

$$\varepsilon_x = 0$$

根据广义胡克定律,则有

$$\varepsilon_x = \frac{1}{E}[\sigma_x - \mu(\sigma_y + \sigma_z)] = 0$$

解得

$$\sigma_x = -18\text{MPa}$$

(2)确定钢块的主应力。将 σ_x、σ_y、σ_z 从大到小排列,三个主应力为

$$\sigma_1 = 0, \quad \sigma_2 = -18\text{MPa}, \quad \sigma_3 = -60\text{MPa}$$

(3)计算钢块的最大切应力。

$$\tau_{\max} = \frac{\sigma_1 - \sigma_3}{2} = 30\text{MPa}$$

【例 10-5】　图 10-13(a)所示直径为 d 的实心圆轴受扭矩 T 作用发生扭转变形,今测得圆轴外表面 K 点处,与轴线成 $45°$ 方向的正应变为 ε,已知材料的弹性模量为 E,泊松比为 μ。求轴上作用的扭矩 T。

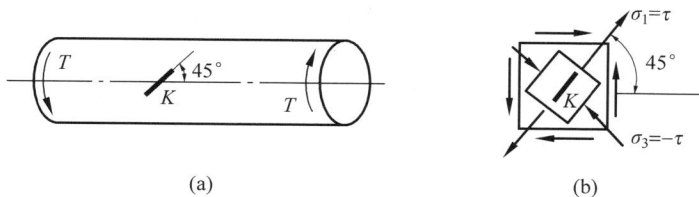

图　10-13

解：(1)围绕 K 点取单元体。该单元体是纯剪切应力状态,如图 10-13(b)所示。K 点横截面方向的切应力为

$$\tau = \frac{T}{W_P} = \frac{16T}{\pi d^3}$$

(2)确定 $\pm 45°$ 方向上的正应力。

在 $\pm 45°$ 方向(也是主应力方向)上,根据斜截面应力计算公式,则有

$$\sigma_{45°} = \sigma_1 = \tau, \quad \sigma_{-45°} = \sigma_3 = -\tau$$

并且,可知 $\sigma_2 = 0$。

(3)根据广义胡克定律,得

$$\varepsilon_{45°} = \frac{1}{E}\left[\sigma_1 - \mu(\sigma_2 + \sigma_3)\right] = \frac{1+\mu}{E}\tau = \varepsilon$$

所以有

$$T = \frac{\pi d^3 E}{16(1+\mu)}\varepsilon$$

10.5　强度理论概述

10.5.1　材料的破坏形式

在前面的一些章节中,曾接触过一些材料的破坏现象。例如,低碳钢在拉伸时,当应力达到屈服极限时,产生明显的塑性变形,丧失了承载能力;可以观察到,在 $45°$ 斜截面方向出现滑移线的破坏现象。又如,铸铁在拉伸时,当应力达到强度极限时,会发生断裂破坏,断口位置在横截面方向。总结材料在各种受力情况下的破坏形式可以归纳为如下两种:材料在未产生明显的塑性变形情况下突然断裂的破坏形式,称为脆性断裂;材料产生明显的塑性变形、丧失了承载能力的破坏形式,称为塑性屈服。

通常情况下,脆性材料的破坏形式是脆性断裂,塑性材料的破坏形式是塑性屈服。但是,试验也表明,应力状态也对材料的破坏形式有影响,如在三向拉伸应力状态下,即使是塑性材料也会发生脆性断裂;在三向压缩应力状态下,即使是脆性材料也会发生塑性屈服。

10.5.2　强度理论的概念

在材料处于单向应力状态和纯剪切应力状态时,其破坏条件和强度条件可以完全建立在试验的基础上。然而,工程中许多构件的危险点处于复杂应力状态,由于复杂应力状态单元体的三个主应力可以有无数种组合,想要通过试验来建立强度条件是不可能的,只能寻求新的方法建立复杂应力状态下的强度条件。此外,虽然通过试验已经建立了基本变形下的强度条件,但对引起材料破坏的原因还缺乏了解,也需要加以研究。

通过长期的观察、试验和分析,人们提出了许多解释在复杂应力状态下材料强度破坏原因的假说。这些经过科学试验和工程实践检验,得到普遍认同的假说称为强度理论。这些假说认为无论在何种应力状态下,当同样的因素达到同一极限值时,材料就会发生破坏。按照这些假说,可以用单向拉伸时的试验结果确定破坏因素的极限值,从而建立复杂应力状态下的强度条件。

材料具有多样性和应力状态的复杂性,一种强度理论经常是适合这类材料却不适合另一类材料,适合一般应力状态却不适合特殊应力状态,因此现有的强度理论还并不能解决所有的强度问题。强度理论的研究必将随着材料科学和工程技术的不断进步而得到发展。

10.6　四种常用的强度理论

10.6.1　最大拉应力理论(第一强度理论)

最大拉应力理论认为:最大拉应力是引起材料发生脆性断裂的主要因素。按照这一理论,无论材料处于何种应力状态,只要最大拉应力 σ_1 达到某一极限值 σ_u,就会发生脆性断裂。在单向拉伸应力状态下,当最大拉应力 σ_1 达到材料的强度极限 σ_b 时,发生脆性断裂,因此极限应力 σ_u 就是强度极限 σ_b。所以材料的破坏条件为

$$\sigma_1 = \sigma_u = \sigma_b$$

将极限应力除以安全因数得到许用应力 $[\sigma]$,则最大拉应力理论的强度条件为

$$\sigma_1 \leqslant [\sigma] \tag{10-10}$$

最大拉应力理论在 17 世纪由伽利略提出,是最早的强度理论,故也称为第一强度理论。这一理论能较好地解释均质脆性材料,如砖石、玻璃、铸铁等的破坏现象,与试验结果较吻合,得到广泛应用。但该理论未考虑另外两个主应力的影响,对不存在拉应力的受力情况也不适用。

10.6.2　最大拉应变理论(第二强度理论)

最大拉应变理论认为:最大拉应变是引起材料发生脆性断裂的主要因素。按照这一理论,无论材料处于何种应力状态,只要最大拉应变 ε_1 达到某一极限值 ε_u,就会发生脆性断裂。在单向拉伸应力状态下,当最大拉应力 σ_1 达到材料的强度极限 σ_b 时,最大拉应变达到极限值 $\varepsilon_u = \dfrac{\sigma_b}{E}$。所以材料的破坏条件为

$$\varepsilon_1 = \varepsilon_u = \frac{\sigma_b}{E}$$

以主应力表达为

$$\sigma_1 - \mu(\sigma_2 + \sigma_3) = \sigma_b$$

将极限应力除以安全因数得到许用应力$[\sigma]$，则最大拉应变理论的强度条件为

$$\sigma_1 - \mu(\sigma_2 + \sigma_3) \leqslant [\sigma] \tag{10-11}$$

最大拉应变理论在 17 世纪后期由马里奥特提出，也称为第二强度理论。这一理论能较好地解释岩石和混凝土等脆性材料受轴向压缩时沿纵向截面开裂的破坏现象。但该理论与许多试验结果不相吻合，所以目前应用较少。

10.6.3　最大切应力理论（第三强度理论）

最大切应力理论认为：最大切应力是引起材料发生塑性屈服的主要因素。按照这一理论，不论材料处于何种应力状态，只要最大切应力 τ_{max} 达到某一极限值 τ_u，就会发生塑性屈服。在单向拉伸应力状态下，当最大拉应力达到材料的屈服极限 σ_s 时，发生屈服破坏，此时在 45°斜截面上最大切应力达到极限值，即有 $\tau_u = \dfrac{\sigma_s}{2}$。所以材料的破坏条件为

$$\tau_{max} = \tau_u = \frac{\sigma_s}{2}$$

以主应力表达为

$$\sigma_1 - \sigma_3 = \sigma_s$$

将极限应力 σ_s 除以安全因数得到许用应力$[\sigma]$，则最大切应力理论的强度条件为

$$\sigma_1 - \sigma_3 \leqslant [\sigma] \tag{10-12}$$

最大切应力理论由库仑提出，后经特雷斯卡加以完善，也称为第三强度理论。这一理论较圆满地解释了塑性材料的屈服破坏现象，与许多塑性材料发生屈服的试验结果相吻合，得到广泛应用。但该理论未考虑中间主应力 σ_2 的影响，在二向应力状态下，理论计算结果与试验相比偏安全。

10.6.4　畸变能密度理论（第四强度理论）

在介绍该理论前，首先简要介绍一下畸变能密度的概念。在弹性范围内，变形固体在外力作用下会发生弹性变形。外力作用点产生位移，则外力对变形固体做功。根据能量守恒原理，外力的功转化为一种能量，储存在变形固体内。这种能量称为应变能。在外力撤除后，变形固体释放应变能使变形完全恢复。因为变形固体内各点的变形可能不同，为了衡量各点的应变能的大小，用单位体积内储存的应变能来表示，称为应变能密度。单元体内储存的应变能用单元体的应变能密度表示。单元体的变形形式包含体积改变和形状改变两种，因此单元体的应变能密度也包括由体积改变产生的体积改变能密度和由形状改变产生的畸变能密度。对于复杂应力状态单元体，其畸变能密度计算公式为

$$\nu_d = \frac{1 + \mu}{6E}\left[(\sigma_1 - \sigma_2)^2 + (\sigma_2 - \sigma_3)^2 + (\sigma_3 - \sigma_1)^2\right]$$

畸变能密度理论认为：畸变能密度是引起材料发生塑性屈服的主要因素。按照这一理

论,不论材料处于何种应力状态,只要畸变能密度 ν_d 达到某一极限值 ν_{du},就会发生塑性屈服。在单向拉伸应力状态下,当最大拉应力达到材料的屈服极限 σ_s 时,发生屈服破坏,此时的畸变能密度达到极限值,由上式求得 $\nu_{du}=\dfrac{1+\mu}{6E}(2\sigma_s^2)$。所以材料的破坏条件为

$$\nu_d = \nu_{du} = \frac{1+\mu}{6E}(2\sigma_s^2)$$

以主应力表达为

$$\sqrt{\frac{1}{2}\left[(\sigma_1-\sigma_2)^2+(\sigma_2-\sigma_3)^2+(\sigma_3-\sigma_1)^2\right]}=\sigma_s$$

将极限应力 σ_s 除以安全因数得到许用应力 $[\sigma]$,则畸变能密度理论的强度条件为

$$\sqrt{\frac{1}{2}\left[(\sigma_1-\sigma_2)^2+(\sigma_2-\sigma_3)^2+(\sigma_3-\sigma_1)^2\right]}\leqslant[\sigma] \tag{10-13}$$

畸变能密度理论最早由胡贝尔和米塞斯以不同的形式提出,后经亨奇用畸变能密度进一步解释论证,该理论也称为第四强度理论。许多情况下,这一理论比第三强度理论更符合试验结果,所以得到广泛应用。

10.7　强度理论的应用

10.7.1　强度理论的选用

强度理论是解决复杂应力状态下强度计算的理论依据。在应用时,首先要注意各强度理论的适用范围。在选用强度理论时,应先判断构件的破坏形式,若为脆性断裂则选用第一强度理论或第二强度理论,若为塑性屈服则选用第三强度理论或第四强度理论。一般情况下,脆性材料发生脆性断裂,塑性材料发生塑性屈服。特殊应力情况下,如在三向拉伸应力状态下,塑性材料也会发生脆性断裂;在三向压缩应力状态下,脆性材料也会发生塑性屈服。

在进行构件的强度计算时,一般遵循下列步骤:首先,根据外力情况确定构件的变形形式和危险截面位置及危险截面上的内力;其次,确定危险截面上危险点单元体的应力状态并确定主应力;最后,选用合适的强度理论进行强度计算。

各强度理论均以主应力形式表达强度条件。为了表达成统一的形式,常将与许用应力 $[\sigma]$ 相比较的应力组合称为相当应力,用 σ_r 表示,即

$$\begin{cases} \sigma_{r1} = \sigma_1 \\ \sigma_{r2} = \sigma_1 - \mu(\sigma_2+\sigma_3) \\ \sigma_{r3} = \sigma_1 - \sigma_3 \\ \sigma_{r4} = \sqrt{\dfrac{1}{2}\left[(\sigma_1-\sigma_2)^2+(\sigma_2-\sigma_3)^2+(\sigma_3-\sigma_1)^2\right]} \end{cases} \tag{10-14}$$

则强度条件可写为

$$\sigma_{ri} \leqslant [\sigma] \tag{10-15}$$

10.7.2 应用举例

【例 10-6】 如图 10-14 所示单元体,建立其第三强度理论和第四强度理论下的强度条件。

解:(1)求主应力。

根据单元体受力图,可得

$$\sigma_x = \sigma, \quad \sigma_y = 0, \quad \tau_{xy} = \tau$$

代入式(10-4),可得主应力

$$\begin{cases} \sigma_{\max} \\ \sigma_{\min} \end{cases} = \frac{\sigma_x + \sigma_y}{2} \pm \sqrt{\left(\frac{\sigma_x - \sigma_y}{2}\right)^2 + \tau_{xy}^2} = \frac{\sigma}{2} \pm \sqrt{\frac{\sigma^2}{4} + \tau^2}$$

所以

$$\sigma_1 = \frac{\sigma}{2} + \sqrt{\frac{\sigma^2}{4} + \tau^2}, \quad \sigma_2 = 0, \quad \sigma_3 = \frac{\sigma}{2} - \sqrt{\frac{\sigma^2}{4} + \tau^2}$$

(2)第三强度理论和第四强度理论下的强度条件。

将主应力代入式(10-14),可得

$$\sigma_{r3} = \sqrt{\sigma^2 + 4\tau^2} \leqslant [\sigma]$$

$$\sigma_{r4} = \sqrt{\sigma^2 + 3\tau^2} \leqslant [\sigma]$$

【例 10-7】 蒸汽锅炉是圆筒形薄壁容器,如图 10-15(a)所示。已知气体压力 $p = 3.5\text{MPa}$,锅炉平均直径 $D = 1\text{m}$,$[\sigma] = 140\text{MPa}$。按第三强度理论和第四强度理论设计其壁厚。

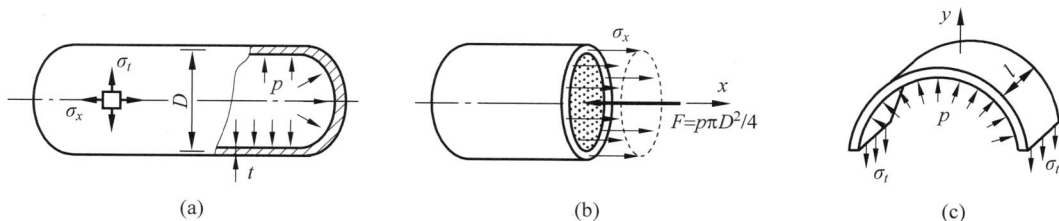

图 10-15

解:(1)应力状态的确定。

锅炉等圆筒形压力容器是工程中常用的一类工业设备。当筒的壁厚 t 远小于它的直径 D 时$\left(\text{一般要求 } t < \dfrac{D}{20}\right)$,称为薄壁压力容器。此时,可以近似认为应力沿壁厚均匀分布。在内压作用下,圆筒横截面上有均布的正应力 σ_x,用截面法沿横截面方向将圆筒截开,受力如图 10-15(b)所示。作用在筒底的内压力等于横截面上的内力,即

$$\sigma_x(\pi D t) = F = p\left(\frac{\pi D^2}{4}\right)$$

得到轴向应力

$$\sigma_x = \frac{pD}{4t}$$

用相距 l 的两个横截面和包含直径的纵向截面截取一部分筒壁研究(图 10-15(c)),若筒壁纵向截面上的应力为 σ_t,则纵向截面上的应力的合力等于筒壁上作用的内压力在 y 方向的分力,即

$$\sigma_t(2tl) = \int_0^\pi pl\,\frac{D}{2}\sin\theta\,\mathrm{d}\theta$$

得到周向应力

$$\sigma_t = \frac{pD}{2t}$$

比较轴向应力和周向应力计算公式可知,薄壁圆筒受内压作用时,周向应力是轴向应力的 2 倍。薄壁圆筒外壁为自由表面,径向应力为零,内壁径向应力 $\sigma_r = -p$,远远小于 σ_x 和 σ_t,可以忽略不计,因此将薄壁圆筒视为二向应力状态。单元体受力如图 10-15(a)中所示。主应力为

$$\sigma_1 = \sigma_t = \frac{pD}{2t}, \quad \sigma_2 = \sigma_x = \frac{pD}{4t}, \quad \sigma_3 = \sigma_r \approx 0$$

(2)按第三强度理论设计壁厚 t,则有

$$\sigma_{r3} = \sigma_1 - \sigma_3 = \frac{pD}{2t} \leqslant [\sigma]$$

得

$$t \geqslant \frac{pD}{2[\sigma]} = \frac{3.5 \times 1\,000}{2 \times 140}\,\mathrm{mm} = 12.5\,\mathrm{mm}$$

(3)按第四强度理论设计壁厚 t,则有

$$\sigma_{r4} = \sqrt{\frac{1}{2}\left[(\sigma_1 - \sigma_2)^2 + (\sigma_2 - \sigma_3)^2 + (\sigma_3 - \sigma_1)^2\right]} = \frac{\sqrt{3}\,pD}{4t} \leqslant [\sigma]$$

得

$$t \geqslant \frac{\sqrt{3}\,pD}{4[\sigma]} = \frac{\sqrt{3} \times 3.5 \times 1\,000}{4 \times 140}\,\mathrm{mm} = 10.8\,\mathrm{mm}$$

两个强度理论计算出的壁厚 t 均满足薄壁容器 $t < \dfrac{D}{20}$ 的要求,因此计算结果可用。

【例 10-8】 按强度理论建立纯剪切应力状态的强度条件,并与剪切强度条件比较,寻求许用切应力 $[\tau]$ 与许用正应力 $[\sigma]$ 的关系。

解:根据例 10-2 的讨论,纯剪切应力状态的主应力为

$$\sigma_1 = \tau, \quad \sigma_2 = 0, \quad \sigma_3 = -\tau$$

剪切强度条件为

$$\tau \leqslant [\tau]$$

对于脆性材料,按第一强度理论,则有

$$\sigma_{r1} = \sigma_1 = \tau \leqslant [\sigma]$$

与剪切强度条件比较,可得

$$[\tau] = [\sigma]$$

按第二强度理论,则有

$$\sigma_{r2} = \sigma_1 - \mu(\sigma_2 + \sigma_3) = (1+\mu)\tau \leqslant [\sigma]$$

与剪切强度条件比较,可得

$$[\tau] = \frac{[\sigma]}{1+\mu}$$

一般,脆性材料的 $\mu = 0.2 \sim 0.25$,所以

$$[\tau] = (0.8 \sim 0.83)[\sigma]$$

对于塑性材料,按第三强度理论,则有

$$\sigma_{r3} = \sigma_1 - \sigma_3 = 2\tau \leqslant [\sigma]$$

与剪切强度条件比较,可得

$$[\tau] = 0.5[\sigma]$$

按第四强度理论,则有

$$\sigma_{r4} = \sqrt{\frac{1}{2}\left[(\sigma_1 - \sigma_2)^2 + (\sigma_2 - \sigma_3)^2 + (\sigma_3 - \sigma_1)^2\right]} = \sqrt{3}\,\tau \leqslant [\sigma]$$

与剪切强度条件比较,可得

$$[\tau] = 0.577[\sigma]$$

综上所述,许用切应力 $[\tau]$ 与许用正应力 $[\sigma]$ 的关系如下。
对于脆性材料:

$$[\tau] = (0.8 \sim 1.0)[\sigma]$$

对于塑性材料:

$$[\tau] = (0.5 \sim 0.6)[\sigma]$$

本章总结

1. 应力状态的概念

1)一点的应力状态

受力构件内一点在各个方向上的应力变化情况称为一点的应力状态。分析一点的应力状态就是分析过该点不同截面上的应力变化,也就是分析单元体斜截面上的应力。

2)单元体

围绕一点取出的微小的正六面体,称为单元体。由于单元体的棱边长度微小(可认为无穷小),因此可以认为单元体受力有如下特点:①每个面上应力都是均匀分布的;②单元体上平行的两个面上作用的应力相等。从构件上某一点取单元体可以有多种取法,为了研究问题方便,通常要取应力已知的面,如横截面和构件表面等为单元体的面。

3)主平面和主应力

单元体上切应力等于零的面称为主平面,其上作用的正应力称为主应力。一般情况下,每一点都有三个互相垂直的主平面,构成主应力单元体。主应力按代数值从大到小排列,分别用 σ_1、σ_2、σ_3 表示。

4)一点的应力状态的分类

根据主应力的值,一点的应力状态可分为如下几种。

(1)单向应力状态:三个主应力中只有一个不等于零;

（2）二向应力状态：三个主应力中有两个不等于零，也称为平面应力状态；

（3）三向应力状态：三个主应力都不等于零，也称为空间应力状态。

2．二向应力状态分析

1）二向应力状态分析的解析法

二向应力状态分析的解析法如表 10-1 所示。

表 10-1　二向应力状态分析的解析法

项　　目	计　算　公　式	图　　示
σ：以拉应力为正 τ：以顺时针转动为正 α：以逆时针转动为正		
任意斜面上的应力	$\sigma_\alpha = \dfrac{\sigma_x + \sigma_y}{2} + \dfrac{\sigma_x - \sigma_y}{2}\cos 2\alpha - \tau_{xy}\sin 2\alpha$ $\tau_\alpha = \dfrac{\sigma_x - \sigma_y}{2}\sin 2\alpha + \tau_{xy}\cos 2\alpha$	
主应力 主平面	$\sigma'_{\text{主}} = \dfrac{\sigma_x + \sigma_y}{2} + \sqrt{\left(\dfrac{\sigma_x - \sigma_y}{2}\right)^2 + \tau_{xy}^2}$ $\sigma''_{\text{主}} = \dfrac{\sigma_x + \sigma_y}{2} - \sqrt{\left(\dfrac{\sigma_x - \sigma_y}{2}\right)^2 + \tau_{xy}^2}$ $\tan 2\alpha_0 = -\dfrac{2\tau_{xy}}{\sigma_x - \sigma_y}$	
最大切应力 方位	$\tau_{\min}^{\max} = \pm\sqrt{\left(\dfrac{\sigma_x - \sigma_y}{2}\right)^2 + \tau_{xy}^2}$ $\tan 2\alpha_1 = \dfrac{\sigma_x - \sigma_y}{2\tau_{xy}}$ $\alpha_1 = \alpha_0 \pm 45°$	

2）二向应力状态分析的应力圆法

（1）应力圆方程。

$$\left(\sigma_\alpha - \frac{\sigma_x + \sigma_y}{2}\right)^2 + \tau_\alpha^2 = \left(\frac{\sigma_x - \sigma_y}{2}\right)^2 + \tau_{xy}^2$$

式中，圆心坐标为 $\left(\dfrac{\sigma_x + \sigma_y}{2}, 0\right)$，半径为 $\sqrt{\left(\dfrac{\sigma_x - \sigma_y}{2}\right)^2 + \tau_{xy}^2}$

（2）应力圆的作法。

若已知二向应力状态单元体的 σ_x、σ_y、τ_{xy}、τ_y，在 $\sigma\text{-}\tau$ 直角坐标系中，选定比例尺，确定代表 x 截面的点 $D_1(\sigma_x,\tau_{xy})$ 和代表 y 截面的点 $D_2(\sigma_y,\tau_{yx})$。连接 D_1、D_2 两点，与 σ 轴交点即为圆心 C，以 CD_1 为半径作圆，即为该单元体的应力圆。

（3）对应关系。

① 点面对应：即应力圆圆周上的点对应于单元体上的截面。

② 转向一致：即单元体和应力圆的斜截面位置都是从同一截面（一般是 x 截面）出发，按相同的转向转动。

③ 角度二倍：应力圆上的转角是单元体上转角的 2 倍。

（4）主应力和最大切应力。

主应力值就是应力圆与 σ 轴的交点的坐标值，最大切应力是应力圆中最高点的值。

3. 三向应力状态分析

1）三向应力圆

若已知三向应力状态单元体的主应力 σ_1、σ_2、σ_3，则可画出图 10-16 所示三向应力圆。

2）最大、最小应力

三向应力状态单元体任意斜截面上的应力 σ_α 和 τ_α 在 $\sigma\text{-}\tau$ 坐标平面内的坐标点 $(\sigma_\alpha,\tau_\alpha)$，落在由三个应力圆所围成的阴影区域内。最大正应力和最小正应力分别为

$$\sigma_{\max}=\sigma_1,\qquad \sigma_{\min}=\sigma_3$$

最大切应力为

$$\tau_{\max}=\frac{\sigma_1-\sigma_3}{2}$$

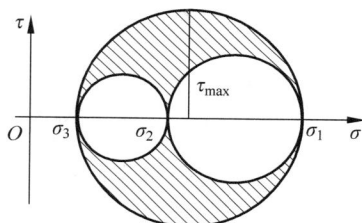

图　10-16

4. 广义胡克定律

1）广义胡克定律的一般表达式

广义胡克定律是复杂应力状态变形计算的基本公式，是应力分析的理论基础。适用条件是线弹性小变形下的各向同性材料，其一般表达式为

$$\begin{cases} \varepsilon_x=\dfrac{1}{E}[\sigma_x-\mu(\sigma_y+\sigma_z)] \\[2mm] \varepsilon_y=\dfrac{1}{E}[\sigma_y-\mu(\sigma_x+\sigma_z)] \\[2mm] \varepsilon_z=\dfrac{1}{E}[\sigma_z-\mu(\sigma_x+\sigma_y)] \end{cases}$$

和

$$\begin{cases} \gamma_{xy}=\dfrac{\tau_{xy}}{G} \\[2mm] \gamma_{yz}=\dfrac{\tau_{yz}}{G} \\[2mm] \gamma_{zx}=\dfrac{\tau_{zx}}{G} \end{cases}$$

2）广义胡克定律的其他形式

当单元体为主应力单元体时，单元体各棱边方向只有正应变存在，对应于主应力 σ_1、σ_2、σ_3 的正应变 ε_1、ε_2、ε_3 称为主应变，广义胡克定律的表达式为

$$\begin{cases} \varepsilon_1 = \dfrac{1}{E}[\sigma_1 - \mu(\sigma_2 + \sigma_3)] \\[2mm] \varepsilon_2 = \dfrac{1}{E}[\sigma_2 - \mu(\sigma_1 + \sigma_3)] \\[2mm] \varepsilon_3 = \dfrac{1}{E}[\sigma_3 - \mu(\sigma_1 + \sigma_2)] \end{cases}$$

式中，ε_1 是所有方向正应变代数量中的最大值，即 $\varepsilon_{\max} = \varepsilon_1$。

对于二向应力状态可表示为

$$\begin{cases} \varepsilon_x = \dfrac{1}{E}(\sigma_x - \mu\sigma_y) \\[2mm] \varepsilon_y = \dfrac{1}{E}(\sigma_y - \mu\sigma_x) \\[2mm] \varepsilon_z = -\dfrac{\mu}{E}(\sigma_x + \sigma_y) \end{cases}$$

5．强度理论

1）常用的四个强度理论

常用的四个强度理论如表 10-2 所示。

表 10-2   常用的四个强度理论

	基 本 假 设	强 度 条 件	适 用 范 围
第一强度理论	最大拉应力是引起材料发生脆性断裂的主要因素	$\sigma_1 \leqslant [\sigma]$	脆性断裂
第二强度理论	最大拉应变是引起材料发生脆性断裂的主要因素	$\sigma_1 - \mu(\sigma_2 + \sigma_3) \leqslant [\sigma]$	脆性断裂
第三强度理论	最大切应力是引起材料发生塑性屈服的主要因素	$\sigma_1 - \sigma_3 \leqslant [\sigma]$	塑性屈服
第四强度理论	畸变能密度是引起材料发生塑性屈服的主要因素	$\sqrt{\dfrac{1}{2}\left[(\sigma_1 - \sigma_2)^2 + (\sigma_2 - \sigma_3)^2 + (\sigma_3 - \sigma_1)^2\right]} \leqslant [\sigma]$	塑性屈服

2）强度设计和校核的全过程

对构件进行强度设计和校核的具体计算过程为：首先，根据外力特点确定构件的变形形式，确定最大内力及其所在位置（通常称为危险截面）；其次，根据危险截面上的应力及其分布特点，确定应力最大点（称为危险点）位置及应力状态；再次，确定危险点的主应力；最后，根据材料和应力情况选用合适的强度理论进行强度计算。有时，危险截面或危险点不是唯一的，应将可能的破坏位置都加以分析计算。

分析思考题

10-1　什么是一点的应力状态？为什么要研究一点的应力状态？如何描述？

10-2　什么是主平面、主应力？主应力与正应力有何区别？

10-3　在单元体中,最大正应力所在平面上是否有切应力作用？最大切应力所在平面上是否有正应力作用？

10-4　广义胡克定律的适用条件是什么？

10-5　如分析思考题 10-5 图所示,各单元体分别属于哪类应力状态？

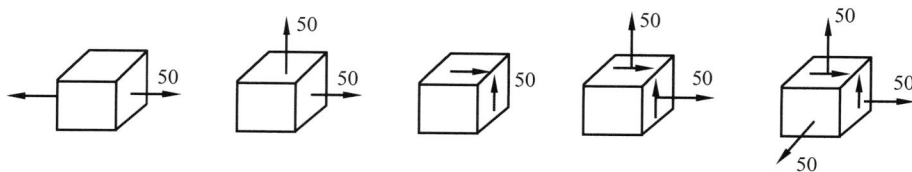

分析思考题 10-5 图

10-6　应力圆和单元体的对应关系有哪些？

10-7　分别画出单向拉伸、单向压缩和纯剪切应力状态的应力圆,并分析低碳钢和铸铁试样在拉、压、扭试验中的破坏面在应力圆上的位置。

10-8　在分析思考题 10-8 图(a)～(c)中,3 个应力圆各代表什么应力状态？

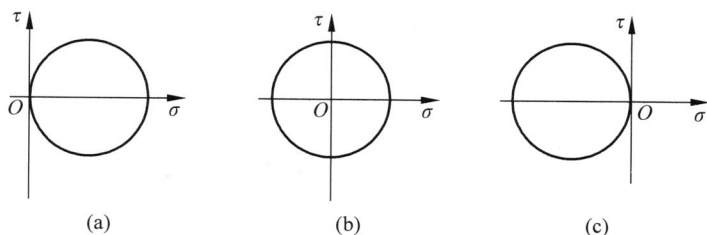

分析思考题 10-8 图

10-9　某单元体及相应的应力圆如分析思考题 10-9 图所示。试在应力圆上标出单元体上各斜截面所对应的点。

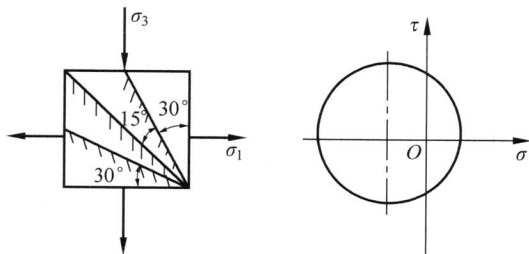

分析思考题 10-9 图

10-10　根据应力圆,说明下列结论的正确性:

(1) 切应力互等定理;

(2) 主应力是正应力的极值;

(3) $\tau_{\max} = \dfrac{\sigma_1 - \sigma_3}{2}$,其所在平面与主平面成 45°。

10-11　根据已知 A、B 点的应力圆(分析思考题 10-11 图),画出杆上作用载荷的一种可能情况。

(a)　　　　　　　　　　　　(b)

分析思考题 10-11 图

10-12　构件受力如分析思考题 10-12 图所示。

(1) 确定危险截面和危险点位置;

(2) 用单元体表示各危险点的应力状态,并写出应力计算公式。

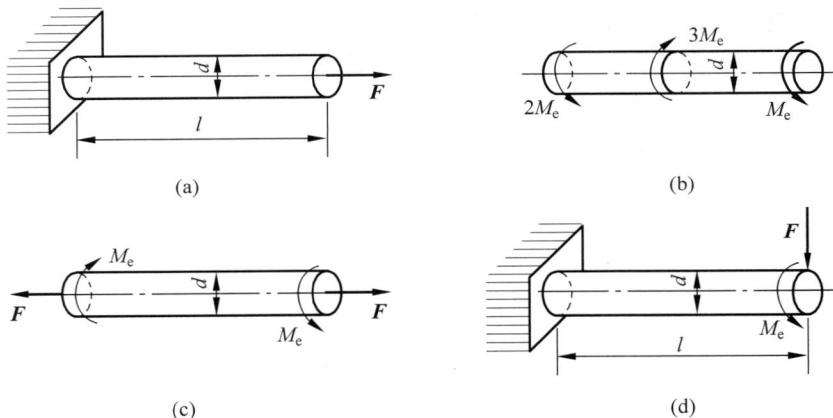

(a)　　　　　　　　　　　　(b)

(c)　　　　　　　　　　　　(d)

分析思考题 10-12 图

10-13　一平面应力状态单元体受力如分析思考题 10-13 图所示,材料的 E、μ 值均已知。列出计算图示 45°方向正应变的广义胡克定律表达式。

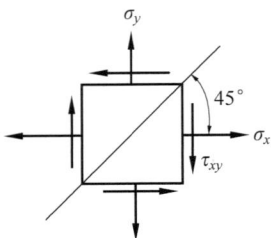

分析思考题 10-13 图

10-14　单元体某方向的正应变为零,是否该方向的正应力一定为零?反之,单元体某方向的正应力为零,是否该方向的正应变一定为零?为什么?

10-15　如何选择强度理论进行强度计算?

10-16　将沸水倒入厚壁玻璃杯内,此时杯的内外壁受力情况如何?若玻璃杯因此破裂,问破裂是先从内壁开始还是先从外壁开始?为什么?

习题

10-1 一直径为 2cm 的拉伸试样,在表面出现滑移线时测得 45°斜截面上的切应力为 150MPa。求此时试样上的拉力。

答:$F=94.2$kN。

10-2 外伸梁受力如习题 10-2 图所示,画出图中给出的单元体 A、B、C、D 和 E 的受力图。

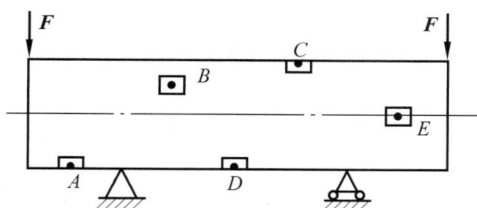

习题 10-2 图

答:。

10-3 已知应力状态如习题 10-3 图所示,请用截面法及平衡条件求指定截面(标有阴影线)上的应力。

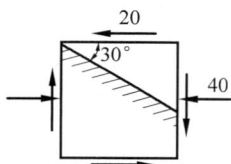

习题 10-3 图

答:$\sigma_\alpha=-27.3$MPa,$\tau_\alpha=27.3$MPa。

10-4 已知单元体的应力状态如习题 10-4 图所示。求指定斜截面上的应力。

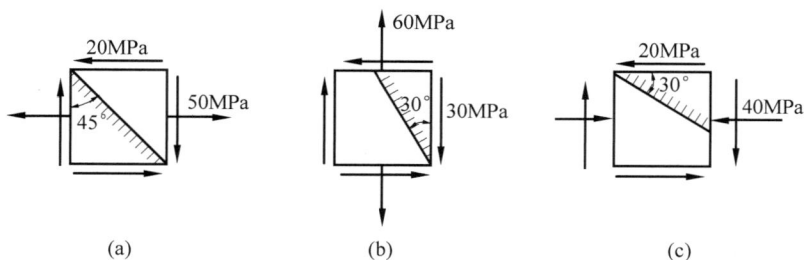

(a)   (b)   (c)

习题 10-4 图

答:(a) $\sigma_\alpha=5$MPa,$\tau_\alpha=25$MPa; (b) $\sigma_\alpha=\tau_\alpha=10.98$MPa;

(c) $\sigma_\alpha=\tau_\alpha=27.3$MPa。

10-5 已知单元体的应力状态如习题 10-5 图所示。用解析法求:(1)主应力和主平面方位,并画在单元体上;(2)最大切应力。

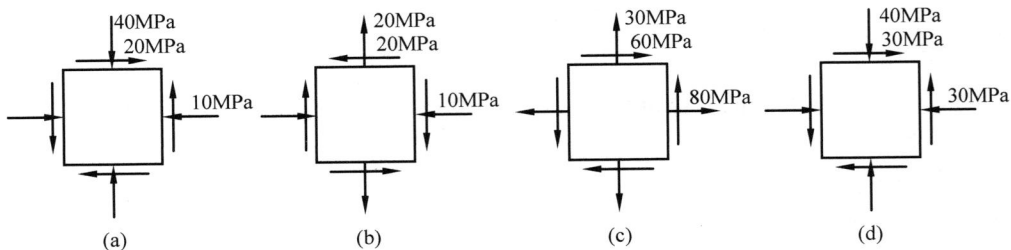

习题 10-5 图

答:(a) $\sigma_1 = \sigma_2 = 0, \sigma_3 = -50\text{MPa}, \alpha_0 = 26.55°, \tau_{\max} = 25\text{MPa}$;

(b) $\sigma_1 = 30\text{MPa}, \sigma_2 = 0, \sigma_3 = -20\text{MPa}, \alpha_0 = 26.55°, \tau_{\max} = 25\text{MPa}$;

(c) $\sigma_1 = 120\text{MPa}, \sigma_2 = 0, \sigma_3 = -10\text{MPa}, \alpha_0 = 33.7°, \tau_{\max} = 55\text{MPa}$;

(d) $\sigma_1 = 0, \sigma_2 = -4.6\text{MPa}, \sigma_3 = -65.4\text{MPa}, \alpha_0 = 48.2°, \tau_{\max} = 30.4\text{MPa}$。

10-6 用应力圆法求习题 10-5 图中各单元体的主应力和最大切应力。

10-7 从构件中取单元体受力如习题 10-7 图所示,其中 BC 为自由表面,并且无外力作用。求 σ_x 和 τ_{xy}。

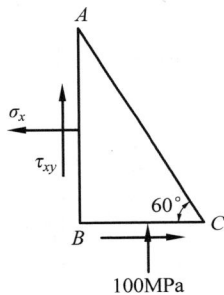

习题 10-7 图

答:$\sigma_x = -33.3\text{MPa}, \tau_{xy} = -57.7\text{MPa}$。

10-8 在习题 10-8 图所示应力状态下,若要求其中的最大切应力 $\tau_{\max} < 160\text{MPa}$,求 τ_{xy}。

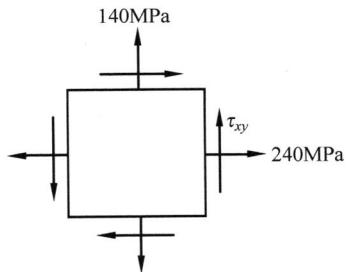

习题 10-8 图

答:$|\tau_{xy}| < 120\text{MPa}$。

10-9　一单元体应力状态如习题 10-9 图所示,求主应力和最大切应力。

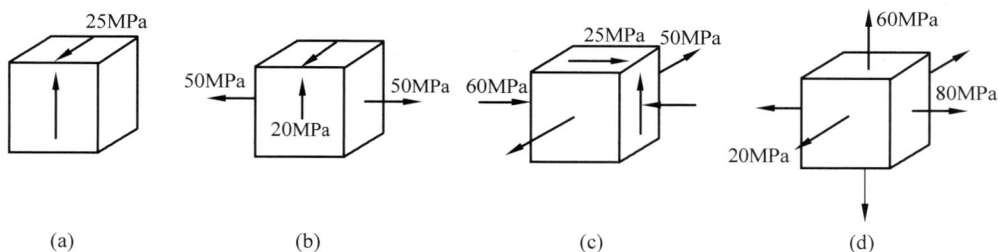

习题 10-9 图

答：(a) $\sigma_1=25\mathrm{MPa}$,$\sigma_2=0$,$\sigma_3=-25\mathrm{MPa}$,$\tau_{\max}=25\mathrm{MPa}$;

(b) $\sigma_1=50\mathrm{MPa}$,$\sigma_2=20\mathrm{MPa}$,$\sigma_3=-20\mathrm{MPa}$,$\tau_{\max}=35\mathrm{MPa}$;

(c) $\sigma_1=50\mathrm{MPa}$,$\sigma_2=9.05\mathrm{MPa}$,$\sigma_3=-69.05\mathrm{MPa}$,$\tau_{\max}=59.53\mathrm{MPa}$;

(d) $\sigma_1=80\mathrm{MPa}$,$\sigma_2=60\mathrm{MPa}$,$\sigma_3=20\mathrm{MPa}$,$\tau_{\max}=30\mathrm{Mpa}$。

10-10　如习题 10-10 图所示,钢梁在 F 力作用时,测得 A 点处 x、y 方向的正应变分别为 $\varepsilon_x=0.000\,4$,$\varepsilon_y=-0.000\,12$。已知材料的弹性模量 $E=200\mathrm{GPa}$,泊松比 $\mu=0.3$。求 A 点的正应力 σ_x 和 σ_y。

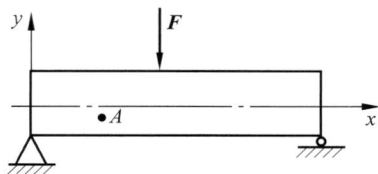

习题 10-10 图

答：$\sigma_x=80\mathrm{MPa}$,$\sigma_y=0$。

10-11　从钢构件中取出一部分,如习题 10-11 图所示。已知 $\sigma=30\mathrm{MPa}$、$\tau=15\mathrm{MPa}$;材料的弹性模量 $E=200\mathrm{GPa}$,泊松比 $\mu=0.3$。求对角线 AC 的长度变化(提示：先求 AC 方向和垂直 AC 方向的正应力,再用广义胡克定律求 AC 方向的应变)。

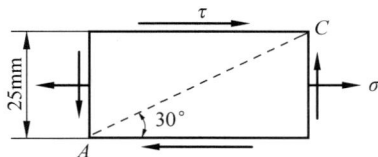

习题 10-11 图

答：$\Delta l=9.29\times10^{-3}\mathrm{mm}$。

10-12　如习题 10-12 图所示,矩形板受正应力 σ_x 和 σ_y 作用,求板厚的改变量。已知板的长 $b=800\mathrm{mm}$,宽 $h=500\mathrm{mm}$,厚 $\delta=10\mathrm{mm}$,$\sigma_x=80\mathrm{MPa}$,$\sigma_y=40\mathrm{MPa}$,材料的弹性模量 $E=70\mathrm{GPa}$,泊松比 $\mu=0.33$。

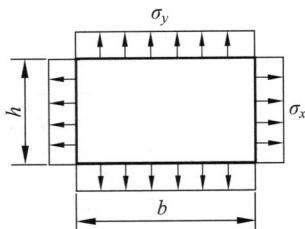

习题 10-12 图

答：$\Delta\delta = -0.001\,26\text{mm}$。

10-13　习题 10-13 图所示为一二向应力状态单元体，计算下列应力组合情况下的第三强度理论和第四强度理论的相当应力：(1)$\sigma_x = 40\text{MPa}, \sigma_y = 40\text{MPa}, \tau_{xy} = 60\text{MPa}$；(2)$\sigma_x = 60\text{MPa}, \sigma_y = -80\text{MPa}, \tau_{xy} = -40\text{MPa}$。

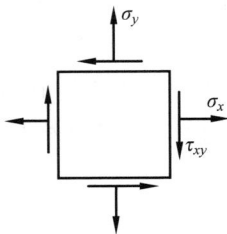

习题 10-13 图

答：(1) $\sigma_{r3} = 120\text{MPa}, \sigma_{r4} = 111\text{MPa}$；

(2) $\sigma_{r3} = 161\text{MPa}, \sigma_{r4} = 139.8\text{MPa}$。

10-14　计算习题 10-4 中各单元体的第一到第四强度理论的相当应力。设泊松比 $\mu = 0.3$。

答：(a) $\sigma_{r1} = 57.02\text{MPa}, \sigma_{r2} = 59.13\text{Mpa}, \sigma_{r3} = 64.04\text{MPa}, \sigma_{r4} = 60.83\text{MPa}$；

(b) $\sigma_{r1} = 72.43\text{MPa}, \sigma_{r2} = 76.16\text{Mpa}, \sigma_{r3} = 84.86\text{MPa}, \sigma_{r4} = 79.37\text{MPa}$；

(c) $\sigma_{r1} = 8.28\text{MPa}, \sigma_{r2} = 22.76\text{Mpa}, \sigma_{r3} = 56.56\text{MPa}, \sigma_{r4} = 52.91\text{MPa}$。

10-15　某钢制零件危险点处的应力状态如习题 10-15 图所示。已知材料的屈服极限 $\sigma_s = 250\text{MPa}$，分别确定采用第三强度理论和第四强度理论时零件的工作安全因数。

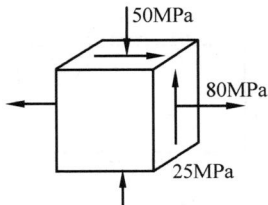

习题 10-15 图

答：按第三强度理论：1.79；按第四强度理论：2.05。

10-16　钢制薄壁圆柱形容器的直径为 8m，壁厚 4mm，材料的许用应力 $[\sigma] = 120\text{MPa}$。选用合适的强度理论确定容器可承受的内压力 p。

答：按第三强度理论可知，$p = 1.2\text{MPa}$；按第四强度理论可知，$p = 1.38\text{MPa}$。

第11章

组合变形强度计算

基本要求

（1）掌握组合变形的概念。

（2）掌握斜弯曲的计算方法。

（3）掌握拉（压）与弯曲组合时的应力和强度计算；掌握偏心压缩的概念和强度计算。

（4）掌握弯扭组合时的应力和强度计算。

重点和难点

（1）组合变形的概念。

（2）拉（压）弯组合变形分析。

11.1 组合变形概述

11.1.1 组合变形的概念和分类

前面各章分别讨论了杆件的轴向拉伸（压缩）、剪切、扭转、弯曲 4 种基本变形。而工程实际中的杆件，在使用时可能同时产生几种基本变形。例如，图 11-1 所示压力机机架工作时受到 F 力作用，立柱在 F 力作用下横截面存在轴力和弯矩，将产生拉伸和弯曲的变形组合；图 11-2 所示为传动轴，电动机对其施加力偶 M_e，皮带轮紧边和松边张力分别为 F_{T1} 和 F_{T2}，这些外力共同作用下轴将产生弯曲和扭转的变形组合。

杆件同时产生两种或两种以上基本变形的受力情况，称为组合变形。根据基本变形情况，组合变形可分为拉伸（压缩）与弯曲组合、拉伸（压缩）与扭转组合、弯曲与扭转组合以及拉伸（压缩）、扭转与弯曲组合几种情形。由于杆件一般弯曲问题（称为斜弯曲）可认为是同时在两个方向发生平面弯曲，其分析方法与组合变形相同，也常将斜弯曲作为组合变形处理。

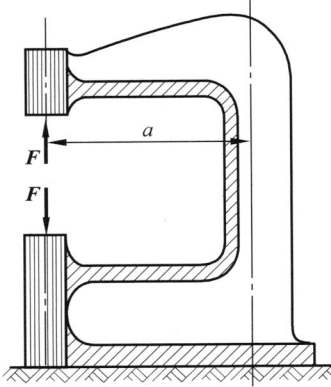

图 11-1

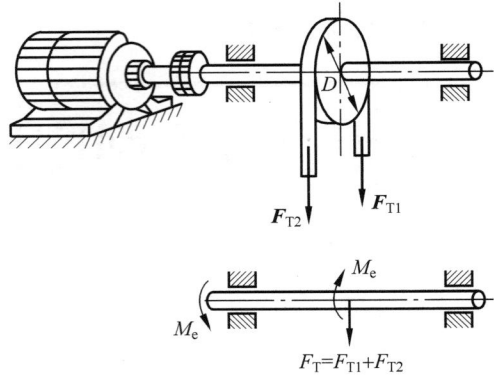

图 11-2

11.1.2 组合变形的研究方法——叠加法

当组合变形杆件材料服从胡克定律、变形满足小变形条件时,在进行组合变形强度计算时,可以认为任一载荷作用所产生的应力、内力、变形和应变都不受其他载荷的影响。因此,有如下结论:杆在几个载荷共同作用下所产生的应力、内力、变形和应变,等于每一个载荷单独作用下所产生的应力、内力、变形和应变的总和,这一结论称为叠加原理。

在分析组合变形强度问题时,一般研究方法如下:首先将载荷简化或分解为产生基本变形的几组载荷;其次分别计算各基本变形下的应力;最后将所得结果进行叠加,得到总的应力。也可以首先用截面法确定杆件各横截面的内力形式、大小和危险截面位置,然后计算每一内力对应的应力,最后叠加得到总的应力。

11.2 斜弯曲

11.2.1 斜弯曲的概念

当外力施加在梁的纵向对称面内时,梁将产生平面弯曲变形。此时,外力作用平面与梁的挠曲线是同一平面。若外力作用平面不是纵向对称面(图 11-3(a))或弯曲外力不在同一平面内作用时(图 11-3(b)),梁产生的弯曲变形较复杂,挠曲线与外力作用面不共面,这种弯曲称为斜弯曲。借助平面弯曲的分析结论,可以用叠加法计算斜弯曲的强度。

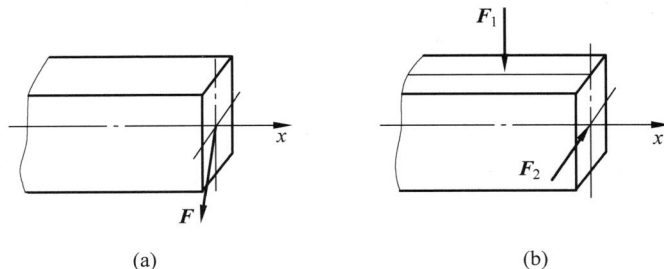

(a)   (b)

图 11-3

11.2.2　内力与应力的计算

为确定斜弯曲时梁横截面上的应力,在小变形条件下,可以将斜弯曲分解为两个相互垂直的主轴平面内的平面弯曲,分别研究两个平面弯曲的横截面应力,最后将同一点的应力相加,得到斜弯曲时该点的应力。一般,弯曲切应力非常小,因此在分析时只考虑弯曲正应力。

以矩形截面梁为例,如图 11-4 所示,作用在梁端截面形心上的外力 F 垂直于轴线 x,与对称轴 y 夹角为 φ。将外力 F 向两个对称轴 y、z 分解成 F_y、F_z 两个分力,则有

$$F_y = F\cos\varphi$$
$$F_z = F\sin\varphi$$

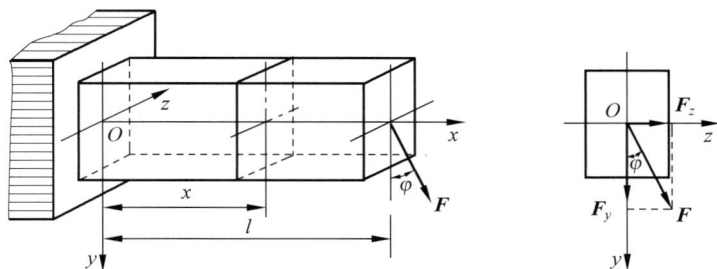

图　11-4

在 F_y 作用下,梁在 xOy 平面发生平面弯曲;在 F_z 作用下,梁在 xOz 平面发生平面弯曲。任一横截面上有两个弯矩分量,如图 11-5(a)所示,弯矩方程为

$$M_z = -F_y(l-x) = -F\cos\varphi(l-x)$$
$$M_y = -F_z(l-x) = -F\sin\varphi(l-x)$$

式中,弯矩 M_z、M_y 的符号规定为:使截面上位于第一象限的各点产生拉应力的弯矩为正,产生压应力的为负。

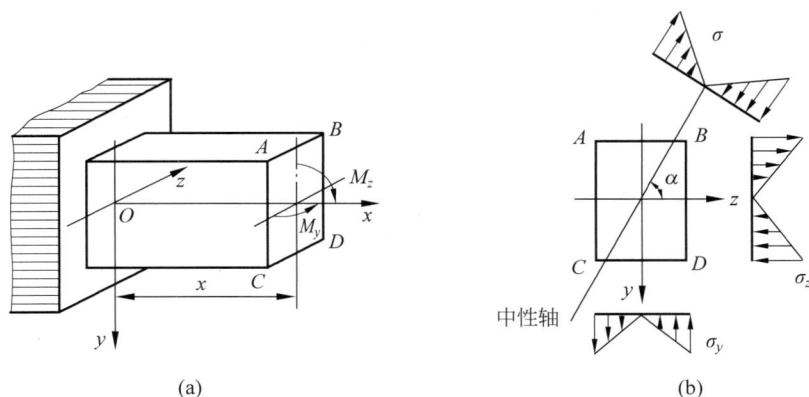

(a)

(b)

图　11-5

由弯曲正应力计算公式(式(8-10))得,由弯矩 M_z 产生的正应力为

$$\sigma_z = \frac{M_z}{I_z}y$$

应力分布如图 11-5(b)所示,在 AB 边最大拉应力,在 CD 边有最大压应力。同样,由弯矩 M_y 产生的正应力为

$$\sigma_y = \frac{M_y}{I_y} z$$

应力分布如图 11-5(b)所示,应力在 AC 边最大拉应力,在 BD 边有最大压应力。

根据叠加原理,截面上任意一点(y, z)的应力为

$$\sigma = \frac{M_z}{I_z} y + \frac{M_y}{I_y} z \tag{11-1}$$

显然,横截面上的中性轴方程为

$$\frac{M_z}{I_z} y + \frac{M_y}{I_y} z = 0 \tag{11-2}$$

其是一条通过截面形心的斜直线。中性轴与主轴 z 的夹角 α 的计算公式如下:

$$\tan\alpha = \left| \frac{y}{z} \right| = \left| -\frac{M_y}{M_z} \cdot \frac{I_z}{I_y} \right| = \frac{I_z}{I_y} \tan\varphi \tag{11-3}$$

中性轴将横截面分成受拉和受压两个区域。叠加后的应力 σ 仍然线性分布(图 11-5(b)),大小与到中性轴的距离成正比。由式(11-3)可以得到,中性轴与外力 F 作用线并不垂直,也就是合弯矩矢与中性轴不重合,这是斜弯曲的特点。

11.2.3   最大正应力和强度条件

横截面上的最大正应力出现在距中性轴最远的点上。对于有凸角点的截面,例如矩形、工字形截面,最大正应力出现在某一凸角处。图 11-5 所示矩形横截面上最大拉应力出现在 A 点,最大压应力出现在 B 点,其值为

$$\sigma_{max} = \sigma_{zA} + \sigma_{yA} = \frac{M_z}{W_z} + \frac{M_y}{W_y} \tag{11-4}$$

对于没有凸角点的截面,可在确定中性轴位置后,做平行于中性轴与截面边界相切的线段,切点处有最大正应力。

若进行强度计算,则首先根据两个方向的弯矩图确定危险截面位置,再确定危险截面上的危险点的正应力 σ_{max},建立强度条件:

$$\sigma_{max} \leqslant [\sigma]$$

【例 11-1】 吊车大梁由 32a 热轧普通工字钢制成,可简化为简支梁,如图 11-6(a)所示。已知梁长 $l = 2\text{m}$,许用应力$[\sigma] = 160\text{MPa}$,起吊重物的重力为 80kN,作用在梁的中点,作用线与铅直方向的夹角 $\alpha = 5°$。校核吊车大梁的强度。

解:(1)将斜弯曲分解成两个平面弯曲。

将载荷 F 分解为对称轴 y、z 方向的分力 F_y 和 F_z,如图 11-6(b)和(c)所示,则有

$$F_y = F\cos\alpha, \quad F_z = F\sin\alpha$$

(2)求两个平面弯曲下的最大弯矩。

根据图 11-6(b)和(c)所示受力情况,可知最大弯矩出现在梁的中点处,因此此处为危险截面,最大弯矩值分别为

$$M_{z\max}=\frac{1}{4}F_y l=\frac{1}{4}Fl\cos\alpha$$

$$M_{y\max}=\frac{1}{4}F_z l=\frac{1}{4}Fl\sin\alpha$$

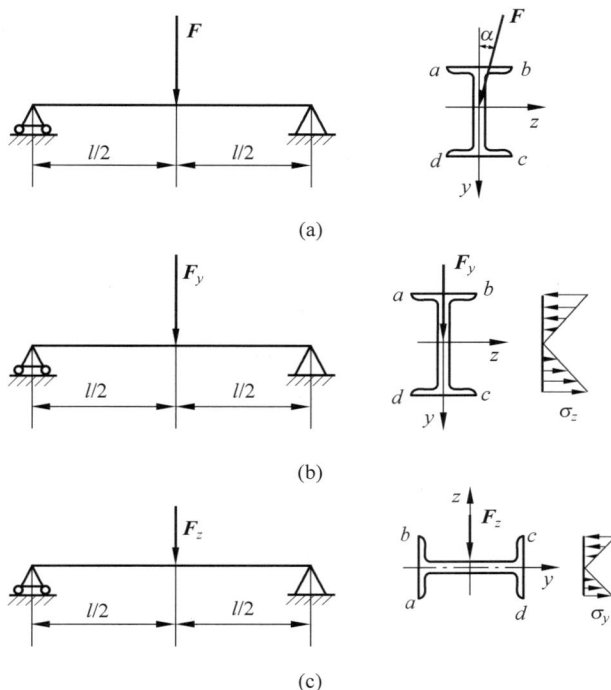

(a)

(b)

(c)

图　11-6

（3）求两个平面弯曲下的最大正应力。

在 $M_{z\max}$ 作用下，梁在铅直面内发生平面弯曲，最大拉应力出现在工字钢下表面 ab 线上，最大压应力出现在工字钢上表面 cd 线上，其值为

$$\sigma_{z\max}=\frac{M_{z\max}}{W_z}=\frac{Fl\cos\alpha}{4W_z}$$

在 $M_{y\max}$ 作用下，梁在水平面内发生平面弯曲，最大拉应力出现在工字钢左侧角点 a、d，最大压应力出现在工字钢右侧角点 c、b，其值为

$$\sigma_{y\max}=\frac{M_{y\max}}{W_y}=\frac{Fl\sin\alpha}{4W_y}$$

（4）叠加求最大应力，进行强度计算。

根据应力分布情况，可知最大拉应力出现在角点 d 处，最大压应力出现在角点 b 处，两处应力数值相同，有

$$\sigma_{\max}=\sigma_{z\max}+\sigma_{y\max}=\frac{Fl\cos\alpha}{4W_z}+\frac{Fl\sin\alpha}{4W_y}$$

查型钢表得 32a 热轧普通工字钢的 $W_z=70.8\mathrm{cm}^3$、$W_y=692\mathrm{cm}^3$。将数据代入上式，得

$$\sigma_{\max}=217.8\mathrm{MPa}>[\sigma]=160\mathrm{MPa}$$

因此,梁在斜弯曲时不满足强度条件,强度是不足的。

如果上述计算中令 $\alpha = 0$,即载荷不偏离铅直位置,则有

$$\sigma_{\max} = \frac{M_{z\max}}{W_z} = \frac{Fl}{4W_z} = 115.6\text{MPa}$$

该值远小于斜弯曲时的最大正应力。由此可见,载荷偏离对称轴对梁的安全是非常有害的,工程中应当尽量避免这种现象的发生。

11.3 拉伸(压缩)与弯曲的组合

11.3.1 产生拉(压)弯组合变形的两种受力情况

拉伸(压缩)与弯曲的组合变形是工程实际中最常见的组合变形情况。如果杆件除在通过其轴线的纵向平面内受到力偶或垂直于轴线的横向外力外,还受到轴向拉(压)力作用,杆件将发生拉伸(压缩)与弯曲的组合变形,简称拉(压)弯组合变形。

产生拉(压)弯组合变形通常有两种受力情况:一种情况是杆件在通过其轴线的纵向平面内受到不垂直于轴线的载荷作用,将载荷分解为垂直轴线的横向力和平行于轴线的轴向力,横向力产生弯曲变形,轴向力产生拉压变形。图 11-7 所示为简易吊车的横梁 AB,当吊车工作时,拉杆 BC 对横梁作用一个沿 BC 方向的外力,使横梁 AB 产生压弯组合变形。另一种情况是杆件受到轴向外力作用,但外力的作用点不过截面形心,称为偏心拉压。图 11-8 所示为一厂房立柱,载荷 F_2 偏离立柱轴线,若将该力平移到轴线处,则产生附加的弯曲力偶矩,使立柱产生压弯组合变形。

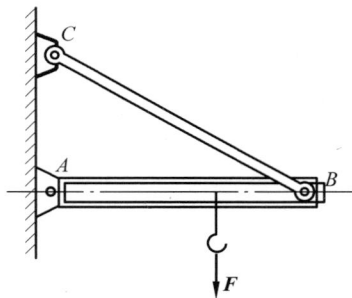

图 11-7

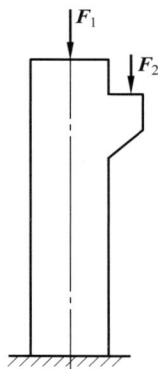

图 11-8

11.3.2 最大正应力和强度条件

当杆件产生拉(压)弯组合变形时,杆件横截面上同时作用轴力、弯矩和剪力。忽略剪力的影响,轴力和弯矩都将在横截面上产生正应力。

根据外力情况画杆件的轴力图和弯矩图,可以确定杆件的危险截面及危险截面上的轴力 F_N 和弯矩 $M_{\max}$。

轴力 F_N 对应的正应力在横截面上均匀分布,当轴力为正时,产生拉应力;当轴力为负时,产生压应力,其值为

$$\sigma_N = \frac{F_N}{A}$$

弯矩 M_{max} 对应的正应力沿横截面高度方向线性分布,相对对称轴一侧是拉应力,另一侧是压应力,其值为

$$\sigma_M = \frac{M_z}{I_z} y$$

应用叠加法,将同一点的两个正应力代数相加,所得的应力就是该点的总应力。弯曲正应力的最大值出现在受弯方向的凹凸表面上,因此最大应力也应出现在此处。根据实际受力和截面形状,最大正应力有不同的情形。若横截面在弯曲方向有对称轴,则最大弯曲拉应力与最大弯曲压应力相等,则有最大正应力为

$$\sigma_{max} = |\sigma_N| + |\sigma_{M\,max}| = \left| \frac{F_N}{A} \right| + \left| \frac{M_{max}}{W_z} \right| \tag{11-5}$$

强度条件与弯曲时相同,即

$$\sigma_{max} \leqslant [\sigma]$$

【**例 11-2**】 如图 11-9(a)所示起重支架,AB 梁由两根并排槽钢复合而成。已知 $a=3\text{m}$,$b=1\text{m}$,$F=36\text{kN}$,AB 梁的材料许用应力 $[\sigma]=140\text{MPa}$。请选择槽钢型号。

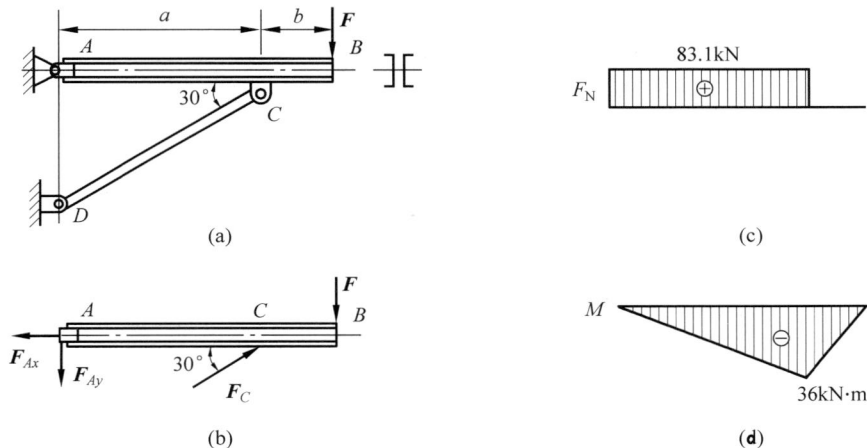

图 11-9

解:(1)确定 AB 梁的外力。

分析 AB 受力,受力图如图 11-9(b)所示。列平衡方程:

$$\sum M_A = 0, \quad F_C a \sin 30° - F(a+b) = 0$$

解得

$$F_C = 96\text{kN}$$

(2)画内力图,确定危险截面。

根据 AB 杆的外力,画出杆的轴图和弯矩图,如图 11-9(c)和(d)所示。由于弯曲切应

力很小,可不考虑剪力图。从图 11-9 中可以看到,AC 段既存在弯矩又有轴力,是拉弯组合变形;而 CB 段是弯曲变形。显然截面 C 是危险截面,其内力为

$$F_N = 83.1\text{kN}, \quad M_{max} = 36\text{kN} \cdot \text{m}$$

(3)确定危险点应力,强度计算。

在截面 C 的上下侧边缘有最大弯曲正应力,上侧为拉应力,下侧为压应力;拉伸正应力各点相同。显然,叠加后的截面 C 上侧边缘各点正应力最大,是危险点。建立强度条件

$$\sigma_{max} = \frac{F_N}{A} + \frac{M_{max}}{W_z} \leqslant [\sigma]$$

因为上式中 A 和 W_z 都未知,故用试凑法计算。先只考虑弯曲应力确定 W_z,选择槽钢型号,再进行校核。由

$$\frac{M_{max}}{W_z} = \frac{36 \times 10^3}{W_z} \leqslant [\sigma] = 140 \times 10^6 \text{Pa}$$

得

$$W_z \geqslant 257 \times 10^{-6} \text{m}^3 = 257 \text{cm}^3$$

查型钢表,选两根 18a 槽钢,$W_z = (14.2 \times 2)\text{cm}^3 = 282.8\text{cm}^3$,相应的横截面面积 $A = (25.69 \times 2)\text{cm}^2 = 51.38\text{cm}^2$,校核强度为

$$\sigma_{max} = \frac{F_N}{A} + \frac{M_{max}}{W_z} = 143\text{MPa} > [\sigma] = 140\text{MPa}$$

最大应力没超过许用应力的 5%,工程中许可,可以选用 18a 槽钢。如果最大应力超过许用应力较多,那么应重新选择型钢,并进行强度校核。

【例 11-3】 图 11-10(a)所示为一悬臂钻床结构和受力。钻床立柱为空心铸铁管,管的外径 $D = 140\text{mm}$,内、外径比 $d/D = 0.75$。铸铁的许用拉应力 $[\sigma_t] = 35\text{MPa}$,许用压应力 $[\sigma_c] = 90\text{MPa}$,$F = 15\text{kN}$,$e = 400\text{mm}$。校核立柱的强度。

解:(1)确定立柱横截面的内力。

用假想截面沿 m—m 将立柱截开,取上半部分研究,如图 11-10(b)所示。由平衡条件,可得横截面上的轴力和弯矩分别为

$$F_N = F = 15\text{kN}$$

$$M = Fe = 6\text{kN} \cdot \text{m}$$

(2)确定最大应力,强度计算。

立柱在偏心载荷 F 作用下产生拉弯组合变形。在立柱所有横截面上的轴力和弯矩都相等,各横截面的危险程度相同。根据图 11-10(b)所示的轴力和弯矩的实际方向,可知横截面上的左侧 a 点承受最大压应力,右侧 b 点承受最大拉应力,其值分别为

$$\sigma_{max}^t = \frac{F_N}{A} + \frac{M}{W_z} = \frac{F}{\dfrac{\pi D^2(1 - \alpha^2)}{4}} + \frac{Fe}{\dfrac{\pi D^3(1 - \alpha^4)}{32}} = 34.92\text{MPa}$$

$$\sigma_{max}^c = \frac{F_N}{A} - \frac{M}{W_z} = \frac{F}{\dfrac{\pi D^2(1 - \alpha^2)}{4}} - \frac{Fe}{\dfrac{\pi D^3(1 - \alpha^4)}{32}} = -30.38\text{MPa}$$

由此可见,$\sigma_{max}^t < [\sigma_t]$,$\sigma_{max}^c < [\sigma_c]$,满足强度条件,立柱的强度足够。

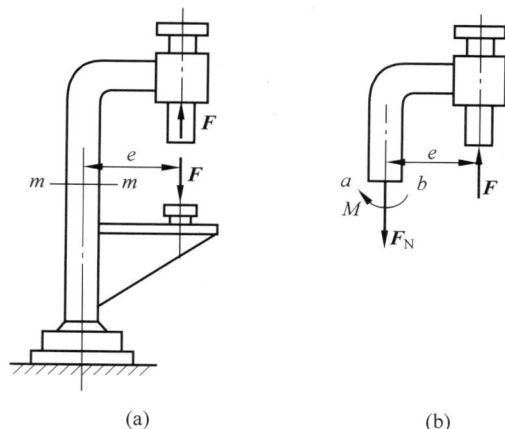

(a)　　　　　　　　(b)

图　11-10

11.4　弯曲与扭转的组合

11.4.1　弯扭组合变形杆件的危险截面分析

　　机械中的传动轴、曲柄轴等零件除受扭转外,还经常伴随着弯曲变形,这种组合变形形式常称为弯扭组合,这是机械工程中最重要的一种组合变形形式。下面以图 11-11(a)所示曲拐轴为例,说明弯扭组合变形的强度计算方法。

　　首先分析 AB 轴的受力。在不改变 AB 的内力和变形的前提下,将 F 力等效平移到 B 点,得到一个力 F' 和一个力偶 M_B,如图 11-11(b)所示。其值分别为

$$F' = F \quad (使 AB 杆产生弯曲变形), M_B = Fa \quad (使 AB 杆产生扭转变形)。$$

　　画出 AB 杆的扭矩图和弯矩图,如图 11-11(c)和(d)所示。可以看出,在杆 AB 的固定端截面 A 上有最大扭矩和最大弯矩,其是危险截面,因此危险截面上的扭矩和弯矩的绝对值分别为

$$T = M_B = Fa, \quad M_{\max} = Fl$$

　　需要说明的是,横截面上还存在大小为 F 的剪力。但一般情况下剪力引起的切应力与扭转切应力相比很小,通常在研究弯扭组合变形强度问题时都不加考虑。

11.4.2　危险点及其应力状态

　　接着分析危险截面上的应力状态。该截面上由于弯矩作用产生弯曲正应力,其应力分布如图 11-11(e)所示,最大正应力出现在截面的上下边缘 a、b 两点处;由于扭矩作用产生扭转切应力,其应力分布如图 11-11(f)所示,最大切应力出现在截面周边各点。显然,在 a、b 两点处同时有最大正应力和最大切应力,故 a、b 两点是危险点。将 a、b 两点的单元体取出,其受力如图 11-11(g)和(h)所示。由此可见,其应力状态是二向应力状态。

　　最大扭转切应力和最大弯曲正应力分别为

$$\tau = \frac{T}{W_P}, \quad \sigma = \frac{M_{\max}}{W_z}$$

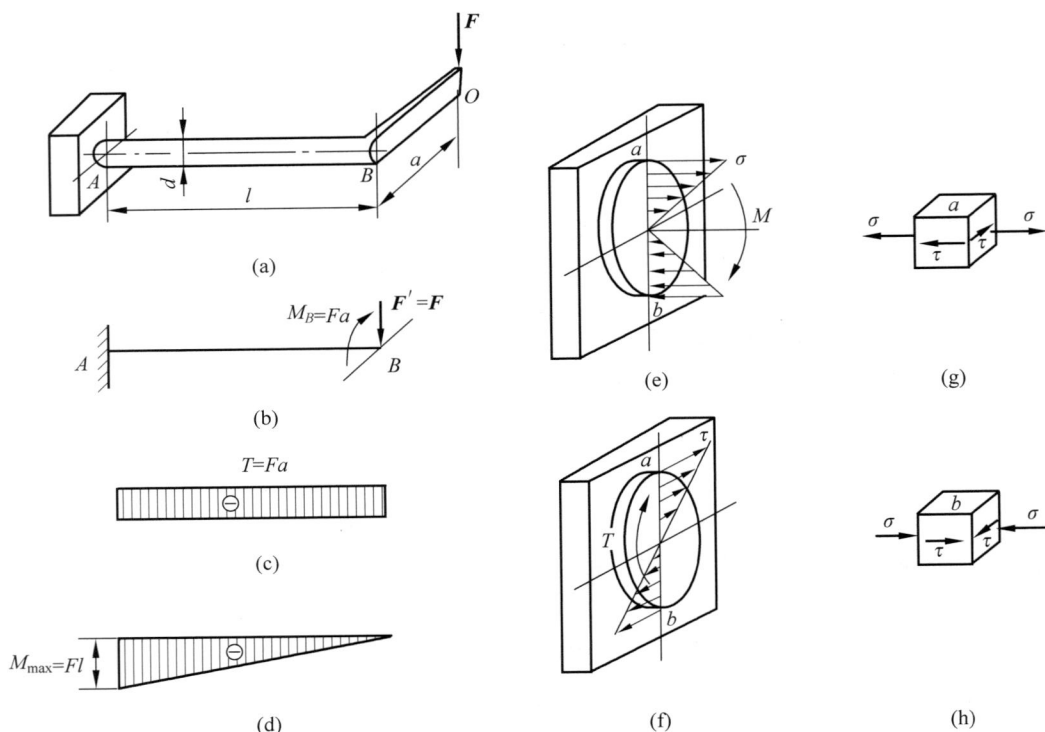

图 11-11

式中，W_P 和 W_z 分别为圆截面的抗扭截面系数和抗弯截面系数。

11.4.3 强度条件及其应用

对于塑性材料制成的杆件，可选用第三强度理论或第四强度理论进行强度计算。强度计算前先根据式（10-4）确定危险点的主应力 σ_1、σ_2 和 σ_3，对于 a 点，则有

$$\sigma_1 = \frac{\sigma}{2} + \sqrt{\left(\frac{\sigma}{2}\right)^2 + \tau^2}, \quad \sigma_2 = 0, \quad \sigma_3 = \frac{\sigma}{2} - \sqrt{\left(\frac{\sigma}{2}\right)^2 + \tau^2}$$

对于 b 点，则有

$$\sigma_1 = -\frac{\sigma}{2} + \sqrt{\left(\frac{\sigma}{2}\right)^2 + \tau^2}, \quad \sigma_2 = 0, \quad \sigma_3 = -\frac{\sigma}{2} - \sqrt{\left(\frac{\sigma}{2}\right)^2 + \tau^2}$$

选用第三强度理论进行强度计算时，两点数据代入强度条件公式，则有

$$\sigma_{r3} = \sigma_1 - \sigma_3 = \sqrt{\sigma^2 + 4\tau^2} \leqslant [\sigma] \tag{11-6}$$

选用第四强度理论进行强度计算时，两点数据代入强度条件公式，则有

$$\sigma_{r4} = \sqrt{\frac{1}{2}\left[(\sigma_1 - \sigma_2)^2 + (\sigma_2 - \sigma_3)^2 + (\sigma_3 - \sigma_1)^2\right]} = \sqrt{\sigma^2 + 3\tau^2} \leqslant [\sigma] \tag{11-7}$$

由此可知，两点的相当应力相同，说明两点危险程度相同。

将应力计算式代入式（11-6）和式（11-7），由于圆截面杆的 $W_P = 2W_z$，可得弯扭组合强度条件为

按第三强度理论,则有

$$\sigma_{r3} = \sqrt{\sigma^2 + 4\tau^2} = \frac{\sqrt{M_{max}^2 + T^2}}{W_z} \leqslant [\sigma] \tag{11-8}$$

按第四强度理论,则有

$$\sigma_{r4} = \sqrt{\sigma^2 + 3\tau^2} = \frac{\sqrt{M_{max}^2 + 0.75T^2}}{W_z} \leqslant [\sigma] \tag{11-9}$$

【例 11-4】　图 11-12(a)所示电动机带动皮带轮工作。已知电动机的功率为 9kW,转速为 715r/min,皮带轮直径 $D = 250$mm,皮带的紧边拉力为 F_1,松边拉力为 F_2,并且 $F_1 = 1.5F_2$,电动机主轴外伸部分的长度 $l = 120$mm,直径 $d = 40$mm。若已知轴材料的许用应力为 $[\sigma] = 100$MPa,用第三强度理论校核主轴外伸部分的强度。

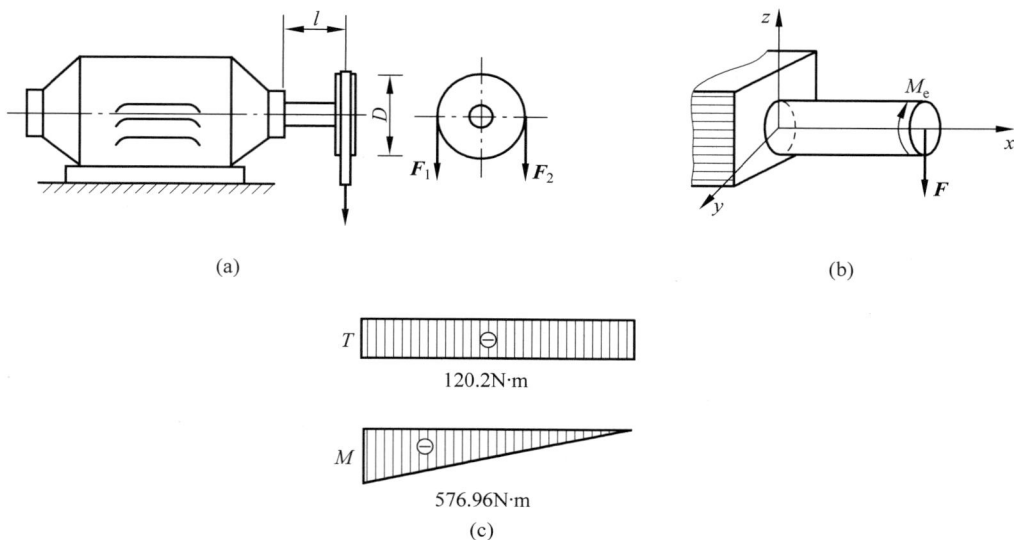

(a)　　　　　　　　　　　　　　　　(b)

(c)

图　11-12

解:(1) 主轴上作用外力的计算和简化。

电动机通过皮带轮输出功率,其作用在皮带轮上的外力偶矩为

$$M_e = 9549 \frac{P}{n} = \left(9549 \times \frac{9}{715}\right) \text{N} \cdot \text{m} = 120.2\text{N} \cdot \text{m}$$

根据皮带拉力与外力偶矩的平衡关系,则有

$$F_1 \times \frac{D}{2} - F_2 \times \frac{D}{2} = M_e$$

因为 $F_1 = 1.5F_2$,所以

$$F_1 = 2884.8\text{N}, \quad F_2 = 1923.2\text{N}$$

将电动机主轴外伸部分简化为悬臂结构,皮带拉力 F_1 和 F_2 向轮心简化,得计算模型如图 11-12(b)所示,其中

$$F = F_1 + F_2 = 4808\text{N}$$

（2）确定危险截面及其弯矩和扭矩。

画扭矩图和弯矩图，如图 11-12(c)所示。可以看出，在主轴根部有最大弯矩，同时受扭矩作用，其是危险截面。因此，其扭矩和弯矩的绝对值分别为

$$T = M_e = 120.2 \text{N} \cdot \text{m}$$

$$M_{\max} = Fl = 576.96 \text{N} \cdot \text{m}$$

（3）强度校核。

按第三强度理论，则有

$$\sigma_{r3} = \frac{\sqrt{M_{\max}^2 + T^2}}{W_z} = \frac{\sqrt{576.96^2 + 120.2^2}}{\dfrac{\pi \times 0.04^3}{32}} \text{Pa} = 93.8 \text{MPa} \leqslant [\sigma]$$

由此可知，电动机主轴强度足够，是安全的。

本章总结

1. 组合变形的概念和叠加原理

杆件同时产生两种或两种以上基本变形的情况称为组合变形。组合变形分析采用叠加原理，即计算组合变形构件的内力、应力、变形（位移）时，可以分解成几个基本变形单独受力情况下计算相应的值，然后叠加，并且与各单独受力的加载次序无关。

如果内力、应力、变形等由外力作用产生的力学量与外力呈线性关系，那么在小变形条件下，在多个外力共同作用下构件的内力、应力、变形量等于这些外力分别单独作用时构件的内力、应力、变形量的叠加，这就是叠加原理。

叠加原理成立的条件如下：①材料必须是线弹性的，即服从胡克定律，并且变形在弹性范围内；②必须是小变形，以保证能按构件原始形状尺寸进行分解和叠加计算，并能保证与加载次序无关。

2. 组合变形强度计算的一般步骤

应用叠加法计算组合变形强度问题时，一般可以遵循下列分析步骤进行。

（1）外力分析。根据所受外力确定组合变形形式。不同的外力产生不同的基本变形，不同的基本变形对应不同的内力分量。只有确定了构件的组合变形形式，才能正确地判断构件危险截面及危险点的位置及受力情况。

（2）内力分析。画内力图，确定危险截面的内力。不同的基本变形对应不同的内力分量，轴向拉压变形对应轴力分量，扭转变形对应扭矩分量，弯曲变形对应弯矩分量和剪力分量，如果是斜弯曲，还应分解为两个平面弯曲内力分量。

（3）应力分析。根据危险截面上的内力分量确定对应的应力及分布规律，画应力分布图，然后叠加判断危险点位置和应力状态，取出危险点单元体，计算主应力。一般情况下，弯曲切应力较小，通常不予考虑。

（4）强度分析。根据危险点应力状态建立强度条件，进行强度计算。

3. 几种常见组合变形的危险点应力及强度条件

1）斜弯曲

若外力作用平面不是纵向对称面或弯曲外力不在同一平面内作用时，挠曲线与外力作用面不共面，这种弯曲称为斜弯曲。斜弯曲可以分解为两个平面弯曲变形，截面上各点的应力就是两个平面弯曲正应力的叠加，即

$$\sigma = \frac{M_z}{I_z}y + \frac{M_y}{I_y}z$$

中性轴方程为

$$\frac{M_z}{I_z}y + \frac{M_y}{I_y}z = 0$$

危险点为距中性轴最远的点。对于有凸角点的截面，如矩形、工字形截面，危险点出现在某一凸角处，其应力值为

$$\sigma_{max} = \frac{M_z}{W_z} + \frac{M_y}{W_y}$$

对于没有凸角点的截面，可在确定中性轴位置后，做平行于中性轴与截面边界相切的线段，切点为危险点。危险点为单向应力状态，其强度条件为

$$\sigma_{max} \leqslant [\sigma]$$

如果材料是脆性材料，那么应分别建立拉应力强度条件和压应力强度条件。

2）拉（压）弯组合

拉（压）弯组合变形时横截面上同时存在轴力 F_N 和弯矩 M（也可能存在剪力 F_S，但剪力引起的切应力较小，通常不考虑），通过内力图确定危险截面和危险点，危险点的应力就是拉伸（压缩）正应力与弯曲正应力的叠加，即

$$\sigma_{max} = |\sigma_N| + |\sigma_{Mmax}| = \left|\frac{F_N}{A}\right| + \left|\frac{M_{max}}{W_z}\right|$$

应力状态是单向应力状态，其强度条件为

$$\sigma_{max} \leqslant [\sigma]$$

如果弯曲是斜弯曲形式，那么 σ_{Mmax} 应按斜弯曲应力分析方法计算；如果材料是脆性材料，那么也应分别建立拉应力强度条件和压应力强度条件。

3）弯扭组合

弯扭组合的危险截面上作用弯矩 M_{max} 和扭矩 T，危险点有弯曲正应力 σ 和扭转切应力 τ，是二向应力状态，其应用第三强度理论和第四强度理论建立的强度条件有如下情况。

按第三强度理论，则有

$$\sigma_{r3} = \sqrt{\sigma^2 + 4\tau^2} \leqslant [\sigma]$$

按第四强度理论，则有

$$\sigma_{r4} = \sqrt{\sigma^2 + 3\tau^2} \leqslant [\sigma]$$

如果弯扭组合杆件是圆截面的，则第三强度理论和第四强度理论建立的强度条件为

按第三强度理论，则有

$$\sigma_{r3} = \frac{\sqrt{M_{max}^2 + T^2}}{W_z} \leqslant [\sigma]$$

按第四强度理论,则有

$$\sigma_{r4} = \frac{\sqrt{M_{max}^2 + 0.75T^2}}{W_z} \leqslant [\sigma]$$

分析思考题

11-1　什么是组合变形? 在组合变形强度计算中应用叠加原理的前提是什么?

11-2　分析思考题 11-2 图所示为各杆的 AB、BC、CD 段变形形式,分析各段横截面上有哪几种内力?

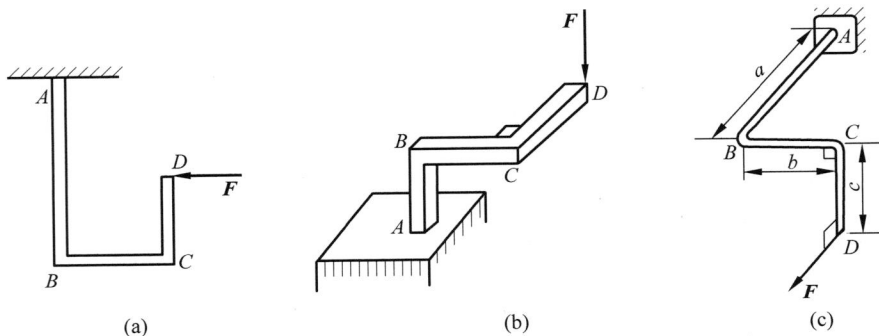

(a)　　　　　　　　(b)　　　　　　　　(c)

分析思考题 11-2 图

11-3　已知圆轴危险截面上的内力有弯矩 M_z 和 M_y、扭矩 T,则 $\sigma_{r3} = \sqrt{\sigma^2 + 4\tau^2}$,式中,$\sigma = \frac{M_z}{W_z} + \frac{M_y}{W_y}$,$\tau = \frac{T}{W_P}$。此式是否正确? 若不正确,应如何计算 σ_{r3}?

11-4　分析思考题 11-4 图所示为几种梁截面形状,设横向力 F 作用线为图中虚线位置,那么哪些是斜弯曲? 哪些是平面弯曲? 请指出危险点的位置在哪里?

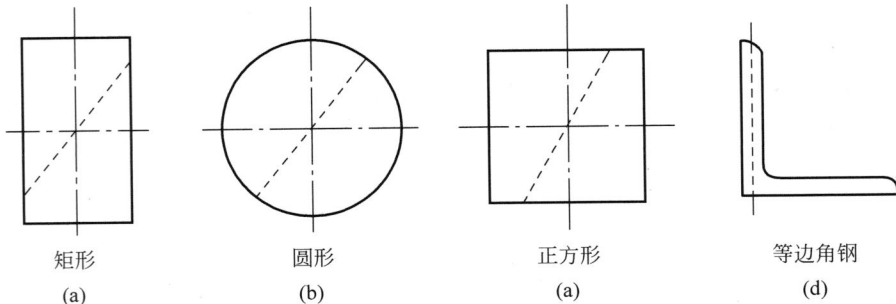

矩形　　　　　　圆形　　　　　　正方形　　　　　等边角钢
(a)　　　　　　　(b)　　　　　　　(a)　　　　　　　(d)

分析思考题 11-4 图

习题

11-1　由 22a 工字钢制成的简支梁受力如习题 11-1 图所示。已知，$l=1\text{m}$，$F_1=8\text{kN}$，$F_2=12\text{kN}$。求梁的最大正应力。

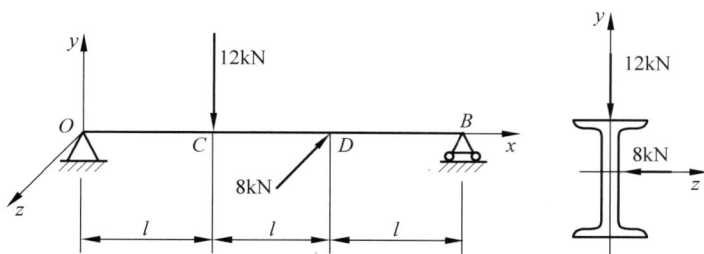

习题 11-1 图

答：$\sigma_{\max}=144\text{MPa}$。

11-2　矩形截面悬臂梁在自由端受到 F_1 和 F_2 两个集中载荷作用，如习题 11-2 图所示。已知 $F_1=60\text{kN}$，$F_2=4\text{kN}$。求固定端横截面上 A、B、C、D 四点的正应力。

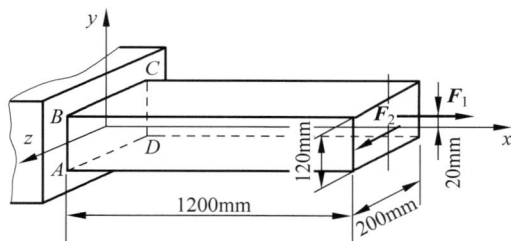

习题 11-2 图

答：$\sigma_A=-6\text{MPa}$，$\sigma_B=-1\text{MPa}$，$\sigma_C=11\text{MPa}$，$\sigma_D=6\text{MPa}$。

11-3　如习题 11-3 图所示，简易起重机由工字钢梁 AB 及拉杆 BC 组成。起重载荷 $F=22\text{kN}$，$l=2\text{m}$，$[\sigma]=100\text{MPa}$。选择 AB 梁工字钢的型号。

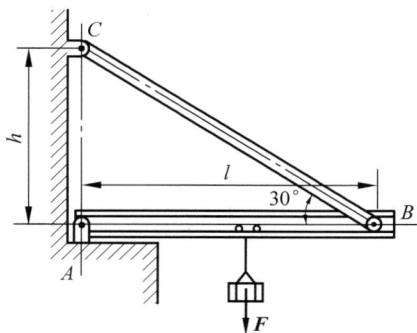

习题 11-3 图

答：16 号工字钢。

11-4　如习题 11-4 图所示为一钻床，当给零件钻孔时，钻床受到的反作用力 $F=$ 15kN。已知钻床立柱由铸铁制成，许用拉应力 $[\sigma_t]=35\text{MPa}$，$e=400\text{mm}$。设计立柱的直径 d。

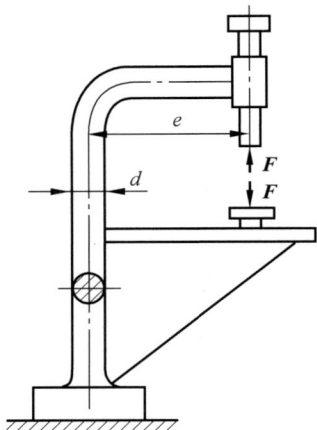

习题 11-4 图

答：$d\geqslant122\text{mm}$。

11-5　如习题 11-5 图所示，悬臂梁上的集中力 F_1 和 F_2 分别作用在水平和铅直对称面内，并与梁轴线垂直。已知 $F_1=800\text{N}$，$F_2=1\,600\text{N}$，$l=1\text{m}$，$[\sigma]=160\text{MPa}$。确定以下两种截面形状下的截面尺寸：

（1）矩形截面，$h=2b$；

（2）圆形截面。

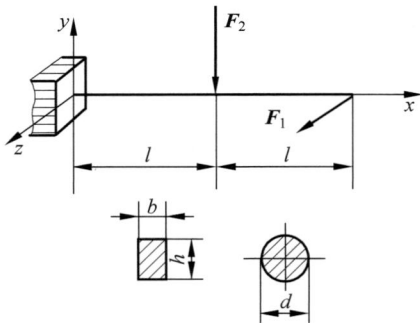

习题 11-5 图

答：（1）$h=2b\geqslant71.1\text{mm}$；（2）$d\geqslant52.4\text{mm}$。

11-6　求习题 11-6 图所示两杆上的最大正应力及其比值。

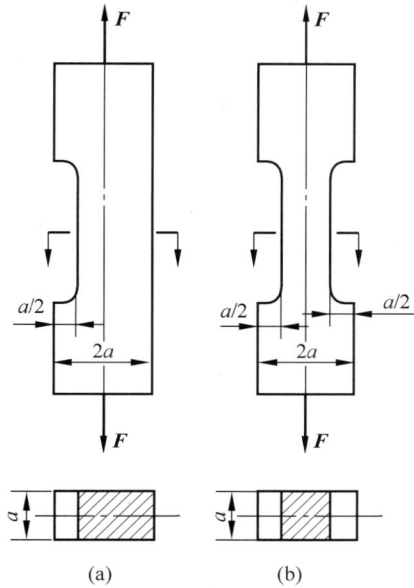

习题 11-6 图

答：$\sigma_{a} = \dfrac{4F}{3a^{2}}$，$\sigma_{b} = \dfrac{F}{a^{2}}$，$\dfrac{\sigma_{a}}{\sigma_{b}} = \dfrac{4}{3}$。

11-7　如习题 11-7 图所示，链条中的一环由直径 $d = 50\text{mm}$ 的钢杆制成。$e = 60\text{mm}$，材料许用应力$[\sigma] = 120\text{MPa}$。求拉力 F 的最大许可值。

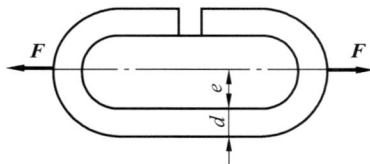

习题 11-7 图

答：$F_{\max} = 16\text{kN}$。

11-8　压杆的尺寸和受力如习题 11-8 图所示，$F = 350\text{kN}$。求压杆的最大正应力。

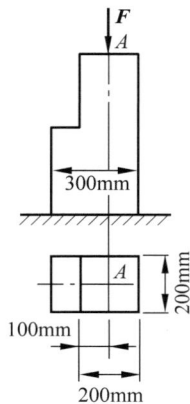

习题 11-8 图

答：$\sigma_{max} = 11.7\text{MPa}$。

11-9 如习题 11-9 图所示，曲拐圆截面部分的直径为 50mm。在习题 11-9 图所示载荷作用下，分析 A、B、C、D 四点应力状态，并计算第三强度理论的相当应力。

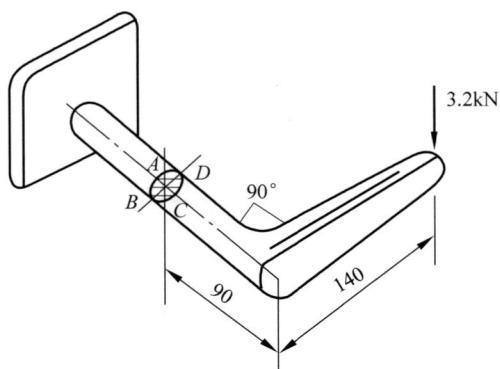

习题 11-9 图

答：$\sigma_{r3}^A = \sigma_{r3}^C = 43.5\text{MPa}$，$\sigma_{r3}^B = \sigma_{r3}^D = 36.6\text{MPa}$。

第12章

压杆稳定

基本要求

(1) 掌握压杆稳定性的概念。

(2) 熟练掌握柔度的概念和柔度的计算。

(3) 熟练掌握应用欧拉公式计算临界力或临界应力。

(4) 掌握用经验公式计算压杆临界应力和临界力。

(5) 掌握压杆的稳定性计算(安全因数法)。

(6) 了解提高压杆稳定性措施。

重点和难点

(1) 柔度的概念和柔度的计算。

(2) 应用欧拉公式计算临界力或临界应力。

12.1 压杆稳定的概念

12.1.1 平衡稳定性的概念

仔细研究一下物体平衡状态的性质,就会发现,平衡状态可以是稳定的,也可以是不稳定的。在研究平衡稳定时,通常都用小球的位置来作比拟,图 12-1 所示为小球的 3 种平衡状态。

当小球置于碗口向上的碗中(图 12-1(a)),从任意方向向小球施加一干扰力,使小球离开原来位置,但当干扰力撤去后,小球立即回到原来位置。这种位置的小球的平衡是稳定的。

当小球处于平面上(图 12-1(b)),从任意方向对小球加一干扰力,使小球离开原来位置,但当干扰力撤去后,小球在新的位置上保持平衡,这种位置的小球的平衡属于随遇平衡。

如把小球置于碗口朝下的顶部时(图 12-1(c)),任意方向的微小干扰力作用下,都将使小球坠落,不能回到原来位置。这种位置的小球的平衡是不稳定的。

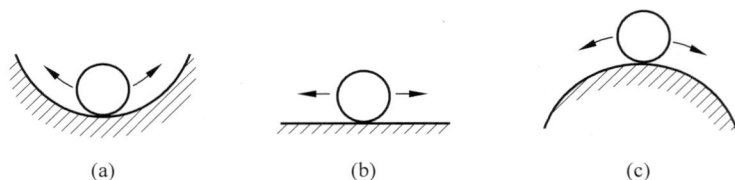

(a)   (b)   (c)

图　12-1

12.1.2　压杆的稳定性

当受拉杆件的应力达到屈服极限或强度极限时,将引起塑性变形或断裂。长度较小的受压短柱也有类似的现象,如低碳钢短柱被压扁、铸铁短柱被压碎等都是由于强度不足引起的失效。

细长杆件受压时,却表现出与强度失效全然不同的性质。例如,一根长 300mm 的钢制矩形截面直杆,其横截面的宽度和厚度分别为 20mm 和 1mm,材料的许用应力$[\sigma]=$140MPa,沿此杆的轴线在两端施加压力。若按压缩强度计算,它的承载能力为$[F]=[\sigma] \cdot$$A=[140\times(20\times1)]N=2\,800N$。但是实际上,在压力不足 40N 时,杆件就发生了明显的弯曲,丧失其在直线形状下保持平衡的能力。这说明,细长压杆的工作和失效机理不再属于强度性质的问题,而是涉及下面将要讨论的压杆稳定的理论。与此类似,工程结构中也有许多受压的细长杆。例如,内燃机配气机构中的挺杆,如图 12-2 所示,当它推动摇臂打开气门时,就受压力作用。又如,磨床液压装置的活塞杆,如图 12-3 所示,当驱动工作台向右移动时,油缸活塞上的压力和工作台的阻力将使活塞杆受压。同样,内燃机、空气压缩机、蒸汽机等的连杆也是受压杆件。另外,桁架结构中的受压杆,建筑物中的柱也是压杆。实践证明,导致细长受压杆件弯曲而破坏的轴向力要比其发生强度破坏时的轴向力小得多,可见这种形式的失效,并非强度不足,而是稳定性不够。在工程史上,曾发生过不少类似细长杆的突然弯曲破坏而导致整个结构毁坏的事故。

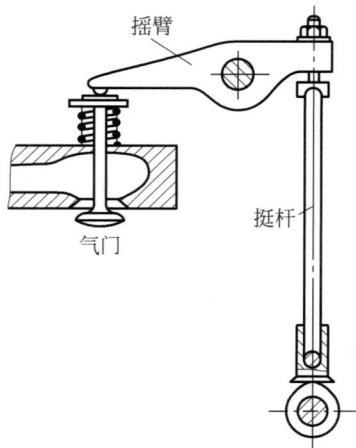

图　12-2

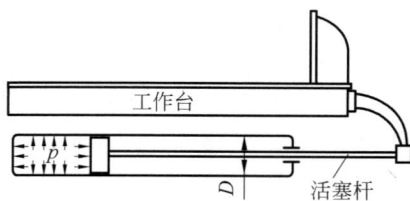

图　12-3

除压杆外,其他形状的薄壁构件和某些杆系结构等也存在稳定问题。例如,图 12-4 所示的受均匀外压作用的薄壁圆筒,当外压力达到或超过一定数值时,它的圆形平衡就变为不稳定,而会突然变为椭圆形平衡。又如,图 12-5 所示狭长矩形截面悬臂梁,当力 F 较小时,梁在 xOy 平面内的弯曲平衡是稳定的;而当力 F 达到或超过一定数值时,它会发生侧向失稳,如图 12-5 中虚线所示。

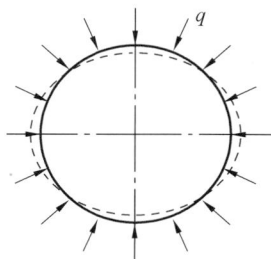
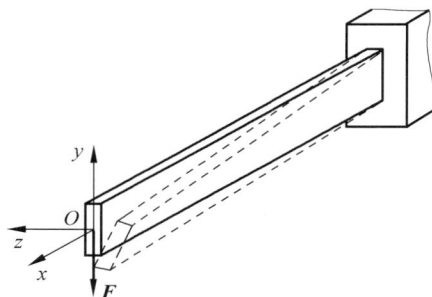

图　12-4　　　　　　　　　图　12-5

本章主要讨论压杆的稳定性,对其他形式的稳定性问题不进行深入讨论。

12.1.3　细长压杆及失稳现象

轴向受压的理想细长直杆如图 12-6 所示,当压力 F 小于某一极限力时,它保持直线状态的平衡。若对杆施加一微小的横向干扰力 F',杆将发生微小的弯曲变形,如图 12-6(a)所示,当撤去横向力后,它将恢复到原有的直线状态,如图 12-6(b)所示。此时,压杆处于稳定直线平衡状态。若逐渐增大压力 F,达到或超过某一极限值 F_{cr},在微小的干扰力 F' 作用下,压杆将在微小的弯曲状态下保持平衡,当撤去横向力后,它不能恢复至原来的直线状态,而将保持曲线状态的平衡,如图 12-6(c)所示。此时,压杆处于失稳状态。

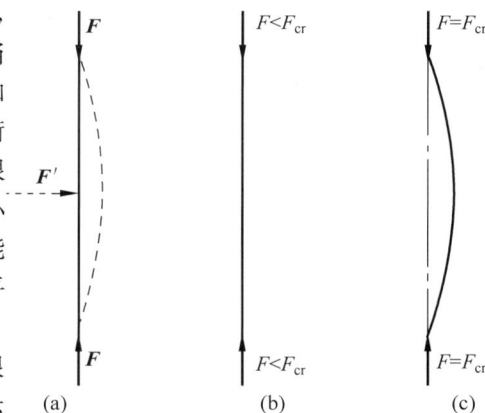

图　12-6

上述现象表明,当轴向压力 F 小于某一极限值时,压杆直线状态的平衡是稳定的,当 F 值达到或超过该极限值时,压杆原有的直线状态的平衡将变为不稳定。这个极限压力值是使压杆直线状态的平衡开始由稳定转变为不稳定的临界值,此极限压力称为临界压力或临界力,用 F_{cr} 表示。压杆由直线状态的平衡转变为曲线状态的平衡,这种平衡状态发生改变的现象称为丧失稳定,简称失稳。

12.2　细长压杆的临界压力

12.2.1　两端铰支细长压杆的临界压力

设两端铰支长度为 l 的细长杆,在轴向压力 F 的作用下保持微弯平衡状态,如图 12-7

所示。第 9 章曾推导得到小变形时的挠曲线近似微分方程

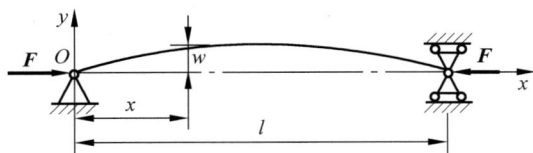

图 12-7

$$EI\frac{\mathrm{d}^2 w}{\mathrm{d}x^2} = M(x) \tag{12-1}$$

在图 12-7 所示坐标系中,坐标 x 处横截面上的弯矩为

$$M(x) = -Fw \tag{12-2}$$

将式(12-2)代入式(12-1),得

$$EI\frac{\mathrm{d}^2 w}{\mathrm{d}x^2} = -Fw \tag{12-3}$$

若令

$$k^2 = \frac{F}{EI} \tag{12-4}$$

则式(12-3)可改写为

$$\frac{\mathrm{d}^2 w}{\mathrm{d}x^2} + k^2 w = 0 \tag{12-5}$$

此微分方程的通解为

$$w = A\sin kx + B\cos kx \tag{12-6}$$

式中,A、B 分别为待定常数,可由杆端边界条件确定。边界条件具体如下。

(1) 在 $x=0$ 处,$w=0$。

(2) 在 $x=l$ 处,$w=0$。

将第一个边界条件代入式(12-6)中,可得

$$B = 0$$

于是式(12-6)改写为

$$w = A\sin kx \tag{12-7}$$

式(12-7)表明,挠曲线为一正弦曲线,若将第二个边界条件代入式(12-7)中,则有

$$A\sin kl = 0$$

可得

$$A = 0 \quad \text{或} \quad \sin kl = 0$$

若 $A=0$,则由式(12-7)知,$w=0$,表示压杆未发生弯曲,这与杆产生微弯曲的前提矛盾,由此必有

$$\sin kl = 0$$

由上述条件,可得

$$kl = n\pi \quad (n=0,1,2,\cdots)$$

或

$$k^2 = \frac{n^2\pi^2}{l^2} \tag{12-8}$$

将式(12-4)代入式(12-8)中,可得

$$F = \frac{n^2\pi^2 EI}{l^2} \qquad (n=0,1,2,\cdots) \tag{12-9}$$

式(12-9)表明,当压杆处于微弯平衡状态时,在理论上压力 F 是多值的。临界力应是压杆在微弯形状下保持平衡的最小轴向力,所以在式(12-9)中取 F 的最小值。但若取 $n=0$,则压力 $F=0$,表明杆上并无压力,这不符合所讨论的情况。因此,取 $n=1$,可得临界力为

$$F_{\mathrm{cr}} = \frac{\pi^2 EI}{l^2} \tag{12-10}$$

式(12-10)一般称为两端铰支细长压杆临界力的欧拉公式。

12.2.2　其他支座条件下细长压杆的临界压力

压杆两端除同时为铰支座外,还可能有其他情况。当压杆两端的约束情况不同时,其临界力也不同。下面以等截面杆为例说明杆端约束的影响。

对于两端约束情况不同的压杆,也可以利用前面推导的两端铰支细长压杆临界力公式的方法,即利用微弯曲时挠曲线近似微分方程,结合压杆的边界条件,推导出相应公式。下面举例进行说明。

【例 12-1】　如图 12-8 所示为一端固定、一端铰支的压杆。求其临界力。

解:假设压杆失稳时的挠曲线如图 12-8 所示。为使杆件平衡,B 处支反力为 F_B。于是,挠曲线近似微分方程应为

$$EI\frac{\mathrm{d}^2 w}{\mathrm{d}x^2} = M(x) = -F_{\mathrm{cr}}w + F_B(l-x) \tag{12-11}$$

引用记号 $k^2 = \dfrac{F_{\mathrm{cr}}}{EI}$,式(12-11)可以写成

$$\frac{\mathrm{d}^2 w}{\mathrm{d}x^2} + k^2 w = \frac{F_B}{EI}(l-x) \tag{12-12}$$

以上微分方程的通解是

$$w = A\sin kx + B\cos kx + \frac{F_B}{F_{\mathrm{cr}}}(l-x) \tag{12-13}$$

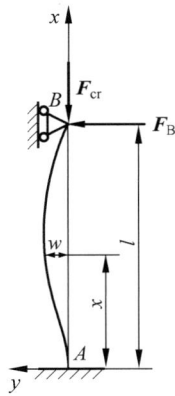

图　12-8

其一阶导数为

$$\frac{\mathrm{d}w}{\mathrm{d}x} = Ak\cos kx - Bk\sin kx - \frac{F_B}{F_{\mathrm{cr}}} \tag{12-14}$$

将挠曲线在固定端 A 处的边界条件 $x=0$,则 $\dfrac{\mathrm{d}w}{\mathrm{d}x}=0$ 代入式(12-14),可得

$$A = \frac{F_B}{kF_{\mathrm{cr}}} \tag{12-15}$$

再将挠曲线在 A 处的边界条件 $x=0$,$w=0$ 代入式(12-13),可得

$$B = -\frac{F_B}{F_{cr}}l \tag{12-16}$$

将式(12-15)和式(12-16)中的 A、B 代入式(12-13),可得

$$w = \frac{F_B}{F_{cr}}\left[\frac{1}{k}\sin kx - l\cos kx + (l - x)\right] \tag{12-17}$$

由铰支端 B 处的边界条件 $x = l$、$w = 0$ 代入式(12-17),可得

$$\frac{F_B}{F_{cr}}\left(\frac{1}{k}\sin kl - l\cos kl\right) = 0 \tag{12-18}$$

杆在微弯形态下平衡时,F_B 不可能等于零,于是必有

$$\frac{1}{k}\sin kl - l\cos kl = 0 \tag{12-19}$$

即 $\tan kl = kl$,求得 kl 的最小非零解为

$$kl = 4.49 \tag{12-20}$$

从而得到压杆临界力 F_{cr} 的欧拉公式为

$$F_{cr} = k^2 EI = \frac{20.16EI}{l^2} \approx \frac{\pi^2 EI}{(0.7l)^2} \tag{12-21}$$

另外,还可以用比较简单的方法求出其他支座条件下细长压杆的临界力。可以认为,具有相同挠曲线形状的压杆,其临界力也相同。于是,可将两端铰支约束压杆的挠曲线形状取为基本情况,将其他杆端约束条件下压杆的挠曲线形状与之对比,从而推导出相应杆端约束下压杆临界力的表达式。

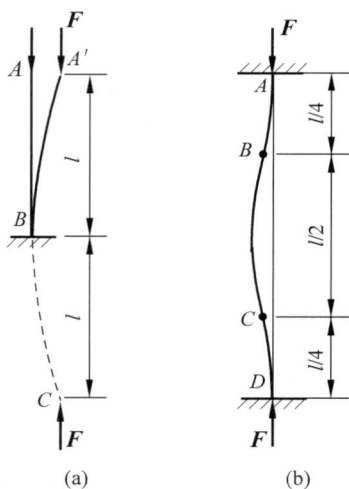

图 12-9

如图 12-9(a)所示,一端固定、一端自由的压杆失稳时的挠曲线如 $A'B$ 所示。因截面 B 不发生转动,故此挠曲线与一长为 $2l$ 的两端铰支压杆 $A'C$ 失稳时的挠曲线的上半段是相符合的。所以图 12-9(a)所示的压杆临界力与一长为 $2l$ 的两端铰支压杆的临界力相等,故对于图 12-9(a)有

$$F_{cr} = \frac{\pi^2 EI}{(2l)^2}$$

对于图 12-9(b)两端固定的压杆,失稳时的挠曲线是 $ABCD$,此处由于对称性可知,挠曲线的 B、C 两点为反弯点(挠曲线的拐点),该两点的弯矩为零而相当于铰链。可知,图 12-9(b)的压杆临界力与一长为 $l/2$ 的铰支压杆 BC 相同,则有

$$F_{cr} = \frac{\pi^2 EI}{(l/2)^2}$$

12.2.3　欧拉公式的统一表达形式

根据前面的分析,综合各种不同的约束情况,细长中心受压等直杆临界力的欧拉公式可写成统一的形式,即

$$F_{cr} = \frac{\pi^2 EI}{(\mu l)^2} \qquad (12\text{-}22)$$

式中，μl 称为相当长度，表示将杆端约束条件不同的压杆长度 l 折算成两端铰支压杆的长度，μ 称为长度因数，与杆端的约束情况有关。几种典型理想杆端约束情况下长度因数 μ 值列于表 12-1 中。从表 12-1 中可以看出，两端铰支时，在临界力作用下，压杆挠曲线为半波正弦曲线。而一端固定、另一端自由长为 l 的压杆的挠曲线与长为 $2l$ 的两端铰支的压杆的挠曲线的一半部分形状相同。因此，在这种约束情况下，相当长度为 $2l$。其他约束情况下的长度因数可依次类推。需注意的是，压杆挠曲线拐点处弯矩为零，这相当于杆端铰支约束的情况。

表 12-1　压杆长度因数

支 承 情 况	两端铰支	一端固定一端铰支	两端固定	一端固定一端自由
μ 值	1.0	0.7	0.5	2.0
挠曲线形状				

在工程实际问题中，支承约束程度与理想的支承约束条件总有所差异，因此其长度因数 μ 值应根据实际支承的约束程度，以表 12-1 作为参考加以选取。

【例 12-2】　两端铰支的压杆受力图如图 12-10 所示。杆的直径 $d = 40\text{mm}$，长度 $l = 2\,000\text{mm}$，材料为 Q235 钢，$E = 206\text{GPa}$。求压杆的临界力。

解：根据欧拉公式

$$F_{cr} = \frac{\pi^2 EI}{(\mu l)^2}$$

由题意知，杆两端铰支，$\mu = 1$，圆截面对形心轴的惯性矩相等，$I = \dfrac{\pi d^4}{64}$，代入欧拉公式，可得

$$F_{cr} = \frac{\pi^2 EI}{(\mu l)^2} = \frac{\pi^3 \times 206 \times 10^3 \times 40^4}{64 \times (2\,000 \times 1)^2}\text{N} = 63.9 \times 10^3\,\text{N} = 63.9\text{kN}$$

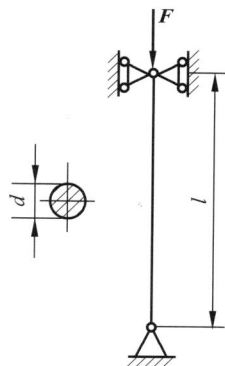

图　12-10

在这一临界压力作用下，压杆在直线平衡位置时横截面上的应力为 50.8MPa。此值远小于 Q235 钢的比例极限 $\sigma_p = 200\ \text{MPa}$。这表明，压杆仍处于线弹性范围内。

在本例题中，若压杆长度 $l = 500\text{mm}$，这时能不能应用欧拉公式计算临界力呢？这是一个有趣而且有意义的问题。

假设仍可以用欧拉公式计算临界力，则有

$$F_{cr} = \frac{\pi^2 EI}{(\mu l)^2} = \frac{\pi^3 \times 206 \times 10^3 \times 40^4}{64 \times (500 \times 1)^2}\text{N} = 1\,022 \times 10^3\,\text{N} = 1\,022\text{kN}$$

由此可计算出,在直线平衡形式下横截面上的应力为 813MPa。它不仅超过 Q235 钢的比例极限,而且超过屈服极限 $\sigma_s = 235$MPa。这表明,压杆已进入非弹性状态,因而不能应用欧拉公式计算其临界力,所以 $F_{cr} = 1\,022$kN 的结果是不正确的。

下面将分析对于不同的压杆,如何判别欧拉公式是否适用。

12.3　欧拉公式的适用范围　经验公式

12.3.1　临界应力和柔度

压杆的临界力 F_{cr} 除以其横截面面积,定义为压杆的临界应力,即

$$\sigma_{cr} = \frac{F_{cr}}{A}$$

将式(12-22)代入上式,得

$$\sigma_{cr} = \frac{\pi^2 EI}{(\mu l)^2 A}$$

若将压杆横截面的惯性矩 I 写成如下形式:

$$I = i^2 A \quad 或 \quad i = \sqrt{\frac{I}{A}}$$

式中,i 称为压杆横截面对中性轴的惯性半径。

于是,临界应力可写为

$$\sigma_{cr} = \frac{\pi^2 E}{\left(\dfrac{\mu l}{i}\right)^2}$$

令 $\lambda = \dfrac{\mu l}{i}$,则有

$$\sigma_{cr} = \frac{\pi^2 E}{\lambda^2} \tag{12-23}$$

式(12-23)为计算压杆临界应力的欧拉公式。式中,λ 称为压杆的柔度,柔度是无量纲的量,它反映了压杆的约束情况、杆的长度及横截面形状和尺寸等因素对临界应力的综合影响。由式(12-23)可以看出,若压杆的柔度值越大,其临界应力越小。

12.3.2　欧拉公式的适用范围

式(12-23)是欧拉公式(式(12-22))的另一种表达式,两者并无实质性的差别。欧拉公式是根据挠曲线近似微分方程推导得出的,而应用此微分方程时,材料必须服从胡克定律。因此,欧拉公式的适用范围须是压杆的临界应力 σ_{cr} 不超过材料的比例极限 σ_p,即

$$\sigma_{cr} = \frac{\pi^2 E}{\lambda^2} \leqslant \sigma_p$$

因此有

$$\lambda \geqslant \pi \sqrt{\frac{E}{\sigma_p}}$$

若令

$$\pi \sqrt{\frac{E}{\sigma_p}} = \lambda_1 \tag{12-24}$$

则欧拉公式的适用范围为

$$\lambda \geqslant \lambda_1 = \pi \sqrt{\frac{E}{\sigma_p}} \tag{12-25}$$

式(12-25)表明,当压杆的柔度不小于 λ_1 时,才可应用欧拉公式计算临界力或临界应力。这类压杆称为大柔度杆或细长杆。由式(12-24)可知,λ_1 的值取决于材料的性质。例如,对于 Q235 钢,$\sigma_p = 200\text{MPa}$,$E = 200\text{GPa}$,由式(12-24)计算,可得

$$\lambda_1 = \pi \sqrt{\frac{E}{\sigma_p}} = \pi \sqrt{\frac{2 \times 10^5}{200}} \approx 100$$

所以,用 Q235 钢制成的压杆,只有当 $\lambda \geqslant 100$ 时,才可以使用欧拉公式。

12.3.3　中、小柔度杆的临界应力

若压杆的柔度 $\lambda < \lambda_1$,则临界应力超过材料比例极限,此时欧拉公式已不再适用,并且材料处于弹塑性阶段,此类压杆的稳定性称弹塑性稳定。对于这类压杆,各国大多采用经验公式计算临界应力或临界力。经验公式是在实验和实践资料的基础上,经分析、归纳得到的。这里介绍两种常用的经验公式:直线公式和抛物线公式。

(1) 直线公式把临界应力 σ_{cr} 与柔度 λ 表示为以下直线关系:

$$\sigma_{cr} = a - b\lambda \tag{12-26}$$

式中,a 和 b 分别为与材料有关的常数,其单位为 MPa,一些常用材料的 a,b 值如表 12-2 所示。

表 12-2　直线公式的系数 a 和 b

材料(σ_b、σ_s 的单位为 MPa)		a/MPa	b/MPa
Q235	$\sigma_b \geqslant 372$	304	1.12
	$\sigma_s = 235$		
优质碳钢	$\sigma_b \geqslant 471$	461	2.568
	$\sigma_s = 306$		
硅钢	$\sigma_b \geqslant 510$	578	3.744
	$\sigma_s = 353$		
铬钼钢		9 807	5.296
铸铁		332.2	1.454
强铝		373	2.15
松木		28.7	0.19

柔度很小的短柱,如压缩试验用的金属短柱,受压时并不会像大柔度杆那样出现弯曲变形,主要是因为应力到达屈服极限(塑性材料)或强度极限(脆性材料)而发生破坏,这是强度不足引起的失效。所以,对于塑性材料,按式(12-26)计算出的临界应力最高只能等于 σ_s,设

相应的柔度为λ_2,则有

$$\lambda_2 = \frac{a - \sigma_s}{b} \qquad (12\text{-}27)$$

式(12-27)是使用直线公式时柔度的最小值,把$\lambda_2 \leqslant \lambda < \lambda_1$的压杆称为中柔度杆或中长杆,用经验公式计算其临界力。

若$\lambda < \lambda_2$,则应按照压缩强度计算,即要求

$$\sigma_{cr} = \frac{F}{A} \leqslant \sigma_s$$

柔度小于λ_2的压杆称为小柔度杆或短粗杆,这类压杆一般不发生失稳,而可能发生屈服(塑性材料)或破裂(脆性材料)。于是,其临界应力为

$$\sigma_{cr} = \sigma_u = \begin{cases} \sigma_s (塑性材料) \\ \sigma_b (脆性材料) \end{cases} \qquad (12\text{-}28)$$

(2)抛物线公式把临界应力σ_{cr}与柔度λ表示为如下抛物线关系:

$$\sigma_{cr} = a_1 - b_1 \lambda^2 \qquad (12\text{-}29)$$

式中,a_1和b_1分别为与材料有关的常数。

12.3.4　临界应力总图

总结以上讨论,根据上述三类不同压杆临界力的表达式(式(12-23)、式(12-26)和式(12-28)),可在σ_{cr}-λ坐标系中画出$\sigma_{cr} = f(\lambda)$曲线,表示临界应力σ_{cr}随压杆柔度λ变化的情况,称为压杆的临界应力总图,如图12-11所示。对于$\lambda < \lambda_2$的小柔度杆,应按强度问题计算,在图12-11中表示为水平线AB;对于$\lambda \geqslant \lambda_1$的大柔度杆,用欧拉公式(式(12-23))计算临界应力,在图12-11中表示为曲线CD;对于柔度λ介于λ_2和λ_1之间的压杆($\lambda_2 \leqslant \lambda < \lambda_1$),称为中柔度杆,用经验公式(式(12-26))计算临界应力,在图12-11中表示为斜直线BC。

【例12-3】　图12-12所示为两端铰支圆截面压杆,材料为Q235钢,$\sigma_s = 235\text{MPa}$,$\lambda_1 = 100$,$\lambda_2 = 62$,直径$d = 40\text{mm}$。计算:(1)杆长$l = 1.2\text{m}$;(2)杆长$l = 800\text{mm}$;(3)杆长$l = 500\text{mm}$三种情况下压杆的临界力。

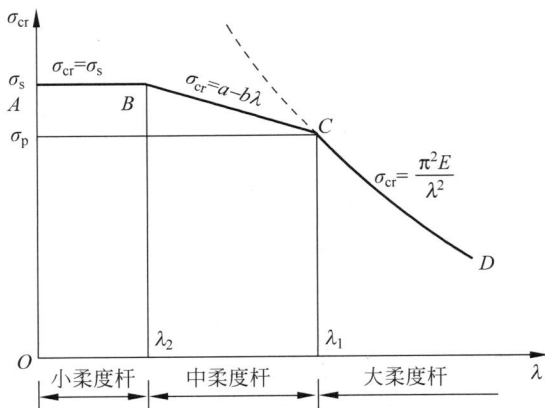

图　12-11

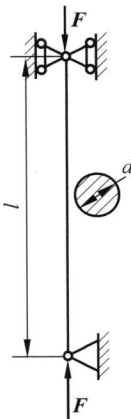

图　12-12

解：(1) 计算杆长 $l = 1.2\text{m}$ 时的临界力。

两端铰支，故

$$\mu = 1$$

惯性半径

$$i = \sqrt{\frac{I}{A}} = \sqrt{\frac{\pi d^4/64}{\pi d^2/4}} = \frac{d}{4} = \frac{40}{4}\text{mm} = 10\text{mm}$$

柔度

$$\lambda = \frac{\mu l}{i} = \frac{1 \times 1.2}{10 \times 10^{-3}} = 120 > \lambda_1 = 100$$

由此可知，该杆为大柔度杆，应用欧拉公式计算

$$F_{cr} = \sigma_{cr}A = \frac{\pi^2 E}{\lambda^2} \cdot \frac{\pi d^2}{4} = \frac{\pi^3(200 \times 10^9) \times (40 \times 10^{-3})^2}{4 \times 120^2}\text{N} = 172\text{kN}$$

(2) 计算杆长 $l = 800\text{mm}$ 时的临界力。

$$\mu = 1, \quad i = 10\text{mm}$$

$$\lambda = \frac{\mu l}{i} = \frac{1 \times 800}{10} = 80$$

因 $\lambda_2 < \lambda < \lambda_1$，所以杆为中柔度杆，应用经验公式进行计算，从表 12-2 中查取 a、b 值

$$F_{cr} = \sigma_{cr}A = (a - b\lambda)\frac{\pi d^2}{4}$$

$$= \frac{\pi(304 \times 10^6 - 1.12 \times 10^6 \times 80) \times (40 \times 10^{-3})^2}{4}\text{N} = 269\text{kN}$$

(3) 计算杆长 $l = 500\text{mm}$ 时的临界力

$$\lambda = \frac{\mu l}{i} = \frac{1 \times 500}{10} = 50 < \lambda_2 = 62$$

由此可知，杆为小柔度杆，其临界力为

$$F_{cr} = \sigma_s A = \sigma_s \frac{\pi d^2}{4} = \frac{\pi \times 235 \times 10^6 \times (40 \times 10^{-3})^2}{4}\text{N} = 295\text{kN}$$

12.3.5　关于失稳方向的判断

应当注意到，细长压杆临界力的欧拉公式(式(12-22))中，I 是横截面对某一形心主惯性轴的惯性矩。若杆端在各个方向的约束情况相同(如球形铰等)，则 I 应取最小的形心主惯性矩；若杆端在不同方向的约束情况不同(如柱形铰)，则 I 应取挠曲时横截面对其中性轴的惯性矩。那么，如何判断杆件的挠曲方向(即失稳方向)呢？可以利用柔度进行判别，柔度受杆件长度、杆件两端的约束情况、杆件截面的形状和尺寸影响，相同长度情况下，就只受后两项的影响了。计算杆件不同方向的柔度，柔度大的方向就是杆件容易失稳的方向，从而利用欧拉公式(式(12-22)式(12-23))进行临界力或临界应力的计算。

【例 12-4】　一根两端为球形铰支的矩形截面杆，如图 12-13 所示。长度 $l = 5\text{m}$，材料的弹性模量 $E = 210\text{GPa}$，$\lambda_1 = 100$。用欧拉公式计算压杆的临界应力和临界力。

解：(1) 计算柔度值 λ_{max}。截面的惯性半径为

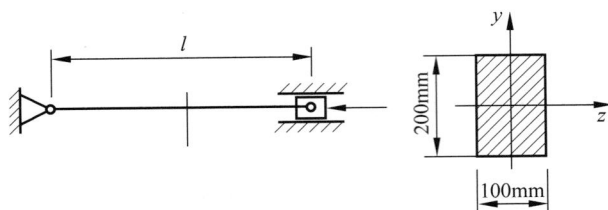

图 12-13

$$i_y = \sqrt{\frac{I_y}{A}} = \sqrt{\frac{0.2 \times 0.1^3/12}{0.2 \times 0.1}} \mathrm{m} = 2.89 \times 10^{-2} \mathrm{m}$$

$$i_z = \sqrt{\frac{I_z}{A}} = \sqrt{\frac{0.1 \times 0.2^3/12}{0.2 \times 0.1}} \mathrm{m} = 5.77 \times 10^{-2} \mathrm{m}$$

因为 $i_y < i_z$，并且杆两端为球形铰支，即压杆在两个纵向平面内微弯时的约束条件一样，长度相同，所以 $\lambda_y > \lambda_z$。压杆的最大柔度为

$$\lambda_{max} = \lambda_y = \frac{\mu l}{i_y} = \frac{1 \times 5}{2.89 \times 10^{-2}} = 173 > \lambda_1 = 100$$

（2）压杆临界力的计算。由欧拉公式（式（12-23））可得压杆的临界应力为

$$\sigma_{cr} = \frac{\pi^2 E}{\lambda^2} = \frac{\pi^2 \times 210 \times 10^3}{173^2} \mathrm{MPa} = 69.3 \mathrm{MPa}$$

（3）计算临界力。

$$F_{cr} = \sigma_{cr} A = (69.3 \times 10^6 \times 0.1 \times 0.2) \mathrm{N} = 1.39 \times 10^6 \mathrm{N} = 1.39 \times 10^3 \mathrm{kN}$$

【例 12-5】　图 12-14 所示为一矩形截面压杆，截面宽度 $b = 40\mathrm{mm}$，高度 $h = 60\mathrm{mm}$。在 x-y 平面内弯曲时，两端可简化为铰支，如图 12-14(a)所示，长度 $l = 2.4\mathrm{m}$；在 x-z 平面内弯曲时，两端可视为固定端，如图 12-14(b)所示，长度 $l_1 = 2.3\mathrm{m}$。压杆材料为 Q235 钢，弹性模量 $E = 210\mathrm{GPa}$，$\lambda_1 = 100$。求压杆的临界力。

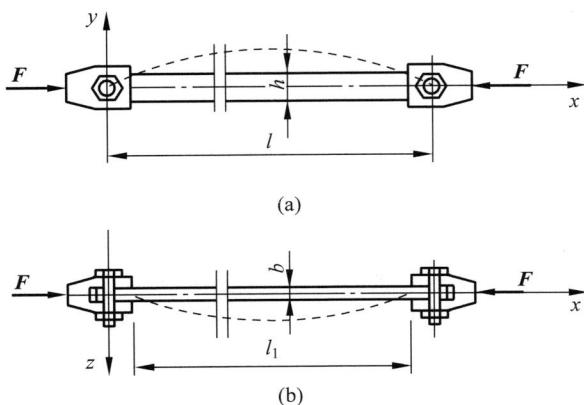

(a)

(b)

图 12-14

解：压杆两端的约束为圆柱铰链约束，在正视图 x-y 平面内失稳时，两端可以自由转动，相当于铰链约束；在俯视图 x-z 平面内失稳时，两端不能自由转动，可简化为固定端约

束。由此可见,压杆在两个平面内失稳时,其柔度不同。因此,为确定临界力,应先计算柔度并加以比较,判断压杆在哪一平面内容易失稳。

(1) 判断失稳平面。

杆在 x-y 平面内弯曲时两端为铰支,因此其长度因数 $\mu=1$,截面对中性轴 z 轴的惯性半径为

$$i_z = \sqrt{\frac{I_z}{A}} = \sqrt{\frac{bh^3/12}{bh}} = \sqrt{\frac{60^2}{12}}\,\text{mm} = 17.32\,\text{mm}$$

则

$$\lambda_z = \frac{\mu l}{i_z} = \frac{1 \times 2.4 \times 10^3}{17.32} = 138.6$$

杆在 x-z 平面内弯曲时两端为固定支座,因此其长度因数 $\mu=0.5$,截面对中性轴 y 轴的惯性半径为

$$i_y = \sqrt{\frac{I_y}{A}} = \sqrt{\frac{hb^3/12}{bh}} = \sqrt{\frac{40^2}{12}}\,\text{mm} = 11.55\,\text{mm}$$

则

$$\lambda_y = \frac{\mu l_1}{i_y} = \frac{0.5 \times 2.3 \times 10^3}{11.55} = 99.6$$

因 $\lambda_z = 138.6 > \lambda_y = 99.6$,所以杆件将在 x-y 平面内失稳。

(2) 确定压杆的临界力。

因为 $\lambda_z = 138.6 > \lambda_1 = 100$,可知杆属于大柔度杆,所以可用欧拉公式计算其临界力,即

$$F_{cr} = \sigma_{cr}A = \frac{\pi^2 E}{\lambda_z^2}bh = \left[\frac{\pi^2(210 \times 10^9)}{138.6^2} \times (40 \times 60) \times 10^{-6}\right]\text{N} = 259\,\text{kN}$$

12.4　压杆的稳定计算

12.4.1　安全因数法

前面的讨论表明,对于大柔度杆,可用欧拉公式直接算出临界压力 F_{cr}。对中柔度杆,可由经验公式求出临界应力 σ_{cr},乘以横截面面积求得临界压力 F_{cr}。要保证压杆不失稳,必须要求实际工作压力小于临界压力。为了有一定的稳定性安全储备,用 F_{cr} 除以稳定安全因数 n_{st} 得稳定许可压力 $[F]$。压杆的实际工作压力 F 应低于 $[F]$,故压杆的稳定性条件为

$$[F] = \frac{F_{cr}}{n_{st}} \geqslant F$$

以上条件也可写成

$$\frac{F_{cr}}{F} \geqslant n_{st} \tag{12-30}$$

把临界压力 F_{cr} 与工作压力 F 之比记为 n,称为工作安全因数,稳定条件又可写为

$$n = \frac{F_{cr}}{F} \geqslant n_{st} \tag{12-31}$$

或

$$n = \frac{\sigma_{cr}}{\sigma} \geqslant n_{st} \tag{12-32}$$

稳定安全因数 n_{st} 一般要高于强度安全因数,具体原因如下。

(1) 一些难以避免的因素,如杆件的初弯曲、压力偏心、材料不均匀和支座的缺陷等严重影响压杆的稳定性,降低了临界压力。而同样的这些因素,对强度的影响就不像对稳定性那么严重。

(2) 压杆失稳大多具有突发性,危害性较大。

由于细长杆丧失稳定性的可能性较大,为保证充分的安全度,柔度较大的压杆稳定安全因数相应增大。

当压杆由于钉孔等原因使横截面有局部削弱时,因为压杆的临界力是根据整杆的失稳来确定的,所以在稳定计算中不必考虑局部截面削弱的影响,而以毛面积进行计算。但是,在强度计算中,应按局部被削弱的净面积进行计算。

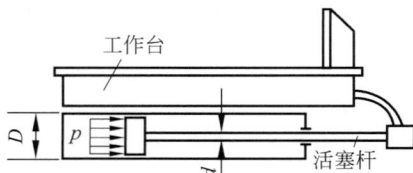

图 12-15

【例 12-6】 某平面磨床工作台液压驱动装置如图 12-15 所示。油缸活塞的直径 $D = 65\text{mm}$,油压 $p = 1.2\text{MPa}$,活塞杆的直径 $d = 25\text{mm}$,活塞杆长度 $l = 1250\text{mm}$,材料为 35 号钢,$\sigma_p = 220\text{MPa}$,$E = 210\text{GPa}$。稳定安全因数 $n_{st} = 6$。校核活塞杆的稳定性。

解: (1) 计算临界力。为进行稳定性校核,首先必须算出临界力 F_{cr}。而选择何种公式计算 F_{cr},需要先算出活塞杆的柔度才能确定。

这里可将活塞杆的两端简化为铰支座,故 $\mu = 1$,其柔度为

$$\lambda = \frac{\mu l}{i} = \frac{\mu l}{d/4} = \frac{1 \times 250 \times 4}{25} = 200$$

对于 35 号钢,可算出

$$\lambda_1 = \sqrt{\frac{\pi^2 E}{\sigma_p}} = \sqrt{\frac{\pi^2 \times 210 \times 10^9}{220 \times 10^6}} = 97$$

由此可见,$\lambda > \lambda_1$,故活塞杆为细长杆,应该用欧拉公式计算临界力,即

$$F_{cr} = \frac{\pi^2 EI}{(\mu l)^2} = \frac{\pi^2 \times 210 \times 10^9 \times \pi \times 25^4 \times 10^{-12}}{(1 \times 1.25)^2 \times 64}\text{N} = 25.4\text{kN}$$

(2) 校核稳定性。作用在活塞杆上的实际轴向压力为

$$F = p\frac{\pi D^2}{4} = \frac{\pi \times 1.2 \times 10^6 \times 65^2 \times 10^{-6}}{4}\text{N} = 3.98\text{kN}$$

因此,工作安全因数为

$$n = \frac{F_{cr}}{F} = \frac{25.4}{3.98} = 6.38$$

显然 $n > n_{st}$,满足稳定性条件,故活塞杆是稳定的。

若将本例题改为确定活塞杆的直径,即按稳定条件进行截面设计,由于直径尚待确定,无法求出活塞杆的柔度 λ,自然也不能正确判断究竟应该是用欧拉公式,还是用经验公式。

为此,可采用试算法。例如,先由欧拉公式确定活塞的直径,再根据所确定的直径,检查是否满足使用欧拉公式的条件。下面进行计算。

解:活塞杆承受的轴向压力应为

$$F = \frac{\pi}{4} D^2 p = \left[\frac{\pi}{4} (65 \times 10^{-3})^2 \times 1.2 \times 10^6 \right] \text{N} = 3\,980\text{N}$$

若在稳定条件式(12-30)中取等号,则活塞杆的临界压力应该是

$$F_{cr} = n_{st} F = (6 \times 3\,980)\text{N} = 23\,880\text{N}$$

现在需要确定活塞杆的直径 d,以使它具有上列数值的临界压力,先用欧拉公式确定活塞杆直径,则

$$F_{cr} = \frac{\pi^2 EI}{(\mu l)^2} = \frac{\pi^2 \times 210 \times 10^9 \times \frac{\pi}{64} d^4}{(1 \times 1.25)^2} \text{N} = 23\,880\text{N}$$

由此解出 $d = 0.024\,6\text{m}$,最后取 $d = 25\text{mm}$。

用所确定的 d 计算活塞杆的柔度

$$\lambda = \frac{\mu l}{i} = \frac{1 \times 1.25}{0.025/4} = 200$$

上面解得材料 35 号钢的 $\lambda_1 = 97$,因为 $\lambda > \lambda_1$,所以上面用欧拉公式进行的试算是正确的。

12.4.2　折减因数法

在工程中,为了简便计算,对压杆的稳定计算还采用折减因数法。由式(12-32)可得

$$\sigma = \frac{F}{A} \leqslant \frac{\sigma_{cr}}{n_{st}} \tag{12-33}$$

将式(12-33)右端的值与材料的许用应力 $[\sigma]$ 之比以 φ 表示,即

$$\frac{\sigma_{cr}}{n_{st}} \frac{1}{[\sigma]} = \varphi \tag{12-34}$$

则式(12-33)就可写成

$$\sigma = \frac{F}{A} \leqslant \varphi[\sigma] \tag{12-35}$$

式中,φ 为折减因数。

φ 值按式(12-34)确定,当 $[\sigma]$ 一定时,φ 取决于 σ_{cr} 与 n_{st}。由于临界应力 σ_{cr} 值随压杆的柔度 λ 而改变,而不同柔度的压杆一般又采用不同的安全因数,故折减因数 φ 为 λ 的函数,当材料一定时,φ 值取决于 λ 值。几种常用材料的 φ 值可在表 12-3 中查到。对于表 12-3 中列出的相邻柔度值 λ 的压杆,其折减因数由直线内插值法求得。

表 12-3　压杆的折减因数 φ

$\lambda = \mu l / i$	φ			
	Q235 钢	16Mn 钢	铸　　铁	木　　材
0	1.000	1.000	1.00	1.00
10	0.995	0.993	0.97	0.99
20	0.981	0.973	0.91	0.97
30	0.958	0.940	0.81	0.93

$\lambda = \mu l / i$	φ			
	Q235 钢	16Mn 钢	铸　　铁	木　　材
40	0.927	0.895	0.69	0.87
50	0.888	0.840	0.57	0.80
60	0.842	0.776	0.44	0.71
70	0.789	0.705	0.34	0.60
80	0.731	0.627	0.26	0.48
90	0.669	0.546	0.20	0.38
100	0.604	0.462	0.16	0.31
110	0.536	0.384	—	0.26
120	0.466	0.325	—	0.22
130	0.401	0.279	—	0.18
140	0.349	0.242	—	0.16
150	0.306	0.213	—	0.14
160	0.272	0.188	—	0.12
170	0.243	0.168	—	0.11
180	0.218	0.151	—	0.10
190	0.197	0.136	—	0.09
200	0.180	0.124	—	0.08

压杆的稳定条件可以解决三类问题,具体如下:①稳定性校核;②截面设计;③确定许可荷载。

【例 12-7】 28a 工字钢压杆,长 $l = 1.5\text{m}$,承受轴向力 $F = 400\text{kN}$,已知压杆一端固定,一端自由,材料为 Q235 钢,$[\sigma] = 160\text{MPa}$。校核压杆稳定性。

解:(1)计算柔度。查型钢表得 28a 工字钢的截面面积 $A = 55.37\text{cm}^2$,最小惯性半径 $i = 2.5\text{cm}$,由表 12-1 查得 $\mu = 2$,则压杆的实际柔度为

$$\lambda = \frac{\mu l}{i} = \frac{2 \times 1.5 \times 10^3}{2.5 \times 10} = 120$$

(2)稳定性计算。由表 12-3 查得,对于 Q235 钢,当 $\lambda = 122$ 时,$\varphi = 0.453$,则有

$$\varphi[\sigma] = (0.453 \times 160)\text{MPa} = 72.5\text{MPa}$$

根据式(12-35)有

$$\sigma = \frac{F}{A} = \frac{400 \times 10^3}{55.37 \times 10^2}\text{MPa} = 72.2\text{MPa} \leqslant \varphi[\sigma] = 72.5\text{MPa}$$

由此可知,压杆的稳定性足够。

*12.5　提高压杆稳定性的措施

由以上各节讨论可知,压杆临界应力的大小反映了压杆稳定性的高低。而压杆的临界应力与压杆的横截面尺寸(I)、压杆长度(l)、约束条件(μ)以及材料的力学性质(E)有关。

因此,可根据这些因素采取适当的措施提高压杆的稳定性。

12.5.1　选择合理的压杆截面形状

由临界应力公式可见,细长杆与中柔度杆的临界应力均与柔度 λ 有关,而且压杆柔度值越小,其临界应力越大。压杆的柔度($\lambda = \mu l / i = \mu l \sqrt{A/I}$)表明:当 μ、l 一定时,同等面积 A 的情况下,I 越大,λ 值越小。压杆长度和杆端约束一定时,在不增加横截面面积的情况下,应选择惯性矩较大的截面形状。在面积相同的情况下,应尽量将实心截面做成空心截面,如图 12-16 所示,空心正方形截面(图 12-16(b))比实心正方形截面(图 12-16(a))合理,圆环形截面(图 12-16(d))比实心圆截面(图 12-16(c))合理。同理,由四根角钢组成的起重臂,如图 12-17(a)所示,其四根角钢应分散放置在截面的四角,如图 12-17(b)所示,而不是集中放置在截面形心附近,如图 12-17(c)所示。

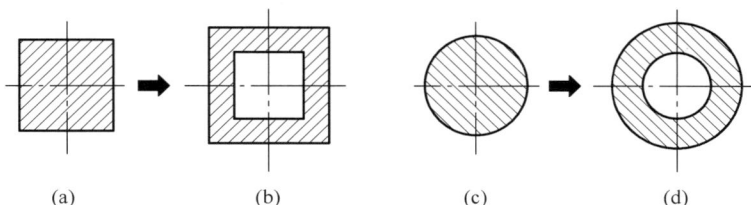

图　12-16

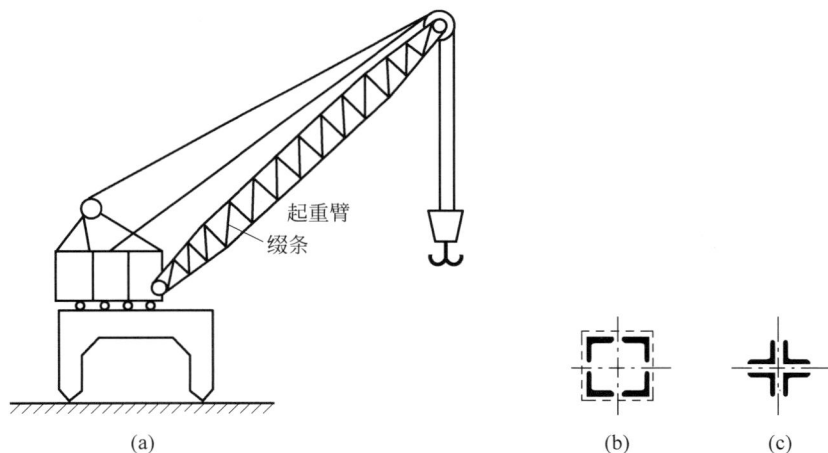

图　12-17

需要注意的是,不能为了获得较大的 I 和 i 而将圆环截面设计得过薄,否则将造成薄壁圆管因局部失稳而失去承载能力,反而达不到提高稳定性的目的。对于组合截面的压杆,还必须保证它的整体稳定性。例如,图 12-17 所示的角钢组合截面,要用足够强的缀条或掇板把分开放置的型钢连成一体,否则各根型钢将变为分散单独的受压杆件,达不到提高其稳定性的目的。

为使截面形状更为合理,还需考虑压杆在各纵向平面内的约束形式。若压杆在各纵向平面内的 μl 值相同,则应使截面对任一形心轴有相同的惯性半径 i,以使压杆在各纵向平面内具有相等的柔度和稳定性。因此,截面形状宜采用空、实心圆截面、正方形截面(图 12-16),以及各种箱形组合截面。若压杆在各纵向平面内的 μl 值不相同,则应使截面对任一形心轴的惯性半径不相等,以使压杆在各纵向平面内有相等或接近相等的柔度。

12.5.2 尽量减少压杆的长度

压杆的长度越大,其柔度越大,稳定性越差。因此,在可能的情况下,应尽量减小压杆的长度。但是一般情况下,压杆的长度是由结构要求决定的,通常不允许改变。可通过增加中间支座来减小压杆的支承长度,以使柔度减小。例如,图 12-18(a)所示的两端铰支轴向受压细长杆,失稳时挠曲线形状如图 12-18 所示,l 为半个正弦曲线对应的长度,其临界力为 $F_{cr}=\dfrac{\pi^2 EI}{l^2}$。若在压杆长度的中点处增加一个支座,则失稳时挠曲线形状如图 12-18(b)所示,l 为一个正弦曲线对应的长度,其临界力为 $F_{cr}=\dfrac{\pi^2 EI}{(l/2)^2}$。显然,图 12-18(b)中杆的临界力是图 12-18(a)中杆的临界力的 4 倍。

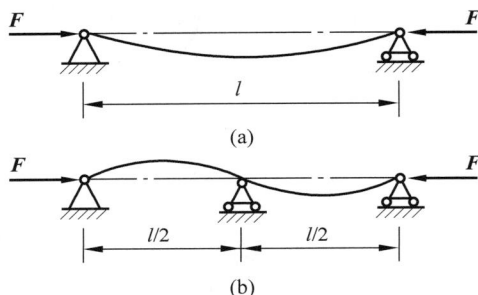

图　12-18

12.5.3 改善压杆的约束条件

压杆的杆端约束条件不同,压杆的长度因数就不同。由表 12-1 中数据可知,杆端约束刚性越好,压杆的长度因数越小,其柔度值也越小,临界应力越大。因此,增强杆端约束的刚性,可达到提高压杆稳定性的目的。例如,图 12-19(a)所示的一端固定、另一端自由的轴向受压细长杆,其长度因数 $\mu_1=2$。如果在上端加一铰链约束,如图 12-19(b)所示,其长度因

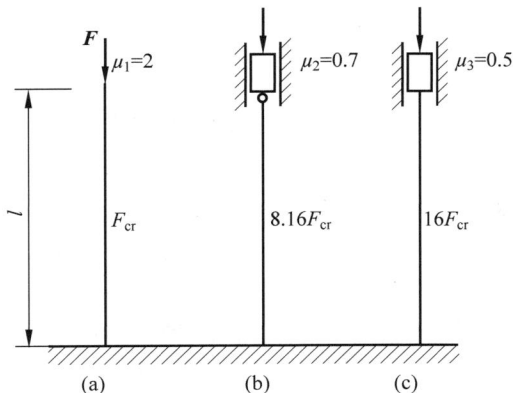

图　12-19

数 $\mu_2 = 0.7$，那么压杆的临界力提高$(\mu_1/\mu_2)^2 = 8.16$ 倍；如果上端再改为固定端，如图 12-19 (c)所示，其长度因数 $\mu_3 = 0.5$，那么临界应力提高 16 倍。

12.5.4　合理选择压杆材料

对于大柔度杆，临界应力按欧拉公式(式(12-23))计算。由该公式可知，除压杆的柔度 λ 影响临界应力的大小外，材料的弹性模量 E 对它也有一定的影响。然而，对于钢材而言，其 E 大致相等，所以选用优质钢或低碳钢，对提高大柔度压杆的稳定性并无多大意义。

而对于中柔度杆，其临界应力采用经验公式计算，临界应力与材料的强度有关，优质钢材在一定程度上可提高临界应力数值。小柔度杆是强度问题，选用优质材料的优越性是显而易见的。

本章总结

1. 压杆的稳定问题

压杆稳定问题的实质是压杆直线形状的平衡状态是否稳定的问题。压杆在轴向压力的作用下，若干扰力消除后，仍能恢复原来的直线形状，则压杆直线形状的平衡是稳定的；若干扰力消除后，不能恢复原来的直线形状，而变为微弯状态的平衡，则压杆的直线平衡是不稳定的。

2. 临界力及其确定

临界力 F_{cr} 是压杆从稳定平衡状态过渡到不稳定平衡状态的临界荷载值。压杆在临界力作用下，横截面上的应力称为临界应力 σ_{cr}。确定临界力 F_{cr}(或临界应力 σ_{cr})是研究压杆稳定性问题的关键。

1）大柔度杆($\lambda \geqslant \lambda_1$)。用欧拉公式计算临界力 F_{cr} 或临界应力 σ_{cr}，即

$$F_{cr} = \frac{\pi^2 EI}{(\mu l)^2}$$

或

$$\sigma_{cr} = \frac{\pi^2 E}{\lambda^2}$$

2）中柔度杆($\lambda_2 \leqslant \lambda < \lambda_1$)。用经验公式计算临界力 F_{cr} 或临界应力 σ_{cr}，即

$$\sigma_{cr} = a - b\lambda, \quad F_{cr} = \sigma_{cr} A$$

3）小柔度杆($\lambda < \lambda_2$)。其临界应力就是材料的极限应力，属强度问题。

3. 压杆的稳定计算

压杆的稳定计算可用安全因数法或折减因数法，其稳定条件具体如下。

1）安全因数法。具体为

$$n = \frac{F_{cr}}{F} \geqslant n_{st}$$

或

$$n = \frac{\sigma_{cr}}{\sigma} \geqslant n_{st}$$

2）折减因数法。具体为

$$\sigma = \frac{F}{A} \leqslant \varphi[\sigma]$$

校核压杆稳定问题的一般步骤具体如下。

（1）计算压杆柔度。根据压杆的实际尺寸和支承情况，分别计算出在各个弯曲平面内弯曲时的柔度，即

$$\lambda = \frac{\mu l}{i}$$

式中，$i = \sqrt{\dfrac{I}{A}}$。

（2）计算临界力。根据 λ_{max} 选用计算临界应力的具体公式，并计算出临界应力 σ_{cr} 或临界力 F_{cr}。

（3）校核稳定性。按照稳定性条件进行稳定计算。

4．提高压杆稳定性措施

提高压杆稳定性措施，可从压杆的材料、截面形状、压杆长度、支承情况等方面考虑，对解决工程实际问题具有重要意义。

分析思考题

12-1　什么是稳定平衡？什么是不稳定平衡？

12-2　什么是临界力？临界力对压杆稳定起什么作用？

12-3　影响临界应力的因素有哪些？什么是柔度？

12-4　细长压杆，如果它的长度增加 1 倍，其他条件不变，那么压杆的临界荷载及临界应力将如何变化？

12-5　在讨论压杆稳定问题时，圆柱铰链和球铰链连接作为杆端铰支约束条件，是否有区别？

12-6　两端为球铰的压杆，其各截面形状如分析思考题 12-6 图（a）～（d）所示，当它们失稳时，截面将绕哪一根轴转动？

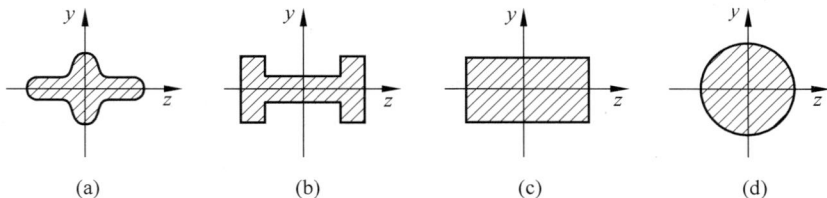

分析思考题 12-6 图

12-7　如分析思考题 12-7 图所示，三根细长压杆，材料截面均相同，哪根杆临界力大？哪根杆临界力小？

12-8　如分析思考题 12-8 图所示，在 3 组截面中，每组截面中的两截面面积相同。当作为压杆时，每组截面中哪个合理？为什么？

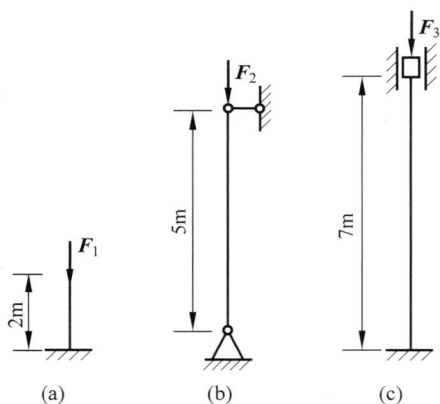

分析思考题 12-7 图

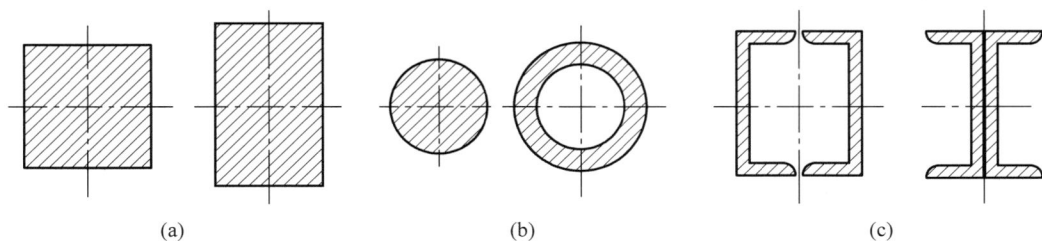

分析思考题 12-8 图

习题

12-1　细长压杆如习题 12-1 图所示，各圆杆的直径 d 均相同，材料为 Q235 钢。其中，习题 12-1 图（a）为两端铰支，习题 12-1 图（b）为上端铰支、下端固定，习题 12-1 图（c）为两端固定。（1）判断哪一种情形的临界载荷 F_{cr} 最大？（2）若 $d=16\text{mm}$，$E=210\text{GPa}$，求其中最大临界载荷。

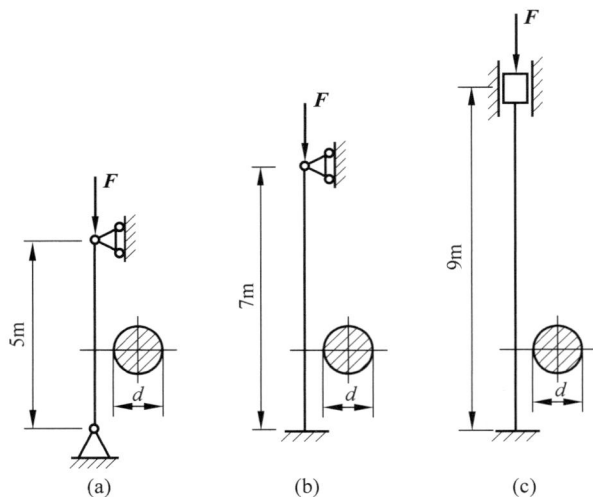

习题 12-1 图

答：(1)习题 12-1 图(c)中临界载荷 F_{cr} 最大；(2) $F_{cr}=3\,292.6\mathrm{kN}$。

12-2　细长压杆的两端为球铰支座(习题 12-2 图)，材料的弹性模量 $E=200\mathrm{GPa}$，用欧拉公式计算下列 3 种情况的临界力：(1) 圆形截面 $d=25\mathrm{mm}$，$l=1\mathrm{m}$；(2) 矩形截面 $h=2b=40\mathrm{mm}$，$l=1\mathrm{m}$；(3) 16 号工字钢，$l=2\mathrm{m}$。

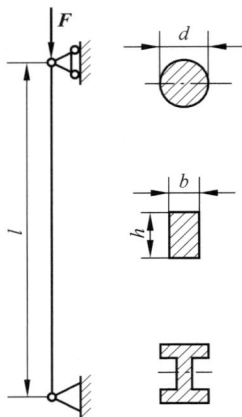

习题 12-2 图

答：(1) $F_{cr}=37.8\mathrm{kN}$；(2) $F_{cr}=52.6\mathrm{kN}$；(3) $F_{cr}=459.4\mathrm{kN}$。

12-3　习题 12-3 图所示为一连杆，材料是 Q235 钢，弹性模量 $E=200\mathrm{GPa}$，横截面面积 $A=44\times10^{2}\mathrm{mm}^{2}$，惯性矩 $I_y=120\times10^{4}\mathrm{mm}^{4}$，$I_z=797\times10^{4}\mathrm{mm}^{4}$，在 xy 平面内，长度因数 $\mu_z=1$；在 xz 平面内，长度因数 $\mu_y=0.5$。求临界应力和临界力。

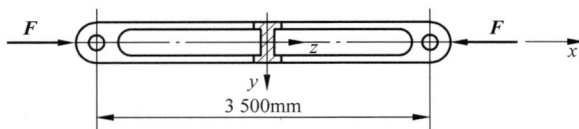

习题 12-3 图

答：$\sigma_{cr}=176\mathrm{MPa}$，$F_{cr}=733\mathrm{kN}$。

12-4　一矩形截面压杆如习题 12-4 图所示，$h=6\mathrm{cm}$、$b=2\mathrm{cm}$、$l=0.6\mathrm{m}$，材料为 Q235

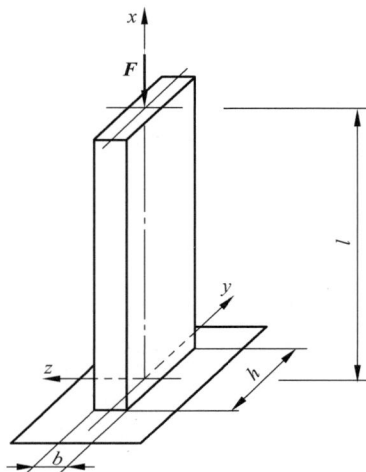

习题 12-4 图

钢,弹性模量 $E = 206\text{GPa}$, $\sigma_p = 200\text{MPa}$、$\sigma_s = 235\text{MPa}$。计算压杆的临界力 F_{cr}。

答: $F_{cr} = 56.5\text{kN}$。

12-5　一千斤顶如习题 12-5 图所示,丝杆长度 $l = 375\text{mm}$,内径 $d = 40\text{mm}$,材料为 45 号钢($a = 598\text{MPa}$, $b = 3.82\text{MPa}$, $\lambda_1 = 100$, $\lambda_2 = 60$),最大起重量 $F = 80\text{kN}$,规定的稳定安全因数 $n_{st} = 4$。校核丝杆的稳定性。

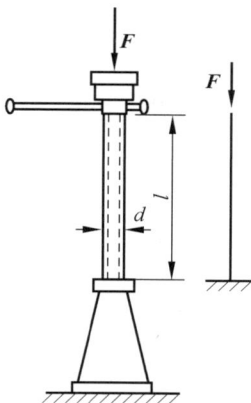

习题 12-5 图

答: $n = 4.75 > n_{st} = 4$,丝杆满足稳定性条件。

12-6　横梁 AB 的截面为矩形,尺寸如习题 12-6 图所示,竖杆 CD 的截面为圆形,其直径 $d = 20\text{mm}$,在 C 处用铰链连接。材料为 Q235 钢,规定稳定安全因数 $n_{st} = 3$。若测得横梁 AB 的最大弯曲应力 $\sigma = 140\text{MPa}$,校核竖杆 CD 的稳定性。

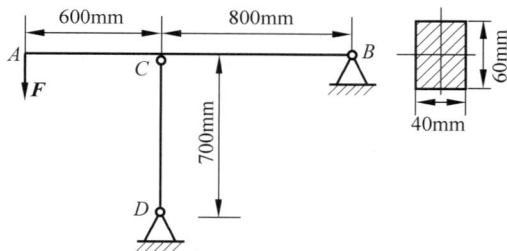

习题 12-6 图

答: $n = 3.22 > n_{st} = 3$,竖杆 CD 满足稳定性条件。

12-7　在习题 12-7 图所示铰接杆系中,杆 AB 和 BC 皆为大柔度杆,并且截面、材料相同。若杆系由于在 ABC 平面内丧失稳定而失效,并规定 $0 < \theta < \dfrac{\pi}{2}$,确定 F 为最大值时的 θ 角。

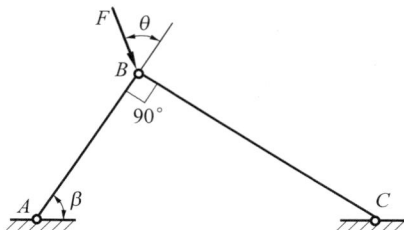

习题 12-7 图

答：$\theta = \arctan(\cot^2\beta)$。

12-8　某厂自制简易起重机如习题 12-8 图所示。压杆 BD 为 20 号槽钢,材料为 Q235 钢。最大起重量 $W=40\text{kN}$。若规定 $n_{\text{st}}=5$,校核 BD 杆的稳定性。

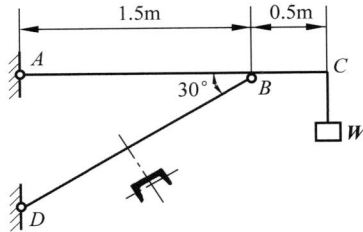

习题 12-8 图

答：$n=6.5 > n_{\text{st}}=5$,BD 杆满足稳定性条件。

12-9　如习题 12-9 图所示,蒸汽机的活塞杆 AB,所受的压力为 120kN,$l=180\text{cm}$,截面为圆形,直径 $d=7.5\text{cm}$。材料为 Q275 钢,$E=210\text{GPa}$,$\sigma_{\text{p}}=240\text{MPa}$。规定的稳定安全因数 $n_{\text{st}}=8$,校核活塞杆的稳定性。

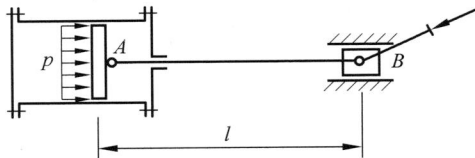

习题 12-9 图

答：$n=8.3 > n_{\text{st}}=8$,杆 AB 满足稳定性条件。

12-10　两端铰支(球铰)的压杆是由两个 18a 号槽钢组成,槽钢可分别按习题 12-10 图(a)和(b)所示布置,已知 $l=7.2\text{m}$,材料的弹性模量 $E=2\times10^5\text{MPa}$,比例极限 $\sigma_{\text{p}}=140\text{MPa}$。(1)从稳定考虑,分析习题 12-10 图(a)和(b)两种布置中哪种合理;(2)求合理布置下该杆的临界力。

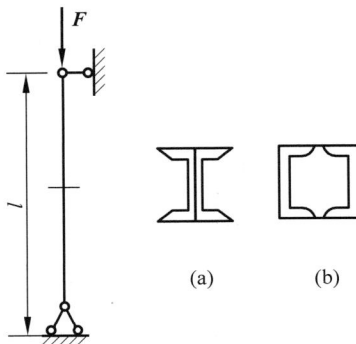

习题 12-10 图

答：(1) 习题 12-10 图(b)布置合理;(2) $F_{\text{cr}}=548.7\text{kN}$。

12-11　习题 12-11 图所示为一正方形桁架结构,由 5 根圆截面钢杆组成,连接处均为铰链，各杆直径均为 $d=40\text{mm}$，$a=1\text{m}$，材料的 $\lambda_1=110$，$\lambda_2=60$，$E=200\text{GPa}$，经验公式为 $\sigma_{cr}=304-1.12\lambda$，$n_{st}=1.8$。求结构的许可载荷。

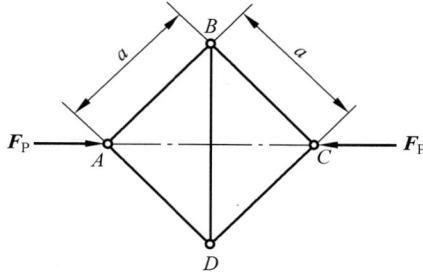

习题 12-11 图

答：$[F_P]=187.6\text{kN}$。

第13章

动荷载和交变应力

基本要求

(1) 了解动荷载的概念和分类。

(2) 了解动静法求应力并进行强度计算。

(3) 了解受冲击杆件的应力和变形计算。

(4) 理解交变应力的概念。

(5) 了解疲劳失效现象及原因。

重点和难点

冲击动荷载系数的推导。

13.1 动荷载概述

13.1.1 静荷载与动荷载

前面各章讨论了构件在静荷载作用下的强度、刚度和稳定性问题。静荷载是指不随时间变化(或变化极其平稳缓慢)的荷载。在静荷载作用下,构件内各点的加速度保持为零或可以忽略不计,构件各部分均处于静力平衡状态。此时,构件内的应力为静应力。

工程实际中还存在一些构件,承受着使其产生加速度的荷载,此时构件不再处于静力平衡状态,这种荷载称为动荷载。例如,加速起吊的重物、高速旋转的砂轮、锻压工件时的汽锤锤杆及作周期振动的横梁等都受到不同类型的动荷载作用。

在动荷载作用下,构件内产生的应力称为动应力。动应力的计算必须考虑加速度的影响。试验表明,在动荷载作用下,只要构件的动应力不超过比例极限,胡克定律仍然成立,而且弹性模量也与静荷载时的相同。

13.1.2　动荷载的类型及研究方法

根据动荷载的特点,动荷载问题可分为构件作加速运动时应力计算问题、构件在冲击荷载作用下应力计算问题和构件振动时应力计算问题等。本章只讨论前两类问题。

构件作加速运动时,构件内各点由于存在加速度,从而产生惯性力。依据达朗伯原理,对于加速运动构件,如果在所截取的任一部分构件的各点上虚加上惯性力,那么惯性力与原力系组成平衡力系,从而将动力学问题在形式上作为静力学问题处理,这种方法称为动静法。因此,前面关于应力和变形的计算方法,也可直接用于增加了惯性力的杆件。

当具有一定速度的运动物体撞击到另一静止的构件时,冲击物的运动速度在很短的时间内发生很大变化,产生很大的力施加给被冲击的构件,这种现象称为冲击,这种力称为冲击力或冲击荷载。在工程实际中,经常会遇到冲击现象,如汽锤锻造、打桩、金属冲压加工等。由于冲击过程很短,冲击物的加速度很难确定,采用动静法计算冲击应力十分困难,工程上一般采用偏于安全的能量法。

13.2　动静法的应用

13.2.1　等加速直线运动构件的应力计算

等加速直线运动构件的应力计算可采用动静法。下面以图 13-1(a)中的起重机以匀加速度 a 起吊重物为例,说明其分析过程。设重物的自重为 W,钢丝绳的横截面面积为 A,不计钢丝绳重量。为分析钢丝绳中的应力,用截面法将钢丝绳沿截面 $n—n$ 截开,取下半部分研究,作用在该研究对象上的力有轴力 F_{Nd} 和重物自重 W,若虚加上惯性力 F_g,则组成平衡力系,如图 13-1(b)所示。

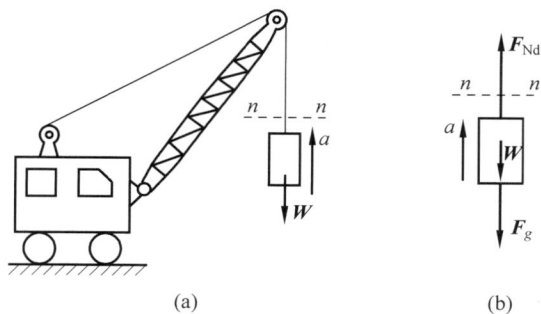

(a)　　　　　(b)

图　13-1

其中重物的惯性力 F_g 的大小为该重物质量与加速度的乘积,即

$$F_g = \frac{W}{g} \cdot a$$

列平衡方程,则有

$$\sum F_y = 0, \quad F_{\mathrm{Nd}} - W - F_g = 0$$

可得钢丝绳的轴力和应力分别为

$$F_{Nd} = W + F_g = W\left(1 + \frac{a}{g}\right) \tag{13-1}$$

$$\sigma_d = \frac{F_{Nd}}{A} = \frac{W}{A}\left(1 + \frac{a}{g}\right) = \sigma_{st}\left(1 + \frac{a}{g}\right) \tag{13-2}$$

式中，$\sigma_{st} = \dfrac{W}{A}$，为钢丝绳在重力 W 作用下的静应力。

令

$$K_d = 1 + \frac{a}{g} \tag{13-3}$$

则式(13-2)可写为

$$\sigma_d = K_d \sigma_{st} \tag{13-4}$$

式中，K_d 称为动荷因数，表示动应力 σ_d 与静应力 σ_{st} 的比值。对于作等加速度直线运动的构件，动荷因数随加速度 a 的值而改变。式(13-4)表明，动应力等于静应力乘以动荷因数，并且动荷因数中已经包含了动荷载的影响，因此强度条件可以写成

$$\sigma_d = K_d \sigma_{st} \leqslant [\sigma] \tag{13-5}$$

式中，$[\sigma]$ 为静载下的许用应力。

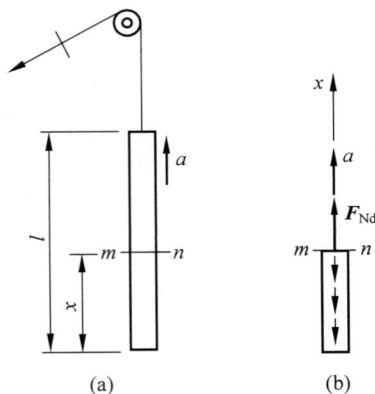

图 13-2

【例 13-1】 长为 l、横截面面积为 A 的杆以加速度 a 向上提升，如图 13-2(a)所示。若材料密度为 ρ，求杆内的最大应力。

解：（1）取研究对象。

在距杆下端 x 处，用假想横截面 m—n 将杆件分成两部分，取下半部分研究，如图 13-2(b)所示。重力沿轴线均匀分布，其集度为 $q = A\rho g$。截面 m—n 上的轴力为 F_{Nd}，杆上的惯性力也沿轴线均匀分布，其集度为 $q_g = A\rho a$。

（2）列平衡方程。

$$\sum F_x = 0, \quad F_{Nd} - qx - q_g x = 0$$

得

$$F_{Nd} = qx + q_g x = A\rho(a + g)x$$

当 $x = l$ 时，最大轴力为

$$F_{Nd\,max} = A\rho(a + g)l$$

（3）最大动应力。其值为

$$\sigma_{d\,max} = \frac{F_{Nd\,max}}{A} = \rho l(a + g)$$

13.2.2　等速转动时构件的应力计算

工程中除做加速直线运动的构件外，还经常能够见到旋转运动的构件，如飞轮、皮带轮等，由于转速很高，在离心惯性力的作用下，这些构件内会产生较大的动应力。这类构件的

应力计算同样可以采用动静法。以飞轮为例,为实现转动惯量大,一般飞轮设计为中间薄、轮缘厚的样式。若不计其轮辐的影响,可近似地把飞轮看作定轴转动的圆环。

设圆环绕通过圆心并且垂直于圆环平面的轴以匀角速 ω 转动,圆环的平均直径为 D,壁厚为 t,横截面面积为 A,材料密度为 ρ,如图 13-3(a)所示。

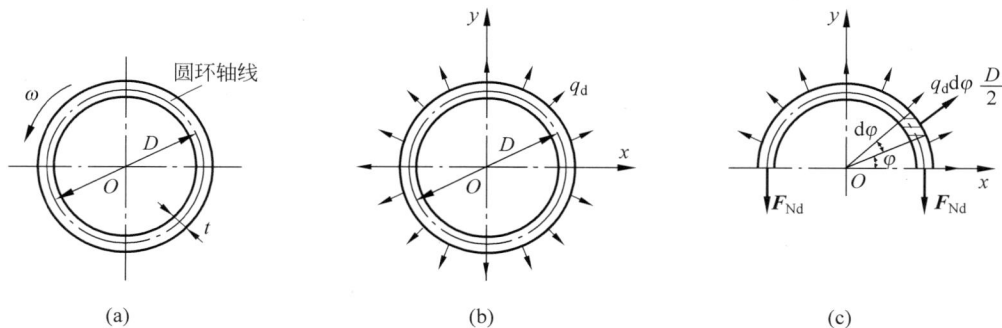

图 13-3

圆环匀角速转动时,圆环内各点只有法向加速度。若圆环的平均直径 D 远大于厚度 t,为薄壁圆环,则可近似地认为圆环内各点法向加速度 a_n 大小相等,且都等于 $\dfrac{D\omega^2}{2}$。于是,沿圆环轴线均匀分布的惯性力的集度为 $q_g = A\rho a_n = \dfrac{A\rho D\omega^2}{2}$,方向与 a_n 相反,如图 13-3(b)所示。沿圆环直径将它分成对称的两部分,取上半部分研究,其受力如图 13-3(c)所示。根据动静法原理,列平衡方程,则有

$$\sum F_y = 0, \quad \int_0^\pi q_g \sin\varphi \cdot \frac{D}{2}\,\mathrm{d}\varphi - 2F_{\mathrm{Nd}} = 0$$

得

$$F_{\mathrm{Nd}} = \frac{q_g D}{2} = \frac{A\rho D^2 \omega^2}{4}$$

圆环横截面上的应力为

$$\sigma_{\mathrm{d}} = \frac{F_{\mathrm{Nd}}}{A} = \frac{\rho D^2 \omega^2}{4} = \rho v^2 \tag{13-6}$$

式中,$v = \dfrac{D\omega}{2}$ 是圆环轴线上点的线速度。强度条件为

$$\sigma_{\mathrm{d}} = \rho v^2 \leqslant [\sigma] \tag{13-7}$$

这说明,飞轮以等角速度转动时,其轮缘中的正应力与轮缘上点的速度平方成正比,与材料密度成正比,而与横截面面积无关。这一结果表明,要保证飞轮的强度,应限制转速;而增加横截面面积,并不能增加飞轮的强度。

【例 13-2】 如图 13-4 所示,飞轮以匀角速转动,飞轮材料的许用应力 $[\sigma]=80\mathrm{MPa}$,密度 $\rho = 7\,800\mathrm{kg/m^3}$,轮缘外径 $D=2\mathrm{m}$,内径 $D_0=1.6\mathrm{m}$,轮辐影响不计。计算飞轮的极限转速 n。

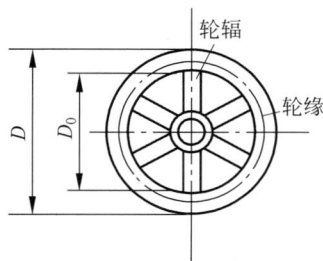

图 13-4

解：（1）飞轮的壁厚为

$$t = \frac{D - D_0}{2} = 0.2\text{m}$$

其远小于飞轮直径，故可简化为薄壁圆环。飞轮的平均直径为

$$D_1 = \frac{D + D_0}{2}$$

（2）建立强度条件，求极限转速。

由式（13-6）得轮缘上的动应力

$$\sigma_\text{d} = \frac{\rho D_1^2 \omega^2}{4} = \frac{\rho (D + D_0)^2}{16} \left(\frac{2\pi n}{60}\right)^2$$

根据强度条件 $\sigma_\text{d} \leqslant [\sigma]$，得

$$n \leqslant \frac{120}{\pi(D + D_0)} \sqrt{\frac{[\sigma]}{\rho}} = \left(\frac{120}{\pi(2 + 1.6)} \sqrt{\frac{80 \times 10^6}{7\,800}}\right) \text{r/min} = 1\,075\text{r/min}$$

13.3　杆件受冲击荷载时的应力和变形计算

13.3.1　冲击问题的简化

锻造时，锻锤在与锻件接触的非常短暂的时间内，速度发生很大的变化，这是典型的冲击问题。工程中常见的冲击问题还包括落锤打桩、金属冲压加工、高速转动的飞轮突然制动等。在上述一些例子中，重锤、飞轮等为冲击物，而被击打的锻件、桩和固接飞轮的轴等承受冲击的构件为被冲击物。当冲击发生时，被冲击构件将受到很大的冲击荷载，被冲击构件因冲击而引起的应力称为冲击应力，即动应力。

瞬间冲击过程中，冲击物得到很大的负值加速度，对被冲击物施以很大的冲击力。由于冲击物速度显著变化的时间极短，过程很复杂，因此加速度很难计算和测定，冲击问题难以用动静法计算。同时，冲击物与被冲击物接触区域局部的应力状态非常复杂，这些都使冲击问题的精确计算十分困难。工程中常采用偏于安全的能量法进行计算。

用能量法分析冲击问题时，工程中常作如下假设：①冲击物的变形忽略不计，视为刚体；②被冲击构件的质量忽略不计，视为无质量的线弹性体；③冲击过程中没有其他的能量损失，冲击物的能量完全转换为被冲击构件的应变能。

13.3.2　用能量法解冲击问题

实际问题中，一个受到冲击的梁（图 13-5（a）），或杆（图 13-5（b））等弹性构件都可以看作一个弹簧，其力学模型如图 13-5（c）所示。该力学模型可看作以自重为 W 的冲击物和以不计质量的弹簧代表的被冲击物组成的冲击系统，可以用该系统说明能量法的基本原理与基本公式。冲击物具有动能和势能，根据上面的假设，由能量守恒定律可得：在冲击过程中，冲击系统的动能和势能变化应等于弹簧的应变能，即

$$T + V = V_{\varepsilon\text{d}} \tag{13-8}$$

在图 13-5(c)中,假设重量为 W 的重物从高度 h 处自由下落到弹簧顶端,发生冲击。当冲击物速度降为零的瞬时,弹簧产生最大动变形 Δ_{d},受到最大冲击力 F_{d},如图 13-5(d)所示。

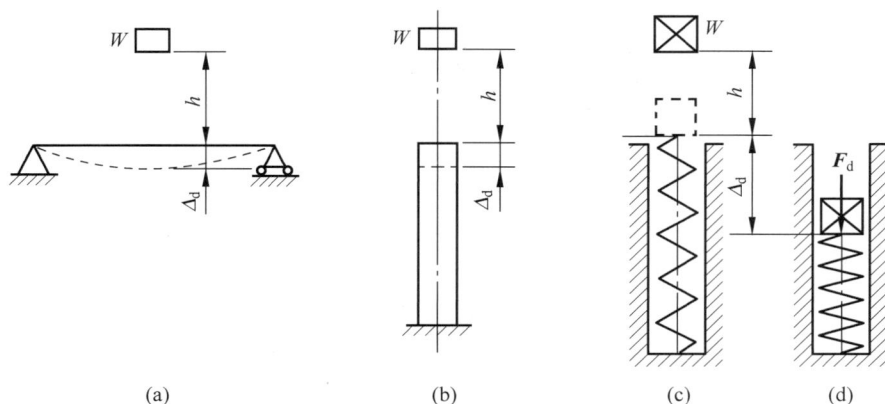

图　13-5

冲击前后系统的机械能守恒,动能变化为零,即冲击物减少的势能 $V = W(h + \Delta_{\mathrm{d}})$ 转化为弹簧的应变能 $V_{\varepsilon\mathrm{d}}$。弹簧的应变能就是其弹性势能,即

$$V_{\varepsilon\mathrm{d}} = \frac{1}{2}k\Delta_{\mathrm{d}}^2 = \frac{1}{2}F_{\mathrm{d}}\Delta_{\mathrm{d}}$$

根据能量守恒关系有

$$W(h + \Delta_{\mathrm{d}}) = \frac{1}{2}F_{\mathrm{d}}\Delta_{\mathrm{d}} \tag{13-9}$$

如果重力 W 以静荷载的方式作用在弹簧顶端,弹簧产生静变形为 Δ_{st},静应力为 σ_{st},在冲击荷载作用下,弹簧的动变形和动应力分别为 Δ_{d} 和 σ_{d}。在线弹性范围内,变形与应力和荷载成正比,令

$$\frac{F_{\mathrm{d}}}{W} = \frac{\Delta_{\mathrm{d}}}{\Delta_{\mathrm{st}}} = \frac{\sigma_{\mathrm{d}}}{\sigma_{\mathrm{st}}} = K_{\mathrm{d}} \tag{13-10}$$

式中,K_{d} 称为冲击动荷因数,是动荷载与静荷载、动变形与静变形、动应力与静应力的比值。

将式(13-10)的关系代入式(13-9)中,整理后,可得

$$K_{\mathrm{d}}^2 - 2K_{\mathrm{d}} - \frac{2h}{\Delta_{\mathrm{st}}} = 0$$

解得

$$K_{\mathrm{d}} = 1 \pm \sqrt{1 + \frac{2h}{\Delta_{\mathrm{st}}}}$$

可知,K_{d} 值应大于 1,所以上式中根号前应取正号,则冲击动荷因数为

$$K_{\mathrm{d}} = 1 + \sqrt{1 + \frac{2h}{\Delta_{\mathrm{st}}}} \tag{13-11}$$

由式(13-10)可知,$\Delta_{\mathrm{d}} = K_{\mathrm{d}}\Delta_{\mathrm{st}}$,$\sigma_{\mathrm{d}} = K_{\mathrm{d}}\sigma_{\mathrm{st}}$,只要求出冲击动荷因数 K_{d},就可以求出冲

击时的应力和变形。若 $h=0$ 即荷载突然作用在受冲击构件上,则由式(13-11)得 $K_d=2$,说明突加荷载作用下受冲击构件的应力和变形是静荷载作用下的 2 倍。

冲击的形式很多,除重物自由下落的冲击问题外,其他形式的冲击问题同样可以用机械能守恒关系来求解。因为能量法省略了其他形式的能量损失,所以计算出的受冲击构件的变形能的数值偏高,所求结果偏于安全。

13.3.3 动荷因数的计算

由于动荷因数的重要性,求解冲击问题往往变成计算动荷因数。下面讨论几种常见的冲击问题的动荷因数的计算方法。

若冲击是由重量为 W 的物体,以竖直向下的初速度 v,从高度 h 处落下造成的,如图 13-6(a)所示。如图 13-6(b)所示将冲击物的重量当作静荷载,沿冲击方向加在冲击点上,产生静位移。静变形为 Δ_{st},动变形为 Δ_d,应用能量法求动荷因数。冲击前后系统的动能变化为

$$T = \frac{1}{2}\frac{W}{g}v^2$$

势能变化为

$$V = W(h + \Delta_d)$$

增加的应变能为

$$V_{\varepsilon d} = \frac{1}{2}F_d\Delta_d$$

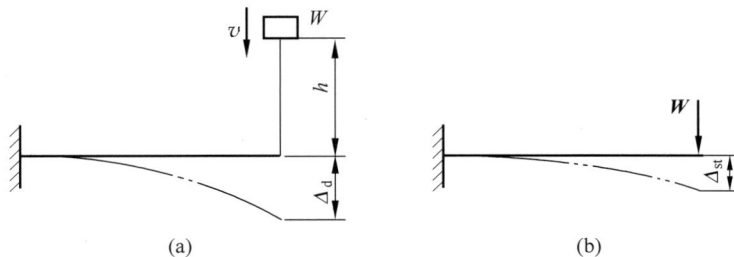

图 13-6

由能量守恒定律,有 $T + V = V_{\varepsilon d}$,即

$$\frac{1}{2}\frac{W}{g}v^2 + W(h + \Delta_d) = \frac{1}{2}F_d\Delta_d$$

将式(13-10)代入上式,可得

$$K_d^2 - 2K_d - \frac{2h}{\Delta_{st}} - \frac{v^2}{g\Delta_{st}} = 0$$

解得

$$K_d = 1 \pm \sqrt{1 + \frac{2h}{\Delta_{st}} + \frac{v^2}{g\Delta_{st}}}$$

为求得最大值取正号,得

$$K_d = 1 + \sqrt{1 + \frac{2h}{\Delta_{st}} + \frac{v^2}{g\Delta_{st}}} \qquad (13\text{-}12)$$

当 $v=0$ 时，式(13-12)转化为式(13-11)，即自由落体冲击问题。

当重量为 W 的物体以水平速度 v 冲击到被冲击构件时，如图 13-7 所示，在冲击过程中，势能不变化，动能的变化为 $T = \frac{1}{2}\frac{W}{g}v^2$，增加的应变能仍为 $V_{\varepsilon d} = \frac{1}{2}F_d\Delta_d$。

由能量守恒定律得

$$\frac{1}{2}\frac{W}{g}v^2 = \frac{1}{2}F_d\Delta_d$$

将式(13-10)代入上式，可得

$$\frac{v^2}{g} = K_d^2\Delta_{st}$$

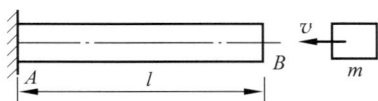

图　13-7

解得

$$K_d = \sqrt{\frac{v^2}{g\Delta_{st}}} \qquad (13\text{-}13)$$

这就是水平冲击时的动荷因数，需要注意的是要将冲击物的重量当作静荷载。

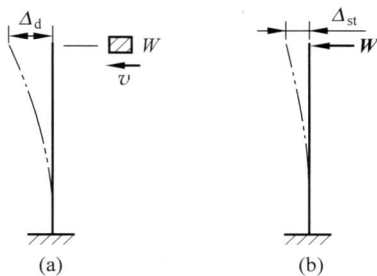

图　13-8

【例 13-3】　图 13-8 所示为一水平放置的等直杆，左端固定，在 B 点受到质量为 $m=50\mathrm{kg}$，速度为 $v=1\mathrm{m/s}$ 的重物的水平冲击，杆的长度为 $l=0.5\mathrm{m}$，横截面面积 $A=4\times10^{-4}\mathrm{m}^2$，$E=200\mathrm{GPa}$。求水平冲击时的动荷系数和冲击应力。

解:（1）水平冲击前，冲击物的动能为

$$T = \frac{1}{2}mv^2$$

冲击结束时，动能为零；冲击过程中，势能不变。

（2）冲击过程中，水平直杆的应变能为

$$V_{\varepsilon d} = \frac{1}{2}F_d\Delta_d$$

（3）根据能量守恒关系，有

$$\frac{1}{2}mv^2 = \frac{1}{2}F_d\Delta_d$$

将 $F_d = K_d mg$，$\Delta_d = K_d\Delta_{st}$ 代入上式，得

$$\frac{1}{2}mv^2 = \frac{1}{2}K_d^2 mg\Delta_{st}$$

求得水平冲击时的动荷因数为

$$K_d = \sqrt{\frac{v^2}{g\Delta_{st}}} = \frac{v}{\sqrt{g\Delta_{st}}}$$

式中，Δ_{st} 为静荷载 mg 沿水平方向施加到杆上时，冲击点沿冲击方向的线位移，有

$$\Delta_{st} = \frac{mgl}{EA}$$

代入上式,得

$$K_d = v\sqrt{\frac{EA}{mg^2l}} = 1 \times \sqrt{\frac{50 \times 10^9 \times 4 \times 10^{-4}}{100 \times 9.8^2 \times 0.5}} = 64.54$$

故杆件的冲击应力为

$$\sigma_d = K_d\sigma_{st} = K_d\frac{mg}{A} = \left(64.54 \times \frac{50 \times 9.8}{4 \times 10^{-4}}\right)\text{Pa} = 79.06\text{MPa}$$

13.4　交变应力和疲劳失效

13.4.1　交变应力的名词术语

在工程实际中,有些构件(如传动轴、齿轮等)所受的载荷是随时间呈周期性变化且不断重复的。这种载荷在构件中引起的应力也是随时间呈周期性变化且不断重复的,我们将这种随时间作周期性变化的应力称为交变应力。例如,图 13-9(a)所示的火车车轴,车轴承受分别作用于两端轴颈上载荷 F,产生纯弯曲变形。分析如图 13-9(b)所示截面 B—B 外缘处任意一点 A 的应力,当 A 点旋转到 A_1 点时,其应力为零;当旋转到 A_2 点时,应力为最大值;旋转到 A_3 点时,应力为零;旋转到 A_4 点时,应力变为负的最大值;又回到 A_1 点位置时,应力又为零。A 点旋转一圈,应力周期性地变化一个应力循环,如图 13-9(c)所示。

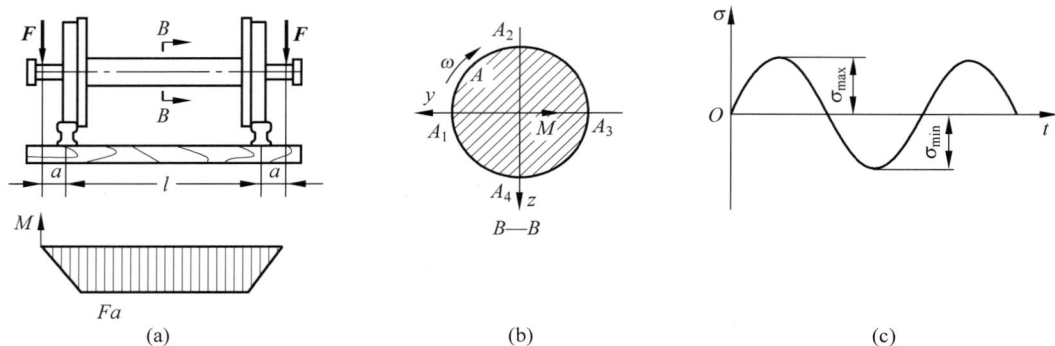

图　13-9

材料在交变应力作用下的力学行为与交变应力的特点有关。图 13-10 所示为一点应力随时间 t 的变化曲线,其中 S 为广义应力,它可以是正应力,也可以是切应力。

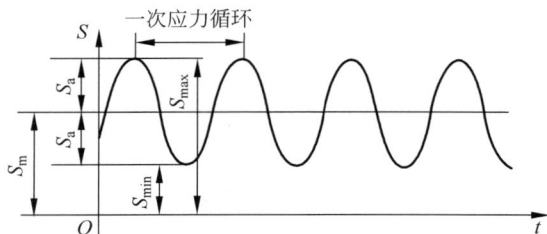

图　13-10

为了描述应力随时间变化的状况,引入下列名词和术语。

应力变化的一个周期,称为一次应力循环;一次应力循环中,应力最大值称为最大应力,应力最小值称为最小应力;一次应力循环中,最大应力与最小应力的平均值称为平均应力,用 S_m 表示;一次应力循环中,应力变化的幅度称为应力幅值,用 S_a 表示;应力循环中最小应力与最大应力的比值称为循环特征,用 r 表示。各量之间的关系为

$$S_m = \frac{S_{max} + S_{min}}{2} \tag{13-14}$$

$$S_a = \frac{S_{max} - S_{min}}{2} \tag{13-15}$$

$$S_{max} = S_m + S_a \tag{13-16}$$

$$S_{min} = S_m - S_a \tag{13-17}$$

$$r = \frac{S_{min}}{S_{max}} \tag{13-18}$$

循环特征 r 为不同值时,代表具有不同特点的交变应力。当 $r=-1$ 时,$S_m=0$,$S_a=S_{max}$,称为对称循环(图 13-9(c)所示情形);当 $r=0$ 时,$S_{min}=0$,$S_a=S_m=\dfrac{S_{max}}{2}$,称为脉动循环;当 $r=1$ 时,$S_{min}=S_{max}$,称为静应力。

13.4.2　疲劳失效现象及原因分析

大量实践和试验表明,即使构件所受应力低于材料的静强度极限,但是在交变应力长期作用下将产生裂纹或完全断裂。习惯上,这种失效称为疲劳失效,疲劳失效具有以下特征。

(1) 材料的破坏必须经过足够长的应力循环次数才会突然发生。

(2) 材料破坏时,名义应力值远低于材料的静强度指标。

(3) 失效过程中没有明显的塑性变形。一般地,破坏的断口有明显光滑区和粗糙区两个区域,如图 13-11 所示。

一般地,可以认为由于构件外部形状尺寸的突变、材料不均匀及有微观缺陷等,构件中某些局部区域产生应力集中,并且应力较高。在长期交变应力作用下,该区域产生微观裂纹。裂纹根部应力高度集中,随应力循环次数增加而裂纹逐渐扩展,由微观变为宏观。当裂纹扩展到某一临界值时,可能迅速扩展,使构件承受载荷的有效截面面积严重减小,最后当减小到不能承受外加载荷的作用时,构件突然发生断裂。

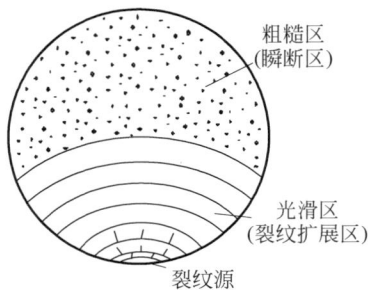

图　13-11

13.4.3　持久极限与应力寿命曲线

构件的疲劳失效经常是在无明显预兆下突然发生,常常造成严重事故。因此,对于在交变应力作用下的构件,必须进行疲劳强度计算。

试验表明,受交变应力作用的构件是否发生疲劳破坏,与最大应力 S_{max}、循环特性 r 及循

环次数 N 有关。在给定的交变应力下,必须经过一定次数的循环,构件才可能发生破坏。如果应力循环中的最大应力值不超过某一定值,那么构件可以承受无穷多次应力循环而不发生疲劳破坏;但是,当应力循环中的最大应力值超过该定值时,构件会在有限次应力循环后发生疲劳破坏。因此,通常把经过无穷多次应力循环而不发生疲劳破坏的最大应力称为持久极限。

持久极限与材料有关,也与其他因素有关。同一种材料,其交变应力的循环特性不同,持久极限的数值也不同。试验结果表明,在各种循环特性下,对称循环的持久极限最小。在已知对称循环下材料的持久极限后,经过简化,可以求出非对称循环下的持久极限。材料的持久极限可以通过试验测定。图 13-12 所示为弯曲正应力对称循环疲劳试验装置。

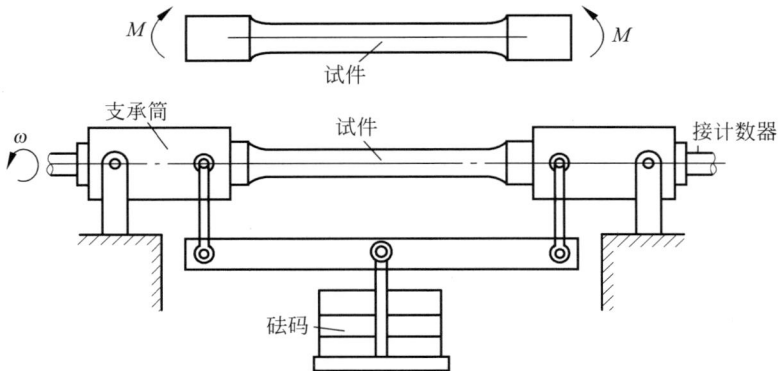

图 13-12

测定时取直径 $d=7\sim10\text{mm}$ 表面磨光的标准试样 $6\sim10$ 根,各根试样承受不同的载荷(应力水平),最大应力值由高到低。试验时,第一根试件承受的载荷可按最大应力为 $(0.5\sim0.6)\sigma_b$ 来估计,其中 σ_b 为材料的静强度极限。让每根试样经历应力循环,直至发生疲劳破坏。记录下每根试样中最大应力(名义应力)S_{max} 以及发生疲劳破坏时所经历的应力循环次数(又称寿命)N。以最大应力 S_{max} 为纵坐标,以应力循环次数 N 为横坐标,将试验结果绘成一条曲线,该曲线称为应力寿命曲线,也称为疲劳曲线,简称 S-N 曲线,如图 13-13 所示。

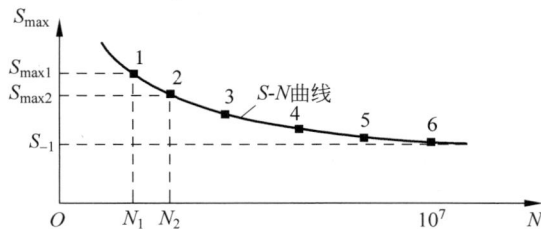

图 13-13

对于钢和铸铁材料,当循环次数达到 10^7 次时,曲线接近水平,循环次数再增加,材料也不发生疲劳破坏。这表明,当最大应力小于该水平渐近线纵坐标值时,试样可以经历无穷多次应力循环而不发生破坏,该水平渐近线纵坐标值即为该材料的持久极限。试验中很难实现"无穷多次"应力循环,一般工程上取横坐标 $N_0=10^7$ 次对应的最大应力为材料的持久极限。某些有色金属及其合金材料,它们的 S-N 曲线不存在水平渐近线,则规定某一循环次数(如 $N_0=10^8$ 次)下不破坏的最大应力作为条件持久极限(图 13-13)。持久极限用 S_r 表

示 $,r$ 表示循环特征。在图 13-13 中 $,S_{-1}$ 表示对称循环下的持久极限。

13.5 影响持久极限的因素

上述在实验室通过光滑小试件(即标准试样)测得的持久极限只代表材料的持久极限,并不是实际构件的持久极限。影响构件的持久极限的因素较多,它不但与材料有关,而且还受到构件的几何形状尺寸、表面质量等其他因素的影响。目前,工程上采用以材料的持久极限乘以反映各种影响因素的系数的方法计算实际构件的持久极限。

13.5.1 应力集中的影响

由于工程需要,实际构件一般有截面突变、开孔、切槽等尺寸突变,发生应力集中现象。在发生应力集中的区域,局部应力很高,显著降低了构件的持久极限。

应力集中对持久极限的影响用有效应力集中因数来反映。有效应力集中因数定义为

$$K_{\sigma} = \frac{\sigma_{-1}}{(\sigma_{-1})_k} \quad \text{或} \quad K_{\tau} = \frac{\tau_{-1}}{(\tau_{-1})_k} \tag{13-19}$$

式中 $,\sigma_{-1}$、τ_{-1} 和 $(\sigma_{-1})_k$、$(\tau_{-1})_k$ 分别为标准试样和有应力集中的试样的持久极限。因为标准试样的持久极限大于有应力集中的试样的持久极限,所以 K_{σ} 和 K_{τ} 均大于 1。有效应力集中因数不但与构件的形状有关,而且与构件材料的强度极限有关,即与材料的性质有关。为了方便使用,工程中将有效应力集中系数的数据整理成曲线或表格,需要时可查看有关手册。

13.5.2 零件尺寸的影响

试验表明,当构件横截面上应力非均匀分布时,构件尺寸越大,构件的持久极限越低。这是因为构件尺寸越大,材料内所包含的缺陷越多,产生疲劳裂纹的可能性就越大,因而降低了持久极限。

构件尺寸对持久极限的影响用尺寸因数 ε 来反映。尺寸因数定义为

$$\varepsilon_{\sigma} = \frac{(\sigma_{-1})_{\varepsilon}}{\sigma_{-1}} \quad \text{或} \quad \varepsilon_{\tau} = \frac{(\tau_{-1})_{\varepsilon}}{\tau_{-1}} \tag{13-20}$$

式中 $,\sigma_{-1}$、τ_{-1} 和 $(\sigma_{-1})_{\varepsilon}$、$(\tau_{-1})_{\varepsilon}$ 分别为标准试样和光滑大试件在对称循环下的持久极限; ε 是小于 1 的系数。尺寸因数的具体数据,可查阅有关手册。

13.5.3 表面加工质量的影响

构件的表面通常是应力较大的区域。如果构件表面的加工质量较差,构件表面粗糙、存在工具刻痕,那么就会引起应力集中,从而降低持久极限;如果构件表面经过强化处理,那么其持久极限可以得到提高。表面加工质量对构件疲劳极限的影响用表面质量因数 β 来反映。表面质量因数定义为

$$\beta = \frac{(\sigma_{-1})_{\beta}}{\sigma_{-1}} \tag{13-21}$$

式中 $,\sigma_{-1}$ 为表面磨光标准试件的持久极限; $(\sigma_{-1})_{\beta}$ 为其他某种方法加工的构件的持久极

限。各种加工方法和表面粗糙度下的表面质量因数 β 可查阅有关手册。

综合上述三种主要因素的影响,可得构件在对称循环交变应力下的持久极限为

$$(\sigma_{-1})^0 = \frac{\varepsilon_\sigma \beta}{K_\sigma}\sigma_{-1} \quad \text{或} \quad (\tau_{-1})^0 = \frac{\varepsilon_\tau \beta}{K_\tau}\tau_{-1} \tag{13-22}$$

本章总结

1. 动荷载概述

1)静荷载与动荷载

在静荷载作用下,构件内各点的加速度保持为零或可以忽略不计时,构件各部分均处于静力平衡状态。此时,构件内的应力为静应力。工程实际中还存在一些荷载,使构件产生加速度,这种荷载称为动荷载。在动荷载作用下,构件内产生的应力称为动应力。

2)动荷载的类型及研究方法

根据动荷载的特点,动荷载问题可分为构件作加速运动时应力计算问题、构件在冲击荷载作用下应力计算问题和构件振动时应力计算问题等。构件做加速运动时的应力计算问题一般应用动静法求解,构件在冲击荷载作用下的应力计算问题一般应用能量法求解。

2. 动静法的应用

构件做加速运动时,构件内各点由于存在加速度,从而产生惯性力。依据达朗伯原理,对于加速运动构件,如果在所截取的任一部分构件的各点上虚加上惯性力,那么惯性力与原力系组成平衡力系,从而将动力学问题在形式上作为静力学问题处理。

3. 杆件受冲击荷载时的应力和变形计算

1)冲击问题的简化

用能量法分析冲击问题时,工程中常作如下简化。

(1)冲击物的变形忽略不计,视为刚体。

(2)被冲击构件的质量不计,视为无质量的线弹性体。

(3)冲击过程中没有其他的能量损失,冲击物的能量完全转换为被冲击构件的变形能。

2)动荷因数

在线弹性范围内,变形与应力和载荷成正比,令 $\dfrac{F_d}{W} = \dfrac{\Delta_d}{\Delta_{st}} = \dfrac{\sigma_d}{\sigma_{st}} = K_d$,$K_d$ 称为冲击动荷因数,是动载荷与静载荷、动变形与静变形、动应力与静应力的比值。只要求出冲击动荷因数 K_d,就可以求出冲击时的应力和变形。

3)用能量法解冲击问题

实际问题中,一个受到冲击物冲击的梁(图13-5(a))或杆(图13-5(b))等弹性构件都可以看作一个弹簧,其力学模型如图13-5(c)所示。在冲击过程中,冲击系统的动能和势能变化应等于弹簧的应变能,即

$$T + V = V_{\varepsilon d}$$

4. 交变应力和疲劳失效

1)交变应力

构件内随时间作周期性变化的应力称为交变应力。循环特征 r 可表示不同特点的交变应力。

2）疲劳失效的特征

（1）材料的破坏必须经过足够长的应力循环次数才会突然发生破坏。

（2）材料破坏时的名义应力值远低于材料的静强度指标。

（3）失效过程中没有明显的塑性变形。

3）持久极限

材料经过无穷多次应力循环而不发生疲劳破坏的最大应力称为持久极限。材料的持久极限通过采用标准试样进行试验测定。

5. 影响持久极限的因素

构件的形状、尺寸和表面质量是影响构件持久极限的主要因素,其影响程度可通过计算有效应力集中因数、尺寸因数和表面质量因数来确定。

分析思考题

13-1 什么是静荷载?什么是动荷载?二者有什么区别?

13-2 举例说明动荷载的利与害是什么?

13-3 什么是动荷因数?它的物理意义是什么?

13-4 为什么转动的砂轮都有一定的临界转速限制?

13-5 在用能量法计算冲击应力时,作了哪些假设?这些假设的作用是什么?

13-6 如分析思考题 13-6 图所示,两杆材料相同且总长相等,a 杆的最小截面与 b 杆的截面相等。在相同的冲击载荷下,两杆的最大动应力有什么不同?

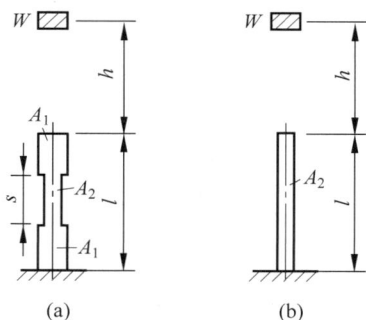

分析思考题 13-6 图

13-7 疲劳失效相较于静载荷失效,有哪些特征?

13-8 材料的持久极限与构件的持久极限有什么区别?

13-9 影响构件持久极限的因素有哪些?

习题

13-1 如习题 13-1 图所示,重 20kN 的物体悬挂在钢缆上。该钢缆由 500 根直径为 $d=0.5\text{mm}$ 的钢丝所组成。鼓轮逆时针转动将重物匀加速吊起,在 2s 内上升 5m。求钢缆中的最大动应力。

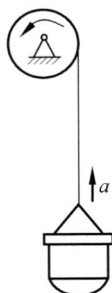

习题 13-1 图

答：$\sigma_d = 256\text{MPa}$。

13-2 质量 $m = 100\text{kg}$ 的重物从高 $h = 0.05\text{m}$ 处自由落体冲击钢梁，如习题 13-2 图所示。已知梁的 $l = 3\text{m}$，$I_z = 3\,400\text{cm}^4$，$W_z = 309\text{cm}^3$，$E = 200\text{GPa}$。求冲击应力。

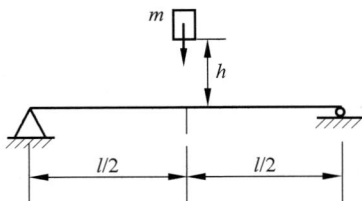

习题 13-2 图

答：$\sigma_d = 85.99\text{MPa}$。

13-3 如习题 13-3 图所示，飞轮的直径 $D = 0.6\text{m}$，最大转速 $n = 1\,200\text{r/min}$，材料的质量密度为 $\rho = 7\,800\text{kg/m}^3$。若不计轮辐的影响，求轮缘内的最大应力。

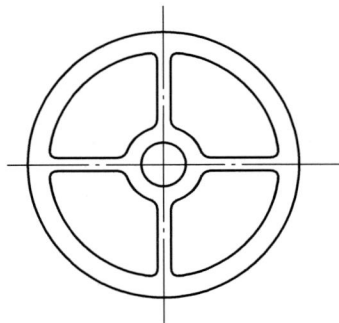

习题 13-3 图

答：$\sigma_d = 11.1\text{MPa}$。

13-4 直径 $d = 300\text{mm}$，长 $l = 6\text{m}$ 的圆木桩下端固定、上端自由，受重力 $W = 5\text{kN}$ 的重锤作用，如习题 13-4 图所示。木材的弹性模量 $E = 10\text{GPa}$，求下述两种情况下木桩的最大应力。

（1）重锤以突加载荷方式作用于木桩。

（2）重锤从离木桩上端高 0.5m 处自由落下。

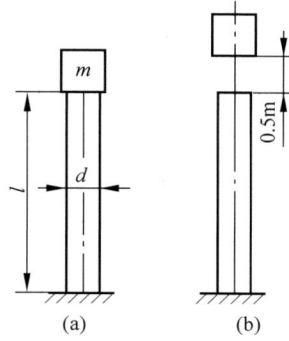

习题 13-4 图

答：(1) $\sigma_d = 0.14\text{MPa}$；(2) $\sigma_d = 10.93\text{MPa}$。

13-5　计算习题 13-5 图所示交变应力的平均应力、应力幅值和应力循环特征。

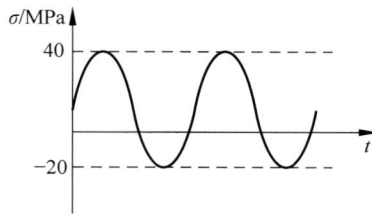

习题 13-5 图

答：$\sigma_m = 10\text{MPa}, \sigma_a = 10\text{MPa}, r = -\dfrac{1}{2}$。

附　录

附录A

工程力学试验指导

A.1 常温静载拉伸和压缩试验

常温、静载下金属材料的轴向拉伸和压缩试验是测定材料力学性能的最基本、应用最广泛、方法最成熟的试验方法。拉伸试验所测定的材料的弹性指标 E、μ，强度指标 σ_s、σ_b，塑性指标 δ、ψ，均是工程中评价材质和进行强度、刚度计算的重要依据。

A.1.1 材料拉伸时的力学性能测定

拉伸时的力学性能试验所用材料包括塑性材料——低碳钢和脆性材料——铸铁。

1. 试验目的

（1）在弹性范围内验证胡克定律，测定低碳钢的弹性模量 E。

（2）测定低碳钢的屈服极限 σ_s、强度极限 σ_b、延伸率 δ 和断面收缩率 ψ；测定铸铁拉伸时的强度极限 σ_b。

（3）观察低碳钢和铸铁拉伸时的变形规律和破坏现象。

（4）了解万能材料试验机的结构、工作原理，学习其操作方法。

2. 设备及试样

（1）液压式万能材料试验机或电子万能材料试验机。

（2）杠杆式引申仪或电子引申仪。

（3）游标卡尺。

（4）拉伸试样。

3. 试验步骤及数据处理

以低碳钢为例，测其拉伸强度极限。

（1）测量试样尺寸。在标距内上、中、下三个部位互相垂直的两个方向上测量直径并计算每处的平均值，三个平均值的平均值 A_0 用于 E、ψ 的计算，最小平均值 A 用于应力 σ 的计算。将有关数据填入表 A-1 内。

表 A-1　拉伸试验原始数据表

材料名称	试验前试样尺寸					试验后试样尺寸			屈服载荷 F_{sL}/kN	破坏载荷 F_b/kN
	直径 d_0/mm			最小面积 A/mm^2	平均面积 A_0/mm^2	标距 l_1/mm	断口处直径 d_1/mm			
	位置一	位置二	位置三							
低碳钢	1	1	1				1			
	2	2	2				2			
	均	均	均				均			
铸铁	1	1	1				—	—	—	
	2	2	2							
	均	均	均							

（2）调整试验机。按照操作规程调整好试验机。

（3）安装试样及引申仪。按照要求安装试样和引申仪并调零。

（4）加载。测定 E 值时，分六级加载。分别记录各级载荷时，引申仪读数记录到表 A-2 中。加载应注意均匀缓慢，各测试人员应密切配合，做到读数准确及时，并随时检查是否符合胡克定律；测完 E 值后取下引申仪，然后再继续加载，观察屈服现象，记录屈服极限力 F_{sL}；过了屈服阶段后，可加快加载速度直到拉断，注意观察颈缩现象，由度盘被动指针读出强度极限 P_b。

表 A-2　测定弹性模量 E 数据表

项目	第一级	第二级	第三级	第四级	第五级	第六级
载荷/kN						
引申仪读数						
读数增量						

（5）卸下试样，测量几何尺寸。测量标距长度和颈缩处的最小直径。

（6）结束。检查数据，经指导教师签字认可后，结束试验。

（7）数据处理。

根据试验数据计算以下内容，其中 E 的单位为 GPa，σ_s、σ_b 的单位为 MPa。

在比例极限范围内

$$E = \frac{\Delta F \cdot l_0}{A_0 \cdot \delta(\Delta l)}$$

屈服极限

$$\sigma_s = \frac{F_{sL}}{A}$$

强度极限

$$\sigma_b = \frac{F_b}{A}$$

延伸率

$$\delta = \frac{l_1 - l_0}{l_0} \times 100\%$$

断面收缩率

$$\psi = \frac{A_0 - A_1}{A_0} \times 100\%$$

式中，l_0 为试样的原长；l_1 为拉断后将两段试样紧密地对接在一起，量出拉断后的长度；A_1 为颈缩部位的最小横截面面积。

A.1.2　材料压缩时的力学性能测定

1. 试验目的

（1）测定低碳钢压缩时的屈服极限 σ_s 和铸铁压缩时的强度极限 σ_b。

（2）观察比较两种材料压缩破坏现象。

2. 试验仪器及试样

（1）万能材料试验机。

（2）游标卡尺。

（3）压缩试样。压缩试样通常为圆柱形。

3. 试验步骤及数据处理

（1）测量试样尺寸。测定并记录试样的初始高度和直径，并记录到表 A-3 中。测定直径时，需在试样中部量取互相垂直的两个方向的数据取平均值。

表 A-3　压缩原始数据表

材料名称	试样高度 h/mm	直径 d_0/mm			横截面面积 A/mm^2	屈服载荷 F_s/kN	最大载荷 F_b/kN
		1	2	均值			
低碳钢							—
铸铁						—	

（2）调整试验机。按照操作规程调整好试验机。

（3）低碳钢压缩试验。安放试样到万能材料试验机活动平台上，注意应放在正中央。当外载荷加上后，观察示力指针；当示力指针停顿并有回摆时，说明压缩进入屈服阶段，记录下指针回摆的最低点读数，此值即为对应于屈服极限的载荷值 F_s；当示力指针继续上升时，此时进入强化阶段，试样出现明显的变形。变形到一定程度后卸去载荷，观察试样变形情况。

（4）铸铁的压缩试验。准备工作与低碳钢压缩试验相同。安装好试样后，对试样进行压缩直到压断后卸去载荷，读出最大载荷，此值即为对应于强度极限的载荷值 F_b。

（5）数据处理。根据测定的试样尺寸计算出试样的横截面面积，并可得以下内容。

低碳钢的屈服极限为

$$\sigma_s = \frac{F_s}{A}$$

铸铁的强度极限为

$$\sigma_b = \frac{F_b}{A}$$

A.1.3　试验报告

（1）按要求的形式表格记录、处理试验数据。

（2）计算试验结果应列出公式，写出步骤。

（3）回答下列问题：

① 低碳钢和铸铁拉压时力学性能的异同是什么？

② 测定弹性模量 E 时，为何要加初载荷并限制最高载荷？使用分级加载的目的是什么？

A.2　弯曲正应力试验

电测法是应力应变测量最常用的方法，其方法简便、技术成熟，已经成为工程中不可缺少的测量手段。纯弯曲时正应力在横截面上线性分布，是弯曲中最简单的应力情况。用电测法测定纯弯曲梁上的正应力，不仅可以验证材料力学理论，也可以熟悉电测法测量的原理、操作方法和注意的问题，为复杂的试验应力分析打下基础。

A.2.1　试验目的

（1）了解电测应力分析原理，学习电测接线和仪器调试使用方法。

（2）测定梁在纯弯曲下的弯曲正应力及分布规律，验证理论公式。

A.2.2　试验设备

（1）纯弯曲正应力试验台。

（2）电阻应变仪。

（3）矩形截面钢梁。

A.2.3　试验步骤

（1）检查调整纯弯曲梁、电阻应变仪，使各部件和旋钮在正确位置，并打开应变仪进行预热。

（2）按表 A-4 要求进行接桥练习。

表 A-4　接桥练习

序　　号	1	2	3	4
接桥方式	A—R_1—B—R_t—C	A—R_t—B—R_1—C	A—R_1—B—R_5—C	A—R_1—B—R_x—C
应变仪输出				

（3）将各测点测量应变片和公共补偿片按半桥方式接到电阻应变仪相应的接线柱上，逐点进行调平衡。

（4）分级加砝码，每加一级后从应变仪上读出五个点的应变，见表 A-5。

表 A-5　弯曲试验原始数据记录表

编号	1		2		3		4		5	
载荷/N	测点应变($\mu\varepsilon$)									
	读数	增量 $\Delta\varepsilon_i$	读数	增量 $\Delta\varepsilon_i$	读数	增量 $\Delta\varepsilon_i$	读数	增量 $\Delta\varepsilon_i$	读数	增量 $\Delta\varepsilon_i$
300										
600										
900										
1200										
$\Delta F=300$N	平均增量		—		—		—		—	

（5）结束试验。试验完毕，卸掉砝码，关闭应变仪电源，将应变片接线从预调平衡箱上取下。

A.2.4　数据处理及试验报告

（1）按表 A-5 的记录数据进行试验数据处理。

（2）每个测点求出应变增量的平均值

$$\Delta\varepsilon_m = \frac{\sum\Delta\varepsilon_i}{3} \quad (m=1,2,\cdots,5)$$

算出相应的应力增量实测值

$$\Delta\sigma_{m测} = E\Delta\varepsilon_m（\text{MPa}）$$

（3）纯弯曲段（CD 段）内的弯矩增量为

$$\Delta M = \frac{1}{2}\Delta F \cdot a,$$

由公式

$$\Delta\sigma_{m理} = \frac{\Delta M}{I_z}y$$

求出各测点的理论值，式中 $I_z = \dfrac{bh^3}{12}$。

（4）对每个测点列表比较 $\Delta\sigma_{m测}$ 和 $\Delta\sigma_{m理}$，并计算相对误差

$$\varepsilon_\sigma = \frac{\Delta\sigma_{m测} - \Delta\sigma_{m理}}{\Delta\sigma_{m理}} \times 100\%$$

在梁的中性层（第 3 点），因 $\Delta\sigma_{3理}=0$，故只需计算绝对误差。

（5）①将接桥练习结果写入试验报告"思考题"中。②回答问题：实测和理论计算弯曲正应力分布规律如何？是否相同？

附录B

平面图形的几何性质

B.1 静矩和形心

B.1.1 静矩

设有一任意平面图形,其面积为 A,位于坐标系 xOy 中,如图 B-1 所示。在坐标 (x,y) 处,取微元 $\mathrm{d}A$,则 $x\mathrm{d}A$ 和 $y\mathrm{d}A$ 分别称为微元 $\mathrm{d}A$ 对于 y 轴和 x 轴的静矩。将微元的静矩对整个平面面积 A 积分:

$$\begin{cases} S_x = \int_A y\,\mathrm{d}A \\ S_y = \int_A x\,\mathrm{d}A \end{cases} \quad\quad (\text{B-1})$$

S_x、S_y 分别称为平面图形对于 x 轴和 y 轴的静矩。静矩是对于某一特定的坐标轴而言的,同一平面图形对于不同轴的静矩不同。静矩值可能为正,可能为负,也可能为零,静矩的量纲为 $[长度]^3$。

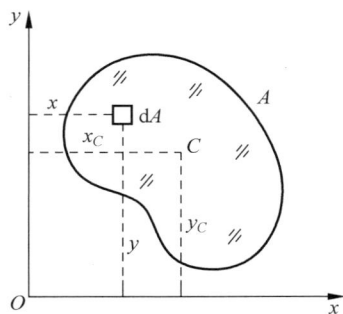

图 B-1

B.1.2 形心

任意形状的平面图形都有形心,静矩能够确定平面图形的形心位置。如果把微元 $\mathrm{d}A$ 看作力,y_C、x_C 为平面图形在坐标系 xOy 中的坐标,如图 B-1 所示。由合力矩定理可得:

$$\begin{cases} y_C A = \int_A y\,\mathrm{d}A \\ x_C A = \int_A x\,\mathrm{d}A \end{cases} \quad\quad (\text{B-2})$$

代入式(B-1),可得:

$$\begin{cases} S_x = y_C A \\ S_y = x_C A \end{cases} \quad 或 \quad \begin{cases} y_C = \dfrac{S_x}{A} \\ x_C = \dfrac{S_y}{A} \end{cases} \quad\quad (\text{B-3})$$

若已知平面图形的面积和静矩,则可以计算该平面图形的形心坐标;反之,若已知平面图形的面积和形心坐标,则可以计算该平面图形的静矩。

由式(B-3)可知,若平面图形对于某轴的静矩等于零,则该轴必定通过平面图形的形心;反之,平面图形对于通过其形心的轴的静矩恒等于零。

当平面图形是由若干简单图形组成时,根据静矩的定义,整个图形对于某一轴的静矩,等于各组成部分对同轴的静矩的代数和。因此,对于组合图形,可将其划分为若干简单图形,先计算各个简单图形的静矩,再求其代数和得到整个平面图形的静矩,则该组合图形形心坐标的计算表达式为

$$
\begin{cases}
y_C = \dfrac{S_x}{A} = \dfrac{\sum\limits_{i=1}^{n} S_{xi}}{\sum\limits_{i=1}^{n} A_i} = \dfrac{\sum\limits_{i=1}^{n} A_i y_{Ci}}{\sum\limits_{i=1}^{n} A_i} \\[6mm]
x_C = \dfrac{S_y}{A} = \dfrac{\sum\limits_{i=1}^{n} S_{yi}}{\sum\limits_{i=1}^{n} A_i} = \dfrac{\sum\limits_{i=1}^{n} A_i x_{Ci}}{\sum\limits_{i=1}^{n} A_i}
\end{cases}
\tag{B-4}
$$

【例 B-1】 平面图形尺寸如图 B-2 所示,试确定平面图形形心 C 的位置。

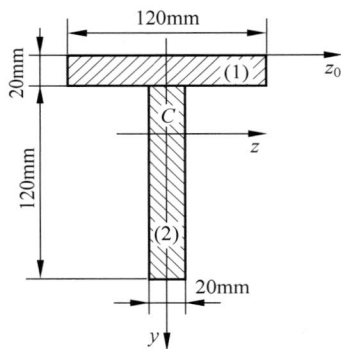

图　B-2

解:(1)将平面图形看作由两个矩形 1 和 2 组成。令 y 轴与该组合图形的左右对称轴重合,z_0 轴与该组合图形的顶边重合,如图 B-2 所示。

(2)计算图形对初始坐标轴的静矩,则有

$$S_y = 0$$

$$S_{z0} = S_{z01}' + S_{z02} = (120 \times 20 \times 10 + 120 \times 20 \times 80)\,\text{mm}^3$$

$$= 216 \times 10^3\,\text{mm}^3$$

(3)计算组合图形的形心坐标,则有

$$y_C = \frac{S_{z0}}{A} = \frac{216 \times 10^3}{120 \times 20 + 20 \times 120}\,\text{mm} = 45\,\text{mm}$$

$$z_C = \frac{S_y}{A} = 0$$

B.2　惯性矩和惯性积

在平面图形的任意坐标 (x, y) 处,取微元 $\mathrm{d}A$,则 $x^2\,\mathrm{d}A$ 和 $y^2\,\mathrm{d}A$ 分别称为微元 $\mathrm{d}A$ 对于 y 轴和 x 轴的惯性矩(图 B-3)。整个图形对 y 轴和 x 轴的惯性矩分别为

$$
\begin{cases}
I_y = \displaystyle\int_A x^2\,\mathrm{d}A \\[3mm]
I_x = \displaystyle\int_A y^2\,\mathrm{d}A
\end{cases}
\tag{B-5}
$$

在某些应用中,将惯性矩表示为平面面积 A 与某一长度平方的乘积,即

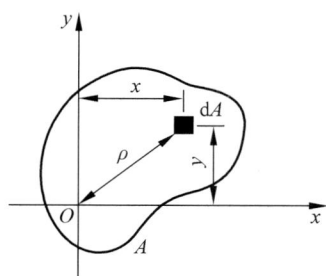

$$\begin{cases} I_x = i_x^2 A \\ I_y = i_y^2 A \end{cases} \tag{B-6}$$

式中，i_x、i_y 分别称为平面图形对于 x 轴和 y 轴的惯性半径，其量纲为[长度]。

此外，微元 $\mathrm{d}A$ 到坐标原点 O 的距离为 ρ，定义 $\rho^2 \mathrm{d}A$ 为微元 $\mathrm{d}A$ 对 O 点的极惯性矩，则整个平面图形对于坐标原点 O 的极惯性矩为

$$I_p = \int_A \rho^2 \mathrm{d}A \tag{B-7}$$

图　B-3

它与（轴）惯性矩有如下关系：

$$I_p = \int_A \rho^2 \mathrm{d}A = \int_A (y^2 + x^2)\mathrm{d}A = I_x + I_y \tag{B-8}$$

即平面图形对任意一对正交轴的惯性矩之和，等于它对该两轴交点的极惯性矩。

惯性矩和极惯性矩横为正值，量纲为[长度]^4，常用单位为 m^4 或 mm^4。常用平面图形的惯性矩如表 B-1 所示。

表 B-1　常用平面图形的惯性矩

平面图形形状和形心位置	面积 A	惯性矩 I
	$A = bh$	$I_z = \dfrac{bh^3}{12}$ $I_y = \dfrac{hb^3}{12}$
	$A = \dfrac{\pi d^2}{4}$	$I_z = I_y = \dfrac{\pi d^4}{64}$
	$A = \dfrac{\pi}{4}(D^2 - d^2)$	$I_z = I_y = \dfrac{\pi D^4}{64}(1 - \alpha^4)$ $\alpha = \dfrac{d}{D}$
	$A = HB - hb$	$I_z = \dfrac{BH^3 - bh^3}{12}$ $I_y = \dfrac{HB^3 - hb^3}{12}$

最后,定义积分

$$I_{xy} = \int_A xy \, dA \tag{B-9}$$

其为整个平面图形对于 x 和 y 两坐标轴的惯性积。惯性积 I_{xy} 的数值可能为正或负,也可能等于零,其量纲为[长度]^4,常用单位为 m^4 或 mm^4。

如果坐标系的两个坐标轴中有一个为图形的对称轴,那么图形对这一坐标系的惯性积恒等于零。

B.3 平行移轴公式

前面讲到,同一平面图形对不同坐标轴的惯性矩和惯性积并不相同,但是同一平面图形对一对相互平行的两坐标轴的惯性矩和惯性积存在一定的关系。

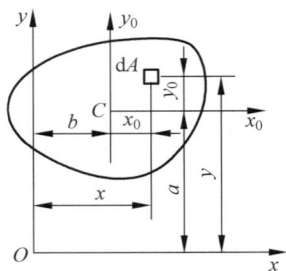

图 B-4

如图 B-4 所示,一个任意的平面图形,它对任意一对坐标轴 x、y 的惯性矩和惯性积分别为 I_x、I_y 和 I_{xy}。C 点为平面图形的形心,x_0 轴和 y_0 轴为与 x 轴和 y 轴平行的一对形心轴,平面对它们的惯性矩和惯性积分别为 I_{x_0}、I_{y_0} 和 $I_{x_0 y_0}$。形心 C 在 xOy 坐标系中的坐标为 (b, a),则微元 dA 在两个坐标系中的坐标关系为

$$y = y_0 + a, \quad x = x_0 + b$$

则有

$$I_x = \int_A x^2 \, dA = \int_A (y_0 + a)^2 \, dA = \int_A y_0^2 \, dA + 2a \int_A y_0 \, dA + a^2 \int_A dA$$

而

$$\int_A y_0^2 \, dA = I_{x_0}, \quad \int_A y_0 \, dA = S_x = 0(因为 y_0 轴通过形心), \int_A dA = A$$

因此有

$$I_x = I_{x_0} + a^2 A \tag{B-10-a}$$

同理

$$I_y = I_{y_0} + b^2 A \tag{B-10-b}$$

$$I_{xy} = I_{x_0 y_0} + abA \tag{B-10-c}$$

式(B-10)称为惯性矩和惯性积的平行移轴公式。可以看出,在互相平行的坐标轴中,平面图形对于形心轴的惯性矩最小。

应用平行移轴公式可以使较复杂的组合图形惯性矩和惯性积的计算大为简化。

【例 B-2】 计算图 B-5 所示平面图形对形心轴 y 和 z 的惯性矩。

解:(1)将平面图形看作由两个矩形 1 和矩形 2 组成。组合图形的惯性矩应为各组成部分的惯性矩之和。

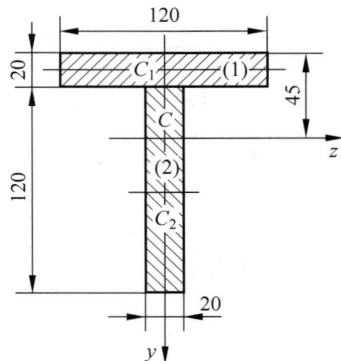

图 B-5

（2）$I_y = I_{y1} + I_{y2}$

$$I_{y1} = \frac{20 \times 120^2}{12} \text{mm}^4 = 2.88 \times 10^6 \text{ mm}^4$$

$$I_{y2} = \frac{120 \times 20^3}{12} \text{mm}^4 = 0.08 \times 10^6 \text{ mm}^4$$

则有

$$I_y = 2.96 \times 10^6 \text{mm}^4$$

（3）$I_z = I_{z1} + I_{z2}$

应用平行移轴公式，得

$$I_{z1} = \left[\frac{120 \times 20^3}{12} + (45-10)^2 \times 120 \times 20\right] \text{mm}^4 = 3.02 \times 10^6 \text{mm}^4$$

$$I_{y1} = \left[\frac{20 \times 120^2}{12} + (60-25)^2 \times 120 \times 20\right] \text{mm}^4 = 5.82 \times 10^6 \text{mm}^4$$

则有

$$I_z = 8.84 \times 10^6 \text{mm}^4$$

附录C

型钢表

热轧普通工字钢、热轧普通槽钢、热轧等边角钢、热轧不等边角钢的国家标准分别如表 C-1 至～表 C-4 所示。

表 C-1　热轧工字钢（GB/T 706—2016）

符号意义：

h——高度；

b——腿宽度；

d——腰厚度；

t——腿中间厚度；

r——内圆弧半径；

r_1——腿端圆弧半径。

型号	截面尺寸/mm						截面面积/cm²	理论质量/(kg/m)	外表面积/(m²/m)	惯性矩/cm⁴		惯性半径/cm		截面模数/cm³	
	h	b	d	t	r	r_1				I_x	I_y	i_x	i_y	W_x	W_y
10	100	68	4.5	7.6	6.5	3.3	14.33	11.3	0.432	245	33.0	4.14	1.52	49.0	9.72
12	120	74	5.0	8.4	7.0	3.5	17.80	14.0	0.493	436	46.9	4.95	1.62	72.7	12.7
12.6	126	74	5.0	8.4	7.0	3.5	18.10	14.2	0.505	488	46.9	5.20	1.61	77.5	12.7
14	140	80	5.5	9.1	7.5	3.8	21.50	16.9	0.553	712	64.4	5.76	1.73	102	16.1
16	160	88	6.0	9.9	8.0	4.0	26.11	20.5	0.621	1 130	93.1	6.58	1.89	141	21.2
18	180	94	6.5	10.7	8.5	4.3	30.74	24.1	0.681	1 660	122	7.36	2.00	185	26.0
20a	200	100	7.0	11.4	9.0	4.5	35.55	27.9	0.742	2 370	158	8.15	2.12	237	31.5
20b	200	102	9.0	11.4	9.0	4.5	39.55	31.1	0.746	2 500	169	7.96	2.06	250	33.1
22a	220	110	7.5	12.3	9.5	4.8	42.10	33.1	0.817	3 400	225	8.99	2.31	309	40.9
22b	220	112	9.5	12.3	9.5	4.8	46.50	36.5	0.821	3 570	239	8.78	2.27	325	42.7

续表

型号	截面尺寸/mm						截面面积/cm²	理论质量/(kg/m)	外表面积/(m²/m)	惯性矩/cm⁴		惯性半径/cm		截面模数/cm³	
	h	b	d	t	r	r_1				I_x	I_y	i_x	i_y	W_x	W_y
24a	240	116	8.0	13.0	10.0	5.0	47.71	37.5	0.878	4 570	280	9.77	2.42	381	48.4
24b		118	10.0				52.51	41.2	0.882	4 800	297	9.57	2.38	400	50.4
25a	250	116	8.0	13.0	10.0	5.0	48.51	38.1	0.898	5 020	280	10.2	2.40	402	48.3
25b		118	10.0				53.51	42.0	0.902	5 280	309	9.94	2.40	423	52.4
27a	270	122	8.5	13.7	10.5	5.3	54.52	42.8	0.958	6 550	345	10.9	2.51	485	56.6
27b		124	10.5				59.92	47.0	0.962	6 870	366	10.7	2.47	509	58.9
28a	280	122	8.5	13.7	10.5	5.3	55.37	43.5	0.978	7 110	345	11.3	2.50	508	56.6
28b		124	10.5				60.97	47.9	0.982	7 480	379	11.1	2.49	534	61.2
30a	300	126	9.0	14.4	11.0	5.5	61.22	48.1	1.031	8 950	400	12.1	2.55	597	63.5
30b		128	11.0				67.22	52.8	1.035	9 400	422	11.8	2.50	627	65.9
30c		130	13.0				73.22	57.5	1.039	9 850	445	11.6	2.46	657	68.5
32a	320	130	9.5	15.0	11.5	5.8	67.12	52.7	1.084	11 100	460	12.8	2.62	692	70.8
32b		132	11.5				73.52	57.7	1.088	11 600	502	12.6	2.61	726	76.0
32c		134	13.5				79.92	62.7	1.092	12 200	544	12.3	2.61	760	81.2
36a	360	136	10.0	15.8	12.0	6.0	76.44	60.0	1.185	15 800	552	14.4	2.69	875	81.2
36b		138	12.0				83.64	65.7	1.189	16 500	582	14.1	2.64	919	84.3
36c		140	14.0				90.84	71.3	1.193	17 300	612	13.8	2.60	962	87.4
40a	400	142	10.5	16.5	12.5	6.3	86.07	67.6	1.285	21 700	660	15.9	2.77	1 090	93.2
40b		144	12.5				94.07	73.8	1.289	22 800	692	15.6	2.71	1 140	96.2
40c		146	14.5				102.1	80.1	1.293	23 900	727	15.2	2.65	1 190	99.6
45a	450	150	11.5	18.0	13.5	6.8	102.4	80.4	1.411	32 200	855	17.7	2.89	1 430	114
45b		152	13.5				111.4	87.4	1.415	33 800	894	17.4	2.84	1 500	118
45c		154	15.5				120.4	94.5	1.419	35 300	938	17.1	2.79	1 570	122
50a	500	158	12.0	20.0	14.0	7.0	119.2	93.6	1.539	46 500	1 120	19.7	3.07	1 860	142
50b		160	14.0				129.2	101	1.543	48 600	1 170	19.4	3.01	1 940	146
50c		162	16.0				139.2	109	1.547	50 600	1 220	19.0	2.96	2 080	151
55a	550	166	12.5	21.0	14.5	7.3	134.1	105	1.667	62 900	1 370	21.6	3.19	2 290	164
55b		168	14.5				145.1	114	1.671	65 600	1 420	21.2	3.14	2 390	170
55c		170	16.5				156.1	123	1.675	68 400	1 480	20.9	3.08	2 490	175
56a	560	166	12.5	21.0	14.5	7.3	135.4	106	1.687	65 600	1 370	22.0	3.18	2 340	165
56b		168	14.5				146.6	115	1.691	68 500	1 490	21.6	3.16	2 450	174
56c		170	16.5				157.8	124	1.695	71 400	1 560	21.3	3.16	2 550	183
63a	630	176	13.0	22.0	15.0	7.5	154.6	121	1.862	93 900	1 700	24.5	3.31	2 980	193
63b		178	15.0				167.2	131	1.866	98 100	1 810	24.2	3.29	3 160	204
63c		180	17.0				179.8	141	1.870	102 000	1 920	23.8	3.27	3 300	214

注：表中 r、r_1 的数据用于孔型设计，不作交货条件。

表 C-2　热轧槽钢（GB/T 706—2016）

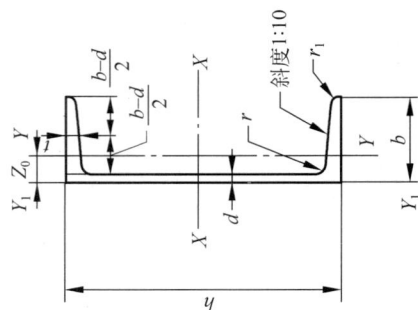

符号意义：
h——高度；
b——腿宽度；
d——腰厚度；
t——腿中间厚度；
r——内圆弧半径；
r_1——腿端圆弧半径；
Z_0——重心距离。

斜度1:10

型号	截面尺寸/mm						截面面积/cm²	理论质量/(kg/m)	外表面积/(m²/m)	惯性矩/cm⁴			惯性半径/cm		截面模数/cm³		重心距离/cm
	h	b	d	t	r	r_1				I_x	I_y	I_{y1}	i_x	i_y	W_x	W_y	Z_0
5	50	37	4.5	7.0	7.0	3.5	6.925	5.44	0.226	26.0	8.30	20.9	1.94	1.10	10.4	3.55	1.35
6.3	63	40	4.8	7.5	7.5	3.8	8.446	6.63	0.262	50.8	11.9	28.4	2.45	1.19	16.1	4.50	1.36
6.5	65	40	4.3	7.5	7.5	3.8	8.292	6.51	0.267	55.2	12.0	28.3	2.54	1.19	17.0	4.59	1.38
8	80	43	5.0	8.0	8.0	4.0	10.24	8.04	0.307	101	16.6	37.4	3.15	1.27	25.3	5.79	1.43
10	100	48	5.3	8.5	8.5	4.2	12.74	10.0	0.365	198	25.6	54.9	3.95	1.41	39.7	7.80	1.52
12	120	53	5.5	9.0	9.0	4.5	15.36	12.1	0.423	346	37.4	77.7	4.75	1.56	57.7	10.2	1.62
12.6	126	53	5.5	9.0	9.0	4.5	15.69	12.3	0.435	391	38.0	77.1	4.95	1.57	62.1	10.2	1.59
14a	140	58	6.0	9.5	9.5	4.8	18.51	14.5	0.480	564	53.2	107	5.52	1.70	80.5	13.0	1.71
14b	140	60	8.0	9.5	9.5	4.8	21.31	16.7	0.484	609	61.1	121	5.35	1.69	87.1	14.1	1.67
16a	160	63	6.5	10.0	10.0	5.0	21.95	17.2	0.538	866	73.3	144	6.28	1.83	108	16.3	1.80
16b	160	65	8.5	10.0	10.0	5.0	25.15	19.8	0.542	935	83.4	161	6.10	1.82	117	17.6	1.75
18a	180	68	7.0	10.5	10.5	5.2	25.69	20.2	0.596	1 270	98.6	190	7.04	1.96	141	20.0	1.88
18b	180	70	9.0	10.5	10.5	5.2	29.29	23.0	0.600	1 370	111	210	6.84	1.95	152	21.5	1.84
20a	200	73	7.0	11.0	11.0	5.5	28.83	22.6	0.654	1 780	128	244	7.86	2.11	178	24.2	2.01
20b	200	75	9.0	11.0	11.0	5.5	32.83	25.8	0.658	1 910	144	268	7.64	2.09	191	25.9	1.95

续表

型号	截面尺寸/mm						截面面积/cm²	理论质量/(kg/m)	外表面积/(m²/m)	惯性矩/cm⁴			惯性半径/cm		截面模数/cm³		重心距离/cm
	h	b	d	t	r	r_1				I_x	I_y	I_{y1}	i_x	i_y	W_x	W_y	Z_0
22a	220	77	7.0	11.5	11.5	5.8	31.83	25.0	0.709	2 390	158	298	8.67	2.23	218	28.2	2.10
22b	220	79	9.0	11.5	11.5	5.8	36.23	28.5	0.713	2 570	176	326	8.42	2.21	234	30.1	2.03
24a	240	78	7.0	12.0	12.0	6.0	34.21	26.9	0.752	3 050	174	325	9.45	2.25	254	30.5	2.10
24b	240	80	9.0	12.0	12.0	6.0	39.01	30.6	0.756	3 280	194	355	9.17	2.23	274	32.5	2.03
24c	240	82	11.0	12.0	12.0	6.0	43.81	34.4	0.760	3 510	213	388	8.96	2.21	293	34.4	2.00
25a	250	78	7.0	12.0	12.0	6.0	34.91	27.4	0.722	3 370	176	322	9.82	2.24	270	30.6	2.07
25b	250	80	9.0	12.0	12.0	6.0	39.91	31.3	0.776	3 530	196	353	9.41	2.22	282	32.7	1.98
25c	250	82	11.0	12.0	12.0	6.0	44.91	35.3	0.780	3 690	218	384	9.07	2.21	295	35.9	1.92
27a	270	82	7.5	12.5	12.5	6.2	39.27	30.8	0.826	4 360	216	393	10.5	2.34	323	35.5	2.13
27b	270	84	9.5	12.5	12.5	6.2	44.67	35.1	0.830	4 690	239	428	10.3	2.31	347	37.7	2.06
27c	270	86	11.5	12.5	12.5	6.2	50.07	39.3	0.834	5 020	261	467	10.1	2.28	372	39.8	2.03
28a	280	82	7.5	12.5	12.5	6.2	40.02	31.4	0.846	4 760	218	388	10.9	2.33	340	35.7	2.10
28b	280	84	9.5	12.5	12.5	6.2	45.62	35.8	0.850	5 130	242	428	10.6	2.30	366	37.9	2.02
28c	280	86	11.5	12.5	12.5	6.2	51.22	40.2	0.854	5 500	268	463	10.4	2.29	393	40.3	1.95
30a	300	85	7.5	13.5	13.5	6.8	43.89	34.5	0.897	6 050	260	467	11.7	2.43	403	41.1	2.17
30b	300	87	9.5	13.5	13.5	6.8	49.89	39.2	0.901	6 500	289	515	11.4	2.41	433	44.0	2.13
30c	300	89	11.5	13.5	13.5	6.8	55.89	43.9	0.905	6 950	316	560	11.2	2.38	463	46.4	2.09
32a	320	88	8.0	14.0	14.0	7.0	48.50	38.1	0.947	7 600	305	552	12.5	2.50	475	46.5	2.24
32b	320	90	10.0	14.0	14.0	7.0	54.90	43.1	0.951	8 140	336	593	12.2	2.47	509	49.2	2.16
32c	320	92	12.0	14.0	14.0	7.0	61.30	48.1	0.955	8 690	374	643	11.9	2.47	543	52.6	2.09
36a	360	96	9.0	16.0	16.0	8.0	60.89	47.8	1.053	11 900	455	818	14.0	2.73	660	63.5	2.44
36b	360	98	11.0	16.0	16.0	8.0	68.09	53.5	1.057	12 700	497	880	13.6	2.70	703	66.9	2.37
36c	360	100	13.0	16.0	16.0	8.0	75.29	59.1	1.061	13 400	536	948	13.4	2.67	746	70.0	2.34
40a	400	100	10.5	18.0	18.0	9.0	75.04	58.9	1.144	17 600	592	1 070	15.3	2.81	879	78.8	2.49
40b	400	102	12.5	18.0	18.0	9.0	83.04	65.2	1.148	18 600	640	1 140	15.0	2.78	932	82.5	2.44
40c	400	104	14.5	18.0	18.0	9.0	91.04	71.5	1.152	19 700	688	1 220	14.7	2.75	986	86.2	2.42

注：表中 r、r_1 的数据用于孔型设计，不作交货条件。

表 C-3　热轧等边角钢（GB/T 706—2016）

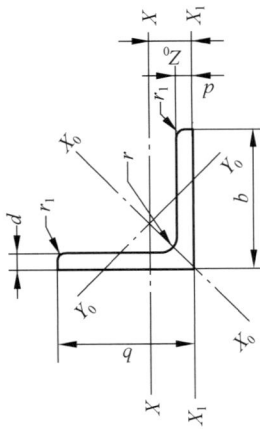

符号意义：
b——边宽度；
d——边厚度；
r——内圆弧半径；
r_1——边端圆弧半径；
Z_0——重心距离。

型号	b	d	r	截面面积/cm²	理论质量/(kg/m)	外表面积/(m²/m)	I_x	I_{x1}	I_{x0}	I_{y0}	i_x	i_{x0}	i_{y0}	W_x	W_{x0}	W_{y0}	Z_0
							惯性矩/cm⁴				惯性半径/cm			截面模数/cm³			重心距离/cm
2	20	3	3.5	1.132	0.89	0.078	0.40	0.81	0.63	0.17	0.59	0.75	0.39	0.29	0.45	0.20	0.60
		4		1.459	1.15	0.077	0.50	1.09	0.78	0.22	0.58	0.73	0.38	0.36	0.55	0.24	0.64
2.5	25	3		1.432	1.12	0.098	0.82	1.57	1.29	0.34	0.76	0.95	0.49	0.46	0.73	0.33	0.73
		4		1.859	1.46	0.097	1.03	2.11	1.62	0.43	0.74	0.93	0.48	0.59	0.92	0.40	0.76
3.0	30	3	4.5	1.749	1.37	0.117	1.46	2.71	2.31	0.61	0.91	1.15	0.59	0.68	1.09	0.51	0.85
		4		2.276	1.79	0.117	1.84	3.63	2.92	0.77	0.90	1.13	0.58	0.87	1.37	0.62	0.89
3.6	36	3		2.109	1.66	0.141	2.58	4.68	4.09	1.07	1.11	1.39	0.71	0.99	1.61	0.76	1.00
		4		2.756	2.16	0.141	3.29	6.25	5.22	1.37	1.09	1.38	0.70	1.28	2.05	0.93	1.04
		5		3.382	2.65	0.141	3.95	7.84	6.24	1.65	1.08	1.36	0.7	1.56	2.45	1.00	1.07
4	40	3	5	2.359	1.85	0.157	3.59	6.41	5.69	1.49	1.23	1.55	0.79	1.23	2.01	0.96	1.09
		4		3.086	2.42	0.157	4.60	8.56	7.29	1.91	1.22	1.54	0.79	1.60	2.58	1.19	1.13
		5		3.792	2.98	0.156	5.53	10.7	8.76	2.30	1.21	1.52	0.78	1.96	3.10	1.39	1.17
4.5	45	3	5	2.659	2.09	0.177	5.17	9.12	8.20	2.14	1.40	1.76	0.89	1.58	2.58	1.24	1.22
		4		3.486	2.74	0.177	6.65	12.2	10.6	2.75	1.38	1.74	0.89	2.05	3.32	1.54	1.26
		5		4.292	3.37	0.176	8.04	15.2	12.7	3.33	1.37	1.72	0.88	2.51	4.00	1.81	1.30
		6		5.077	3.99	0.176	9.33	18.4	14.8	3.89	1.36	1.70	0.80	2.95	4.64	2.06	1.33

续表

型号	截面尺寸/mm b	截面尺寸/mm d	截面尺寸/mm r	截面面积/cm²	理论质量/(kg/m)	外表面积/(m²/m)	惯性矩/cm⁴ I_x	惯性矩/cm⁴ I_{x1}	惯性矩/cm⁴ I_{x0}	惯性矩/cm⁴ I_{y0}	惯性半径/cm i_x	惯性半径/cm i_{x0}	惯性半径/cm i_{y0}	截面模数/cm³ W_x	截面模数/cm³ W_{x0}	截面模数/cm³ W_{y0}	重心距离/cm Z_0
5	50	3	5.5	2.971	2.33	0.197	7.18	12.5	11.4	2.98	1.55	1.96	1.00	1.96	3.22	1.57	1.34
		4		3.897	3.06	0.197	9.26	16.7	14.7	3.82	1.54	1.94	0.99	2.56	4.16	1.96	1.38
		5		4.803	3.77	0.196	11.2	20.9	17.8	4.64	1.53	1.92	0.98	3.13	5.03	2.31	1.42
		6		5.688	4.46	0.196	13.1	25.1	20.7	5.42	1.52	1.91	0.98	3.68	5.85	2.63	1.46
5.6	56	3	6	3.343	2.62	0.221	10.2	17.6	16.1	4.24	1.75	2.20	1.13	2.48	4.08	2.02	1.48
		4		4.39	3.45	0.220	13.2	23.4	20.9	5.46	1.73	2.18	1.11	3.24	5.28	2.52	1.53
		5		5.415	4.25	0.220	16.0	29.3	25.4	6.61	1.72	2.17	1.10	3.97	6.42	2.98	1.57
		6		6.42	5.04	0.220	18.7	35.3	29.7	7.73	1.71	2.15	1.10	4.68	7.49	3.40	1.61
		7		7.404	5.81	0.219	21.2	41.2	33.6	8.82	1.69	2.13	1.09	5.36	8.49	3.80	1.64
		8		8.367	6.57	0.219	23.6	47.2	37.4	9.89	1.68	2.11	1.09	6.03	9.44	4.16	1.68
6	60	5	6.5	5.829	4.58	0.236	19.9	36.1	31.6	8.21	1.85	2.33	1.19	4.59	7.44	3.48	1.67
		6		6.914	5.43	0.235	23.4	43.3	36.9	9.60	1.83	2.31	1.18	5.41	8.70	3.98	1.70
		7		7.977	6.26	0.235	26.4	50.7	41.9	11.0	1.82	2.29	1.17	6.21	9.88	4.45	1.74
		8		9.02	7.08	0.235	29.5	58.0	46.7	12.3	1.81	2.27	1.17	6.98	11.0	4.88	1.78
6.3	63	4	7	4.978	3.91	0.248	19.0	33.4	30.2	7.89	1.96	2.46	1.26	4.13	6.78	3.29	1.70
		5		6.143	4.82	0.248	23.2	41.7	36.8	9.57	1.94	2.45	1.25	5.08	8.25	3.90	1.74
		6		7.288	5.72	0.247	27.1	50.1	43.0	11.2	1.93	2.43	1.24	6.00	9.66	4.46	1.78
		7		8.412	6.60	0.247	30.9	58.6	49.0	12.8	1.92	2.41	1.23	6.88	11.0	4.98	1.82
		8		9.515	7.47	0.247	34.5	67.1	54.6	14.3	1.90	2.40	1.23	7.75	12.3	5.47	1.85
		10		11.66	9.15	0.246	41.1	84.3	64.9	17.3	1.88	2.36	1.22	9.39	14.6	6.36	1.93
7	70	4	8	5.570	4.37	0.275	26.4	45.7	41.8	11.0	2.18	2.74	1.40	5.14	8.44	4.17	1.86
		5		6.876	5.40	0.275	32.2	57.2	51.1	13.3	2.16	2.73	1.39	6.32	10.3	4.95	1.91
		6		8.160	6.41	0.275	37.8	68.7	59.9	15.6	2.15	2.71	1.38	7.48	12.1	5.67	1.95
		7		9.424	7.40	0.275	43.1	80.3	68.4	17.8	2.14	2.69	1.38	8.59	13.8	6.34	1.99
		8		10.67	8.37	0.274	48.2	91.9	76.4	20.0	2.12	2.68	1.37	9.68	15.4	6.98	2.03

续表

型号	截面尺寸/mm			截面面积/cm²	理论质量/(kg/m)	外表面积/(m²/m)	惯性矩/cm⁴				惯性半径/cm			截面模数/cm³			重心距离/cm
	b	d	r				I_x	I_{x1}	I_{x0}	I_{y0}	i_x	i_{x0}	i_{y0}	W_x	W_{x0}	W_{y0}	Z_0
7.5	75	5	9	7.412	5.82	0.295	40.0	70.6	63.3	16.6	2.33	2.92	1.50	7.32	11.9	5.77	2.04
		6		8.797	6.91	0.294	47.0	84.6	74.4	19.5	2.31	2.90	1.49	8.64	14.0	6.67	2.07
		7		10.16	7.98	0.294	53.6	98.7	85.0	22.2	2.30	2.89	1.48	9.93	16.0	7.44	2.11
		8		11.50	9.03	0.294	60.0	113	95.1	24.9	2.28	2.88	1.47	11.2	17.9	8.19	2.15
		9		12.83	10.1	0.294	66.1	127	105	27.5	2.27	2.86	1.46	12.4	19.8	8.89	2.18
		10		14.13	11.1	0.293	72.0	142	114	30.1	2.26	2.84	1.46	13.6	21.5	9.56	2.22
8	80	5	10	7.912	6.21	0.315	48.8	85.4	77.3	20.3	2.48	3.13	1.60	8.34	13.7	6.66	2.15
		6		9.397	7.38	0.314	57.4	103	91.0	23.7	2.47	3.11	1.59	9.87	16.1	7.65	2.19
		7		10.86	8.53	0.314	65.6	120	104	27.1	2.46	3.10	1.58	11.4	18.4	8.58	2.23
		8		12.30	9.66	0.314	73.5	137	117	30.4	2.44	3.08	1.57	12.8	20.6	9.46	2.27
		9		13.73	10.8	0.314	81.1	154	129	33.6	2.43	3.06	1.56	14.3	22.7	10.3	2.31
		10		15.13	11.9	0.313	88.4	172	140	36.8	2.42	3.04	1.56	15.6	24.8	11.1	2.35
9	90	6	10	10.64	8.35	0.354	82.8	146	131	34.3	2.79	3.51	1.80	12.6	20.6	9.95	2.44
		7		12.30	9.66	0.354	94.8	170	150	39.2	2.78	3.50	1.78	14.5	23.6	11.2	2.48
		8		13.94	10.9	0.353	106	195	169	44.0	2.76	3.48	1.78	16.4	26.6	12.4	2.52
		9		15.57	12.2	0.353	118	219	187	48.7	2.75	3.46	1.77	18.3	29.4	13.5	2.56
		10		17.17	13.5	0.353	129	244	204	53.3	2.74	3.45	1.76	20.1	32.0	14.5	2.59
		12		20.31	15.9	0.352	149	294	236	62.2	2.71	3.41	1.75	23.6	37.1	16.5	2.67
10	100	6	12	11.93	9.37	0.393	115	200	182	47.9	3.10	3.90	2.00	15.7	25.7	12.7	2.67
		7		13.80	10.8	0.393	132	234	209	54.7	3.09	3.89	1.99	18.1	29.6	14.3	2.71
		8		15.64	12.3	0.393	148	267	235	61.4	3.08	3.88	1.98	20.5	33.2	15.8	2.76
		9		17.46	13.7	0.392	164	300	260	68.0	3.07	3.86	1.97	22.8	36.8	17.2	2.80
		10		19.26	15.1	0.392	180	334	285	74.4	3.05	3.84	1.96	25.1	40.3	18.5	2.84
		12		22.80	17.9	0.391	209	402	331	86.8	3.03	3.81	1.95	29.5	46.8	21.1	2.91
		14		26.26	20.6	0.391	237	471	374	99.0	3.00	3.77	1.94	33.7	52.9	23.4	2.99
		16		29.63	23.3	0.390	263	540	414	111	2.98	3.74	1.94	37.8	58.6	25.6	3.06

续表

型号	截面尺寸/mm			截面面积/cm²	理论质量/(kg/m)	外表面积/(m²/m)	惯性矩/cm⁴				惯性半径/cm			截面模数/cm³			重心距离/cm
	b	d	r				I_x	I_{x1}	I_{x0}	I_{y0}	i_x	i_{x0}	i_{y0}	W_x	W_{x0}	W_{y0}	Z_0
11	110	7	12	15.20	11.9	0.433	177	311	281	73.4	3.41	4.30	2.20	22.1	36.1	17.5	2.96
		8		17.24	13.5	0.433	199	355	316	82.4	3.40	4.28	2.19	25.0	40.7	19.4	3.01
		10		21.26	16.7	0.432	242	445	384	100	3.38	4.25	2.17	30.6	49.4	22.9	3.09
		12		25.20	19.8	0.431	283	535	448	117	3.35	4.22	2.15	36.1	57.6	26.2	3.16
		14		29.06	22.8	0.431	321	625	508	133	3.32	4.18	2.14	41.3	65.3	29.1	3.24
12.5	125	8	14	19.75	15.5	0.492	297	521	471	123	3.88	4.88	2.50	32.5	53.3	25.9	3.37
		10		24.37	19.1	0.491	362	652	574	149	3.85	4.85	2.48	40.0	64.9	30.6	3.45
		12		28.91	22.7	0.491	423	783	671	175	3.83	4.82	2.46	41.2	76.0	35.0	3.53
		14		33.37	26.2	0.490	482	916	764	200	3.80	4.78	2.45	54.2	86.4	39.1	3.61
		16		37.74	29.6	0.489	537	1 050	851	224	3.77	4.75	2.43	60.9	96.3	43.0	3.68
14	140	10	14	27.37	21.5	0.551	515	915	817	212	4.34	5.46	2.78	50.6	82.6	39.2	3.82
		12		32.51	25.5	0.551	604	1 100	959	249	4.31	5.43	2.76	59.8	96.9	45.0	3.90
		14		37.57	29.5	0.550	689	1 280	1 090	284	4.28	5.40	2.75	68.8	110	50.5	3.98
		16		42.54	33.4	0.549	770	1 470	1 220	319	4.26	5.36	2.74	77.5	123	55.6	4.06
15	150	8	14	23.75	18.6	0.592	521	900	827	215	4.69	5.90	3.01	47.4	78.0	38.1	3.99
		10		29.37	23.1	0.591	638	1 130	1 010	262	4.66	5.87	2.99	58.4	95.5	45.5	4.08
		12		34.91	27.4	0.591	749	1 350	1 190	308	4.63	5.84	2.97	69.0	112	52.4	4.15
		14		40.37	31.7	0.590	856	1 580	1 360	352	4.60	5.80	2.95	79.5	128	58.8	4.23
		15		43.06	33.8	0.590	907	1 690	1 440	374	4.59	5.78	2.95	84.6	136	61.9	4.27
		16		45.74	35.9	0.589	958	1 810	1 520	395	4.58	5.77	2.94	89.6	143	64.9	4.31
16	160	10	16	31.50	24.7	0.630	780	1 370	1 240	322	4.98	6.27	3.20	66.7	109	52.8	4.31
		12		37.44	29.4	0.630	917	1 640	1 460	377	4.95	6.24	3.18	79.0	129	60.7	4.39
		14		43.30	34.0	0.629	1 050	1 910	1 670	432	4.92	6.20	3.16	91.0	147	68.2	4.47
		16		49.07	38.5	0.629	1 180	2 190	1 870	485	4.89	6.17	3.14	103	165	75.3	4.55
18	180	12	16	42.24	33.2	0.710	1 320	2 330	2 100	543	5.59	7.05	3.58	101	165	78.4	4.89
		14		48.90	38.4	0.709	1 510	2 720	2 410	622	5.56	7.02	3.56	116	189	88.4	4.97
		16		55.47	43.5	0.709	1 700	3 120	2 700	699	5.54	6.98	3.55	131	212	97.8	5.05
		18		61.96	48.6	0.708	1 880	3 500	2 990	762	5.50	6.94	3.51	146	235	105	5.13

续表

型号	截面尺寸/mm			截面面积/cm²	理论质量/(kg/m)	外表面积/(m²/m)	惯性矩/cm⁴				惯性半径/cm			截面模数/cm³			重心距离/cm
	b	d	r				I_x	I_{x1}	I_{x0}	I_{y0}	i_x	i_{x0}	i_{y0}	W_x	W_{x0}	W_{y0}	Z_0
20	200	14	18	54.64	42.9	0.788	2 100	3 730	3 340	864	6.20	7.82	3.98	145	236	112	5.46
		16		62.01	48.7	0.788	2 370	4 270	3 760	971	6.18	7.79	3.96	164	266	124	5.54
		18		69.30	54.4	0.787	2 620	4 810	4 160	1 080	6.15	7.75	3.94	182	294	136	5.62
		20		76.51	60.1	0.787	2 870	5 350	4 550	1 180	6.12	7.72	3.93	200	322	147	5.69
		24		90.66	71.2	0.785	3 340	6 460	5 290	1 380	6.07	7.64	3.90	236	374	167	5.87
22	220	16	21	68.67	53.9	0.866	3 190	5 680	5 060	1 310	6.81	8.59	4.37	200	326	154	6.03
		18		76.75	60.3	0.866	3 540	6 400	5 620	1 450	6.79	8.55	4.35	223	361	168	6.11
		20		84.76	66.5	0.865	3 870	7 110	6 150	1 590	6.76	8.52	4.34	245	395	182	6.18
		22		92.68	72.8	0.865	4 200	7 830	6 670	1 730	6.73	8.48	4.32	267	429	195	6.26
22	220	24	21	100.5	78.9	0.864	4 520	8 550	7 170	1 870	6.71	8.45	4.31	289	461	208	6.33
		26		108.3	85.0	0.864	4 830	9 280	7 690	2 000	6.68	8.41	4.30	310	492	221	6.41
25	250	18	24	87.84	69.0	0.985	5 270	9 380	8 370	2 170	7.75	9.76	4.97	290	473	224	6.84
		20		97.05	76.2	0.984	5 780	10 400	9 180	2 380	7.72	9.73	4.95	320	519	243	6.92
		22		106.2	83.3	0.983	6 280	11 500	9 970	2 580	7.69	9.69	4.93	349	564	261	7.00
		24		115.2	90.4	0.983	6 770	12 500	10 700	2 790	7.67	9.66	4.92	378	608	278	7.07
		26		124.2	97.5	0.982	7 240	13 600	11 500	2 980	7.64	9.62	4.90	406	650	295	7.15
		28		133.0	104	0.982	7 700	14 600	12 200	3 180	7.61	9.58	4.89	433	691	311	7.22
		30		141.8	111	0.981	8 160	15 700	12 900	3 380	7.58	9.55	4.88	461	731	327	7.30
		32		150.5	118	0.981	8 600	16 800	13 600	3 570	7.56	9.51	4.87	488	770	342	7.37
		35		163.4	128	0.980	9 240	18 400	14 600	3 850	7.52	9.46	4.86	527	827	364	7.48

注：截面图中的 $r_1=1/3d$ 及表中 r 的数据用于孔型设计，不作交货条件。

表 C-4　热轧不等边角钢（GB/T 706—2016）

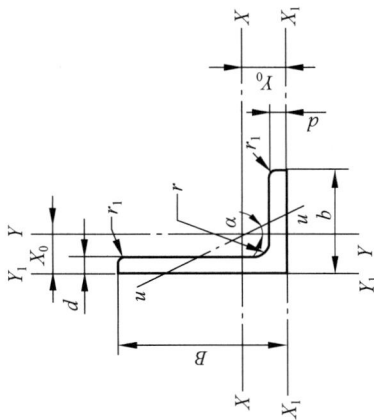

符号意义：
B——长边宽度；
b——短边宽度；
d——边厚度；
r——圆弧半径；
r_1——边端圆弧半径；
Z_0——重心距离；
X_0——重心距离；
Y_0——重心距离。

型号	B	b	d	r	截面面积/cm²	理论质量/(kg/m)	外表面积/(m²/m)	I_x	I_{x1}	I_y	I_{y1}	I_u	i_x	i_y	i_u	W_x	W_y	W_u	tanα	X_0	Y_0
2.5/1.6	25	16	3	3.5	1.162	0.91	0.080	0.70	1.56	0.22	0.43	0.14	0.78	0.44	0.34	0.43	0.19	0.16	0.392	0.42	0.86
			4	3.5	1.499	1.18	0.079	0.88	2.09	0.27	0.59	0.17	0.77	0.43	0.34	0.55	0.24	0.20	0.381	0.46	0.90
3.2/2	32	20	3	3.5	1.492	1.17	0.102	1.53	3.27	0.46	0.82	0.28	1.01	0.55	0.43	0.72	0.30	0.25	0.382	0.49	1.08
			4	3.5	1.939	1.52	0.101	1.93	4.37	0.57	1.12	0.35	1.00	0.54	0.42	0.93	0.39	0.32	0.374	0.53	1.12
4/2.5	40	25	3	4	1.890	1.48	0.127	3.08	5.39	0.93	1.59	0.56	1.28	0.70	0.54	1.15	0.49	0.40	0.385	0.59	1.32
			4	4	2.467	1.94	0.127	3.93	8.53	1.18	2.14	0.71	1.36	0.69	0.54	1.49	0.63	0.52	0.381	0.63	1.37
4.5/2.8	45	28	3	5	2.149	1.69	0.143	4.45	9.10	1.34	2.23	0.80	1.44	0.79	0.61	1.47	0.62	0.51	0.383	0.64	1.47
			4	5	2.806	2.20	0.143	5.69	12.1	1.70	3.00	1.02	1.42	0.78	0.60	1.91	0.80	0.66	0.380	0.68	1.51
5/3.2	50	32	3	5.5	2.431	1.91	0.161	6.24	12.5	2.02	3.31	1.20	1.60	0.91	0.70	1.84	0.82	0.68	0.404	0.73	1.60
			4	5.5	3.177	2.49	0.160	8.02	16.7	2.58	4.45	1.53	1.59	0.90	0.69	2.39	1.06	0.87	0.402	0.77	1.65
5.6/3.6	56	36	3	6	2.743	2.15	0.181	8.88	17.5	2.92	4.7	1.73	1.80	1.03	0.79	2.32	1.05	0.87	0.408	0.80	1.78
			4	6	3.590	2.82	0.180	11.5	23.4	3.76	6.33	2.23	1.79	1.02	0.79	3.03	1.37	1.13	0.408	0.85	1.82
			5	6	4.415	3.47	0.180	13.9	29.3	4.49	7.94	2.67	1.77	1.01	0.78	3.71	1.65	1.36	0.404	0.88	1.87

续表

型号	截面尺寸/mm				截面面积/cm²	理论质量/(kg/m)	外表面积/(m²/m)	惯性矩/cm⁴					惯性半径/cm			截面模数/cm³			tanα	重心距离/cm	
	B	b	d	r				I_x	I_{x1}	I_y	I_{y1}	I_u	i_x	i_y	i_u	W_x	W_y	W_u		X_0	Y_0
6.3/4	63	40	4	7	4.058	3.19	0.202	16.5	33.3	5.23	8.63	3.12	2.02	1.14	0.88	3.87	1.70	1.40	0.398	0.92	2.04
			5		4.993	3.92	0.202	20.0	41.6	6.31	10.9	3.76	2.00	1.12	0.87	4.74	2.07	1.71	0.396	0.95	2.08
			6		5.908	4.64	0.201	23.4	50.0	7.29	13.1	4.34	1.96	1.11	0.86	5.59	2.43	1.99	0.393	0.99	2.12
			7		6.802	5.34	0.201	26.5	58.1	8.24	15.5	4.97	1.98	1.10	0.86	6.40	2.78	2.29	0.389	1.03	2.15
7/4.5	70	45	4	7.5	4.553	3.57	0.226	23.2	45.9	7.55	12.3	4.40	2.26	1.29	0.98	4.86	2.17	1.77	0.410	1.02	2.24
			5		5.609	4.40	0.225	28.0	57.1	9.13	15.4	5.40	2.23	1.28	0.98	5.92	2.65	2.19	0.407	1.06	2.28
			6		6.644	5.22	0.225	32.5	68.4	10.6	18.6	6.35	2.21	1.26	0.98	6.95	3.12	2.59	0.404	1.09	2.32
			7		7.658	6.01	0.225	37.2	80.0	12.0	21.8	7.16	2.20	1.25	0.97	8.03	3.57	2.94	0.402	1.13	2.36
7.5/5	75	50	5	8	6.126	4.81	0.245	34.9	70.0	12.6	21.0	7.41	2.39	1.44	1.10	6.83	3.3	2.74	0.435	1.17	2.40
			6		7.260	5.70	0.245	41.1	84.3	14.7	25.4	8.54	2.38	1.42	1.08	8.12	3.88	3.19	0.435	1.21	2.44
			8		9.467	7.43	0.244	52.4	113	18.5	34.2	10.9	2.35	1.40	1.07	10.5	4.99	4.10	0.429	1.29	2.52
			10		11.59	9.10	0.244	62.7	141	22.0	43.4	13.1	2.33	1.38	1.06	12.8	6.04	4.99	0.423	1.36	2.60
8/5	80	50	5	8	6.376	5.00	0.255	42.0	85.2	12.8	21.1	7.66	2.56	1.42	1.10	7.78	3.32	2.74	0.388	1.14	2.60
			6		7.560	5.93	0.255	49.5	103	15.0	25.4	8.85	2.56	1.41	1.08	9.25	3.91	3.20	0.387	1.18	2.65
			7		8.724	6.85	0.255	56.2	119	17.0	29.8	10.2	2.54	1.39	1.08	10.6	4.48	3.70	0.384	1.21	2.69
			8		9.867	7.75	0.254	62.8	136	18.9	34.3	11.4	2.52	1.38	1.07	11.9	5.03	4.16	0.381	1.25	2.73
9/5.6	90	56	5	9	7.212	5.66	0.287	60.5	121	18.3	29.5	11.0	2.90	1.59	1.23	9.92	4.21	3.49	0.385	1.25	2.91
			6		8.557	6.72	0.286	71.0	146	21.4	35.6	12.9	2.88	1.58	1.23	11.7	4.96	4.13	0.384	1.29	2.95
			7		9.881	7.76	0.286	81.0	170	24.4	41.7	14.7	2.86	1.57	1.22	13.5	5.70	4.72	0.382	1.33	3.00
			8		11.18	8.78	0.286	91.0	194	27.2	47.9	16.3	2.85	1.56	1.21	15.3	6.41	5.29	0.380	1.36	3.04
10/6.3	100	63	6	10	9.618	7.55	0.320	99.1	200	30.9	50.5	18.4	3.21	1.79	1.38	14.6	6.35	5.25	0.394	1.43	3.24
			7		11.11	8.72	0.320	113	233	35.3	59.1	21.0	3.20	1.78	1.38	16.9	7.29	6.02	0.394	1.47	3.28
			8		12.58	9.88	0.319	127	266	39.4	67.9	23.5	3.18	1.77	1.37	19.1	8.21	6.78	0.391	1.50	3.32
			10		15.47	12.1	0.319	154	333	47.1	85.7	28.3	3.15	1.74	1.35	23.3	9.98	8.24	0.387	1.58	3.40

续表

型号	截面尺寸/mm				截面面积/cm²	理论质量/(kg/m)	外表面积/(m²/m)	惯性矩/cm⁴					惯性半径/cm			截面模数/cm³			$\tan\alpha$	重心距离/cm	
	B	b	d	r				I_x	I_{x1}	I_y	I_{y1}	I_u	i_x	i_y	i_u	W_x	W_y	W_u		X_0	Y_0
10/8	100	80	6	10	10.64	8.35	0.354	107	200	61.2	103	31.7	3.17	2.40	1.72	15.2	10.2	8.37	0.627	1.97	2.95
			7		12.30	9.66	0.354	123	233	70.1	120	36.2	3.16	2.39	1.72	17.5	11.7	9.60	0.626	2.01	3.00
			8		13.94	10.9	0.353	138	267	78.6	137	40.6	3.14	2.37	1.71	19.8	13.2	10.8	0.625	2.05	3.04
			10		17.17	13.5	0.353	167	334	94.7	172	49.1	3.12	2.35	1.69	24.2	16.1	13.1	0.622	2.13	3.12
11/7	110	70	6	10	10.64	8.35	0.354	133	266	42.9	69.1	25.4	3.54	2.01	1.54	17.9	7.90	6.53	0.403	1.57	3.53
			7		12.30	9.66	0.354	153	310	49.0	80.8	29.0	3.53	2.00	1.53	20.6	9.09	7.50	0.402	1.61	3.57
			8		13.94	10.9	0.353	172	354	54.9	92.7	32.5	3.51	1.98	1.53	23.3	10.3	8.45	0.401	1.65	3.62
			10		17.17	13.5	0.353	208	443	65.9	117	39.2	3.48	1.96	1.51	28.5	12.5	10.3	0.397	1.72	3.70
12.5/8	125	80	7	11	14.10	11.1	0.403	228	455	74.4	120	43.8	4.02	2.30	1.76	26.9	12.0	9.92	0.408	1.80	4.01
			8		15.99	12.6	0.403	257	520	83.5	138	49.2	4.01	2.28	1.75	30.4	13.6	11.2	0.407	1.84	4.06
			10		19.71	15.5	0.402	312	650	101	173	59.5	3.98	2.26	1.74	37.3	16.6	13.6	0.404	1.92	4.14
			12		23.35	18.3	0.402	364	780	117	210	69.4	3.95	2.24	1.72	44.0	19.4	16.0	0.400	2.00	4.22
14/9	140	90	8	12	18.04	14.2	0.453	366	731	121	196	70.8	4.50	2.59	1.98	38.5	17.3	14.3	0.411	2.04	4.50
			10		22.26	17.5	0.452	446	913	140	246	85.8	4.47	2.56	1.96	47.3	21.2	17.5	0.409	2.12	4.58
			12		26.40	20.7	0.451	522	1100	170	297	100	4.44	2.54	1.95	55.9	25.0	20.5	0.406	2.19	4.66
			14		30.46	23.9	0.451	594	1280	192	349	114	4.42	2.51	1.94	64.2	28.5	23.5	0.403	2.27	4.74
15/9	150	90	8	12	18.84	14.8	0.473	442	898	123	196	74.1	4.84	2.55	1.98	43.9	17.5	14.5	0.364	1.97	4.92
			10		23.26	18.3	0.472	539	1120	149	246	89.9	4.81	2.53	1.97	54.0	21.4	17.7	0.362	2.05	5.01
			12		27.60	21.7	0.471	632	1350	173	297	105	4.79	2.50	1.95	63.8	25.1	20.8	0.359	2.12	5.09
			14		31.86	25.0	0.471	721	1570	196	350	120	4.76	2.48	1.94	73.3	28.8	23.8	0.356	2.20	5.17
			15		33.95	26.7	0.471	764	1680	207	376	127	4.74	2.47	1.93	78.0	30.5	25.3	0.354	2.24	5.21
			16		36.03	28.3	0.470	806	1800	217	403	134	4.73	2.45	1.93	82.6	32.3	26.8	0.352	2.27	5.25

续表

型号	截面尺寸/mm				截面面积/cm²	理论质量/(kg/m)	外表面积/(m²/m)	惯性矩/cm⁴					惯性半径/cm			截面模数/cm³			tanα	重心距离/cm	
	B	b	d	r				I_x	I_{x1}	I_y	I_{y1}	I_u	i_x	i_y	i_u	W_x	W_y	W_u		X_0	Y_0
16/10	160	100	10	13	25.32	19.9	0.512	669	1 360	205	337	122	5.14	2.85	2.19	62.1	26.6	21.9	0.390	2.28	5.24
			12		30.05	23.6	0.511	785	1 640	239	406	142	5.11	2.82	2.17	73.5	31.3	25.8	0.388	2.36	5.32
			14		34.71	27.2	0.510	896	1 910	271	476	162	5.08	2.80	2.16	84.6	35.8	29.6	0.385	2.43	5.40
			16		39.28	30.8	0.510	1 000	2 180	302	548	183	5.05	2.77	2.16	95.3	40.2	33.4	0.382	2.51	5.48
18/11	180	110	10	14	28.37	22.3	0.571	956	1 940	278	447	167	5.80	3.13	2.42	79.0	32.5	26.9	0.376	2.44	5.89
			12		33.71	26.5	0.571	1 120	2 330	325	539	195	5.78	3.10	2.40	93.5	38.3	31.7	0.374	2.52	5.98
			14		38.97	30.6	0.570	1 290	2 720	370	632	222	5.75	3.08	2.39	108	44.0	36.3	0.372	2.59	6.06
			16		44.14	34.6	0.569	1 440	3 110	412	726	249	5.72	3.06	2.38	122	49.4	40.9	0.369	2.67	6.14
20/12.5	200	125	12	14	37.91	29.8	0.641	1 570	3 190	483	788	286	6.44	3.57	2.74	117	50.0	41.2	0.392	2.83	6.54
			14		43.87	34.4	0.640	1 800	3 730	551	922	327	6.41	3.54	2.73	135	57.4	47.3	0.390	2.91	6.62
			16		49.74	39.0	0.639	2 020	4 260	615	1 060	366	6.38	3.52	2.71	152	64.9	53.3	0.388	2.99	6.70
			18		55.53	43.6	0.639	2 240	4 790	677	1 200	405	6.35	3.49	2.70	169	71.7	59.2	0.385	3.06	6.78

注：截面图中的 $r_1 = 1/3d$ 及表中 r 的数据用于孔型设计，不作交货条件。

参 考 文 献

［1］ 哈尔滨工业大学理论力学教研室.理论力学Ⅰ［M］.9版.北京：高等教育出版社,2023.
［2］ 单辉祖,谢传锋.工程力学(静力学与材料力学)［M］.2版.北京：高等教育出版社,2021.
［3］ 唐静静,范钦珊.工程力学(静力学与材料力学)［M］.4版.北京：高等教育出版社,2023.
［4］ 顾永强,贾宏玉.材料力学［M］.北京：清华大学出版社,2020.
［5］ 刘鸿文,林建兴,曹曼玲.材料力学Ⅰ［M］.7版.北京：高等教育出版社,2024.
［6］ 刘鸿文,林建兴,曹曼玲.材料力学Ⅱ［M］.7版.北京：高等教育出版社,2024.
［7］ 孙训方,方孝淑,关来泰.材料力学Ⅰ［M］.6版.北京：高等教育出版社,2019.
［8］ 孙训方,方孝淑,关来泰.材料力学Ⅱ［M］.6版.北京：高等教育出版社,2019.